AF546324

Weghorn

QM-Atlas

Ihr Plus – digitale Zusatzinhalte!

Auf unserem Download-Portal finden Sie zu diesem Titel kostenloses Zusatzmaterial. Geben Sie dazu einfach diesen Code ein:

plus-e5d5r-97q5c

plus.hanser-fachbuch.de

Roland Weghorn

QM-Atlas

Der Weg zum zertifizierten Qualitätsbeauftragten
und Qualitätsmanager

HANSER

Bibliografische Information der Deutschen Nationalbibliothek:

Die Deutsche Nationalbibliothek verzeichnet diese Publikation in der Deutschen Nationalbibliografie; detaillierte bibliografische Daten sind im Internet über <http://dnb.d-nb.de/> abrufbar.

Print-ISBN 978-3-446-47249-5
E-Book-ISBN 978-3-446-47255-6

www.hanser-fachbuch.de
Lektorat: Lisa Hoffmann-Bäuml
Satz: Eberl & Koesel Studio GmbH, Altusried-Krugzell
Coverrealisation: Max Kostopoulos
Titelmotiv: © shutterstock.com/Mr Aesthetics
Druck und Bindung: CPI books GmbH, Leck
Printed in Germany

Für Rita, Tom und Sam,
die mir mehr bedeuten
als alles andere im Leben

... ohne Qualität ist alles nichts!

So Walter Masing, der das Qualitätsmanagement maßgeblich geprägt hat. Und an dieser Aussage hat sich bis heute nichts geändert.

Seit ich im Jahr 1996 als Leiter einer Support-Abteilung im IT-Umfeld aufgrund verschiedener Problemfelder zum Qualitätsmanagement kam, durfte ich viele Unternehmen dabei begleiten, ein Qualitätsmanagementsystem nach ISO 9001 und anderen Standards einzuführen, konnte in Zusammenarbeit mit verschiedenen Zertifizierungsstellen Erfahrung in Hunderten von Audits sammeln und kann inzwischen auch auf eine über 15-jährige Lehrtätigkeit als Dozent und Trainer zurückblicken. Aus einem Skript entstand irgendwann die Idee zu einem Buch – der Qualitätsmanagement-Atlas –, der erstmals 2013 erschienen ist.

Mit dem vorliegenden Buch vollzieht sich nun der Wechsel zu meinem persönlichen Wunschverlag Hanser, da mich selbst die QM-Bücher des Hanser-Verlages seit vielen Jahren begleiten und das Buch hier ein professionelles Umfeld gefunden hat. Aus dem Qualitätsmanagement-Atlas wird nun ein fast ganz neuer Reiseführer und Begleiter auf dem Weg zu zertifiziertem QM-Fachpersonal. Hinter den meisten hierzu angebotenen Schulungen weitgehend aller seriösen Schulungsanbieter steht ein Rahmenplan der VAZ (Verband akkreditierter Zertifizierungsgesellschaften e. V.), dem Stand Juni 2021 78 Mitglieder angehören – darunter die Deutsche Gesellschaft für Qualität (DGQ) und verschiedene TÜV-Gesellschaften.

Dieser Rahmenplan sieht ein mehrstufiges Ausbildungsschema vom Qualitätsbeauftragten (QB) bis zum Qualitätsauditor (QA) vor (siehe Ausbildungsschema der VAZ).

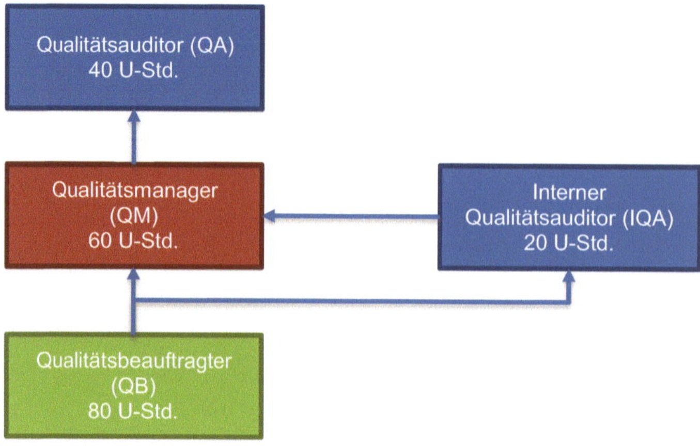

Ausbildungsschema der VAZ mit Stundenzahl für die jeweilige Stufe

Alle vier Stufen werden üblicherweise mit einer Prüfung abgeschlossen. Das vorliegende Buch vermittelt das benötigte Grundwissen, um die beiden Stufen Qualitätsbeauftragter und Qualitätsmanager erfolgreich bestehen zu können.

Die dargestellten Themen decken außerdem vollständig den Lehrstoff in Statistik (Basisteil) und Qualitätsmanagement (HQ-Teil) für Industriemeister ab. Aus den dieser Ausbildung zugrunde liegenden Stoffplänen ist das Vorgängerwerk „Der Qualitätsmanagement-Atlas“ entstanden, der mit vorliegendem Buch fortgeführt wird. Im Anhang finden Sie hierzu eine Tabelle mit dem Rahmenstoffplan. Die Welt außerhalb der IHK weiß nicht, dass die Industriemeister (zumindest in der Fachrichtung Elektro und Metall) weitgehend fertig ausgebildete Qualitätsmanager sind, wenn sie mit ihrer Ausbildung fertig sind. Aus diesem Grund wurde an der IHK-Akademie Nürnberg schon vor Jahren im Anschluss an die Meisterausbildung die Möglichkeit geschaffen, mit zwei zusätzlichen Tagen eine Prüfung zum Qualitätsbeauftragten abzulegen. Das Zertifikat wird dabei im Rahmen einer Personenzertifizierung durch eine akkreditierte Stelle ausgestellt und kann den Ausgangspunkt für eine Karriere im QM bilden.

Es gibt viele grundlegende Werke zum Thema QM, jedoch kein mir bekanntes, das in einfacher und bildhafter Weise die wichtigsten Zusammenhänge zur QB- und QM-Ausbildung darstellt. Diese Lücke möchte ich gerne schließen. Ich habe versucht, Lernstoff bzw. Grundlagenwissen mit Bildern zu verknüpfen und die Textlastigkeit klassischer Lehrbücher damit zu vermindern. Der neurobiologischen Erkenntnis folgend, dass uns bildhaftes Lernen leichter fällt, soll damit einerseits die Zeit für die Aufnahme des Wissens möglichst weit reduziert werden, andererseits möchte ich in erster Linie den Sinn der Dinge vermitteln.

Dieses Buch erhebt nicht den Anspruch, vollständig alle denkbaren Themengebiete im Qualitätsmanagement darzustellen. Vielmehr soll es in kurzer, einprägsamer Weise das Wesentliche zu den einzelnen Themengebieten herausarbeiten. Nach meiner Überzeugung werden in der Praxis nur dann Dinge umgesetzt, wenn sie nicht nur verstanden, sondern wenn auch deren Sinn und Wichtigkeit erkannt und persönlich als Leitmotiv übernommen werden.

Im Zuge der besseren Lesbarkeit wird im Buch regelmäßig nur die männliche Form von sprachlichen Ausdrücken gewählt. Ich möchte jedoch ausdrücklich darauf hinweisen, dass stets alle Geschlechter in gleichwertiger Weise angesprochen sind.

Im Sinne eines guten und gelebten Qualitätsmanagements bin ich für Hinweise auf Fehler und Anregungen in jeder Hinsicht sehr dankbar. Schreiben Sie mir einfach ein kurzes Mail unter *roland@qmrw.de*. Ich glaube fest an den Satz:

Schlechte Lehrer machen immer die gleichen Fehler, gute Lehrer immer neue!

Ich hoffe, für das Ziel, schnell und einfach QM-Grundwissen zu erlangen und/oder ein QM-System einzuführen, ist dieses Buch eine Hilfe, und wünsche Ihnen nun viel Vergnügen.

Fürth, Winter 2021/2022 *Roland Weghorn*

»Und was nützen Bücher«,
dachte Alice,
»ohne Bilder und Gespräche?«
Lewis Carroll (1832 - 1898), Alice im Wunderland

Inhalt

Einleitung

Das vorliegende Werk richtet sich an Fachpersonal im Bereich Qualitätsmanagement in gleicher Weise wie an Kursteilnehmer der IHK-Akademie – allen voran Industriemeister und Fachwirte. Es dient allen, die Grundlagenwissen zu diesem Gebiet erwerben und in der Praxis anwenden möchten. Die Abkürzung „QM" steht zum einen für das Fachgebiet „Qualitätsmanagement", wird jedoch auch in offizieller Weise für den „Qualitätsmanager" benutzt – also die Fachkraft, die ein QM-System aufbauen und aufrechterhalten soll. In der Regel erschließt sich die Bedeutung der Abkürzung immer aus dem Zusammenhang.

Die **Kapitel 1 bis 10** vermitteln das Basiswissen des QM und orientieren sich dabei sowohl am Leitfaden der VAZ (Verband akkreditierter Zertifizierungsgesellschaften e. V.) für die Ausbildung des Qualitätsbeauftragten (QB) als auch an den Rahmenstoffplänen des HQ-Teils der Industriemeister und Fachwirte IHK. Die Kapitel 1 bis 3 dienen dabei als Einführung, die Kapitel 4 bis 10 orientieren sich dann an der High Level Struktur (HLS) der ISO 9001. Diese Struktur zieht sich inzwischen wie ein roter Faden durch alle gängigen Managementsystemnormen und bietet daher auch einen passenden Rahmen für QM-Basiswissen.

Im **Kapitel 11** werden Qualitätstechniken behandelt – getrennt nach Werkzeugen und Methoden. Qualitätstechniken bilden einen Schwerpunkt in der Ausbildung zum Qualitätsmanager (QM), werden jedoch auch beim Industriemeister und den Fachwirten benötigt. Hier unterscheiden sich lediglich die Taxonomiestufen (vom einfachen Verstehen zum praktischen Anwenden des Gelernten).

Die **Kapitel 12 und 13** vermitteln grundlegendes Wissen in statistischen Verfahren, welches im Bereich Produktion heute unerlässlich ist. Die vermittelten Stoffgebiete orientieren sich dabei einerseits am VAZ-Leitfaden für die Ausbildung des Qualitätsmanagers (QM) sowie andererseits wieder am Rahmenstoffplan der IHK für Industriemeister und Fachwirte. Kapitel 12 deckt dabei den gesamten Basisteil ab, Kapitel 13 den HQ-Teil. Die Abschnitte mit den mathematischen Grundlagen zur Wahrscheinlichkeitsrechnung wie der Kombinatorik sowie ein Abschnitt zu „Tarnen und Täuschen in der Statistik" sind nicht prüfungsrelevant und sollen in erster Linie als Nachschlagewerk und der Vertiefung dienen. Im Unterricht wird darauf nur bei Bedarf zurückgegriffen. Gleiches gilt für den Abschnitt über die Fisher-Verteilung. Dieses Thema ist ebenfalls nicht prüfungsrelevant, wurde jedoch mit aufgenommen, da im Unterricht immer wieder diesbezüglich Nachfragen kommen.

Die **Kapitel 14 bis 17** behandeln Themen, die ergänzend für eine Personenzertifizierung nach dem Leitfaden der VAZ (Verband akkreditierter Zertifizierungsgesellschaften e. V.) für die Ausbildung zum Qualitätsbeauftragten (QB) oder zum Qualitätsmanager (QM) benötigt werden.

Im **Downloadbereich** (*plus.hanser-fachbuch.de* – unter „Zum Download“ finden Sie den entsprechenden Zugangscode) finden Sie einen umfangreichen Fragenkatalog mit Lösungen zur Prüfungsvorbereitung auf die Industriemeisterprüfungen sowie weiterführende Arbeitsblätter und eine Rahmenstoffplan-Übersicht für den Industriemeister und die QM-Fachpersonalausbildung nach VAZ-Standard für alle vier Fortbildungsstufen (QB, QM, iQA, QA). Ebenso finden Sie hier Muster für den praktischen Alltag eines Qualitätsmanagers wie Managementbewertung oder Dokumente zur Auditierung.

Hinweise zum Lernen

Stellen Sie sich vor, Sie sitzen vor einem Klavier mit nummerierten, weißen Tasten und Ihnen werden auf einem Bildschirm Zahlen angezeigt, die Sie auf dem Klavier durch Drücken der entsprechenden Taste wiedergeben sollen. Bei dem, was Ihnen angezeigt wird, handelt es sich um eine Folge von acht Tönen, die wiederkehrend immer wieder gespielt werden sollen, z. B. 5-3-4-2-1-3-4-8, Sie wissen jedoch nicht, dass es sich um eine ständig wiederkehrende Folge handelt. Nach jeder Folge wird die Zeit gemessen, die Sie benötigten, um die Folge als Reaktion auf die Anzeige zu spielen. Mit jedem Durchgang werden Sie schneller. Irgendwann erkennen Sie schlagartig, dass es sich um eine Folge von acht Tönen handelt. Irgendwann haben Sie ein Niveau erreicht, vom dem aus Sie nicht mehr schneller werden. Spielt man Ihnen nun eine neue Folge von Tönen vor, so werden Sie – nun etwas „trainiert“ – bereits von einem etwas niedrigeren Niveau aus starten, denn Sie haben unspezifisch gelernt, wie es in der Lernpsychologie heißt (Bild 1).

Interessant ist besonders folgender Sachverhalt: Ab einem bestimmten Punkt (grauer Pfeil) erkennen Sie plötzlich, dass es sich um eine feste Folge von acht Tönen handelt. Dieses schlagartige Bewusstwerden ist das, was man landläufig als Aha-Erlebnis bezeichnet. Es tritt von einem Augenblick auf den anderen ein. Man spricht von explizitem Lernen – man ist sich der Folge nun explizit bewusst. Die Folge wurde jedoch bereits vorher implizit gelernt, wie sich an den immer kürzer werdenden Reaktionszeiten nachweisen lässt. Während das implizite Lernen langsam und stetig vonstattengeht, erfolgt das explizite Lernen schlagartig.

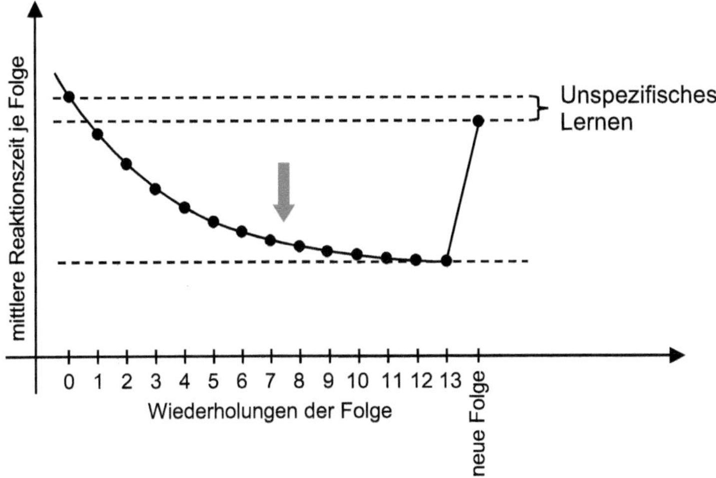

Bild 1 Lernen von Bewegungsfolgen[1]

In vielen Schulen (und beim Erlernen von Musikinstrumenten) wird dieser Sachverhalt häufig zum Problem für Kinder, die sehr schnell begreifen und damit immer nur eine kurze Zeitspanne zum expliziten Wissen benötigen. Wird ein Sachverhalt schwieriger und sie begreifen eben nicht sofort, so zweifeln sie an sich selbst und sind schnell frustriert. Kinder, die sich durch stetiges (implizites) Lernen die Sachverhalte langsamer aneignen müssen, bis sie das explizite Wissen erlangen, sind es dagegen in der Regel gewohnt, diesen langsameren Weg zu gehen, und haben hier einen Vorteil (höhere Frustrationstoleranz).

Was hat das mit QM zu tun? Der geschilderte Sachverhalt trifft auch auf einige Bereiche des Qualitätsmanagements zu. Manche Dinge sind intuitiv auf den ersten Blick einsehbar, andere - z. B. die Statistik - erfordern, dass man „übt" (implizit lernt), bis sich die Einsicht einstellt. Hierzu wurde ein umfangreicher Fragenkatalog erarbeitet, der alle Stoffgebiete unterstützend begleiten sollte - gerade wenn sich ein Gebiet nicht intuitiv erschließt (siehe Downloadbereich). Die Erfahrung hat gezeigt, dass sich beispielsweise erst nach der x-ten Aufgabe zur Prozessfähigkeit das (explizite) Verständnis einstellt, das erforderlich ist, um auch Prüfungsaufgaben dann ohne Probleme lösen zu können.

[1] nach Spitzer (2013)

- 17 Aufgaben und Stellung des QM-Fachpersonals
  - 17.1 Beauftragter der obersten Leitung (BoL/QMB)
  - 17.2 Qualitätsbeauftragter (QB)
  - 17.3 Qualitätsmanager (QM)
  - 17.4 Interner Qualitätsauditor
  - 17.5 (Externer) Qualitätsauditor
- 16 Die sieben Managementwerkzeuge (M7)
  - 16.1 Affinitätsdiagramm
  - 16.2 Relationendiagramm
  - 16.3 Baumdiagramm
  - 16.4 Matrixdiagramm
  - 16.5 Portfolio-Diagramm
  - 16.6 Netzplan
  - 16.7 Problementscheidungsplan
- 15 Akkreditierung und Harmonisierung im Zertifizierungswesen
  - 15.1 EU-Normen
  - 15.2 EU-Richtlinien
  - 15.3 EU-Verordnungen
  - 15.4 Akkreditierung und Zertifizierung
  - 15.5 Personenzertifizierungen
  - 15.7 Gesetzlich geregelte und nicht geregelte Bereiche
  - 15.8 Das GS-Zeichen
- 14 Rechtliche Aspekte
  - 14.1 Die Rechtsordnung in Deutschland
  - 14.2 Rechtliche Stellung von zertifizierten Unternehmen
  - 14.3 Folgen fehlerhafter Produkte
  - 14.4 Gewährleistungshaftung und Garantie
  - 14.5 Deliktische Haftung
  - 14.6 Produkthaftung
  - 14.7 Gesamthaftung
  - 14.8 Qualitätssicherungsvereinbarungen
- 13 Annahmestichprobenprüfung
  - 13.1 Qualitative und quantitative Prüfungen
  - 13.2 Stichprobenpläne nach DIN ISO 2859
- 12 Statistik im Qualitätsmanagement
  - 12.1 Einführung / Begriffe
  - 12.2 Wahrscheinlichkeitsrechnung
  - 12.3 Auswertung von Stichproben
  - 12.4 Wichtige Verteilungen
  - 12.5 Weitere Lage- und Streu-Kennwerte
  - 12.6 Statistische Sicherheit
  - 12.7 Fähigkeitsfaktoren
  - 12.8 Qualitätsregelkarten (QRK)
  - 12.9 Statistik und Informationstechnologie (IT)
- 11 Werkzeuge und Methoden
  - 11.1 Qualitätstechniken - eine Begriffsbestimmung
  - 11.2 Die sieben Werkzeuge (7 Q-Tools, Q7)
  - 11.3 Weitere Werkzeuge
  - 11.4 Methoden
- 10 Verbesserung
  - 10.1 Umsetzung von Maßnahmen
  - 10.2 Verbesserung im Sinne der ISO 9001
- 9 Bewertung der Leistung
  - 9.1 Audits im Qualitätsmanagement
  - 9.2 Managementbewertung
  - 9.3 Bewertung der Leistung im Sinne der ISO 9001

Qu

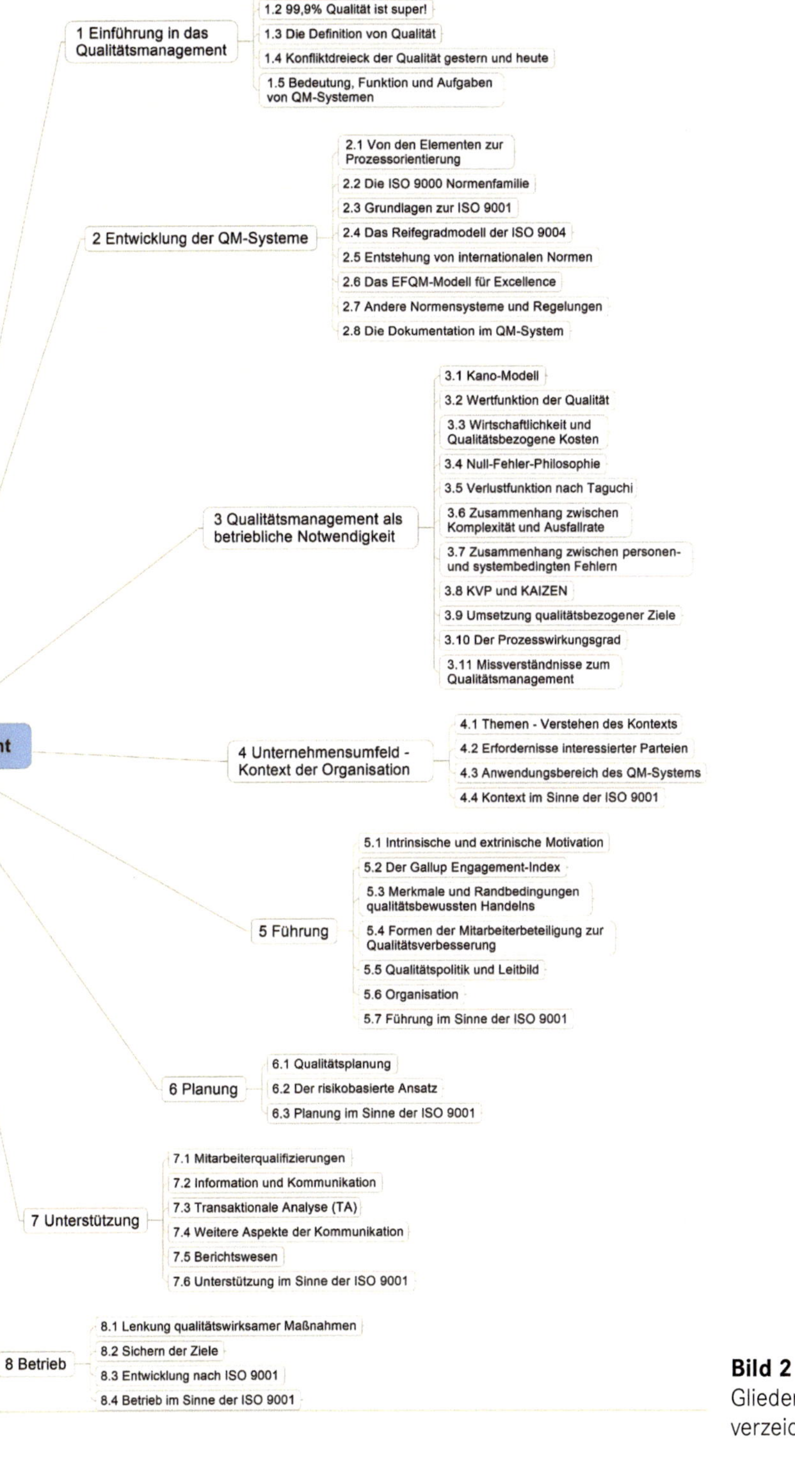

Bild 2
Gliederung des Inhaltsverzeichnisses

Arbeiten mit Mindmaps

Außerdem wird explizit die Arbeit mit Mindmaps empfohlen. Mindmaps sind „Gedankenkarten“, in denen rund um ein zentrales Thema Schlüsselbegriffe in einer logischen Struktur abgebildet werden. Dabei werden Abhängigkeiten und die Vernetzung einzelner Begriffe visuell dargestellt, sodass mit dem Verinnerlichen der Map einerseits die Struktur gelernt wird, andererseits durch die Konzentration auf Schlüsselbegriffe ein Höchstmaß an Effizienz beim Lernen erreicht werden kann.

Die Mindmap (Bild 2) zeigt die Gliederung des Inhaltsverzeichnisses dieses Buches bis zur zweiten Ebene auf. Sie können sich diese Mindmap herauskopieren, vergrößern und die Äste gemäß Ihrem Lernfortschritt ergänzen.

Empfehlenswert wäre nach seinem Erfinder Tony Buzan noch die Beachtung folgender Punkte:

- Schreiben Sie Ihre Schlüsselbegriffe ausschließlich in Großbuchstaben.
- Verwenden Sie für verschiedene Äste verschiedene Farben.
- Malen Sie über verschiedene Zweige/Begriffe passende Symbole, die Sie gedanklich mit dem Begriff verbinden – Sie lernen damit automatisch über das Bild.
- Verfassen Sie die Mindmap handschriftlich und nicht am PC über ein Werkzeug – das Anbringen der Äste und das Schreiben der Schlüsselwörter stellen über den Schreibvorgang einen zusätzlichen Lernkanal dar, den Sie bei der Arbeit am PC ungenutzt lassen.

Der letzte Punkt veranschaulicht den wichtigsten Aspekt im Umgang mit Mindmaps, die Sie nicht für Präsentationen, sondern tatsächlich zum Lernen nutzen sollten. Die Mindmap stellt nichts anderes als einen besonders strukturierten Spickzettel dar. Mit dem Einprägen der Map verinnerlichen Sie automatisch den gesamten Stoff sowie dessen Struktur und Abhängigkeiten.

1 Einführung in das Qualitätsmanagement

1.1 Der Qualitätsbegriff gestern und heute

Bild 1.1 stellt in Kürze die Geschichte der Qualität dar.

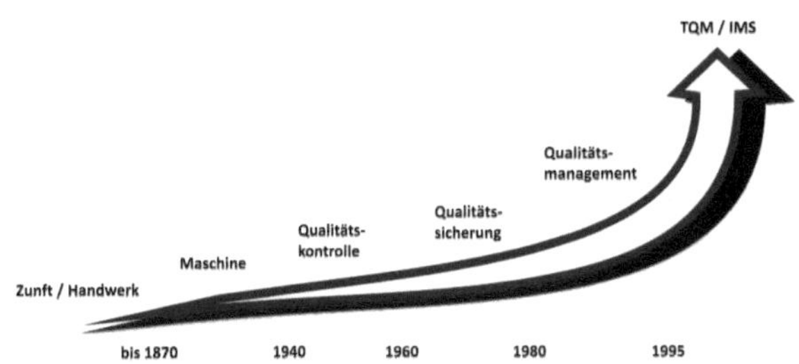

Bild 1.1 Qualitätsbegriffe im Zeitstrahl

Beschreibung des Zeitstrahls:

- **Bis 1870:**

  Qualität ist das, was vom Handwerker kommt (Schlosser, Schreiner etc.).

- **Industrialisierung/bis etwa 1940:**

  Die Maschine fertigt immer gleich und übernimmt damit den Qualitätsbegriff;

  Qualität ist das, was von der Maschine kommt.

- **Bis etwa 1960:**

  Maschinen fertigen immer gleich → allerdings auch Ausschuss!

  Die Erkenntnis reift, dass man vor Weitergabe eines Produktes an den Kunden einen „Kontrolleur" ans Ende der Prozesskette setzen sollte, der prüft, ob die Ware Ausschuss ist oder nicht.

  Qualitätskontrolle = Ausschuss- oder Gut-Entscheidung

- **Bis etwa 1980:**

  Die Erkenntnis reift, dass Q-Kontrolle nicht ausreicht. Es sind vorbeugende Maßnahmen notwendig, um möglichst schon im Vorfeld sicherzustellen, dass Ausschuss erst gar nicht produziert wird (Einführung von Standzeiten, Wartungsintervalle, Arbeitsvorbereitung etc.).

  Qualitätssicherung = alle produktionsbegleitenden Maßnahmen zur Sicherstellung von Qualität

- **Ab etwa 1980:**

  Qualität ist keine reine Angelegenheit der Fertigung! Der Qualitätsgedanke muss sich durch das gesamte Unternehmen ziehen. Es gibt auch eine Qualität des Vertriebs und der Verwaltung, der Führung, der Ausbildung usw.

  Mit diesem Gedankengang löst sich der Qualitätsbegriff von reinen Produkten und überträgt sich auch auf die Dienstleistungsbranche; im Mittelpunkt steht der Kunde.

  Qualitätsmanagement = Qualitätsanforderungen für alle Bereiche eines Unternehmens einführen und erfüllen.

- **Ab etwa 1995:**

  Durch Einführung des **TQM**-Gedankens (*Total Quality Management;* im Deutschen meist mit Umfassendes Qualitätsmanagement beschrieben) werden die Qualitätsanforderungen auch noch auf das Unternehmensumfeld erweitert: die Gesellschaft, die Umwelt, Engagement in öffentlichen Bereichen etc.

  Kurz: TQM zielt auf einen kontinuierlichen Verbesserungsprozess (KVP) aus Sicht aller interessierten Parteien eines Unternehmens (Stakeholder) ab (siehe Bild 1.2).

- ***Integrierte Managementsysteme (IMS)***

  zielen auf die Zusammenführung mehrerer vorhandener Systeme (z. B. Arbeitsschutz, Umweltschutz und Qualitätsmanagement). Noch weiter führt ein Ansatz der Universität St. Gallen, die Qualität in einem Modell als „zu bewirtschaftendenen“ Faktor einführen.

Bild 1.2 TQM – Total Quality Management

> Nehmen Sie sich nun bitte kurz für eine Minute Zeit und überlegen Sie, was der Begriff Qualität für Sie selbst bedeutet!

Wie definieren Sie – möglichst in einem einzigen Satz – Qualität?

Meine Definition (am): ______________________________

____

____

____

____

____

■ 1.2 99,9 % Qualität ist super!

Die meisten Menschen würden sofort zustimmen, wenn Sie gefragt würden, ob man bei **99,9 % Qualität** von sehr guter Qualität sprechen kann. Wie wir im Statistikteil noch sehen werden, ist diese Aussage jedoch extrem abhängig von der zugrunde liegenden Grundgesamtheit – also der Gesamtmenge betrachteter Vorgänge. Nach einer BMW-Studie würden 99,9 % beispielsweise Folgendes bedeuten:

- eine Stunde verschmutztes Trinkwasser jeden Monat
- zwei kritische Flugzeuglandungen in Frankfurt täglich
- 1600 verlorene Postsendungen jede Stunde
- 20 000 falsche Rezepte für Medikamente jedes Jahr
- 500 falsch durchgeführte Operationen jede Woche
- 50 neugeborene Babys, die täglich von den Ärzten bei der Geburt aufgegeben werden
- 22 000 Schecks, die stündlich von falschen Konten abgehen

Wie kommt man auf solche Zahlen? Die Antwort ist einfach: Man ermittelt über veröffentlichte Statistiken die Gesamtzahl von Vorgängen (z. B. die Anzahl ausgestellter Rezepte pro Jahr) und multipliziert diese Vorgangszahl nun mit 0,001 (das ist nichts anderes als 0,1 % und entspricht genau dem, was von 99,9 % „Gut-Vorgängen" auf 100 % fehlt).

Hier wird schnell ersichtlich, dass bei hohen Vorgangszahlen (= Grundgesamtheit) logischerweise auch die Anzahl der „Schlecht-Vorgänge" hoch ist. In jedem Fall wissen wir aus unserer persönlichen Erfahrung, dass die angegebenen Zahlen in der Realität nicht zutreffen. Dies liegt wiederum daran, dass hier Qualitätsregelsysteme im Einsatz sind, die sich über-Jahre hinweg entwickelt haben und Qualitäten sicherstellen (Qualität bedeutet hier „Gut-Vorgänge"), die weit jenseits der 99,9 % liegen – sprich: Hier folgen nach der letzten 9 noch einige weitere 9er als Nachkommastellen.

Ein kleiner Ausflug in einen Fertigungsbetrieb

Stellt ein Fertigungsbetrieb ein Produkt aus beispielsweise 500 Einzelteilen her (z. B. einen Motor) und würde jedes dieser 500 Einzelteile mit einer Fertigungsqualität von 99,9 % produziert werden (dies entspricht einem Ausschuss von einem einzigen Teil pro 1000 Stück), so läge die Ausschussquote des fertigen Produktes – hier der komplette Motor – bei etwa 40 %. Das heißt, fast jeder zweite Motor wäre Ausschuss! Näheres zu diesem Thema finden Sie im Abschn. 3.6.

Was ich hiermit deutlich machen will ist, dass Aussagen wie „hohe Qualität" oder „nahe an 100 %" etc. mit Vorsicht zu betrachten sind. Sie stehen grundsätzlich im Zusammenhang mit der Gesamtheit der betrachteten Vorgänge sowie der Festlegung des betrachteten Qualitätsmerkmals.

1.3 Die Definition von Qualität

1984 wurden von David A. Garvin von der Harvard University unter der Überschrift *„Was bedeutet Qualität wirklich?“* erstmals fünf konkrete Ansätze formuliert, Qualität zu definieren:

- **Transzendenter Ansatz (→ „Erlebbare Qualität“)**

  Qualität wird praktisch „erlebt“, indem das Produkt genutzt wird; Qualität ist nicht messbar; mit diesem Ansatz arbeiten Luxusmarken wie Ferrari, Rolex oder Apple. Mein Vater sagte als Kind mal zu mir: „Du mousd amohl drinner ghoggd sei inn suann Bennds - nocherd wassd du wos Guallidähd iss!“ - das ist gemeint mit dem transzendenten Ansatz.[1]

- **Produktbasierter Ansatz (→ Eigenschaftsausprägungen)**

  Die Auswahl eines Produktes folgt dem Ansatz: Was hat am meisten Funktionen bzw. die besten Eigenschaften? Am Beispiel eines Handys wäre dasjenige am besten, das die meisten Funktionen anbietet. Nach diesem Ansatz ist Qualität messbar.

- **Benutzerbasierter Ansatz (→ Bedürfnisbefriedigung)**

  Die Auswahl eines Produktes folgt dem Ansatz, welches Produkt die Bedürfnisse eines Anwenders am besten befriedigt. Beispielsweise wäre ein Handy dann qualitativ besser als ein anderes, wenn sich bestimmte Funktionen (z. B. Adressbuch) auf eine beliebige Taste legen lassen.

- **Herstellerbasierte Ansatz**

  Qualität entspricht dem Grad, in dem Forderungen an die eigenen Herstell- und Zulieferprozesse erfüllt werden.

- **Wertbasierter Ansatz (→ Preis-Leistungs-Verhältnis)**

  Nach diesem Ansatz steckt jedem Produkt ein Nutzwert (Leistung) inne, dem ein preislicher Wert gegenübersteht. Das Produkt mit dem besten Preis-Leistungs-Verhältnis wäre hier das qualitativ beste.

Die unterschiedlichen Sichtweisen führen in der Praxis zu Konflikten. Nach Garvin sollten trotz des Konfliktpotenzials diese unterschiedlichen Sichtweisen kultiviert werden, da die verschiedenen Perspektiven notwendig sind, um erfolgreich qualitativ hochwertige Produkte einführen zu können.

[1] Fränkisch für „Du musst mal in einem (Mercedes) Benz gesessen sein, dann spürst (erlebst) du, was Qualität ist“

Im Laufe der Zeit kamen weitere Ansätze hinzu:

- **Kaufmännischer Ansatz (→ „Kunde kommt zurück, nicht das Produkt")**

  Nach diesem Ansatz steht ausschließlich die Kundenzufriedenheit im Mittelpunkt.

- **Ökologischer Ansatz (→ Nachhaltigkeit, Energie sparen, Umwelt schonen)**

  Wer heute ein Elektrogerät kauft (Waschmaschine, Fernseher etc.), achtet immer häufiger auf den Energieverbrauch und richtet danach auch seine Kaufentscheidung aus.

- **Humaner Ansatz (→ Betreuung wichtiger als Produkt)**

  Wird einem alten Menschen mit einem Gebrechen beispielsweise ein Rollstuhl in einem Sanitätshaus verkauft, so richtet sich die Kaufentscheidung häufig nach der Qualität der Dienstleistung und der persönlichen Betreuung, die der Kunde erfährt. Die Produktqualität des Rollstuhls gerät dadurch in den Hintergrund – im Mittelpunkt steht der Mensch.

- **„Qualität ist das Anständige"**

  Dies ist ein Zitat von Theodor Heuss. Eine Aussage wie *„der Terrorismus hat eine neue Qualität der Gewalt erlangt"* wirft die Frage auf, ob etwas „Negatives" tatsächlich unter dem Gesichtspunkt der Qualität verstanden werden darf ist.

- **Prozessbezogener Ansatz (→ Kontrolle des gesamten Prozesses; „nur 1× machen")**

  Alle oben beschriebenen Forderungen sollen hier zusammenfließen. Es werden in eigenständigen Prozessen die Anforderungen an die Funktionen des Produktes, die Bedürfnisse der Kunden sowie mögliche Marktpreise ermittelt und so sichergestellt, dass nur Produkte (oder Dienstleistungen) erzeugt werden, die auch Abnehmer finden werden. Alles in der Organisation steht miteinander in Wechselwirkung.

  Der prozessbezogene Ansatz erfüllt damit verschiedene Eigenschaften der genannten Ansätze und bildet damit die Grundlage heutiger QM-Systeme!

Die Definition der ISO 9000 bildet weitgehend alle genannten Ansätze ab, indem sie Qualität als das Ergebnis eines Vergleichs mit vorgegebenen Forderungen definiert. Sie bildet damit die Grundlage unseres heutigen Qualitätsverständnisses. Der herstellerbasierte Ansatz von Garvin wird danach erweitert um Forderungen, die von außen von der Kundenseite kommen.

Nach der **ISO 9000** ist Qualität sinngemäß wie folgt definiert:

> Qualität ist das Ausmaß, in dem Forderungen an Produkte oder Dienstleistungen erfüllt werden.

Bild 1.3 mit der Waage meint genau das: Es gibt (beliebig zu definierende) Forderungen, die durch ein Produkt oder eine Dienstleistung in deren (innewohnender) Beschaffenheit mehr oder weniger aufgewogen werden.

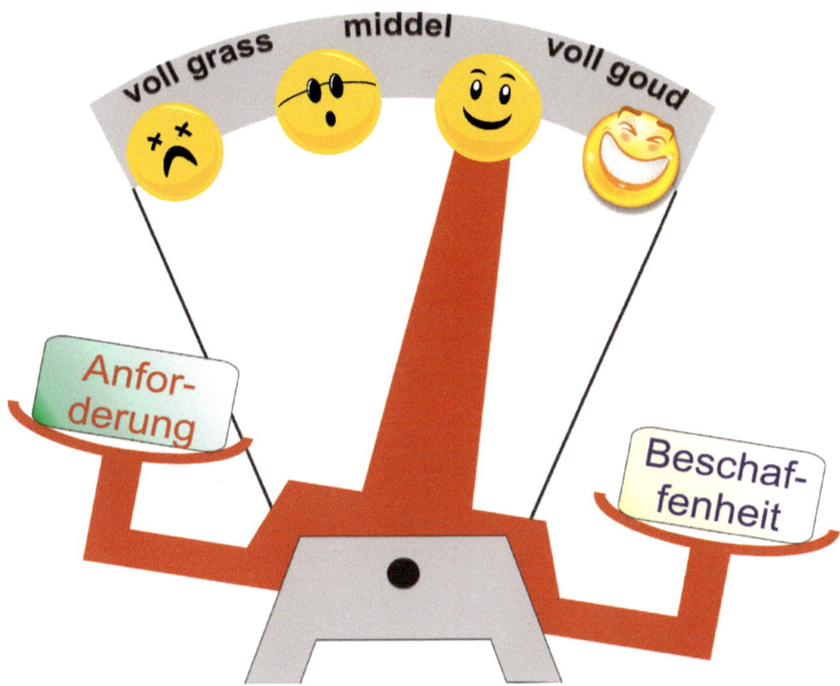

Bild 1.3 Qualitätsbegriff der ISO 9000[2]

Wiegt die Anforderung schwerer als die Beschaffenheit, sprechen wir von schlechter Qualität und umgekehrt.

Hierin wird deutlich, warum sich über Qualität nicht streiten lässt:

Unterschiedliche Anforderungen in der linken Waagschale führen zwangsläufig zu einer unterschiedlichen Qualitätsbetrachtung. Wenn jemand ein neues Auto kaufen will und Wert auf eine lange Haltbarkeit von z. B. zehn Jahren legt, so wird er Qualität anders einstufen als jemand, für den dies kein Kriterium darstellt, weil er alle drei Jahre ein neues Fahrzeug least.

Die Definition ist auf den ersten Blick zwar schwer verständlich, entpuppt sich aber bei genauerem Hinsehen als echter Geniestreich: Ermöglicht sie doch die freie Festlegung von Anforderungen und damit den eigenen Qualitätsanspruch.

---

[2] „grass" bedeutet im Fränkischen „krass" - der Buchstabe „k" wird im Fränkischen nur für ein einziges Wort gebraucht: das Wort „Karaasch" (Garage).

Stellen Sie sich vor, Sie hören in einem Vortrag die folgenden Worte des Redners:

„Wenn die in der letzten Reihe so wie die in der Reihe vor Ihnen Zeitung lesen würden, dann könnten die Leute hier in der ersten Reihe ruhiger schlafen!"

Was sagt dies über die Qualität des Vortrags aus oder anders ausgedrückt: Was sind die **Anforderungen** an einen guten Vortrag?

In diesem Beispiel wird deutlich, dass Anforderungen meist „stillschweigend" festgelegt werden, ohne sich das bewusst zu machen.

An der Definition der Qualität erfolgt auch die Festlegung, wann im Sinne der Norm von einem Fehler (Nichtkonformität) gesprochen wird:

Ein Fehler ist die Nichterfüllung einer Anforderung. (ISO 9000)

Die Reaktion auf Fehler ergibt sich auf drei Ebenen (siehe Bild 1.4).

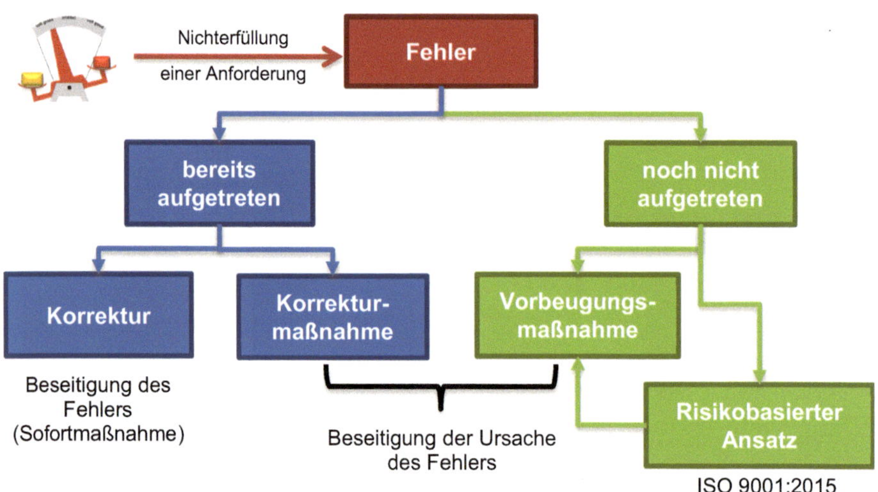

Bild 1.4 Fehlerbegriff und Reaktionen darauf

Geben Sie bitte eine Antwort auf die folgende Frage:

Wenn ein Fehler die Nichterfüllung einer Anforderung ist, dann dürften bei Nichtvorliegen konkreter Anforderungen keine Fehler passieren. Wäre es dann nicht sinnvoll, einfach keine Anforderungen festzulegen?

Machen Sie sich bitte folgendes klar:

- Es gibt immer Anforderungen, auch wenn diese nirgends festgelegt sind. Zumindest ist immer davon auszugehen, dass Kundenanforderungen in der Waagschale liegen.

- Das Festlegen konkreter Anforderungen hilft, Fehler sichtbar zu machen (zu „messen"), und hilft den Mitarbeitern zu wissen, was von ihnen erwartet wird.
- Wenn es für Abläufe keine Festlegungen gibt und Mitarbeiter nach bestem Wissen und Gewissen arbeiten – jedoch nicht im Sinne der Führungskraft –, dann ist das tatsächlich kein Fehler im Sinne der Norm. Der Fehler liegt dann bei der Führungskraft, die die Anforderung nicht festgelegt hat.

Der systematische Umgang mit Fehlern ist der Schlüssel zu einem in der Praxis gelebten Qualitätsmanagement. Lassen Sie uns daher bitte im Folgenden noch bei den beiden Begriffen „Korrektur" und „Korrekturmaßnahme" verweilen – zwei Wörter, die sich sehr ähnlich anhören, aber aus QM-Sicht etwas völlig anderes bedeuten.

1.4 Der Unterschied zwischen Korrektur und Korrekturmaßnahme

Die ISO 9000 definiert:

> Eine **Korrektur** ist eine Maßnahme zur Beseitigung eines Fehlers.
>
> Eine **Korrekturmaßnahme** ist eine Maßnahme zum Beseitigen der **Ursache** einer Nichtkonformität und zum Verhindern des erneuten Auftretens.

Korrektur beseitigt einen Fehler (völlig egal wie – Hauptsache, die Show geht weiter), während eine Korrekturmaßnahme zunächst nach der Ursache fragt und dann Maßnahmen eingesteuert werden, die die Ursache des Problems beseitigen. Da die Unterscheidung zwischen diesen beiden Begriffen von grundlegender Bedeutung ist, soll dies jetzt behandelt werden und nicht erst an der Stelle, wo in der ISO 9001 Korrekturmaßnahmen behandelt werden.

Hierzu eine kleine Anekdote. Vor einigen Jahren durfte ich an einem heißen Sommertag eine Ganztagesschulung in einem nicht klimatisierten Raum halten. Ziemlich verschwitzt kam ich abends auf das Hotelzimmer und begab mich unverzüglich unter die Dusche. An der Wand war ein runder Seifenspender angebracht – halbvoll mit einer blauen Seifenflüssigkeit. Das Problem war: Es kam keine Seife aus dem Spender, so sehr ich auch pumpte!!!

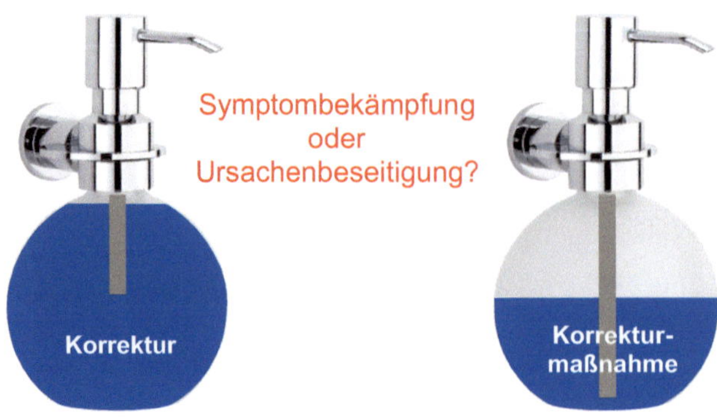

Bild 1.5 Unterschied zwischen Korrektur und Korrekturmaßnahme

Nach einigem Rumfluchen sowie Fassung- und Nervenverlieren beschwerte ich mich schließlich am Empfang (ich hatte mir was angezogen - ich schwör): *„In meinem Zimmer bzw. Dusche befindet sich ein halb voller Seifenspender, aber es kommt keine Seife heraus!"* Die Dame war sehr freundlich und sagte: *„Herr Weghorn - das tut mir leid - wir kümmern uns sofort darum!"* Danach setzte ich mich in die Hotellobby und blätterte in einer herumliegenden Zeitschrift, weil ich mich noch mit einem befreundeten Auditor zum Abendessen treffen wollte. Auf einmal steht ein junger Mann vor mir - mit einem aufgeschraubten Seifenspender in der Hand und sagt: *„Herr Weghorn, ich habe mir Ihr Problem jetzt angesehen - hier ist das Röhrchen zu kurz, das in die Flüssigkeit taucht. Deswegen kommt da nichts raus."* Ich sagte: *„Super, das finde ich klasse, dass Sie sich jetzt sofort darum kümmern - vielen Dank!"* Nach zwei Minuten stand der junge Mann wieder vor mir und sagte: *„Herr Weghorn, habe Ihr Problem gelöst: Der Seifenspender ist wieder voll!"*

Um es mit Heinz Erhard zu sagen: Ich stutzte zwei bis drei Mal, bedankte mich dann artig und war ansonsten ziemlich sprachlos. Spaß beiseite: Insgesamt bin ich dem jungen Mann wirklich sehr dankbar, denn dank ihm habe ich seit vielen Jahren das Lehrbuchbeispiel, das den Unterschied zwischen Korrektur und Korrekturmaßnahme erklärt (Bild 1.5).

Das Auffüllen des Seifenspenders ist das, was man im QM unter Korrektur versteht - Hauptsache, die Show geht weiter bzw. der Kunde kann wieder duschen. Ich hoffe, es ist für Sie nachvollziehbar, dass eine Verlängerung des Röhrchens die bessere Lösung darstellen würde. Denn diese Maßnahme würde die Ursache des Problems beseitigen - ein zu kurzes Röhrchen. Bitte verstehen Sie mich richtig - ich möchte Korrekturen nicht schlechtreden - sie sind im operativen Alltag notwendig und werden weithin auch als „Sofortmaßnahme" bezeichnet. Im Seifenspender-Problem sagen Sie vielleicht: „Was sollte der junge Mann machen - er hatte kein längeres Röhrchen bzw. eine Verlängerung!" Ja, bestimmt - ich bin da schon bei Ihnen. Allerdings könnte es in absehbarer Zeit wieder einem Kunden passieren, dass keine Seife mehr aus dem Spender kommt, obwohl dieser halb voll ist. Wenn sich dieser Fehler nun häuft - spätestens dann sollte man nach der Ursache fragen und Maßnahmen ergreifen, die diese Ursache bekämpfen. Dabei wäre es hilfreich, wenn „Problemstellungen" in irgendeiner systematischen Form dokumentiert werden. Durch statistische Häufungen wird man dann quasi automatisch darauf gestoßen, wo man tiefer graben und nach der Ursache forschen sollte.

In den meisten Unternehmen werden Korrekturen betrieben - also Sofortmaßnahmen ergriffen, wenn Probleme auftauchen. Viele Unternehmen graben jedoch eben nicht tiefer bzw. betreiben keine Ursachenforschung. So gut wie alle Normen, die auf die ISO 9001 aufbauen, fordern jedoch genau das ein: systematische Ursachenforschung und das Einsteuern von Korrekturmaßnahmen. Diese Logik zieht sich wie ein roter Faden durch alle bekannten Managementsysteme und ist damit elementar wichtig für ein Grundverständnis, was Qualitätsmanagement bedeutet.

■ 1.5 Konfliktdreieck der Qualität gestern und heute

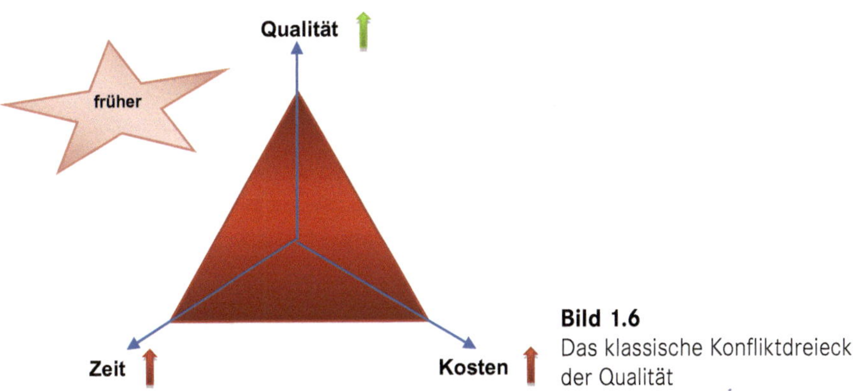

Bild 1.6
Das klassische Konfliktdreieck der Qualität

In den meisten Köpfen herrscht noch die Vorstellung vor, dass hohe Qualität automatisch mit hohen Kosten und Zeitaufwänden verbunden ist. Es ist noch nicht allzu lange her, da kostete die Einführung eines QM-Systems nach ISO 9001 ein Kleinunternehmen zwischen 15 000 und 25 000 € (Berater- und Zertifizierungskosten - von den internen Prozesskosten gar nicht zu sprechen). Dies versteht man unter dem klassischen Konfliktdreieck der Qualität (Bild 1.6).

Der moderne Qualitätsmanagementansatz geht jedoch davon aus, dass sowohl der Parameter **Zeit** als auch die **Kosten** selbst zu optimierende Qualitätsparameter darstellen.

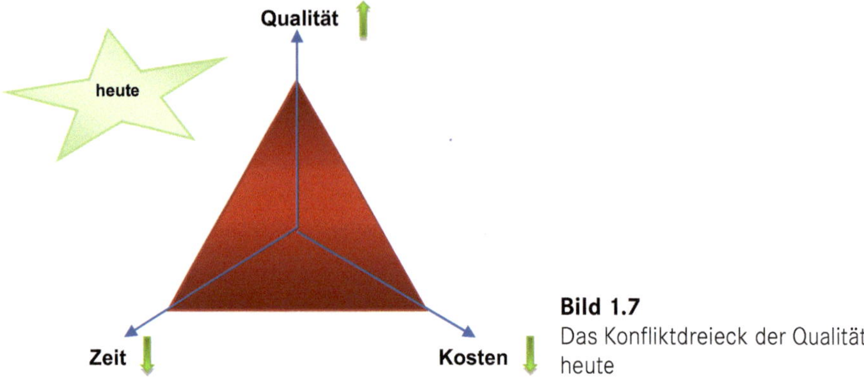

Bild 1.7
Das Konfliktdreieck der Qualität heute

Folgt man dieser Logik, so lässt sich daraus ableiten, dass hohe Qualität auch bedeutet, zeit- und kostenoptimal zu arbeiten. Bild 1.7 zeigt diesen Zusammenhang. Wie wir später noch sehen werden, ist es heute möglich, mit geringem Zeit- und Kostenaufwand ein gängiges QM-System einzuführen. Die entsprechenden Werkzeuge sowie das Know-how, welche Dinge unverzichtbar sind und welche nicht, sind dafür jedoch unabdingbare Voraussetzung.

Folgt man Professor Seghezzi nach seinem St. Gallener Modell, so sollten möglichst alle Qualitätsparameter betriebswirtschaftlich messbar sein. Damit ließe sich der Effekt von Zeit- und Kostenersparnis durch QM auch zahlenmäßig nachweisen.

■ 1.6 Bedeutung, Funktion und Aufgaben von QM-Systemen

Die **Bedeutung** von QM-Systemen lässt sich in folgenden Stichpunkten beschreiben:

- QM-Systeme bilden heute eine tragende Säule des modernen Unternehmens.
- Es definiert sich selbst über Ziele, die verfolgt und erreicht werden müssen.
- Letztlich ist das QM-System indirekt ein Abbild der Anforderungen der sog. „Stakeholder“, also aller am Unternehmen interessierten Parteien (Kunden, Mitarbeiter, Gesellschaft, Umwelt, Investoren etc.).
- Im erweiterten Sinne bildet das QM-System damit auch ein Abbild der Sozialkompetenz im Unternehmen.

Das Qualitätsmanagement gliedert sich im Sinne der ISO 9000 dabei in die in Bild 1.8 dargestellten vier **Funktionen.**

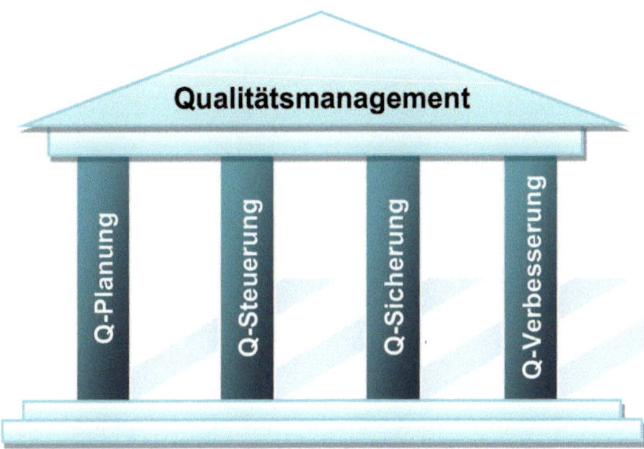

Bild 1.8 Die Funktionsbestandteile eines QM-Systems nach ISO 9000

Dabei werden die einzelnen Bestandteile wie folgt definiert:

Qualitätsplanung umfasst das **Festlegen** von **Qualitätszielen**, der notwendigen **Umsetzungsprozesse** sowie der dafür notwendigen **Ressourcen**.

Qualitätssteuerung bezieht sich auf alles, was die Erfüllung von Qualitätsforderungen sicherstellt.

Qualitätssicherung umfasst alle **Maßnahmen**, die das **Vertrauen** erzeugen sollen, dass bestimmte Qualitätsforderungen erfüllt werden.

Qualitätsverbesserung zielt auf eine **Erhöhung der Fähigkeit** zur Erfüllung der Qualitätsforderungen ab.

Dies mündet unter anderem in folgende **Aufgaben:**

- Einführung/Aufbau (Implementierung)
- Aufrechterhaltung/Überwachung des QM-Systems
- Feststellung der Zielerreichung und der Abweichungen
- zur kontinuierlichen Verbesserung (KVP)
- Nachweis für einen bestimmten Organisationsgrad bzw. Standard
- Vorleben durch alle Mitarbeiter mit Leitungsfunktion (Vorbild)
- Ableiten von Zielen aus der Unternehmensstrategie und -politik
- Festlegen der Maßnahmen zur Zielerreichung
- Umsetzen von Maßnahmen
- Feststellen von Soll-Ist-Abweichungen
- Einleiten von Verbesserungsmaßnahmen

Mit den letzten vier Punkten ist die Hauptaufgabe eines QM-Systems definiert: die praktische Umsetzung des klassischen PDCA-Zyklus der ständigen Verbesserung (siehe Abschn. 3.8).

Auf die betriebliche Notwendigkeit der Einführung von QM-Systemen oder auch beispielsweise einer Zertifizierung nach einer Norm wie der ISO 9001 wird in Kap. 3 näher eingegangen.

2 Entwicklung der QM-Systeme

2.1 Von den Elementen zur Prozessorientierung

In früheren Zeiten betrachtete man ein Unternehmen als Konstrukt, das aus verschiedenen Elementen oder Funktionsbereichen zusammengesetzt ist. Die Wechselwirkung zwischen den einzelnen Elementen wurde häufig nicht oder nur ungenügend betrachtet. Erst im Laufe der Zeit reifte die Erkenntnis, dass es gerade diese Wechselwirkung ist, die reibungslose Abläufe ermöglicht oder nicht. Die Betrachtung der Elemente rückte in den Hintergrund, in den Vordergrund der Prozessbegriff.

Gemäß ISO 9000 ist ein **Prozess** sinngemäß so definiert:

> Ein **Prozess** ist das Zusammenspiel von **Tätigkeiten**, über das **Eingaben** in **Ergebnisse umwandelt werden**.

Offizielle Definitionen des DIN hören sich häufig an, als stünden die Erschaffer solcher Sätze unter Drogen. In der Regel verbergen sich jedoch einfache Sachverhalte dahinter, die nur sehr oft so ausgedrückt wurden, dass sie wie ein Kunstwerk rechtlich geschützt werden können. Gleiches gilt übrigens auch für die offizielle ISO-Definition von Qualität. In diesem Buch werden daher aus rechtlichen Gründen keine Originaldefinitionen abgedruckt, sondern die wesentlichen Kernaussagen in vereinfachter Form.

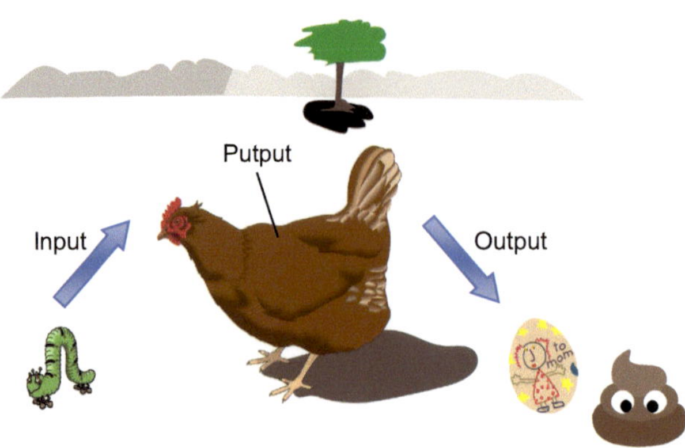

Bild 2.1 Der Prozessbegriff anders erklärt[1]

Unter einem Prozess verstehen wir nichts anderes, als dass in einen Prozess etwas „hineinfließt“ (Input), das verarbeitet wird („Putput“) und ein Ergebnis liefert (Output). Neben dem gewünschten Ergebnis („Ei“) können auch Fehler auftreten („Exkremente“). Qualitätsmanagement ist Fehlermanagement - ein systematischer Ansatz zum Umgang mit Fehlern (Bild 2.1).

Heutige QM-Systeme sind grundsätzlich prozessorientiert, das heißt, die zugrunde liegenden Modelle fußen auf der Wechselwirkung mehrerer Prozesse (siehe z.B. das Prozessmodell der ISO 9000, S. 24). Die Praxis der vergangenen Jahrzehnte hat gezeigt, dass die reine Festlegung von Systemelementen ohne Berücksichtigung der Wechselwirkung nicht ausreicht.

Wichtig ist in diesem Zusammenhang, dass in den meisten QM-Prozessen ein Rückkopplungsmechanismus installiert ist (z.B. Kunden-Feedback), um aufgrund der zurückgekoppelten Erkenntnisse Verbesserungen ein- und durchführen zu können (Bild 2.2).

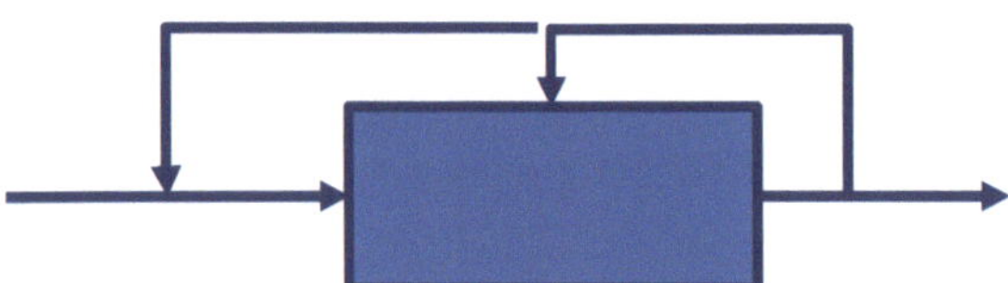

Bild 2.2 Der Prozessbegriff als Systemmodell

Die Rückkopplung zurück in den Prozess bezeichnet man im QM-Jargon als „Steuern“ oder „Lenken“. Technisch entspricht es dem Vorgang des Regelns.

1 nach einer Idee von Tom Körner

Merke: Steuern, Lenken oder **Regeln** entspricht im Englischen dem Begriff „to control“ - aber nicht dem deutschen „Kontrollieren“!

„Kontrollieren“ ist das Feststellen einer Abweichung des Ist- vom Sollzustand und wird im Englischen mit „to check“ übersetzt!

Seit der Normausgabe ISO 9001:2015 wird der Begriff „Lenken“ vor allem für Dokumente, „Steuern“ für alle anderen Regelanalogien im QM-System verwendet.

Im Folgenden soll die Normenfamilie ISO 9000 vorgestellt werden. Die darin enthaltenen Normen markieren das, was man in Bezug auf Qualitätsmanagement heute als „Stand der Technik“ bezeichnet. Mit der Norm 9001 haben Unternehmen die Möglichkeit, ein eingeführtes QM-System durch eine unabhängige Stelle begutachten und zertifizieren zu lassen. Mit einem anerkannten Zertifikat eröffnen sich für viele Unternehmen viele Möglichkeiten, wie z. B.

- Neukundengewinnung,
- Imagesteigerung,
- Rechtssicherheit.

In Kap. 3 wird auf die betriebliche Notwendigkeit von QM-Systemen näher eingegangen.

Doch zunächst soll ein Überblick über die Normenfamilie gegeben werden und danach das Prozessmodell der ISO 9000 vorgestellt werden, welches die Grundlage für die zertifizierbare Norm ISO 9001 bildet.

2.2 Die Normenfamilie ISO 9000

Die Normenfamilie ISO 9000 besteht im Grunde aus vier Normen, die in Tabelle 2.1 im Überblick dargestellt werden.

Tabelle 2.1 Die Normenfamilie ISO 9000

DIN EN ISOT	Titel	Bemerkung
9000	Grundlagen und Begriffe aktuell: DIN EN ISO 9000:2015-11	Konzepte QM-Grundsätze Begriffsdefinitionen
9001	Qualitätsmanagementsysteme - Anforderungen aktuell: DIN EN ISO 9001:2015-11	Allgemeiner branchenunabhängiger Anforderungskatalog; zertifizierbar; Grundlage vieler branchenspezifischer Normen; markiert den „Stand der Technik“

Tabelle 2.1 Die Normenfamilie ISO 9000 *(Fortsetzung)*

DIN EN ISOT	Titel	Bemerkung
9002	Qualitätsmanagementsysteme – Leitfaden für die Anwendung von ISO 9001:2015 Aktuell: DIN ISO/TS 9002:2020-0	Technische Spezifikation – keine Norm! Soll beim Aufbau der ISO 9001 helfen
9004	Anleitung zum Erreichen nachhaltigen Erfolgs aktuell: DIN EN ISO 9004:2018-08	Nicht zertifizierbar; Alternative zum EFQM-Modell für Business Excellence
19011	Leitfaden zur Auditierung von Managementsystemen aktuell: DIN EN ISO 19011:2018-10	Beschreibt Auditprinzipien, Management von Auditprogrammen, Audittätigkeiten, Qualifikation und Bewertung von Auditoren

Wichtig: Ein Unternehmen kann sich aus der Normenfamilie nur nach ISO 9001 zertifizieren lassen![2]

Die ISO 9000 bildet eine Grundlage für die gesamte Normenfamilie, indem hier Begriffe wie der genannte Qualitätsbegriff sowie sieben allgemeine **QM-Grundsätze** definiert werden:

- **Kundenorientierung**

  Der Hauptschwerpunkt des Qualitätsmanagements liegt in der Erfüllung der Kundenanforderungen und dem Bestreben, die Kundenerwartungen zu übertreffen.

- **Führung**

  Führungskräfte auf allen Ebenen schaffen die Übereinstimmung von Zweck und Ausrichtung sowie Bedingungen, unter denen Personen sich für die Erreichung der Qualitätsziele der Organisation engagieren.

- **Engagement von Personen**

  Kompetente, befugte und engagierte Personen auf allen Ebenen in der gesamten Organisation sind wesentlich, um die Fähigkeit der Organisation zu verbessern, Werte zu schaffen und zu erbringen.

[2] Es wird im weiteren Text der Einfachheit halber von ISO 9000 oder ISO 9001 gesprochen, obwohl die vollständige Bezeichnung in Deutschland z. B. DIN EN ISO 9001:2015-11 wäre.

- **Prozessorientierter Ansatz**

  Beständige und vorhersehbare Ergebnisse werden wirksamer und effizienter erzielt, wenn Tätigkeiten als zusammenhängende Prozesse, die als kohärentes System funktionieren, verstanden, geführt und gesteuert werden.

- **Verbesserung**

  Erfolgreiche Organisationen legen fortlaufend einen Schwerpunkt auf Verbesserung.

- **Faktengestützte Entscheidungsfindung**

  Entscheidungen auf Grundlage der Analyse und Auswertung von Daten und Informationen führen wahrscheinlich eher zu den gewünschten Ergebnissen.

- **Beziehungsmanagement**

  Für nachhaltigen Erfolg führen und steuern Organisationen ihre Beziehungen mit relevanten interessierten Parteien, z. B. externen Anbietern.

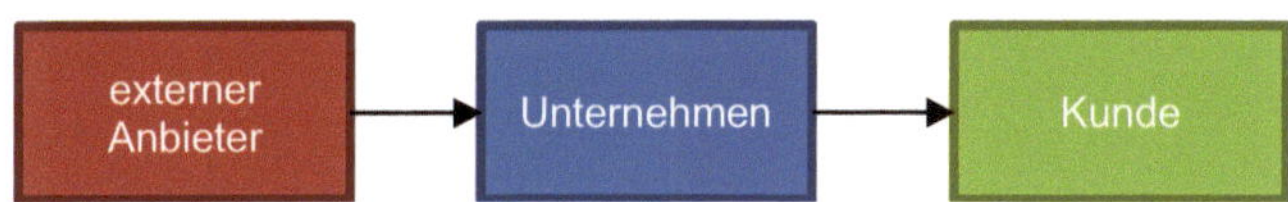

Bild 2.3 Die Einbindung zwischen externem Anbieter und Kunde

Schlechte Qualität eines externen Anbieters wird direkt oder indirekt an den Kunden weitergegeben, daher muss eine sinnvolle wechselseitige Beziehung bestehen (Bild 2.3). Daraus resultiert auch die Anforderung in der ISO 9001, Lieferanten regelmäßig zu bewerten.

Während die **ISO 9001** eine allgemeine (Basis-)Grundlage für ein QM-System bildet, stellt die **ISO 9004** eine Art Leitfaden für das Einführen und Aufrechterhalten eines QM-Systems mit dem Ziel des nachhaltigen Erfolgs von Unternehmen dar.

Die **ISO 19011** ist für alle wichtig, die direkt oder indirekt mit der Abwicklung von Audits betraut sind. Wie dem Titel dieser Norm zu entnehmen ist, gilt sie sowohl für Qualitätsmanagement- als auch Umweltmanagementsystem-Audits. In einem mehrstufigen Konzept ist eine Ausbildung zum Auditor nach ISO 19011 möglich. Eine international anerkannte Prüfung kann man bei der Deutschen Gesellschaft für Qualität (DGQ) oder anderen akkreditierten Gesellschaften ablegen. Hierüber ist auch eine internationale Anerkennung - beispielsweise durch die European Organization For Quality (EOQ) möglich.

■ 2.3 Grundlagen zur ISO 9001

Die erste Normausgabe, die eine größere Verbreitung fand, stammt aus dem Jahr 1994. Hierin wurden Anforderungen für 20 sogenannte „Elemente" formuliert, denen ein QM-System genügen muss. Die Elemente bildeten Themengebiete wie Beschaffung, Prozesslenkung, Prüfmittelüberwachung etc., mit denen sich ein Unternehmen beschäftigen und Nachweise für die Umsetzung der Anforderungen erbringen musste. Die 20 Elemente standen losgelöst voneinander allein im Raum und eine Darlegung irgendwelcher Zusammenhänge der Elemente war nicht vorgesehen. Sämtliche Anforderungen kamen in erster Linie aus dem Maschinenbau und der Automobilindustrie und waren daher für Unternehmen außerhalb dieser Branchen schwierig umzusetzen. So erhielt die ISO 9001 einen Ruf als reine Industrienorm.

In der ISO 9000:2000 wurde dann erstmals ein Prozessmodell definiert, das die Wechselwirkungen der einzelnen Prozesselemente eines modernen QM-Systems abbildet. Damit schaffte es die ISO 9001, auch branchenübergreifend für andere Organisationen sowie für Anbieter von Dienstleistungen interessant zu werden.

Dieses Modell wurde in der Revision 2015 neu formuliert und bildet die Grundlage für eine aktuelle Zertifizierung nach ISO 9001 – den grundlegenden Anforderungskatalog für ein QM-System nach Stand der Technik. Es liegt damit ein Modell vor, das branchenübergreifend auf jede beliebige Organisation angewendet werden kann (Bild 2.4).

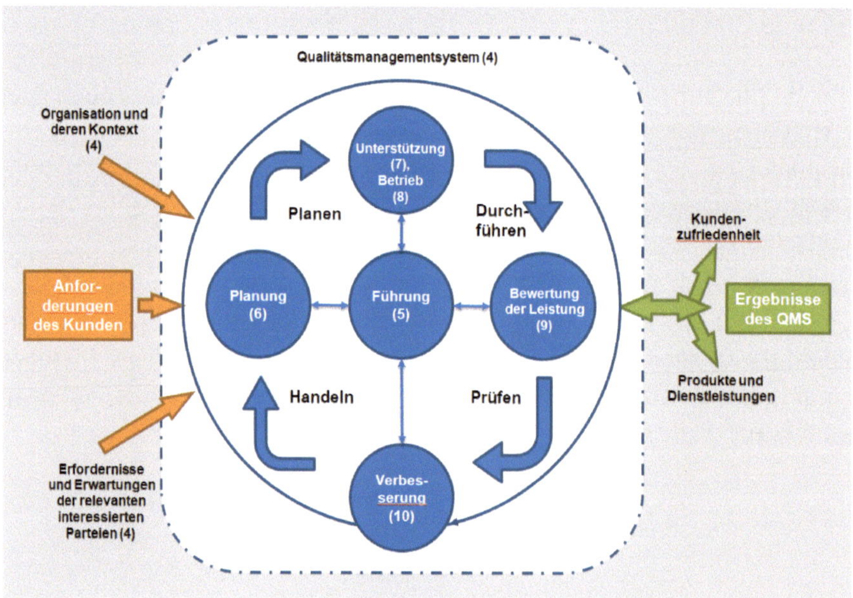

Bild 2.4 Das am PDCA-Zyklus angelehnte, finale Prozessmodell der ISO 9001:2015

Die zehn Kapitel umfassende Struktur des neuen Prozessmodells wird als High Level Struktur (HLS) bezeichnet und ist seit 2012 über den Anhang 2 des sogenannten Annex SL der ISO-Direktiven zur Festlegung von ISO-Standards[3] als feste Vorgabe für jede Art von Managementsystemnorm verpflichtend vorgegeben (Bild 2.5). Die damit verbundene Zielsetzung ist es, eine Einheitlichkeit für die nächsten Jahre zu schaffen.

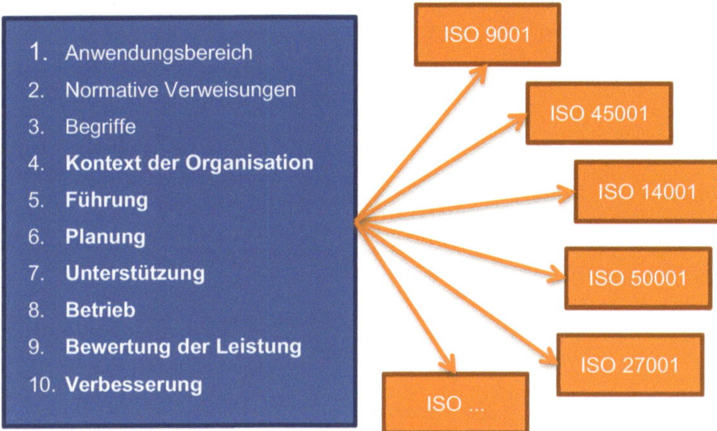

Bild 2.5 High-Level-Struktur der ISO als Managementsystemgrundlage

Das Unternehmen wird mit mehreren Prozesselementen dargestellt, die miteinander in Wechselwirkung stehen (die Zahlenangaben in Bild 2.5 stellen die Kapitelnummern der Norm dar. Im Folgenden kursiv gedruckte Begriffe sind geforderte Bestandteile der Norm):

- **Kontext der Organisation (Kapitel 4)**

  Um ein QM-System sinnvoll und zielgerichtet führen zu können, muss die Organisation zunächst ihr gesamtes Umfeld beleuchten („verstehen"), die Erfordernisse und Erwartungen interessierter Parteien kennen, den Anwendungsbereich des QM-Systems sowie seine Prozesse festlegen.

- **Verantwortung der Leitung (Kapitel 5)**

  Das QM-System muss kundenorientiert gelenkt („geführt") werden. Die Verantwortung hierüber liegt grundsätzlich immer bei der obersten Leitung der Organisation. Sie muss eine Qualitätspolitik festlegen und bekannt machen sowie sämtliche notwendigen Verantwortungen und Befugnisse festlegen.

[3] ISO/IEC Directives, Part 1 - Consolidated ISO Supplement - Procedures specific to ISO; zur Drucklegung des Buches 8th edition 2017; kostenfrei herunterladbar unter *http://www.iso.org*.

- **Planung (Kapitel 6)**

  Die Implementierung und Aufrechterhaltung des gesamten QM-Systems muss geplant erfolgen. Hierzu sind Maßnahmen zum Umgang mit Risiken und Chancen, Qualitätsziele und die Planung zu deren Erreichung sowie die Planung von Änderungen festzulegen.

- **Unterstützung (Kapitel 7)**

  Der Betrieb fordert verschiedene, unterstützende Prozesselemente. Es muss der systematische Umgang mit Ressourcen, Kompetenz, Bewusstseins, interner und externer Kommunikation sowie dokumentierter Information festgelegt werden.

- **Betrieb (Kapitel 8)**

  Im „Betrieb“ werden Produkte und Dienstleistungen realisiert. Dies umfasst im Detail Anforderungen an die

  - Betriebliche Planung und Steuerung,
  - Festlegen von Anforderungen,
  - Entwicklung,
  - Systematische Steuerung extern bereitgestellter Prozesse, Produkte und Dienstleistungen,
  - Produktion und Dienstleistungserbringung,
  - Freigabe,
  - Steuerung nichtkonformer Ergebnisse.

- **Bewertung der Leistung (Kapitel 9)**

  Die Ergebnisse und im Besonderen die Fehler, die im Betrieb (Produktion bzw. Dienstleistungserbringung) entstehen, müssen bewertet werden. Hierzu müssen sie im ersten Schritt messbar gemacht werden. Es wird konkret eine Messung der Kundenzufriedenheit, die Durchführung interner Audits sowie eine Bewertung des QM-Systems nach festgelegten Vorgaben (Managementbewertung) gefordert.

- **Verbesserung (Kapitel 10)**

  Auf Basis der Erkenntnisse aus Kapitel 9 sollen Maßnahmen zur fortlaufenden Verbesserung abgeleitet werden. Im Besonderen werden Maßnahmen gefordert, die sich aus Nichtkonformitäten und Korrekturmaßnahmen ergeben.

Die Kapitel 1 bis 3 sind informativer Natur und für eine Zertifizierung irrelevant.

Das Prozessmodell spiegelt übrigens neben der Inhaltsstruktur der ISO 9001 auch fünf der sieben **QM-Grundsätze** der ISO 9000 (siehe Abschn. 2.2) wider: Kundenorientierung, Führung, Engagement von Personen, Prozessorientierter Ansatz, Verbesserung.

Mit der High-Level-Struktur soll der PDCA-Ansatz angewendet werden. Die einzelnen Kapitel sind gemäß High-Level-Struktur den einzelnen Phasen zugeordnet (siehe Bild 2.6).

Eine weiter gehende Beschreibung der Inhalte der ISO 9001 finden Sie in Abschn. 18.3.

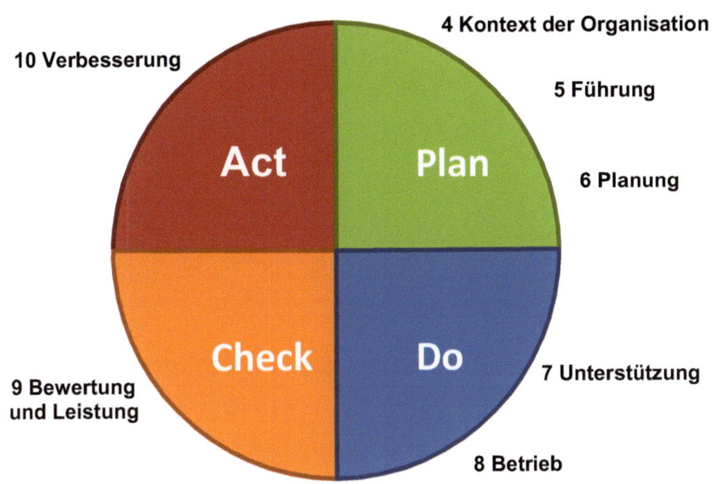

Bild 2.6 Die High-Level-Struktur und der PDCA-Zyklus

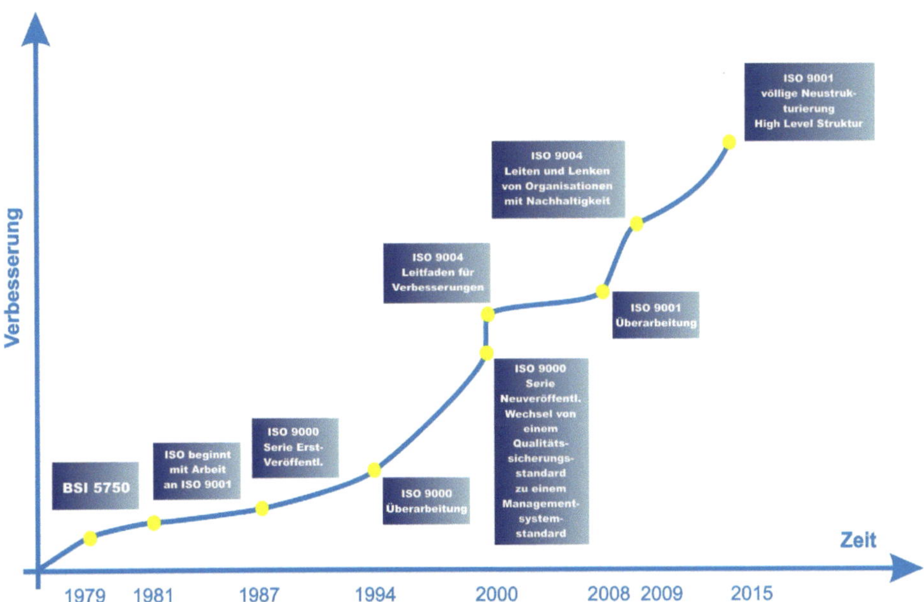

Bild 2.7 Werdegang der ISO-9000-Familie nach einem offiziellen Schaubild der BSI Group (British Standards Institution)

Im weltweiten Ranking nimmt Deutschland derzeit den dritten Platz ein (Tabelle 2.2).

Tabelle 2.2 Länderübersicht der häufigsten 9001-Zertifizierungen (2016)

1	China	350631
2	Italy	150143
3	Germany	66233
4	Japan	49429
5	United Kingdom	37901
6	India	37052
7	Spain	34438
8	United States of America	30474
9	France	23403
10	Brazil	20908

Seit 2009 liegt die Anzahl der weltweiten Zertifizierungen dieser international anerkannten Norm über einer Million. An der ISO 9001 müssen sich alle QM-Systeme weltweit messen.

Die ISO 9001 gilt heute als **Stand der Technik**, was die grundlegenden Anforderungen an Qualitätsmanagementsysteme angeht. Seit ihrer ersten Veröffentlichung im Jahr 1987 kann sie auf eine lange Erfolgsgeschichte zurückblicken. Nimmt man die Ursprünge des BSI (British Standards Institution) seit 1979 hinzu, so stecken in der heute vorliegenden ISO 9001 über 40 Jahre Erfahrung (Bild 2.7). Sie wird daher auch als „Mutter" der Normen betitelt.

Die ISO 9001 Mindmap

Bild 2.8 zeigt eine Mindmap der gesamten ISO-9001-Struktur. Gelb markiert sind Normkapitel, in denen dokumentierte Informationen gefordert sind, ein rotes Fähnchen zeigt an, wo der risikobasierte Denkansatz gefordert ist.

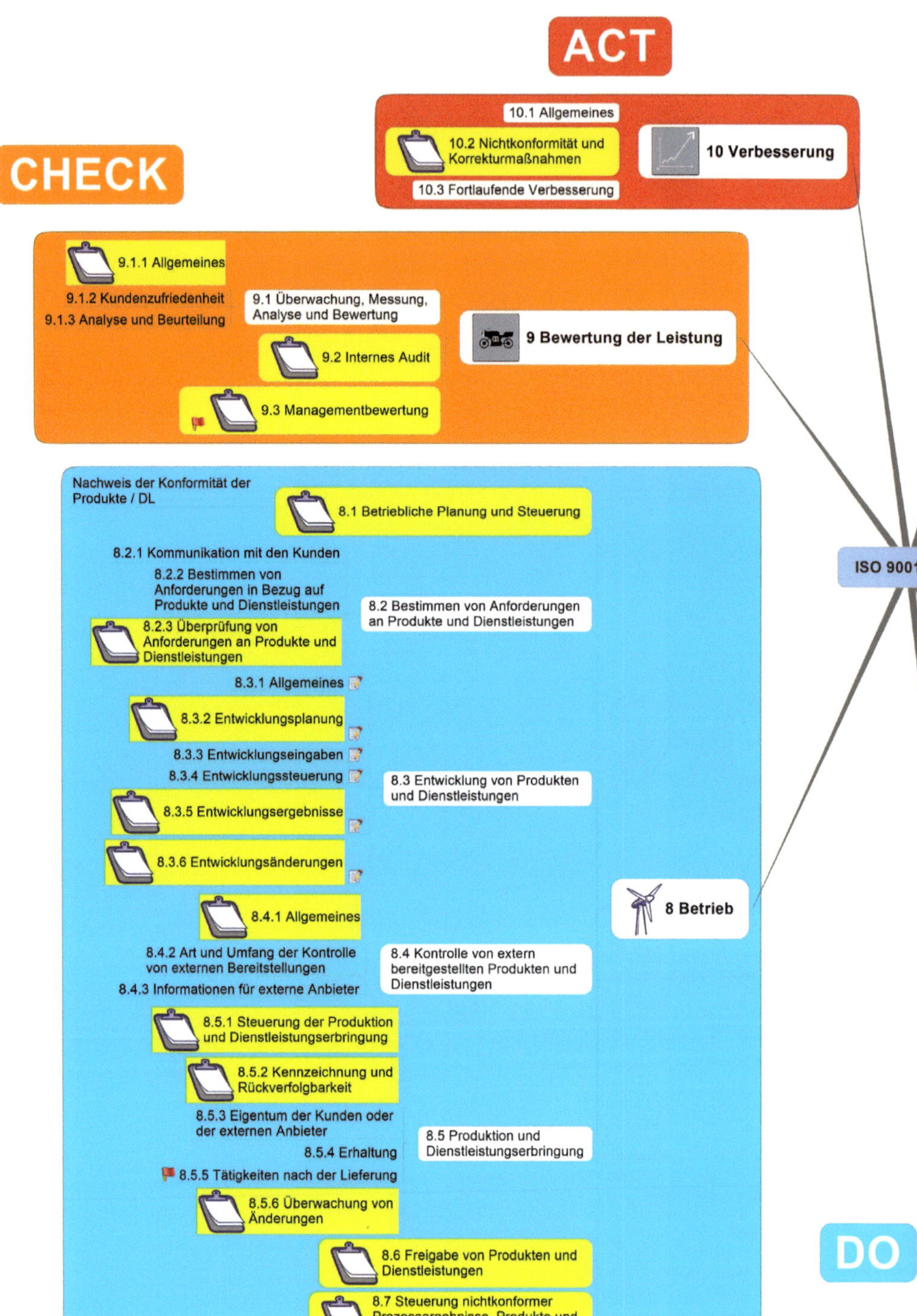

Bild 2.8 ISO -9001-Struktur

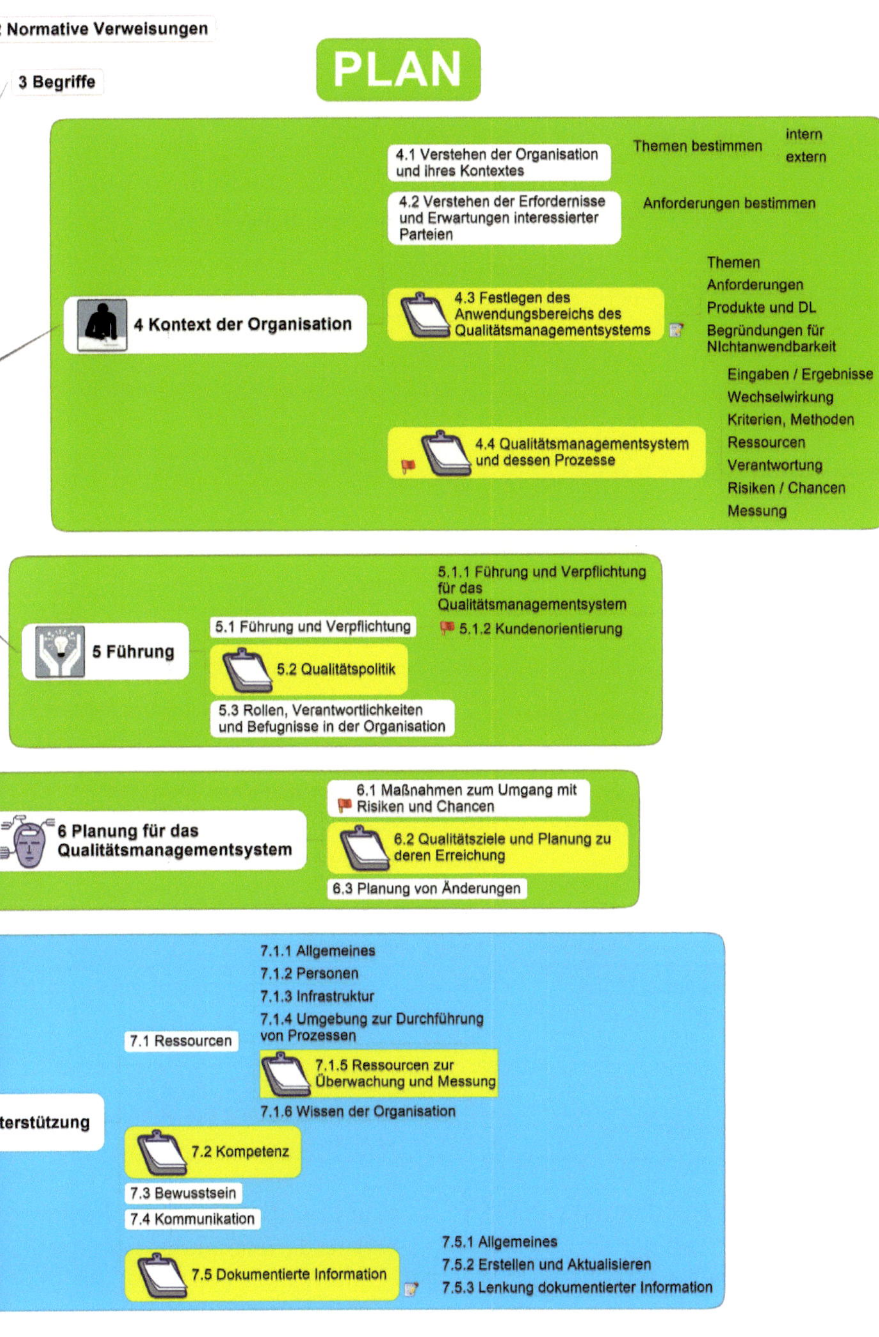
Anwendungsbereich
2 Normative Verweisungen
3 Begriffe
PLAN
4 Kontext der Organisation
4.1 Verstehen der Organisation und ihres Kontextes
Themen bestimmen
intern
extern
4.2 Verstehen der Erfordernisse und Erwartungen interessierter Parteien
Anforderungen bestimmen
4.3 Festlegen des Anwendungsbereichs des Qualitätsmanagementsystems
Themen
Anforderungen
Produkte und DL
Begründungen für Nichtanwendbarkeit
4.4 Qualitätsmanagementsystem und dessen Prozesse
Eingaben / Ergebnisse
Wechselwirkung
Kriterien, Methoden
Ressourcen
Verantwortung
Risiken / Chancen
Messung
5 Führung
5.1 Führung und Verpflichtung
5.1.1 Führung und Verpflichtung für das Qualitätsmanagementsystem
5.1.2 Kundenorientierung
5.2 Qualitätspolitik
5.3 Rollen, Verantwortlichkeiten und Befugnisse in der Organisation
6 Planung für das Qualitätsmanagementsystem
6.1 Maßnahmen zum Umgang mit Risiken und Chancen
6.2 Qualitätsziele und Planung zu deren Erreichung
6.3 Planung von Änderungen
nterstützung
7.1 Ressourcen
7.1.1 Allgemeines
7.1.2 Personen
7.1.3 Infrastruktur
7.1.4 Umgebung zur Durchführung von Prozessen
7.1.5 Ressourcen zur Überwachung und Messung
7.1.6 Wissen der Organisation
7.2 Kompetenz
7.3 Bewusstsein
7.4 Kommunikation
7.5 Dokumentierte Information
7.5.1 Allgemeines
7.5.2 Erstellen und Aktualisieren
7.5.3 Lenkung dokumentierter Information

2.4 Das Reifegradmodell der ISO 9004

Die Anforderungen der ISO 9004 gehen über diejenigen der ISO 9001 hinaus und sind als Managementansatz für das „Leiten und Lenken für den nachhaltigen Erfolg von Organisationen" gedacht (so auch der Titel dieser Norm).

Im Anhang der ISO 9004 ist eine Anleitung mit Fragenkatalog für eine Selbstbewertung nach einem Reifegradmodell gegeben.

Ein Reifegradmodell wie das vorliegende ist der Versuch, das kontinuierliche Leistungsspektrum von Unternehmen in Bezug auf unterschiedliche Aufgabenstellungen in ein diskretes „Ligasystem" umzuwandeln („In welcher Liga spielen wir?"). Exakt dieser Ansatz ist das Kennzeichen von sogenannten Excellence-Modellen:

Ein **Excellence-Modell** ist ein QM-Modell, das den **Vergleich** mit anderen Unternehmen **ermöglicht (Benchmarking)**.

Das formale Modell der Norm stellt sich wie in Tabelle 2.3 dar.

Tabelle 2.3 Formale Logik der Reifegrade nach ISO 9004

Reifegrad	Leistungsniveau	Erläuterung
1	Kein formaler Ansatz	Kein systematischer Ansatz erkennbar; keine Ergebnisse, schlechte oder nicht vorhersagbare Ergebnisse.
2	Reaktiver Ansatz	Problem- oder korrekturorientierter systematischer Ansatz; Mindestdaten zu Verbesserungsergebnissen vorhanden.
3	Stabiler formaler systematischer Ansatz	Systematischer prozessgestützter Ansatz, systematische Verbesserungen im Frühstadium, Daten über die Einhaltung von Qualitätszielen vorhanden, Verbesserungstrends vorhanden.
4	Schwerpunkt auf ständiger Verbesserung	Verbesserungsprozess eingeführt; gute Ergebnisse und nachhaltige Verbesserungstrends
5	Bestleistung	Fest integrierter Verbesserungsprozess; Nachweis der Bestleistung durch Benchmark-Ergebnisse.

Mit der Normrevision aus dem Jahr 2009 wurde eine feste Definition der Reifegrade in Abhängigkeit von der jeweils betrachteten Anforderung an das QM-System eingeführt. Tabelle 2.4 zeigt exemplarisch einen Auszug aus der letzten Revision 2018, wie hier für den Abschnitt „Führung – Allgemeines" die unterschiedliche Ausprägung der Reifegrade definiert wurde. Über Diagramme und Berichte lässt sich mithilfe der Reifegrade über längere Zeiträume die Entwicklung des Unternehmens sichtbar machen.

Tabelle 2.4 Beispiele für die Reifegrade der ISO 9004

Grad	Element/Reifegradbeschreibung
1	Prozesse für die Festlegung, Aufrechterhaltung und Vermittlung der Vision, der Mission und der Werte der Führung und zur Förderung einer internen Umgebung, in der Personen engagiert sind und sich der Erreichung der Ziele der Organisation verpflichtet fühlen, werden informell oder im Einzelfall ausgeführt.
2	Hauptprozesse wie etwa diejenigen in Verbindung mit der Festlegung der Identität der Organisation, einer Kultur des Vertrauens, der Integrität und der Zusammenarbeit, den notwendigen Ressourcen, Schulungen und Handlungsbefugnissen, der gesicherten Festlegung von Verhaltensmerkmalen und der Unterstützung der Führungsentwicklung werden bestimmt. Nur einige Wechselbeziehungen zwischen Führungsverhalten und Verpflichtung einschließlich der Aufrechterhaltung einer wettbewerbsfähigen Organisationsstruktur, der Einheit von Zweck und Ausrichtung sowie der Bekräftigung der Werte und Erwartungen sind festgelegt.
3	Prozesse und Wechselwirkungen der Tätigkeiten in Verbindung mit der Identität der Organisation, kulturellen Aspekten, der Bereitstellung von Ressourcen, Ausbildung, der Handlungsbefugnis und Verhaltensfaktoren werden berücksichtigt. Eine wettbewerbsfähige Organisationsstruktur und ein gemeinsamer Zweck werden festgelegt. Werte und Erwartungen werden festgelegt und kommuniziert. Die Führungsentwicklung wird festgelegt. Prozesse zur Aufrechterhaltung der Kultur und Förderung des Verantwortungsbewusstseins werden angewendet. Die Aufrechterhaltung der Organisationsstruktur und des gemeinsamen Zwecks in Verbindung mit dem Kontext der Organisation, wobei Werte und Erwartungen persönlich und/oder regelmäßig bekräftigt werden, sind in der Prozessbestimmung enthalten.
4	Prozesse und ihre Wechselwirkungen werden systematisch so bestimmt, dass die Ergebnisse und Resultate präzise sind und eine interne Umgebung schaffen, in der Personen engagiert und der Erreichung der Ziele der Organisation verpflichtet sind, und in einer Weise, die Verständnis fördert und die Fähigkeit der Organisation, nachhaltigen Erfolg zu erzielen, unterstützt. Alle relevanten Faktoren und ihre Wechselbeziehungen werden bei der Prozessbestimmung berücksichtigt.
5	Prozesse und die Wechselwirkungen der Führung mit allen Ebenen der Organisation werden dynamisch bestimmt und zur Festlegung und Aufrechterhaltung des Erfolgs der Organisation genutzt.

Die ISO 9004 zählt zu den Excellence-Modellen, da sich hiernach über den Reifegrad unterschiedliche Unternehmen vergleichen lassen – zumindest in Bezug auf einzelne Normelemente. Jedoch kann ein Unternehmen nach dieser Norm weder zertifiziert werden noch einen Preis gewinnen. Daher ist dieses Modell in der Praxis selten vertreten.

■ 2.5 Entstehung von internationalen Normen

Für die Neu- und Fortentwicklung von Normen existieren in allen möglichen Ländern sogenannte Normenausschüsse. In Deutschland wird diese Aufgabe durch das Deutsche Institut für Normung e. V. (DIN) wahrgenommen.

Diese Normenausschüsse entwickeln Vorschläge, die auf europäischer Ebene durch das CEN (Comité Européen de Normalisation) gesammelt und bewertet werden.

Auf internationaler Ebene werden wiederum die Vorschläge verschiedener Landes- und Kontinentalverbände wie das CEN gesammelt und bewertet.

Während die Erarbeitung also von unten nach oben erfolgt, werden die Normen dann von oben nach unten freigegeben und veröffentlicht: Zuerst als **ISO-Norm**, dann wird sie - evtl. versehen mit einem europäischen Vorwort - vom CEN als **EN ISO-Norm** und schließlich in Deutschland als DIN EN ISO-Norm übersetzt und in Kraft gesetzt (Bild 2.9).[4]

Bild 2.9 Erarbeitung von internationalen Normen

[4] Es gibt auch ISO-Normen, die direkt vom DIN in Deutschland veröffentlicht werden. Diese „DIN ISO-Normen" sind jedoch die Ausnahme.

Vollständig wird eine Norm noch mit Jahreszahl und Monat versehen, an dem sie wirksam wurde. So lautet die letzte Ausgabe der ISO 9001 in Deutschland vollständig: **DIN EN ISO 9001:2015-11.**

Die einzelnen Stufen bis zur Veröffentlichung zeigt Tabelle 2.5.

Tabelle 2.5 Veröffentlichungsstufen einer Norm

Stufe	Bedeutung
Vorschlagsstufe	Vom Vorschlag bis zur Annahme eines neuen Normungsvorhabens
Bearbeitungsstufe	Von der Annahme des Normungsvorhabens bis zur Verabschiedung zur Registrierung als Komitee-Entwurf
Komiteestufe (CD)	Vom Komitee-Entwurf (Commitee Draft - CD, mehrere möglich) bis zur Verabschiedung zur Umfrage (Internationaler Normentwurf)
Umfragestufe (DIS)	Von der Annahme zur Umfrage Internationaler Entwurf, Draft International Standard - DIS) bis zur Verabschiedung zum Schlussentwurf
Annahmestufe (FDIS)	Von der Annahme als Schlussentwurf (Final Draft International Standard - FDIS) bis zur Verabschiedung zur internationalen Norm
Veröffentlichungsstufe	Von der Annahme als internationale Norm bis zur Veröffentlichung als ISO-, IEC- oder ISO/IEC-Norm

2.6 Das EFQM-Modell für Excellence

Ein weiteres Excellence-Modell stellt das EFQM-Modell dar (Bild 2.10). Wie die ISO 9004 ist dieses Modell nicht zertifizierbar.

In Europa gibt es eine gemeinnützige Organisation, die sich um die Weiterentwicklung von Qualitätsmanagementsystemen bemüht. Die EFQM[5] mit Sitz in Brüssel hat in diesem Zusammenhang ein Modell entwickelt, welches einerseits jedem Unternehmen die Möglichkeit bietet, nach einem bestimmten Selbstbewertungsverfahren sich selbst zu bewerten, und andererseits sich mit anderen Unternehmen (auch anderer Branchen) zu vergleichen (Benchmarking). In Deutschland gibt es zwei Partner, die sich um eine Ausbildung nach dem EFQM-Modell kümmern: die Initiative Ludwig-Erhard-Preis (ILEP) und die Deutsche Gesellschaft für Qualität (DGQ). In das aktuelle Modell aus dem Jahr 2020 floss über Forschungsinitiativen

[5] EFQM steht für European Foundation For Quality Management. Die EFQM möchte die Gründungsbenennung aber nicht mehr publiziert haben, da man das Thema Quality Management nicht mehr als prägendes Themenfeld benannt haben möchte.

zwischen Juli 2018 und Mai 2019 das Feedback von 2000 Change-Experten und Führungskräften aus über 60 verschiedenen Organisationen ein – und das branchenübergreifend. Als Zielsetzung wird formuliert:

„Das EFQM Modell unterstützt Ihre Organisation dabei, Erfolg zu erzielen, indem es aufzeigt, wo Sie sich auf dem Weg zur Schaffung von nachhaltigem Nutzen befinden. Es hilft Ihnen, Lücken aufzuzeigen, mögliche Lösungen zu verstehen und es ermöglicht Ihnen, die Leistungsfähigkeit Ihrer Organisation voranzutreiben."

Konzeptionell baut das aktuelle Modell auf zwei Komponenten auf:

- das EFQM-Kriterienmodell
- die RADAR-Bewertungslogik

Informationen zum EFQM-Modell findet man international unter *www.efqm.org*, dem Webauftritt der ILEP unter *www.ilep.de* oder der DGQ unter *www.dgq.de*. Neben dem sehr umfangreichen Informationsmaterial der Initiative Ludwig-Erhard-Preis gibt es über den ILEP-Webauftritt auch die Möglichkeit, ein Online-Tutorial bzw. ein WBT zum EFQM-Modell durchzuführen.[6] Unter *www.excellence-check.de* bietet die ILEP auch einen kostenlosen Excellence-Check an.

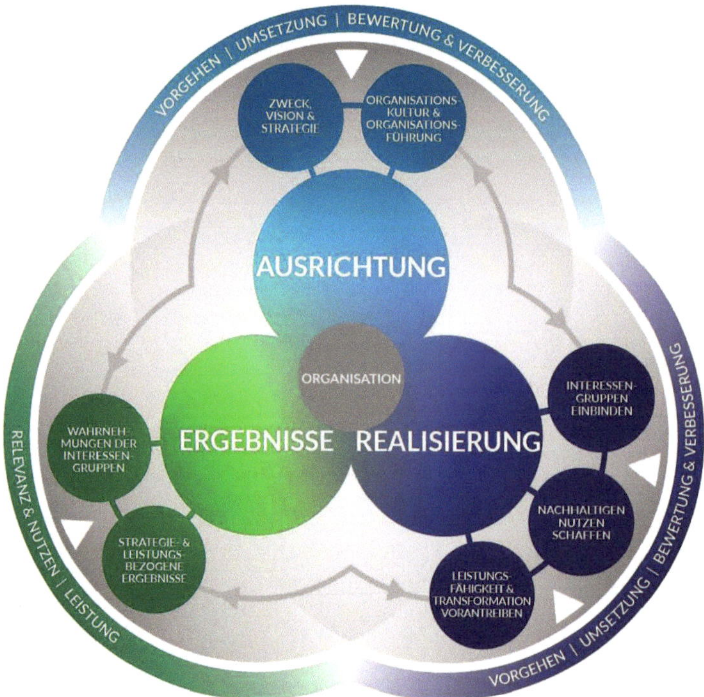

Bild 2.10 Das EFQM-Modell mit den Gewichtungen aus dem Jahr 2020[7]

[6] Zum Zeitpunkt der Drucklegung dieses Buches war das EFQM-Modell 2020 unter *https://www.ilep.de/info-center/publikationen/* kostenfrei herunterladbar und für 60 € als Papierausgabe bestellbar.

[7] mit freundlicher Genehmigung von Dr. André Moll/ILEP

Die aktuelle Ausgabe hebt drei Aspekte hervor, die als Grundsätze wichtig sind – unabhängig von der Unternehmensgröße und Organisationsform:

- Vorrang des Kunden und dessen Bedürfnissen vor anderen Zielen
- Notwendigkeit eines langfristigen, auf die Interessengruppen gerichteten Blickwinkels
- Ursache-Wirkungs-Zusammenhang zwischen dem, was die Organisation tut, wie sie es tut und was sie infolge dieser Handlungen erreicht

Im Sinne einer europäischen Stiftung wird des Weiteren betont, dass europäische Werte zu würdigen sind und diese das Modell mit geformt haben.

2.6.1 Grundstruktur des Excellence-Modells

„Die strategische Ausrichtung des EFQM-Modells in Kombination mit dem Fokus auf die Leistungsfähigkeit einer Organisation, macht es zum idealen Handlungsrahmen, um aktuelle und künftige Herausforderungen zu erkennen und Lösungsansätze ausgewogen zu bewältigen.“

Die Struktur des EFQM-Modells baut auf drei Fragen auf, die zu den drei **Segmenten** des Modells führen:

- **WARUM** existiert die Organisation? → Begründung von Zweck und Strategie
  → Segment AUSRICHTUNG
- **WIE** soll die Strategie umgesetzt und der Zweck erreicht werden?
  → Segment REALISIERUNG
- **WAS** wurde erreicht/soll künftig erreicht werden?
  → Segment ERGEBNISSE

Unter jedem dieser drei Segmente sind **Kriterien** definiert, die bei den Segmenten AUSRICHTUNG und REALISIERUNG wiederum weitere Teilkriterien einschließen. Tabelle 2.6 zeigt sämtliche Kriterien einschließlich Teilkriterien und die zu erreichende Punktzahl je Segment oder Kriterium. Wenn es Teilkriterien gibt, so geht jedes Unterkriterium gleichwertig in die Berechnung des Hauptkriteriums ein. In der Tabelle wird dann der prozentuale Anteil wiedergegeben:

Tabelle 2.6 Die Kriterien des EFQM-Modells (Modell 2020)

AUSRICHTUNG		200
1	**Zweck, Vision und Strategie**	**100**
1.1	Zweck und Vision definieren	20%
1.2	Interessengruppen identifizieren und ihre Bedürfnisse verstehen	20%
1.3	Ecosystem, eigene Fähigkeiten und wichtige Herausforderungen verstehen	20%

Tabelle 2.6 Die Kriterien des EFQM-Modells (Modell 2020) *(Fortsetzung)*

AUSRICHTUNG		200
1.4	Strategie entwickeln	20 %
1.5	Governance-Struktur und Steuerungssystem für die Leistungsfähigkeit der Organisation entwickeln und implementieren	20 %
2	**Organisationskultur und Organisationsführung**	**100**
2.1	Organisationskultur lenken und ihre Werte fördern	25 %
2.2	Rahmenbedingungen für erfolgreiche Veränderung gestalten	25 %
2.3	Kreativität und Innovation ermöglichen	25 %
2.4	Gemeinsam und engagiert für Zweck, Vision und Strategie der Organisation einstehen	25 %
3	**Interessengruppen einbinden**	**100**
3.1	Kunden - nachhaltige Beziehungen aufbauen	20 %
3.2	Mitarbeitende - gewinnen, einbeziehen, entwickeln und halten	20 %
3.3	Wirtschaftliche und regulatorische Interessengruppen - kontinuierliche Unterstützung sicherstellen	20 %
3.4	Gesellschaft - zu Entwicklung, Wohlergehen und Wohlstand beitragen	20 %
3.5	Partner und Lieferanten - Beziehungen aufbauen und Beitrag für die Schaffung nachhaltigen Nutzens sicherstellen	20 %
4	**Nachhaltigen Nutzen schaffen**	**200**
4.1	Nachhaltigen Nutzen planen und entwickeln	25 %
4.2	Nachhaltigen Nutzen kommunizieren und vermarkten	25 %
4.3	Nachhaltigen Nutzen liefern	25 %
4.4	Ein Gesamterlebnis definieren und verwirklichen	25 %
5	**Leistungsfähigkeit und Transformation vorantreiben**	**100**
5.1	Leistungsfähigkeit vorantreiben und Risiken managen	20 %
5.2	Die Organisation für die Zukunft transformieren	20 %
5.3	Innovation fördern und Technologie nutzen	20 %
5.4	Daten, Information und Wissen wirksam einsetzen	20 %
5.5	Vermögenswerte und Ressourcen managen	20 %
6	**Wahrnehmungen der Interessengruppen**	**200**
7	**Strategie- und leistungsbezogene Ergebnisse**	**200**

Es gilt nun, die 23 Teilkriterien in den Segmenten AUSRICHTUNG und REALISIERUNG sowie die beiden Ergebniskriterien zu bewerten. Dabei können maximal 1000 Punkte erreicht werden. Wie das vonstattengeht, wird im nächsten Abschnitt gezeigt.

2.6.2 Die RADAR-Bewertungslogik

Für die Bewertung im EFQM-Modell sorgt das sogenannte RADAR-Modell. Dabei steht RADAR als Begriff für fünf Bewertungselemente (Bild 2.11).

Segment ERGEBNISSE	Results	Ergebnisse	
Segment AUSRICHTUNG und REALISIERUNG	Approaches	Vorgehen	Plan
	Deployment	Umsetzung	Do
	Assess &	Bewertung	Check
	Refine	Verbesserung	Act

Bild 2.11 Die RADAR-Bewertungselemente

Es zeigt sich, dass die zwei Segmente AUSRICHTUNG und REALISIERUNG im Prinzip nach den vier Elementen des Deming-Zyklus (PDCA-Zyklus – siehe Abschn. 3.8) bewertet werden.

Jedes Teilkriterium bzw. die beiden Ergebniskriterien werden über sechs Attribute bewertet (die Teilkriterien im Segment AUSRICHTUNG über vier). Dies führt im Gesamten zu einer sehr umfangreichen Bewertungsmatrix (25 × 6 – 9 × 2 = 132 Einzelbewertungen), bei der jede Punktzahl im Einzelnen begründet werden muss. Diese Einzelbewertungen werden dann nach dem im vorigen Abschnitt dargestellten Verteilungsschlüssel in eine einzelne Kennzahl zwischen 0 und 1000 überführt (Bild 2.12).

Wer der RADAR-Logik folgt, muss zwei Regeln befolgen:

- Sowohl beim Segment AUSRICHTUNG als auch beim Segment REALISIERUNG darf die Bewertung eines Teilkriteriums die Bewertung für das Attribut „Vorgehen fundiert“ nicht übersteigen. Vereinfacht ausgedrückt heißt das: Ohne Plan gibt es keine Punkte. Die gesamte PDCA-Logik steht und fällt mit dem Plan.
- Beim Segment ERGEBNISSE darf die Bewertung der Kriterien die Bewertung für das Attribut „Umfang und Relevanz“ nicht übersteigen.

Für die praktische Durchführung einer Bewertung ist in der Regel eine Ausbildung zum EFQM-Assessor notwendig, die in Deutschland wie bereits erwähnt bei der der Initiative Ludwig-Erhard-Preis (ILEP) oder der Deutschen Gesellschaft für Qualität (DGQ) absolviert werden kann.

Bewertungsattribute für die Segmente AUSRICHTUNG und REALISIERUNG					
Vorgehen		Umsetzung		Bewertung und Verbesserung	
fundiert	Abgestimmt*	eingeführt	Flexibel*	Analyse	Lernen und Verbessern

kommt beim Segment AUSRICHTUNG nicht zur Anwendung

Bewertungsattribute für das Segment ERGEBNISSE					
Relevanz und Nutzen		Leistung			
Umfang und Relevanz	Verwendbare Daten	Trends	Ziele	Vergleiche	Fokus auf die Zukunft

Bild 2.12 Die RADAR-Bewertungselemente mit Attributen

2.6.3 Preise/Ludwig-Erhard-Preis (LEP)

Ein Grund für den Erfolg des EFQM-Modells liegt vor allem in der Möglichkeit, sich mit anderen Unternehmen und Organisationen zu vergleichen (Benchmarking – das Kennzeichen von Excellence-Modellen) und danach Preise zu gewinnen. Auf europäischer Ebene gibt es die Möglichkeit, sich um den EFQM Excellence Award (EEA) zu bewerben. In Deutschland gibt es den Ludwig-Erhard-Preis (LEP). Er ist die höchste nationale Auszeichnung für Spitzenleistungen – gemessen am EFQM-Modell. Es gilt das Ligaprinzip (Bild 2.13).

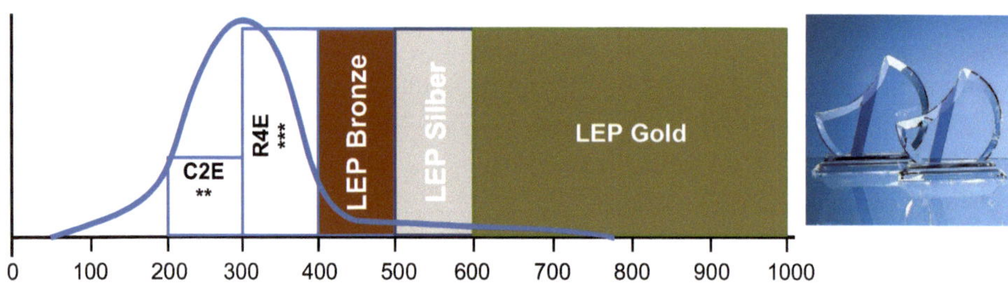

Bild 2.13 Vermutete Reifegradverteilung deutscher Unternehmen[8]

[8] mit freundlicher Genehmigung von Dr. André Moll/ILEP

Die Einstufung erfolgt über eine finale Punktzahl zwischen 0 und 1.000 und stellt dar, in welcher „Liga" das Unternehmen spielt. Durchschnittliche Unternehmen liegen zwischen 200 und 300 Punkten (auch mit bereits erzieltem ISO 9001-Zertifikat!). Ab 200 Punkte kann ein Bewerber bei der EFQM Urkunden bzw. Auszeichnungen erhalten:

> 200 Punkte	C2E Committed to Excellence, zwei Sterne
> 300 Punkte	R4E Recognized for Excellence, drei Sterne
> 400 Punkte	Ludwig-Erhard-Preis - Deutscher Excellence-Preis in Bronze
> 500 Punkte	Ludwig-Erhard-Preis - Deutscher Excellence-Preis in Silber
> 600 Punkte	Ludwig-Erhard-Preis - Deutscher Excellence-Preis in Gold

Wird kein Bewerber dem Anspruch als Preisträger gerecht, wird kein Preis vergeben. Die besten Organisationen weltweit haben bislang maximal 800 Punkte erzielt. Organisationen, die über 500 Punkte haben, können zusätzlich am Wettbewerb um den EFQM Excellence Award (EEA) teilnehmen.

Nähere Informationen zum Ludwig-Erhard-Preis findet man unter www.ilep.de. Hier findet man umfangreiche Informationen zum Bewerbungsverfahren sowie Fragenkataloge zur Selbstbewertung.

2.7 Andere Normensysteme und Regelungen

Die in Deutschland vorhandene Normen- und Regelungslandschaft ist unübersehbar. Grundsätzlich sollten wir zwischen

- Gesetzen und Verordnungen sowie
- Normen

unterscheiden. **Gesetze und Verordnungen** sind verbindlich - deren Nichteinhaltung führt gegebenenfalls zur Strafverfolgung.

Normen hingegen haben im ersten Schritt Empfehlungscharakter und markieren häufig den „Stand der Technik". So stellt die Einhaltung der ISO 9001 heutzutage den (Minimal-)Standard von QM-Systemen dar. Aus dem Empfehlungscharakter von Normen kann jedoch schnell eine verbindliche Anforderung werden, beispielsweise wenn im Automobilsektor Unternehmen Zulieferer von Autoherstellern werden möchten oder im Gesundheitswesen Krankenkassen einen Zertifizierungsnachweis zur Grundlage ihrer Abrechnung machen.

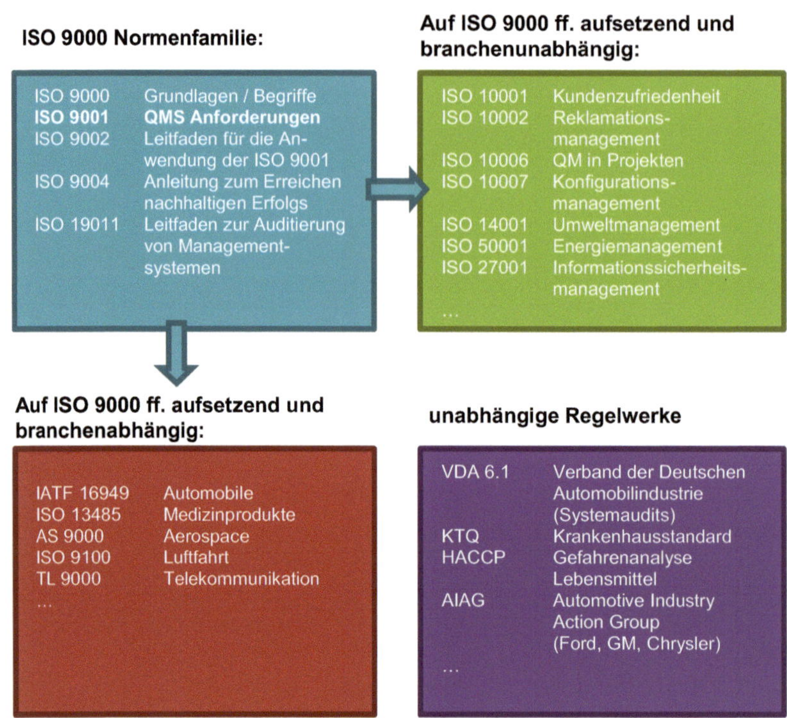

Bild 2.14 Regelungslandschaft in QM-Systemen

Wie in Bild 2.14 zu sehen, dient die Normenfamilie ISO 9000 als Grundlage sowohl für branchenspezifische (z. B. den Medizinproduktebereich) als auch für branchenunabhängige Normerweiterungen oder Regelwerke (z. B. QM in Projekten). Dabei bleiben die Grundstruktur sowie die wesentlichen Aussagen der ISO 9000 und 9001 erhalten bzw. werden vorausgesetzt. Im Beispiel der ISO 13485 für Medizinprodukte erfolgt die Erweiterung beispielsweise durch Einfügen der spezifischen Forderungen an Medizinprodukte direkt in den Text der ISO 9001 - in Blau gekennzeichnet, sodass die Erweiterung auch direkt erkennbar wird.

Daneben gibt es noch viele Regelwerke, die völlig außerhalb der ISO-9000-Normenfamilie sind und die sowohl branchenabhängig als auch -unabhängig sein können.

2.8 Die Dokumentation im QM-System

2.8.1 Die Dokumentenpyramide

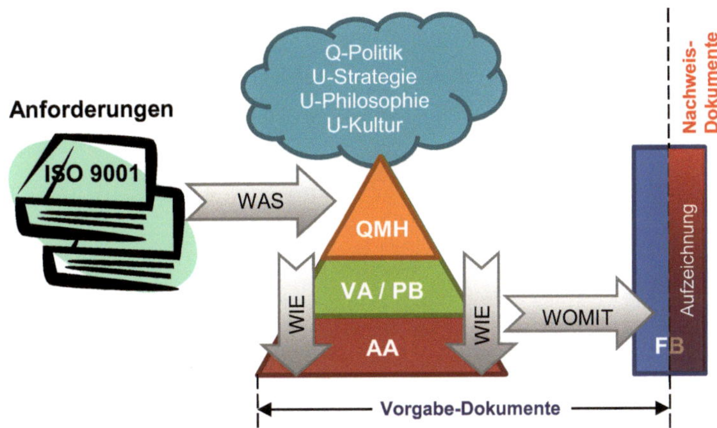

Bild 2.15 Die Dokumentation im QM-System am Beispiel der ISO 9001

Die Anforderungen des QM-Systems (in Bild 2.15 links schematisch als Bücher bzw. die ISO 9001 dargestellt) werden in einem Konstrukt abgebildet, das wir als **Dokumentenpyramide** bezeichnen.

Sie besteht aus drei Ebenen:

- **Qualitätsmanagementhandbuch (QMH)**

  Dieses Dokument stellt eine „Grundsatzerklärung" der obersten Unternehmensleitung dar, sich auf die Erfüllung aller von der Norm geforderten Punkte zu verpflichten. Insofern enthält das QMH eine Aussage zu allen Normpunkten – und zwar in dem Stil von Bob dem Baumeister: „Jou wir schaffen das!" Hier steht nicht, wie eine Anforderung erfüllt oder umgesetzt wird, sondern lediglich, dass sie erfüllt werden wird! Das QMH wird häufig genutzt, um sich werbetechnisch zu präsentieren (Leitsätze, Unternehmenshistorie und -philosophie, Leistungsspektrum etc.). Da hier in der Regel keine internen Abläufe beschrieben werden, kann ein QMH auch Externen ausgehändigt werden (Kunden oder anderen Interessenten).

  Mit der Revision der ISO 9001:2015 ist die Verpflichtung zum Führen eines QM-Handbuches gestrichen worden.

- **Verfahrensanweisungen (VA)/Prozessbeschreibungen (PB)**

  Der Unterschied zwischen VA und PB ist ein theoretischer. Die meisten Unternehmen unterscheiden nicht zwischen beiden. Prozesse oder Verfahren durchlaufen ein Unternehmen vertikal oder horizontal und sind dadurch gekennzeichnet, dass sie ebenen- oder bereichsübergreifende Abläufe dokumentieren.

- **Arbeitsanweisungen (AA)**

  Bei Arbeitsanweisungen handelt es sich um konkrete Tätigkeitsbeschreibungen, die dokumentieren, wie ein bestimmter Vorgang auszuführen ist - losgelöst von der Einbindung in einen Gesamtprozess. Beispielsweise ist eine Anweisung zur Montage eines Halbfertigteiles mithilfe von Fotos als Arbeitsanweisung einzustufen.

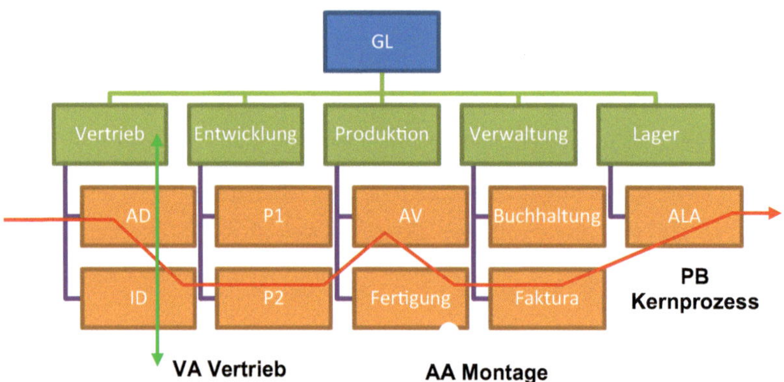

Bild 2.16 Beispiele für Dokumentationen im QM-System

Vorgabe- und Nachweisdokumente

Vom Dokumententyp unterscheiden wir zwei wesentliche Arten:

- **Vorgabedokumente**

  Sie geben vor, was oder wie Abläufe oder Arbeiten zu erledigen sind und womit.

- **Nachweisdokumente**

  Sie entstehen im Tagesablauf durch Aufzeichnungen und Eintragungen in Formblätter, Datenbanken etc.

Warum ist die grundlegende Unterscheidung dieser beiden Typen wichtig?

Betrachten wir einen längeren Zeitraum, so wird eines schnell klar: In einem „eingeschwungenen" QM-System verändert sich die Vorgabedokumentation (QMH, VA, AA) nur geringfügig (Aktualisierungen). Die Anzahl der Nachweise wächst hingegen Tag für Tag und wird immer mehr.

Aus dieser Logik ergibt sich die sinnvolle Vorgehensweise in der Praxis, strikt zwischen Vorgabe- und Nachweisdokumentation zu trennen. Das heißt (auch im Kleinstbetrieb), dass man Nachweise (auch Auditberichte oder Lieferantenbewertungen) getrennt vom QM-Handbuch und zugehörigen Verfahrens- und Arbeitsanweisungen aufbewahren sollte.

Auf diesen Sachverhalt sei ausdrücklich hingewiesen, weil in der Praxis häufig keine Trennung zwischen Vorgabe- und Nachweisdokumentation erfolgt und spätestens im zweiten Jahr Probleme dadurch entstehen, dass die Gesamtdokumentation nicht mehr in einen einzigen Ordner passt und nun themenbezogen auf unterschiedliche Ordner aufgeteilt wird (beide Typen vermischt!). Damit zerstört man die Struktur der QM-Dokumentation und findet unter Umständen wichtige Dokumente nicht mehr oder nur mehr mit Mühe.

Formblätter

Formblätter sind im Sinne des QM etwas Besonderes. Sie sind einerseits Vorgabedokument (da mit ihnen gearbeitet werden muss - für bestimmte Vorgänge wie z. B. die Erfassung von Fehlern sind sie verpflichtend vorgeschrieben), andererseits wird aus diesem Formblatt nach dem „Ausfüllen“ eine Aufzeichnung oder ein Nachweisdokument.

Elektronische Systeme

Hält man ein QM-Handbuch samt zugehöriger Verfahrens- und Arbeitsanweisungen sowie die Formblätter in elektronischer Form vor, so erübrigt sich das Vorhalten eines Formblattes als Kopiervorlage und es kann sehr einfach stets aktuell gehalten werden. Wichtig wäre hierbei, dass ein „QM-Verwaltungsprogramm“ sowohl eine Dokumentenverwaltung mit Archivierungsfunktion sowie eine Veröffentlichungsfunktion enthält, über die Aktualisierungen an der QM-Dokumentation den Mitarbeitern möglichst „auf Knopfdruck“ zur Verfügung gestellt werden können.

2.8.2 Die Pflichtdokumentation der ISO 9001

In der alten Revision der ISO 9001 aus dem Jahr 2008 wurden sechs Verfahren als zu dokumentierende Verfahren verpflichtend vorgeschrieben. Im Zuge der neuen ISO 9001:2015 ist die Unterscheidung zwischen den Begriffen „Dokumentiertes Verfahren“, „Qualitätsaufzeichnungen“ und auch das QM-Handbuch entfallen. Es wird jetzt nur noch von „Dokumentierter Information“ gesprochen und dieser Begriff umfasst sowohl die gesamte Vorgabe- als auch die Nachweisdokumentation.

Der Schwerpunkt der dokumentierten Information nach neuer Norm liegt im Umgang mit Fehlern - egal ob bereits aufgetreten (Korrektur und Korrekturmaßnahmen) oder potenziell möglich (Vorbeugungsmaßnahmen, risikobasierter Ansatz).

Je besser ein Unternehmen in der Praxis mit Fehlern und Problemen umgeht (aus ihnen lernt), umso „lebender“ wird das QM-System!

oder noch einfacher:

QM heißt in erster Linie Fehlermanagement!

Des Weiteren sind Kernprozesse zu dokumentieren. Was aber ist ein Kernprozess?

Die Antwort lautet: **Ein Kernprozess bezieht sich auf alles, womit ein Unternehmen Geld verdient.** Daneben gibt es noch weitere Prozessarten **(Führungs- und Unterstützungsprozesse)**, die zwar notwendig sind, jedoch in der Regel vom Kunden nicht bezahlt werden (Bild 2.17).

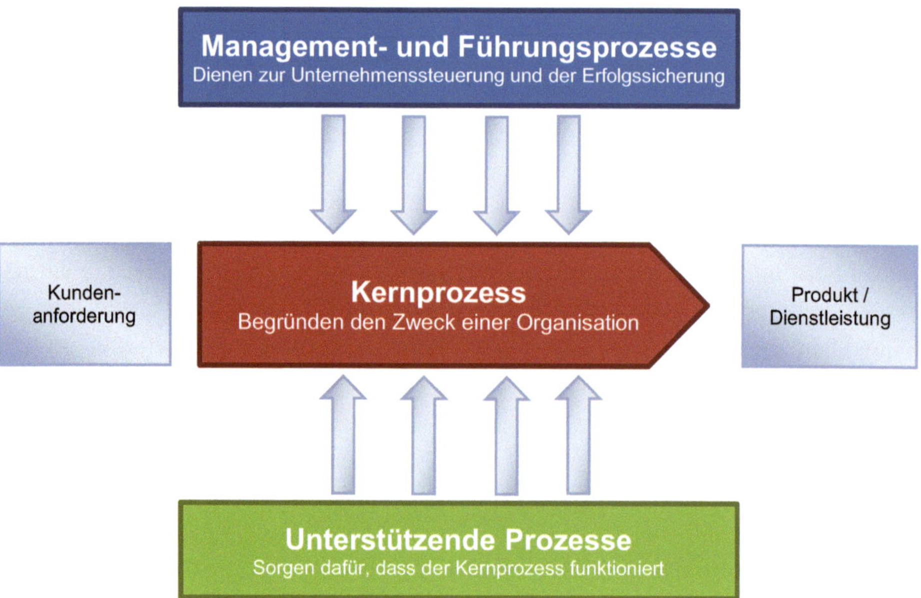

Bild 2.17 Prozessbegriffe in der Übersicht

In Bild 2.18 sind schematisch die drei Prozessarten am Beispiel eines größeren mittelständischen Unternehmens dargestellt. Vereinfacht ausgedrückt bildet der Kernprozess alles ab, was zwischen der erstmaligen Kontaktaufnahme des Unternehmens mit dem Kunden und der Endabrechnung passiert.

Die zur Führung und Unterstützung des Betriebs notwendigen weiteren Prozesse werden indirekt über einen kalkulatorischen Aufschlag auf die Kernprozesskosten finanziert.

Wichtig: Die ISO 9001 überlässt es dem Unternehmen, welche Führungs- und Unterstützungsprozesse es regelt. Es gelten hier vor allem die beiden Grundsätze der Eignung und der Angemessenheit!

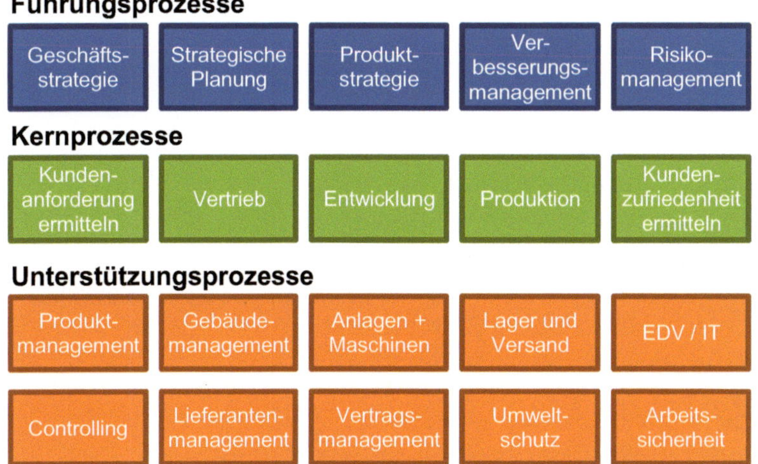

Bild 2.18 Prozessarten am Beispiel eines größeren mittelständischen Unternehmens

Es gibt außer den sechs vorgeschriebenen zu dokumentierenden Verfahren keine weiteren Vorgaben, welche Prozesse zu dokumentieren sind!

Es ist stets zu prüfen, ob für das Unternehmen ein dem Aufwand entsprechender Nutzen gegenübersteht. Als Maßgabe, ob ein Prozess dokumentiert werden soll oder nicht, kann die Antwort auf die Frage dienen: „Was benötigt ein neuer Mitarbeiter, um sich in sein neues Arbeitsgebiet einzuarbeiten?"

2.8.3 Der Aufbau von Verfahrens- und Arbeitsanweisungen

Eine konkrete Vorgabe, wie Verfahrens- und Arbeitsanweisungen auszusehen haben, gibt es nicht. Über die Jahre haben sich jedoch gewisse Strukturen herausgebildet, die sich etabliert haben und die sich in den meisten Anweisungen wiederfinden.

Es empfiehlt sich daher, eine feste Kapitelstruktur anzulegen, die den Rahmen für Anweisungen bildet und die jedem Mitarbeiter im Unternehmen die Orientierung und das Verständnis erleichtern. Wie im letzten Abschnitt beschrieben, ist die VA zur Lenkung von Dokumenten ein Pflicht-VA. Der Sinn und Zweck dieser Verfahrensanweisung ist es, die Struktur von Dokumenten des QM-Systems festzulegen. Dabei bezieht sich die Struktur auf folgende Informationen:

- Struktur der Kopf- und Fußzeile mit folgenden Inhalten:
  - Titel des Dokuments
  - Logo
  - Ersteller

  - Ausgabestand (Datum)
  - Revisions-/Änderungsstand
  - Seite X von Y
  - Copyright
- Für Anweisungen empfiehlt sich beispielhaft folgender Aufbau:
  1. Zweck (Was und Wozu?)
  2. Geltungsbereich (Wo?)
  3. Begriffe (Erklärende Definitionen; optional)
  4. Zuständigkeit/Verantwortung (Wer?)
  5. Beschreibung (Kern – Wie?)
  6. Dokumente/Verweise/Mitgeltende Unterlagen (Womit?)

Diese Struktur eignet sich weitgehend für alle Organisationen und alle Formen von Anweisungen. Im Downloadbereich finden Sie ein Beispiel einer Musterverfahrensanweisung, die einen Rahmen für eigene Anweisungen bilden kann.

Im Abschnitt 5. Beschreibung ist die Darstellung von Abläufen in Form eines Flussdiagramms sinnvoll und hilfreich (siehe Absch. 11.3.4).

3 Qualitätsmanagement als betriebliche Notwendigkeit

Im Fokus dieses Kapitels stehen verschiedene Triebkräfte, die Qualitätsmanagement als betriebliche Notwendigkeit fordern:

- Erfüllung/Übertreffen von Kundenerwartungen und -anforderungen
- Fehlerminimierung
- Kostenminimierung
- Kontinuierliche Verbesserung

In den letzten 100 Jahren hat sich die Erwartung von Kunden in Bezug auf Qualität deutlich verändert. Bild 3.1 zeigt den Zusammenhang.

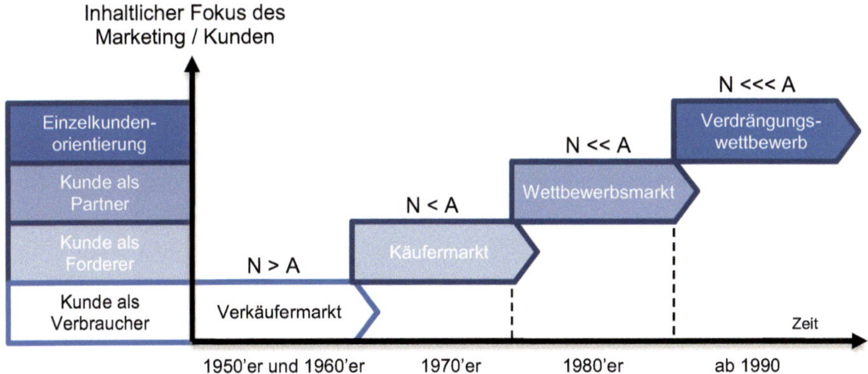

Bild 3.1 Wandel der Kundenerwartungen im Zusammenhang von Angebot (A) und Nachfrage (N)[1]

Durch das Internet gibt es heute eine Transparenz in den Märkten, die es früher nie gegeben hat (Preise, Informationen, Vergleiche, weltweite Verfügbarkeit etc.). Damit ist es für heutige Unternehmen von höchstem Interesse, die Wünsche der Kunden im Voraus bereits zu erahnen, noch bevor der potenzielle Kunde sich dieser bewusst wird. Genau hier setzt das Kano-Modell an.

[1] nach Jochem (2010)

■ 3.1 Kano-Modell

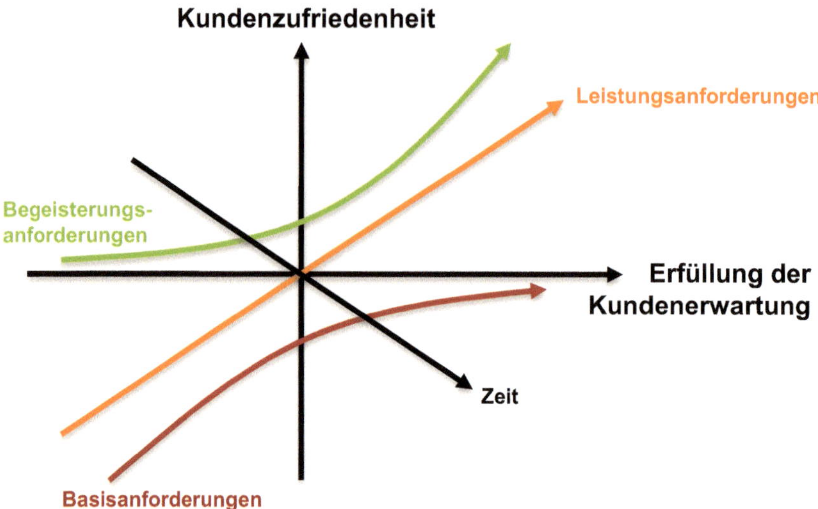

Bild 3.2 Das Kano-Modell

Der japanische Qualitätswissenschaftler Noritaki Kano beschrieb in seinem Modell (Bild 3.2) den Zusammenhang zwischen dem Grad der Erfüllung von Kundenerwartungen und Kundenzufriedenheit. Dabei unterschied er drei verschiedene Ebenen:

Basisanforderungen

Dies sind jene Anforderungen an ein Produkt oder eine Dienstleistung, die wir erwarten bzw. schlicht voraussetzen. Eine Erfüllung dieser Anforderungen führt nicht zu Kundenzufriedenheit, sondern lediglich dazu, dass der Kunde nicht unzufrieden wird. Ein einfaches Beispiel hierfür ist die Heizung im Auto. Wenn sie nicht funktioniert, werden wir unzufrieden oder ärgerlich – dass sie funktioniert, erwarten wir einfach.

Leistungsanforderungen

Dies sind jene Anforderungen an ein Produkt oder eine Dienstleistung, die wir bewusst definieren. Je nachdem, wie ein Produkt oder eine Dienstleistung diese Anforderung erfüllen, entscheiden wir uns für oder gegen ein Produkt. Ein einfaches Beispiel stellt das Fahrgeräusch des Autos dar. Manche möchten sich auch bei 220 km/h im Auto noch unterhalten, andere möchten beim Drücken auf das Gaspedal ein sattes Röhren vernehmen, das anderen die Trommelfelle eindellt. Die Kundenzufriedenheit steigt je nach Erfüllungsgrad der Anforderungen von unzufrieden bis hoch zufrieden.

Begeisterungsanforderungen

Hier handelt es sich um Anforderungen, die wir an ein Produkt gar nicht stellen, weil wir noch gar nicht wussten, dass wir danach ein Bedürfnis haben. Als Beispiel sei aufgrund einer Erfahrung des Autors die Funktion „Keyless Go“ angeführt. Autos, mit diesem Merkmal ausgestattet, erlauben es, sich einfach vom Fahrzeug zu entfernen, die Schlüsselkarte in der Hosentasche, und das Fahrzeug verriegelt automatisch, sobald man sich einige Meter entfernt hat. Genauso öffnet das Auto automatisch wieder die Türen, sobald man sich dem Fahrzeug nähert und den Türgriff betätigt. Da man Begeisterungsanforderungen nicht bewusst definiert, führt nach Kano deren Schlechterfüllung nicht zu Unzufriedenheit, deren Gut-Erfüllung jedoch zu steil ansteigender Kundenzufriedenheit („Begeisterung“), die die Erfüllung der Leistungsanforderungen in den Schatten stellen kann.

Drei wichtige Folgerungen von Kano, die aus dem Modell resultieren:

- Im Laufe der Zeit werden Begeisterungs- zu Leistungsanforderungen und schließlich zu Basisanforderungen. Als Beispiel sei die Klimaanlage in Fahrzeugen genannt, die früher nur Luxusfahrzeugen vorbehalten war und heute als Standard gelten kann.
- Getrieben wird das Modell bzw. die beschriebene Entwicklung durch den Wettbewerb von Unternehmen und den technischen Fortschritt - ständig auf der Suche nach neuen Begeisterungsanforderungen.
- Nach Kano ist Kundenbindung nur durch die Erfüllung von Begeisterungsanforderungen möglich.

3.2 Wertfunktion der Qualität

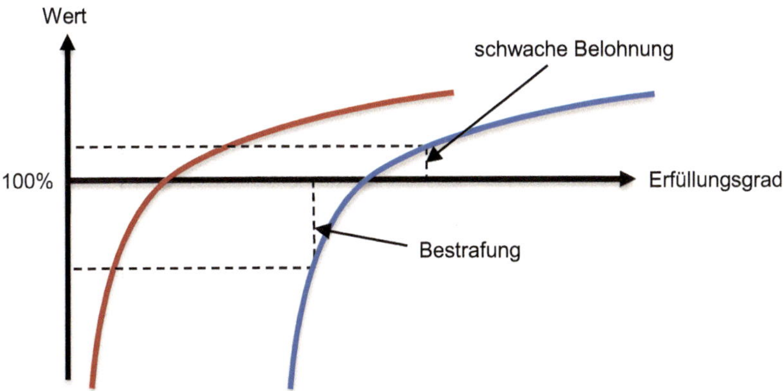

Bild 3.3 Die Wertfunktion der Qualität

Der Wert eines Produktes wird in der Regel durch seinen Geldwert ausgedrückt. In Bild 3.3 bezeichnet die 100%-Linie den klassischen Marktwert eines Produktes, der der Leistungsfähigkeit des Produktes entsprechend angemessen ist. Die linke (rote) Kurve steht z. B. für ein Wäscheseil. Die rechte (blaue) Kurve steht hingegen für ein Kletterseil. Die 100% stehen hier jeweils für den Preis, der für übliche Wäscheseile (z. B. 2,50 €) bzw. Kletterseile (z. B. 100 €) im Markt erzielt wird.

Die Wertfunktion der Qualität hat zwei Grundaussagen:

- Eine Übererfüllung wird nicht oder nur schwach belohnt.
- Eine Untererfüllung wird (hart) bestraft.

Im Beispiel mit dem Wäscheseil heißt das, dass ein Hersteller, der durch bessere Materialien die Tragkraft auf z. B. 70 kg erhöht, dafür im Markt nur einen geringfügig höheren Preis erzielen wird (die Masse argumentiert mit „mir reichen ja auch die 50 kg“). Umgekehrt wird ein Hersteller, der den „Standard“ auf z. B. 30 kg absenkt, dafür mit einem drastischen Preisabfall rechnen müssen („Bestrafung“), da die Masse den „Standard“ erwartet - auch wenn vielleicht 30 kg ausreichend wären. Die gleiche Logik lässt sich auf das Kletterseil anwenden.

3.3 Wirtschaftlichkeit und qualitätsbezogene Kosten

Der Nutzen, den ein QM-System für eine Organisation einbringt, wird in erster Linie von der Frage getrieben, wie es zum Unternehmenserfolg beiträgt. Garvin (1984) hat hier ein grundsätzliches Modell vorgestellt, in dem der wirtschaftliche Erfolg durch QM-Systeme auf Basis von zwei Effekten erreicht wird, nämlich durch Kostensenkungen und durch eine Steigerung des Marktanteils (Bild 3.4).

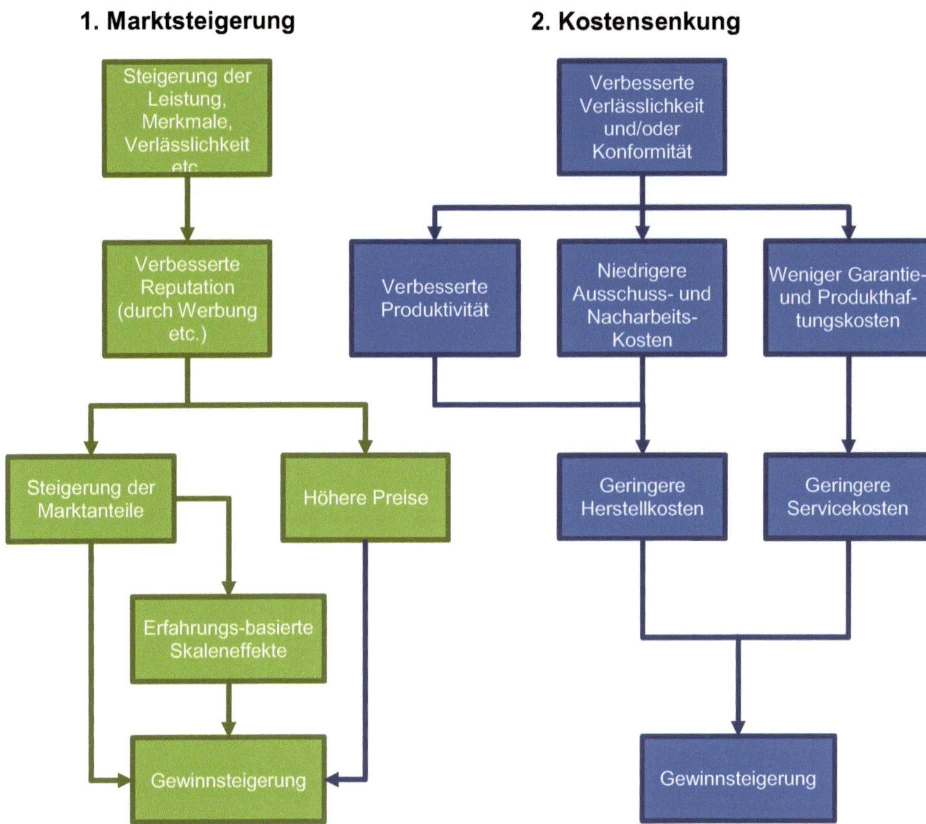

Bild 3.4 Wirtschaftliche Nutzeneffekte von QM-Systemen nach Garvin (1984)

Lassen Sie uns nun mit den Kosten beschäftigen, die mit Qualität verknüpft sind. Versuchen Sie vorab, folgende Frage zu beantworten: Wie würden Sie den Begriff „Qualitätskosten" definieren?

Die meisten würden diese Frage in etwa so beantworten: Na, Qualitätskosten sind diejenigen Kosten, die man für die Erzeugung von „guter" Qualität aufwenden muss. Einverstanden? Genau da liegt aber der Haken!

Kosten, die im Zusammenhang mit Qualitätsbetrachtungen auftreten, entstehen nicht nur in Bezug auf **gute Qualität** (Ausbildung, Prüf- und Messeinrichtungen, Qualitätskontrollen etc.), sondern auch in Bezug auf **schlechte Qualität** (Ausschuss, Nacharbeit etc.).

Nach der traditionellen Kostengliederung (DIN 55350:2008) in Fehlerverhütungs-, Prüf- und Fehlerkosten zu unterscheiden, gibt es einen alternativen Kostengliederungsansatz, der lediglich noch die Kosten für „Übereinstimmung" und „Nichtübereinstimmung" unterscheidet (Bild 3.5).

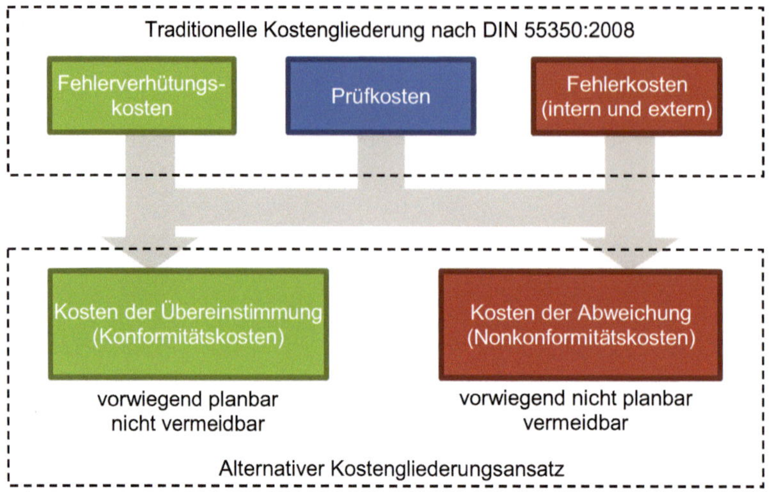

Bild 3.5 Gliederung der qualitätsbezogenen Kosten[2]

Sinnvollerweise werden in die Betrachtung die Kosten für externe Begutachtungen (Konformitätsprüfungen) einbezogen, die reinen Nachweischarakter haben. Aus diesem Grund hat die Deutsche Gesellschaft für Qualität (DGQ) vorgeschlagen, den Begriff der „Qualitätskosten" durch den besser geeigneten Begriff der „Qualitätsbezogenen Kosten" zu ersetzen (Bild 3.6). Dieser impliziert allein durch seine Begrifflichkeit alle Kosten, die sich auf Qualität beziehen – also: sowohl Kosten für gute wie für schlechte Qualität.

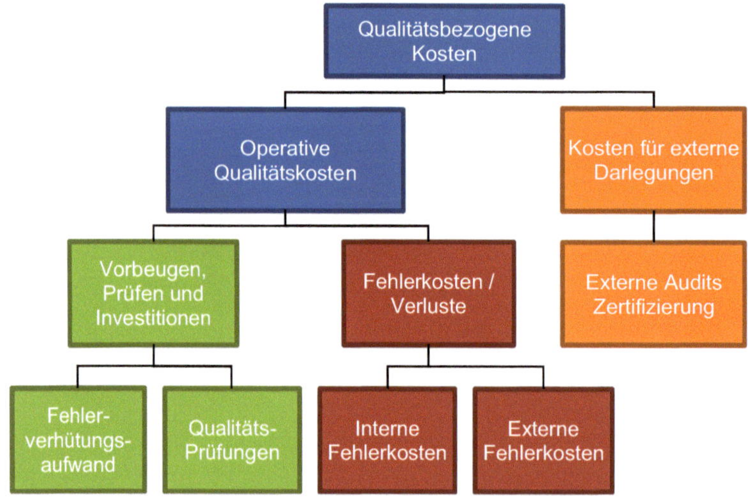

Bild 3.6 Qualitätsbezogene Kosten nach der DGQ-Schrift 11-04

[2] nach Jochem (2010)

Die qualitätsbezogenen Verluste unterteilen sich in interne und externe Fehlerkosten.

Zu den **internen Fehlerkosten** gehören Kosten für Nacharbeit sowie Kosten, die durch ineffiziente Arbeitsweise (schlechte Ergonomie etc.) entstehen.

Zu den **externen Fehlerkosten** gehören (zukünftige) entgangene Verluste, die aufgrund von Unzufriedenheit von Kunden oder schlechtem Ruf resultieren. Der letzte Punkt ist betriebswirtschaftlich schwierig zu handhaben - im Besonderen in Bezug auf Planungsaktivitäten.

Im Zusammenhang mit den qualitätsbezogenen Kosten stellt sich die Frage, welche Auswirkung der Aufwand vorbeugender Maßnahmen hat.

Bild 3.7 zeigt schematisch, wie durch gezielte Vorbeugung die Kosten für Prüf- und Fehlerkosten deutlich gesenkt werden können, sodass die Gesamtsumme der qualitätsbezogenen Kosten dadurch insgesamt kleiner wird.

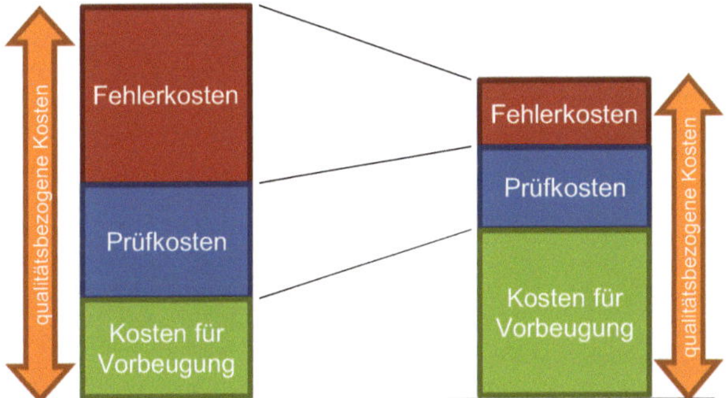

Bild 3.7 Zweck der Vorbeugung in betriebswirtschaftlicher Hinsicht

Diesem Gedankengang trägt auch die Zehnerregel nach dem Qualitätswissenschaftler Genichi Taguchi Rechnung, nach der sich die Kosten eines Fehlers von Stufe zu Stufe verzehnfachen, je nachdem, wo der Fehler im Unternehmen gefunden bzw. behandelt wird (Bild 3.8).

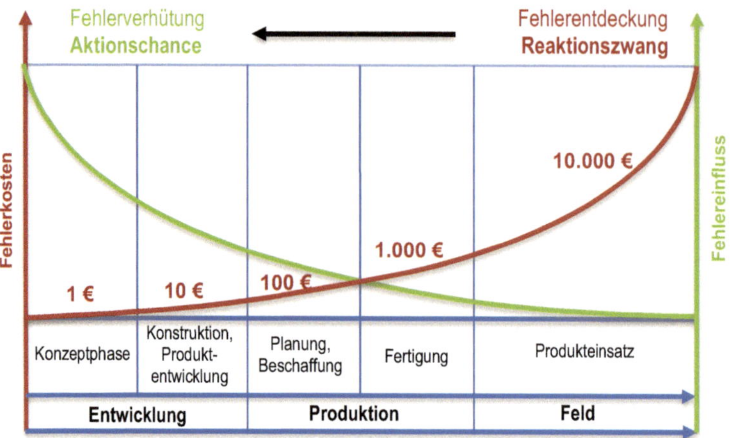

Bild 3.8 Zehnerregel nach Taguchi - aus einem Euro werden 10 000 nach vier Stufen

Im produktiven Betrieb bedeutet dies, dass beispielsweise ein einfach behebbarer Fehler in der Entwicklung sich auf dem Weg in die Arbeitsvorbereitung verzehnfacht - aus einem Euro werden zehn. Wird der Fehler erst in der Produktion entdeckt, verzehnfacht er sich wieder und wiederum, wenn er erst in der Qualitätskontrolle entdeckt wird. Gelangt ein Produkt zum Kunden, bevor der Fehler entdeckt und behoben wird, so explodieren die Kosten (Rückrufaktionen etc.).

Als **Fazit** bleibt:

> Sinnvolle Fehlervorbeugung hilft, Fehlerkosten und damit die Gesamtmenge der qualitätsbezogenen Kosten zu senken!

Berücksichtigt man den Sachverhalt, dass es null Fehler in der Praxis nicht gibt bzw. hierzu ein theoretischer unendlich hoher Aufwand nötig wäre, so ergibt sich der Zusammenhang zwischen Kosten für die Vorbeugung und den Fehlerkosten, die in Summe an einem bestimmten Punkt ein Minimum besitzen (Bild 3.9). Aus betriebswirtschaftlicher Sichtweise sollte genau dieser Stand des QM-Systems angestrebt werden - also so viel Aufwand für Prävention betreiben, um die Summe aus Präventiv- und Fehlerkosten so gering wie möglich zu halten. Berücksichtigt man jedoch **Oportunitätskosten** - also entgangene Umsatzmöglichkeiten aufgrund mangelhafter Qualität -, so liegt das anzustrebende Optimum irgendwo rechts vom Minimumpunkt in Bild 3.9.

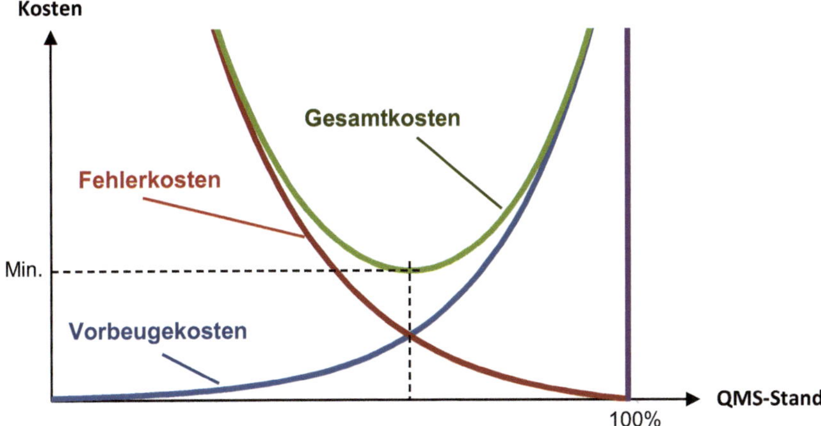

Bild 3.9 Zusammenhang zwischen Präventions- und Fehlerkosten

3.4 Null-Fehler-Philosophie

Da Fehler wie gezeigt in der Regel mit (hohen) Kosten verbunden sind, sind Fehler so gut wie möglich zu vermeiden. In der Produktion gibt es hierzu die Null-Fehler-Philosophie.

Wie schon der Titel verlauten lässt, handelt es sich um eine Philosophie. In der Praxis wird das Ziel, keinen Fehler mehr zu machen, selten oder nie erreicht. Es handelt sich um ein Fernziel, dem man sich verschreibt, und der beschrittene Weg dazu ist die Null-Fehler-Strategie.

Der Qualitätswissenschaftler Crosby hat hierzu beispielsweise für die Produktion ein 14-Punkteprogramm definiert.

Null-Fehler-Programm nach Philip B. Crosby (Zero Defects Concept, 1961)

1. Verpflichtung des Managements
2. Lenkungsgruppe Qualität einführen
3. Qualitätsmessung einführen (potenzielle Q-Abweichungen/objektive Bewertung)
4. Qualitätsbezogene Kosten definieren und ermitteln
5. Qualitätsbewusstsein schaffen und verbessern
6. Korrekturmaßnahmen systematisieren
7. Null-Fehler-Planung einführen
8. Mitarbeiterschulung zur Unterstützung des Q-Verbesserungsprogramms

9. Tag der Qualität abhalten
10. Zielsetzung auf allen Ebenen und Umsetzung
11. Fehlerursachen beseitigen
12. Anerkennung
13. Expertengruppen mit regelmäßigen Treffen
14. Wieder von vorne anfangen

Warum hat die Philosophie ihre Grenzen?

- M-Faktoren (Mensch, Maschine, Material etc.)
- Zeit
- Geld
- Manpower
- „Konkurrenz der Fehler“ (Prioritäten)

Problematik

Die grundlegende Erkenntnis der Null-Fehler-Philosophie ist, dass Fehler niemals einfach akzeptiert werden dürfen, sondern ursächlich beseitigt werden müssen. Fehler sollten in der Praxis nur ein einziges Mal auftreten und danach ursächlich beseitigt werden.

Da dies in der Praxis aus den aufgezeigten Gründen nicht immer möglich ist, ist es wichtig, den Mitarbeitern das bewusste Akzeptieren von „kleineren“ Fehlern zu kommunizieren, damit diese im Sinne des Unternehmens das „Problemfeld“ mit tragen. Aus Frust und Unverständnis über nicht beseitigte Fehler, die aus Sicht der Mitarbeiter beseitigt werden müssten, erfolgt häufig ein „Dienst nach Vorschrift“, und dies führt in der Regel immer zu einem Rückgang der Leistung oder einer weiteren Erhöhung von Fehlern.

3.5 Verlustfunktion nach Taguchi

Der Japaner Genichi Taguchi beschreibt in seinen Studien eine wichtige Grundlage der Qualitätsphilosophie, die Einzug in alle Bereiche der Fertigung erhalten hat. Er bezeichnete **jede Abweichung vom Ideal als qualitativen Verlust**.

Die traditionelle Sichtweise geht von der Logik aus, dass es lediglich gut und schlecht gibt. Die Grenzen werden hierbei über die durch Toleranzen vorgegebenen Grenzwerte (UGW und OGW) gesetzt. Dabei ist es unerheblich, wie breit ein Fertigungsprozess streut und wo er liegt – Hauptsache, er liegt innerhalb der Toleranzgrenzen (Bild 3.10).

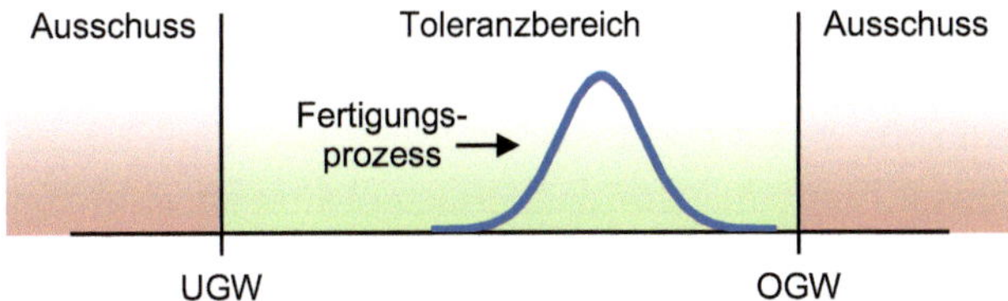

Bild 3.10 Traditionelle Sichtweise: Es gibt nur gut und schlecht

Taguchi ging nun aber davon aus, dass **jede Abweichung vom Ideal zu einem qualitativen Verlust führt,** auch wenn der Prozess innerhalb der gesetzten Toleranzgrenzen liegt (Bild 3.11). Der Verlust wird sich beispielsweise in Fertigungsproblemen, höheren Wartungskosten und Verschleiß äußern. Um diesen Verlust greifbar zu machen legte, Taguchi eine quadratische **„Wannenkurve"** über den Toleranzbereich.

Der qualitative Verlust für ein einzelnes Merkmal (x) resultiert aus der quadrierten Abweichung vom Ideal (Zielwert Z), multipliziert mit einem Kostenfaktor (k):

$$V = k(x - Z)^2$$

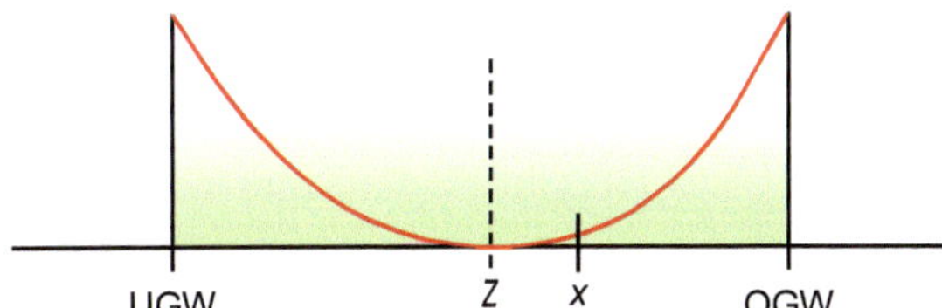

Bild 3.11 Verlustfunktion nach Taguchi – bezogen auf ein einzelnes Merkmal

Bezogen auf einen kompletten Prozess spiegelt sich der qualitative Verlust dann in der Schnittfläche unterhalb der Prozesskurve und der Wannenkurve (Bild 3.12).

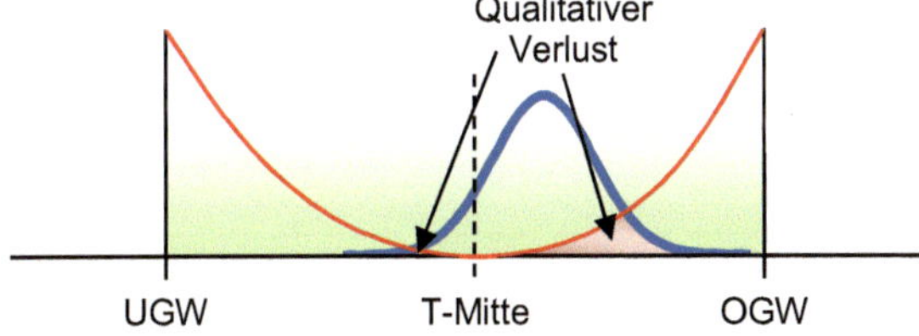

Bild 3.12 Verlustfunktion nach Taguchi – Prozessbetrachtung

Was ist ein idealer Prozess? Der theoretisch ideale Prozess läge exakt in der Toleranzmitte und seine Streuung wäre null. Das hieße, alle Teile wären exakt auf das Maß der Toleranzmitte gefertigt. Da dies aber nur in der Theorie möglich ist, bedeutet es für die Praxis, dass jeder Fertigungsprozess verlustbehaftet ist. Je breiter die Streuung und je weiter die Entfernung von der Toleranzmitte, desto größer ist der Verlust.

Taguchi bezeichnete den Verlust als „volkswirtschaftlichen Schaden" und durch eine Transformation bzw. Multiplikation mit dem Kostenfaktor *k* in die Kostenrechnung überführte. Das heißt, dass die Verlustfunktion im Ergebnis einen **Geldwert** liefert, der den qualitativen Verlust beziffert.

■ 3.6 Zusammenhang zwischen Komplexität und Ausfallrate

Das Verständnis für den Zusammenhang zwischen Komplexität eines Produktes – also der Anzahl der Komponenten, aus denen es zusammengesetzt ist – und der Ausfallrate des gesamten Produktes ist elementar wichtig, um heutige Anforderungen an Zulieferbetriebe zu verstehen, wie sie heute beispielsweise im Bereich der Automobilindustrie gängige Praxis sind. Gefühlsmäßig wird jeder zustimmen, dass ein Produkt, das aus 500 Komponenten aufgebaut ist, anfälliger für einen Ausfall sein wird als ein Produkt, das nur aus drei Komponenten besteht. Sehen wir uns den Zusammenhang an.

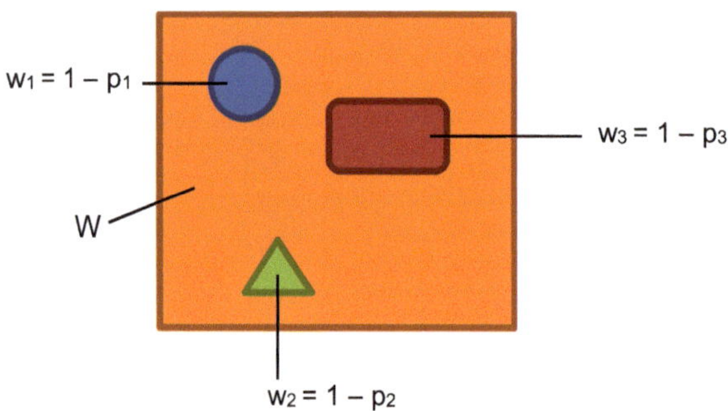

Bild 3.13 Ein einfaches Produkt aus drei Komponenten

Bild 3.13 zeigt ein Produkt, das aus drei Komponenten besteht. Die **Wahrscheinlichkeit *W*, dass das Produkt funktioniert,** errechnet sich sehr einfach über das Produkt der Funktionierens-Wahrscheinlichkeiten der einzelnen Komponenten w_1,

w_2 und w_3 (es wird davon ausgegangen, dass ein Ausfall der Komponenten unabhängig voneinander ist).

$$W = w_1 \cdot w_2 \cdot w_3$$

Beachten Sie, dass Großbuchstaben für das komplette Produkt und Kleinbuchstaben für die Komponenten verwendet werden.

Die Wahrscheinlichkeit, dass eine Komponente funktioniert, lässt sich auch über ihre Ausschussquote ermitteln:

Mit $w = (1 - p)$ ergibt sich dann:

$$W = (1 - p_1) \cdot (1 - p_2) \cdot (1 - p_3)$$

Kann man davon ausgehen, dass die Ausschussquoten bei allen drei Teilen identisch wären, so lässt sich die Formel reduzieren auf

$$W = (1 - p)^3$$

Für eine beliebige Anzahl Komponenten n lautet die Formel damit allgemein:

$$W = (1 - p)^n$$

In einem komplexen System - beispielsweise einem Automotor - sind heute 500 und mehr Einzelteile keine Seltenheit mehr. Tabelle 3.1 zeigt, wie sich die Funktionierens-Wahrscheinlichkeit eines Produktes verändert in Abhängigkeit von der Ausschussquote der Einzelteile.

Tabelle 3.1 Funktionierens-Wahrscheinlichkeit in Abhängigkeit von der Ausschussquote für $n = 500$

p	$w = 1 - p$	W	$P = 1 - W$
10 %		≈ 0	≈ 100 %
1 %	99 %	0,7 %	99,3 %
0,1 %=1000 ppm	99,9 %	60,6 %	39,4 %
100 ppm	99,99 %	95,1 %	4,9 %
10 ppm	99,999 %	99,5 %	0,5 %

Beachten Sie bitte bei der Logik, dass die Ausschussquote p für alle Komponenten als gleich angenommen wird! Ansonsten wäre die hergeleitete Formel nicht gültig!

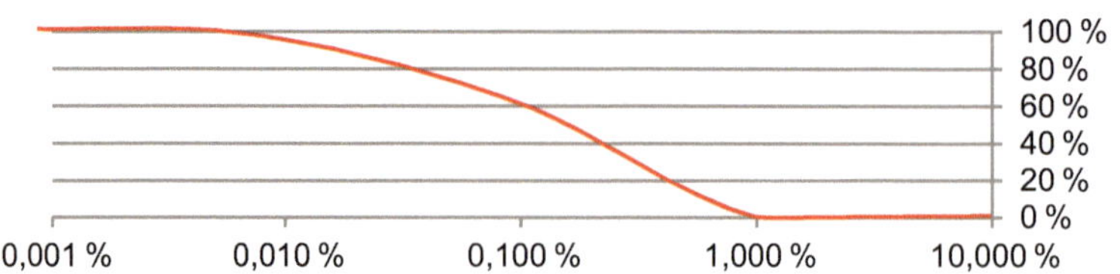

Bild 3.14 Produktqualität in Abhängigkeit von der Ausschussquote der Einzelteile (für $n = 500$)

Wie Sie sehen (Bild 3.14), würde eine durchschnittliche Zulieferqualität von 99,9 % - also ein einziges Ausschussteil pro 1000 gefertigter Teile - dazu führen, dass fast 40 % der Produkte Ausschuss wären (rot markierte Zeile).

Bei einer Qualität von 10 ppm der Einzelteile - also nur zehn Ausschussteile pro 1 000 000 gefertigte - erhält man schließlich eine vertretbare Produktqualität von 99,5 %. Das entspräche - um beim Beispiel Motor zu bleiben - fünf Ausschussmotoren auf 1000 gefertigte.

Dies ist der Hintergrund, warum für komplexe Systeme die Anforderungen an die Teilequalität so eklatant hoch sind!

Bild 3.15 stellt ergänzend den Zusammenhang zwischen Funktionieren bzw. Ausfall eines Produktes in Abhängigkeit von der Anzahl der Einzelteile dar. Es wurde dabei angenommen, dass für alle Einzelteile eine Fertigungsqualität von 99,9 %, also ein Ausschussteil pro 1000 gefertigte, gilt.

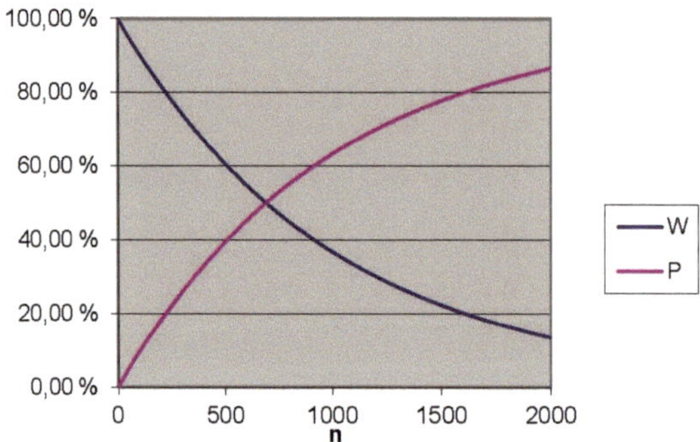

Bild 3.15 Zusammenhang zwischen Funktionierens-WS (W), Ausfall-WS (P) und Teilezahl (n) für $p = 0{,}1\,\%$

3.7 Zusammenhang zwischen personen- und systembedingten Fehlern

Der deutsche Qualitätswissenschaftler Walter Masing wies darauf hin, dass jegliche Fehler in einem Betrieb sowohl einen personen- als auch einen systembedingten Anteil besitzen (Bild 3.16). Die Anteilszusammensetzung ist jedoch abhängig davon, wo ein Fehler passiert.

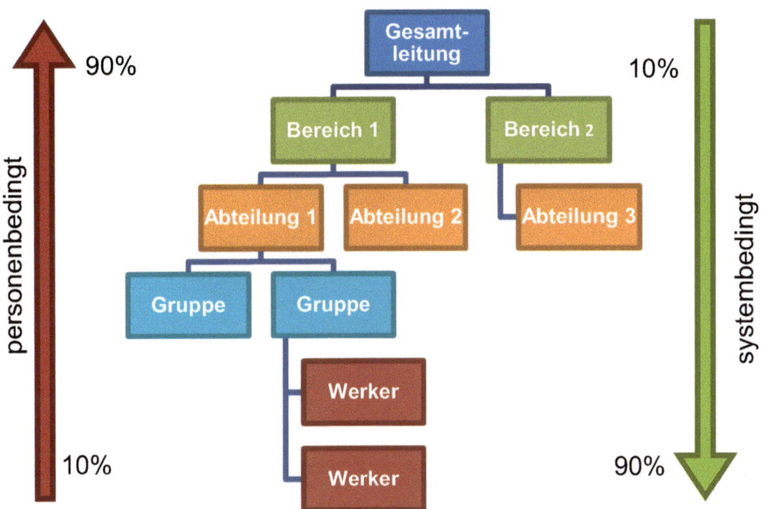

Bild 3.16 Zusammenhang zwischen personen- und systembedingten Fehlern nach Walter Masing

Je weiter unten in der betrieblichen Hierarchie ein Fehler auftritt, desto geringer ist der Anteil, der durch die Person verursacht wird, und desto höher ist gleichzeitig der systembedingte (oder auch „hausgemachte") Fehleranteil.

Umgekehrt liegt in der Leitungsebene in der Regel der Hauptanteil des Fehlers in der Person (denn die Leitung bestimmt das System) und nur zu einem geringen Teil am System. Dieser Zusammenhang wird auch mit „Der Fisch stinkt immer vom Kopfe her" umschrieben (Ausnahmen bestätigen die Regel).

Die Erkenntnis aus dieser Logik ist einfach. Bevor Führungskräfte ihre Mitarbeiter für Fehler verantwortlich machen, sollten sie zunächst das System hinterfragen, an dem sie in bestimmtem Maße ja Mitverantwortung tragen, in jedem Falle in höherem Maße als ein untergeordneter Mitarbeiter. Viele Fehler auf untergeordneten Ebenen sind direktes Kennzeichen eines fehleranfälligen Systems.

■ 3.8 KVP und KAIZEN

In jedem QM-System „unterwirft“ man sich dem Zwang zur ständigen Verbesserung. Als KVP wird der kontinuierliche Verbesserungsprozess bezeichnet (Bild 3.17).

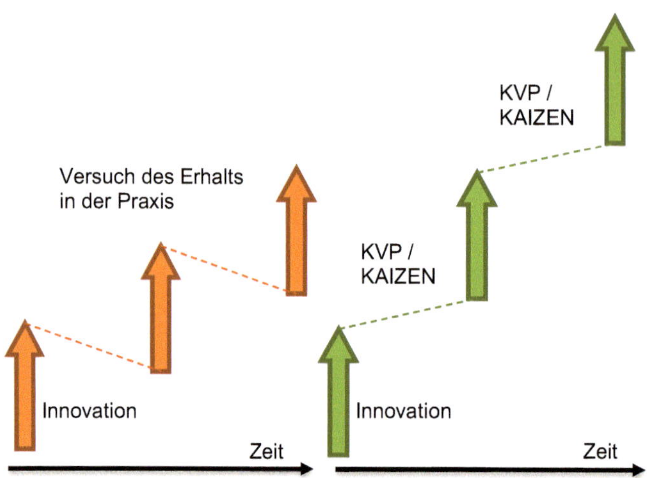

Bild 3.17 Innovationen ohne und mit KVP/KAIZEN

Der Grund ist verständlich, wenn Sie sich selbst folgende Frage beantworten:

> ***„Was geschieht mit einem Schwimmer, der einen Fluss stromaufwärts schwimmt und der die Schwimmbewegungen einstellt?“***

Er bleibt nicht „stehen“, sondern treibt zurück. Genauso ergeht es jedem Unternehmen, das seine Bemühungen, ständig besser zu werden, einstellt. Ein viel zitierter Grundsatz im QM lautet daher:

> Wer aufhört, besser werden zu wollen, hat aufgehört, gut zu sein!

Die Japaner haben uns mit ihrem KAIZEN[3] -Gedanken im Besonderen in der Automobilindustrie vor Augen geführt, dass es einen fundamentalen Unterschied zwischen traditionellem Denken und dem Ansatz der ständigen Verbesserung gibt.

Der Qualitätswissenschaftler Deming war dann der Erste, der einen grundlegenden Kreislauf der Verbesserung beschrieben hat, den sog. PDCA- oder Deming-Zyklus (Bild 3.18). Dieser Kreislauf findet sich direkt oder indirekt in den meisten

[3] KAI = Veränderung; ZEN = zum Besseren

Qualitätsmodellen wieder wie in Six-Sigma (DMAIC), dem ISO 9000 Prozessmodell, dem EFQM-Bewertungsansatz (RADAR) und vielen weiteren.

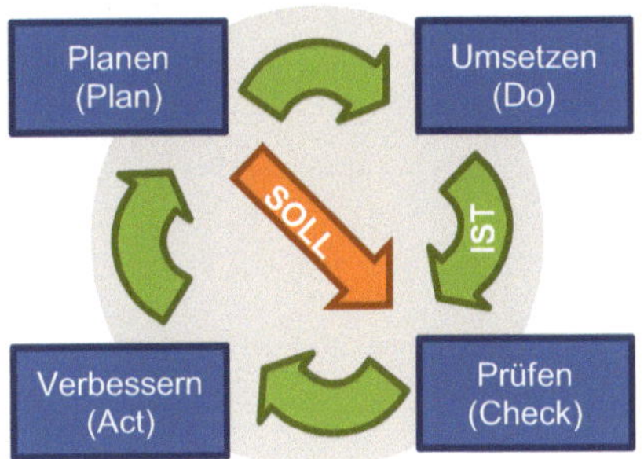

Bild 3.18
Der PDCA- oder Deming-Zyklus

Im Folgenden sollen ein paar Gedanken der Kaizen-Philosophie herausgegriffen werden, die hilfreich für ein tieferes Verständnis des Qualitätsmanagements sein können.

Im Sinne der ISO 9000 gehören zum KVP-Prozess folgende Maßnahmen und Schritte (Bild 3.19):

- Analysieren und Beurteilen der aktuellen Situation, um verbesserungswürdige Bereiche zu erkennen
- Festlegen der Ziele der Verbesserung
- Suchen nach möglichen Lösungen, um diese Ziele zu erreichen
- Beurteilen dieser Lösungen und Treffen einer Auswahl
- Verwirklichen der gewählten Lösung
- Messen, Verifizieren, Analysieren und Beurteilen der Ergebnisse der Verwirklichung, um zu ermitteln, ob die Ziele erreicht wurden
- Formalisieren der Änderungen

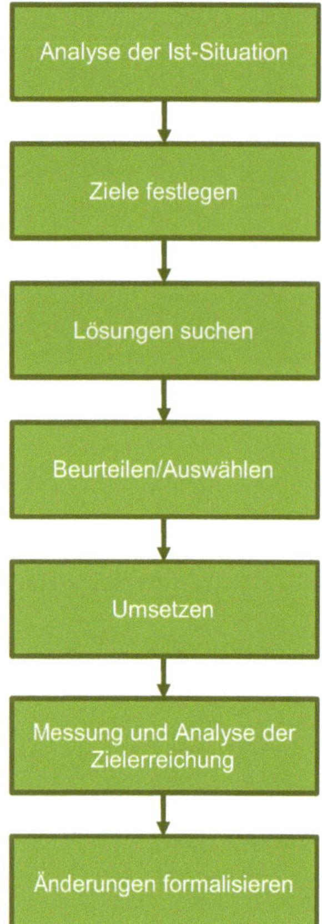

Bild 3.19
KVP-Schritte gemäß ISO 9000

3.8.1 Die drei Mu

In der Kaizen-Philosophie gibt es drei Faktoren, die eine kontinuierliche Verbesserung fordern bzw. „treiben“. Diese Faktoren werden als die drei Mu bezeichnet – allesamt japanische Begrifflichkeiten, die mit den Buchstaben Mu … beginnen (Tabelle 3.2).

Tabelle 3.2 Die drei Mu

Muda	Verschwendung
Muri	Überlastung
Mura	Abweichung

Hierbei gibt es **sieben Arten der Verschwendung:**

- Überproduktion
- Wartezeit

- Überflüssiger Transport
- Ungünstiger Herstellungsprozess
- Überhöhte Lagerhaltung
- Unnötige Bewegungen
- Herstellung fehlerhafter Teile

Im Rahmen der Kaizen-Strategie wird häufig eine 3-Mu-Checkliste eingesetzt, um die drei Faktoren im Betrieb zu identifizieren und im Besonderen dem Management stets die Verbesserungsmöglichkeiten vor Augen zu führen (Tabelle 3.3).

Tabelle 3.3 Die 3-Mu-Checkliste

1	Mitarbeiter/menschliche Arbeitskraft
2	Technik
3	Methode
4	Zeit
5	Möglichkeiten
6	Vorrichtungen und Werkzeuge
7	Material
8	Produktionsvolumen
9	Bestände, Vorräte
10	Denkweise
11	Arbeitsplatz

Besondere Bedeutung haben die drei Mu sowie die im nächsten Abschnitt beschriebenen „fünf S" in Zusammenhang mit dem Toyota Production System (TPS) erlangt.

3.8.2 Die fünf S

Bei den fünf S handelt es sich um fünf japanische Begriffe, die mit dem Buchstaben S beginnen und Arbeitsplatzregeln darstellen (Tabelle 3.4).

Tabelle 3.4 Die fünf S

Seiri	Ordnung schaffen
Seiton	Ordnungsliebe
Seiso	Sauberkeit
Seiketsu	Persönlicher Ordnungssinn
Shitsuke	Disziplin

Die angegebenen Regeln haben in erster Linie für Werkstattarbeitsplätze Relevanz, zielen jedoch im Sinne des Kaizen grundsätzlich auf alle „wertschöpfenden" Bereiche ab. Aufgrund kultureller Unterschiede zu Japan führt man bei 5S-Projekten in Deutschland üblicherweise deutsche Begriffe ein, die mit „S" beginnen, jedoch nicht hundertprozentig die gleiche Bedeutung haben, z. B. Sauberkeit - Sortieren - Selektieren - Standardisieren - Selbstdisziplin (Robert Bosch GmbH).

■ 3.9 Umsetzung qualitätsbezogener Ziele

Um den Anforderungen nach Kundenzufriedenheit, Fehler- und Kostenminimierung sowie ständiger Verbesserung begegnen zu können, muss ein Unternehmen regelmäßig qualitätsbezogene Ziele setzen und die Erreichung dieser Ziele regelmäßig überwachen.

Um dies durchführen zu können müssen Ziele klar und deutlich formuliert sein, realistisch und vor allem zwei Kriterien erfüllen:

- messbar
- terminiert

Nur über diese beiden Parameter kann zu einem bestimmten Zeitpunkt festgestellt werden, ob ein Ziel erreicht wurde oder nicht.

Qualitätsbezogene Ziele leiten sich beispielsweise ab, um

- die Kundenzufriedenheit zu erhöhen,
- Fehler zu reduzieren,
- Risiken zu vermeiden,
- unnötige Kosten zu vermeiden,
- effizient zu arbeiten,
- einen Effektivitätsgrad ermitteln zu können.

Die Umsetzung dieser Ziele wird in verschiedenen Bereichen durch spezielle Regelungen und Institutionen eingefordert:

- **Gesetzlich geregelte Bereiche**

  Die Einhaltung von Normen ist gesetzlich vorgeschrieben und wird von unabhängigen Institutionen („Benannte Stellen") überwacht. Zum Beispiel dient im Gesundheitswesen das Medizinproduktegesetz (MPG) dazu, dass keine unnötigen Risiken für Anwender von Medizinprodukten auftreten; Hersteller von Medizinprodukten müssen hierzu eine Zertifizierung nach ISO 9001 oder ISO 13485 für das jeweilige Produkt nachweisen.

Im Bildungssektor gibt es eine Verordnung (AZWV), die einen gesetzlichen Rahmen vorgibt, was ein Bildungsanbieter nachweisen muss, um Bildungsgutscheine mit der Bundesagentur für Arbeit (BA) abrechnen zu können.

Häufig gibt es hier an offizieller Stelle eine sog. „Vermutungsklausel“, die besagt, dass bei einem Nachweis der geforderten Norm „vermutet“ wird, dass damit auch die gesetzlichen Rahmenbedingungen eingehalten werden.

- **Gesetzlich nicht geregelte Bereiche**

  Leistungs- oder Interessensgemeinschaften definieren häufig eigene Qualitätskriterien und prüfen diese nach eigenen Verfahren bei den Mitgliedern ab. Im Ärztebereich gibt es beispielsweise fachspezifische Berufsverbände, die ein eigenes Gütesiegel entworfen haben.

  Als Beispiel für größere Regelwerke dieser Art sei die IATF 16949 erwähnt, die im Automobilmarkt die Qualität von Zulieferern sicherstellen soll.

In der Praxis bereitet die Formulierung von Qualitätszielen Unternehmen häufig Schwierigkeiten. Während betriebswirtschaftliche Ziele („Wir erzielen im Jahr ... einen Umsatz von ... €“) eine Selbstverständlichkeit darstellen, herrscht oft Unklarheit, wie man die typischen Qualitätsthemen wie Kundenzufriedenheit über Zahlen abbilden kann. „Wir wollen zufriedenere Kunden!“ ist in diesem Sinne zwar eine Aussage, aber kein klar formuliertes Qualitätsziel.

Über Maßnahmen zum Ziel

In der Praxis ist es häufig einfacher, Maßnahmen zu definieren, die indirekt die Kundenzufriedenheit messbar machen sollen, z. B.:

- Wir schreiben bis Ende des Jahres 100 Kunden an.
- Die Befragung soll mittels einseitigem Fragebogen mit zehn Fragen durchgeführt werden (per Post, per E-Mail etc.).
- Neun geschlossene Fragen, eine offene Frage.
- Angestrebt ist eine Rücklaufquote von 5 %.
- Die Auswertung soll bis 1. März des Folgejahres erfolgen.
- etc.

Aufgrund des Ergebnisses kann für das Folgejahr nun eine klare Messlatte für einzelne Bewertungskriterien definiert werden, da jetzt verschiedene Ausgangswerte zur Verfügung stehen.

Das Prinzip lässt sich auf weitgehend alle Bereiche des Qualitätsmanagements übertragen.

■ 3.10 Der Prozesswirkungsgrad

Um auch aus prozessorientierter Sicht heraus Abläufe beurteilen zu können, müssen Prozesse messbar gemacht werden. Auch hieraus lassen sich dann qualitätsbezogene Ziele ableiten, wie im letzten Abschnitt beschrieben.

Technisch betrachtet ist ein Prozess nichts anderes als die Umwandlung eines oder mehrerer „Input"-Faktoren in ein oder mehrere Ergebnisfaktoren (Bild 3.20).

Bild 3.20
Der Prozess als Systemmodell (2)

Dabei geht wie in jedem System – z. B. durch Menschen verursachte Fehler oder fehlerhafte Materialien – etwas am maximal möglichen Prozessergebnis verloren. Dieser Verlust drückt sich im Wirkungsgrad aus.

In der Technik berechnet sich der Wirkungsgrad aus dem Verhältnis von zugeführter zu abgegebener Leistung:

$$\eta = \frac{P_{\text{ab}}}{P_{\text{zu}}} \text{ mit } 0 \leq \eta \leq 1$$

Durch den Verlust (z. B. Wärme bei der Bohrmaschine) ist die abgegebene Leistung stets kleiner als die zugeführte Leistung und der Wirkungsgrad dementsprechend immer kleiner als 1 bzw. 100 %.

Beim Prozesswirkungsgrad unterscheiden wir vier verschiedene Leistungsarten (Tabelle 3.5).

Tabelle 3.5 Leistungsarten beim Prozesswirkungsgrad

Nutzleistung	Leistungen, von denen der Kunde einen „Nutzen" hat. Hierzu zählt jeder Verarbeitungs-, Montage- oder Veredelungsschritt. Nutzleistung fließt direkt in die Rechnung ein, die der Kunde bezahlt.
Stützleistung	Notwendige unterstützende Leistungen, wie Rüst- und Werkzeugwechsel, Erstellen von Papieren etc.
Blindleistung	Jegliche Formen von „Pufferleistungen" – z. B. Pufferlager, um flexibel agieren zu können.
Fehlleistung	Leistungen, die durch Fehler entstanden sind (Nacharbeit, Reparatur, Entsorgung).

Die Nutzleistung ist diejenige Leistung, die einem Kunden direkt in Rechnung gestellt werden kann und von der er einen Nutzen hat. Stütz-, Blind- und Fehlleistung hingegen können in der Regel nicht verrechnet werden, fallen aber bei der Leistungserbringung regelmäßig an und mindern damit den Wirkungsgrad.

Damit errechnet sich der Prozesswirkungsgrad wie folgt:

$$\frac{\mathit{Nutzleistung}}{\mathit{Nutzleistung} + \mathit{Stützleistung} + \mathit{Blindleistung} + \mathit{Fehlleistung}}$$

Alle Leistungsarten werden für gewöhnlich als Eurowerte angegeben. Der Wirkungsgrad ist demnach dimensionslos und wird in der Regel als Prozentwert angegeben.

3.11 Missverständnisse zum Qualitätsmanagement

Eine weitere betriebliche Notwendigkeit stellt die gemeinsame Sichtweise auf Sachverhalte und Begriffe dar, um Reibungsverluste in der Praxis zu verhindern. Daher sollen im folgenden Abschnitt einige typische Missverständnisse im Qualitätsmanagement aufgezeigt werden, die es gilt, zu beseitigen.

3.11.1 Der Qualitätsbegriff – falsch verstanden

Beobachten wir folgenden Dialog:

Kurt: „Die Deutsche Bahn hat in der ersten Klasse eine deutlich höhere Qualität als in der zweiten!"

Erwin: „Niemals – du spinnst doch – ich zahle doch nicht das Doppelte, um von A nach B zu kommen!"

Merke: Über „Qualität" lässt sich nicht streiten. Vergleichen Sie hierzu die Definition der ISO 9000: „Qualität ist der Grad, in dem Anforderungen erfüllt werden" (siehe Absch. 1.3). Doch was sind die Anforderungen?

Genau hierüber muss man sich unterhalten, will man unterschiedliche Qualitätssichtweisen auf einen Nenner bringen (Bild 3.21). Wenn die Anforderungen an gute Qualität bei der Deutschen Bahn lauten: „große Beinfreiheit und Bier an den Platz gebracht bekommen", dann wird man diese Anforderung nur in der ersten Klasse erfüllt bekommen. Liegt jedoch die Anforderung ausschließlich auf dem kleinsten Preis, so wird die Qualität der zweiten Klasse besser abschneiden als die der ersten (nach dem modernen Qualitätsansatz ist der Preis selbst ein Qualitätskriterium).

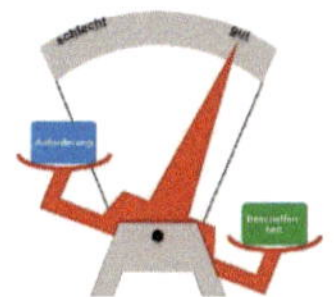

Bild 3.21
Was sind die Anforderungen?

Fazit: Statt sich über Qualität zu streiten, sollte man die Frage stellen: Was sind die zugrunde liegenden Anforderungen?

3.11.2 Control ≠ Kontrolle

Ein zweites häufiges Missverständnis rührt von der Wortübersetzung des englischen Wortes „control" her, das häufig mit „kontrollieren" übersetzt wird. Dies ist jedoch grundlegend falsch. Man spricht in diesem Zusammenhang auch von „falschen Freunden" (false friends der beiden Wörter).

„Kontrollieren" im Deutschen bedeutet auch „Prüfen" und stellt den klassischen Soll-Ist-Vergleich dar. Dies wäre im Englischen mit „to check" zu übersetzen.

Das englische „to control" bedeutet hingegen wesentlich mehr (Bild 3.22)! Es erfolgt nach dem Prüfschritt aufgrund der Erkenntnis aus dem Soll-Ist-Vergleich eine Rückkopplung in den Prozess (regeln) oder es wird der Zufluss des Input-Stromes angepasst (steuern).

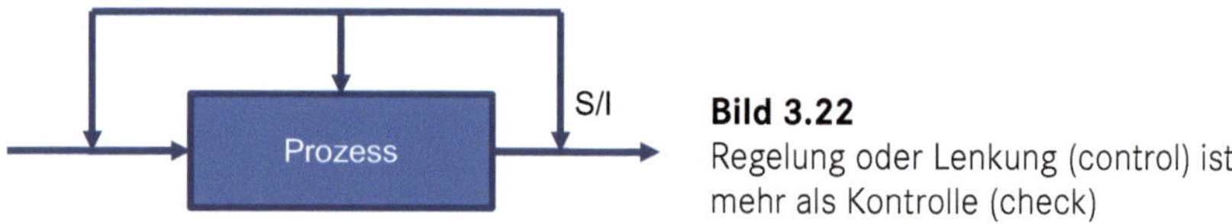

Bild 3.22
Regelung oder Lenkung (control) ist mehr als Kontrolle (check)

Technisch gesehen wird to control häufig mit „regeln" übersetzt. Im Qualitätsmanagement sprechen wir von „lenken". Das typische Qualitätssiegel **TQC (Total Quality Control)** bedeutet demnach **„Umfassende Qualitätslenkung"** und impliziert, dass aus den Ergebnissen und Erkenntnissen der Prozesse (z. B. gemachte Fehler) eine Verbesserung durch Rückkopplung erfolgt.

to control = regeln/lenken/steuern

to check = prüfen/kontrollieren/Soll-Ist-Vergleich

3.11.3 QM ≠ QS ≠ QK

Die folgenden Begriffe werden häufig im gleichen Sinne benutzt, obwohl sie klar voneinander abgrenzbar sind (Bild 3.23):

Qualitätskontrolle (QK)

Wie im letzten Abschnitt beschrieben, stellt Qualitätskontrolle klassisch das Durchführen eines Soll-Ist-Vergleiches dar. Das Ergebnis lautet normalerweise „gut" oder „schlecht". Auch in heutigen Produktionsbetrieben ist eine klassische Qualitätskontrolle an verschiedenen Stellen noch notwendig und sinnvoll. Jedoch ist der Umfang an QK-Maßnahmen in den letzten Jahrzehnten durch Einsatz neuer Verfahren immer weiter zurückgegangen.

In der ISO-9000-Normenwelt ist der Begriff Qualitätskontrolle nicht mehr definiert. Der reine Begriff „Kontrolle" wurde durch den Begriff der „Inspektion" ersetzt, der in der ISO 9000 wiederum sinngemäß wie folgt definiert ist:

Inspektion ist eine Gut-/Schlecht-Bewertung durch Beobachten und Beurteilen, begleitet durch Maßnahmen wie Messen, Testen oder Vergleichen.

Flankierend sei hier noch der Begriff „Test" erwähnt. Dieser steht gemäß ISO 9000 für das „Ermitteln eines oder mehrerer Merkmale, nach einem Verfahren". Ein Test endet begrifflich mit der „Ermittlung". Ein Test hat nicht unbedingt eine Bewertung der Konformität mit bestimmten Anforderungen zur Folge und ist damit deutlich von Begriffen wie Kontrolle oder Inspektion zu unterscheiden.

Qualitätssicherung (QS)

Unter Qualitätssicherung versteht man alle Maßnahmen, die darauf ausgerichtet sind, flankierend in Produktion und/oder Dienstleistungserbringung Qualität aus Kundensicht zu erzeugen. Dies kann durch vorbeugende Maßnahmen geschehen – z.B. Festlegung von Wartungsintervallen, Wareneingangsprüfungen, Werkzeugstandzeiten etc. – als auch auf Tätigkeiten im Sinne einer Qualitätskontrolle.

Die Definition nach ISO 9000 lautet:

Teil des Qualitätsmanagements, der Vertrauen darauf erzeugen soll, dass Qualitätsforderungen erfüllt werden.

Im ISO 9000 Prozessmodell beschränkt sich QS im Wesentlichen auf den Bereich 8. Betrieb mit dem Ziel, die Kundenzufriedenheit zu erhöhen.

Qualitätsmanagement (QM)

Qualitätsmanagement umfasst die gesamte Organisation bzw. das gesamte Prozessmodell gem. ISO 9000.

Es geht um das „Handhaben" (Managen) der Qualität im gesamten Unternehmen, angefangen bei der Leitung („Qualität der Führung") über die Mitarbeiter („Qualität der Ausbildung") bis hin zum Managen des Verbesserungsprozesses.

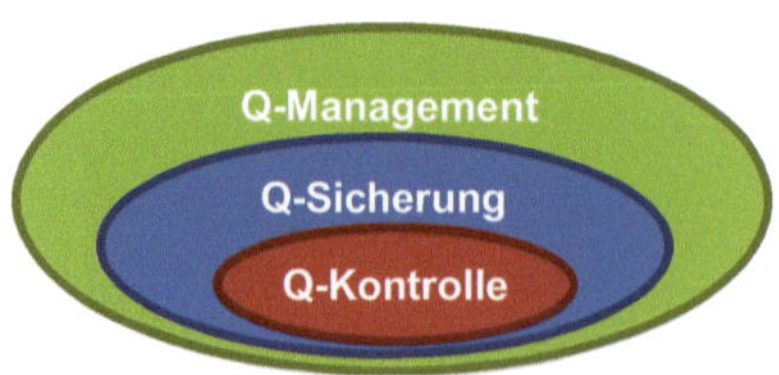

Bild 3.23
Qualitätskontrolle (QK) als Teilmenge von QS und diese als Teilmenge von QM

Die Definition nach ISO 9000 lautet sinngemäß:

Qualitätsmanagement umfasst Tätigkeiten zum Leiten und Steuern einer Organisation in Bezug auf alle Aspekte der Qualität.

3.11.4 Die sieben Missverständnisse nach Töpfer

Eine Forschungsgruppe um Prof. Dr. Armin Töpfer von der TU Dresden hat in einer Studie 2011 die in Tabelle 3.6 dargestellten sieben grundlegende Missverständnisse herausgearbeitet, die eng mit den Erfolgsfaktoren des Qualitätsmanagements gekoppelt sind.

Tabelle 3.6 Die sieben Missverständnisse nach Töpfer[4]

1.	QM liefert keinen Beitrag zur Wertsteigerung des Unternehmens.	QM steigert den Wert des Unternehmens.
2.	Null-Fehler-Qualität ist zu teuer.	Null-Fehler-Qualität senkt die Kosten, steigert den Umsatz und begeistert die Kunden.
3.	QM verändert nichts Wesentliches.	QM treibt positive Veränderungen für das Unternehmen voran.
4.	QM kann isoliert sein.	QM koordiniert umfassend unterschiedliche Konzepte der Qualitätsorientierung im Unternehmen.
5.	Qualität ist Sache der Qualitätsmanager.	Jeder im Unternehmen ist für die Qualität seiner Arbeit verantwortlich.
6.	Qualitätsmanager sind Bürokraten.	Qualitätsmanager sind Experten in Sachen Qualität und Impulsgeber für Veränderung.
7.	Gemessene Qualität entspricht immer der vom Kunden wahrgenommenen Qualität.	Regelmäßiges Kundenfeedback spiegelt die wahrgenommene Qualität wider.

[4] Der vollständige Artikel hierzu ist nachzulesen in der Zeitschrift QZ, Jahrgang 56, Ausgabe 06/2011, S. 15 ff.; in den Folgeausgaben der QZ ist alle zwei Monate jeweils einem Missverständnis ein eigener Artikel gewidmet.

4 Unternehmensumfeld – Kontext der Organisation

4.1 Themen – Verstehen des Kontextes

Beim Kontext der Organisation handelt es sich gemäß Norm um:

- die wirtschaftlichen Rahmenbedingungen bezgl. strategischer Ausrichtung
- eine Kombination interner und externer Faktoren und Bedingungen, die eine Auswirkung auf die Vorgehensweise einer Organisation hinsichtlich ihrer Produkte, Dienstleistungen, Investitionen und interessierten Parteien (Anspruchsgruppen) haben.

Zunächst sind die externen und internen Themen zu bestimmen, die für eine Organisation von Belang sind. Hierbei sind folgende Themenfelder zu beleuchten:

Externe Themen (positiv wie negativ):

- Rechtliche Themen (z. B. Gesetze)
- Technische Themen (z. B. Normen, Stand der Wissenschaft und Technik)
- Wettbewerbliche und marktbezogene Themen
- Kulturelle Themen
- Soziale Themen
- Politische Themen
- Abgrenzung international/national/regional oder lokal

Interne Themen:

- Werte/Leitbild
- Kultur
- Wissen
- Leistung
- Förderung

Hierzu wird eine Tabelle erstellt, in der alle Themen aufgelistet werden, die für das Unternehmen relevant sind. Wenn ein QM-Handbuch vorhanden ist, dann empfiehlt es sich, diese Liste hier darzustellen.

4.2 Erfordernisse interessierter Parteien

Im nächsten Schritt sind die interessierten Parteien zu bestimmen sowie deren Anforderungen und Erwartungen (z. B. gibt es vielleicht mit einem externen Anbieter ein gemeinsames, elektronisches Datenaustauschverzeichnis).

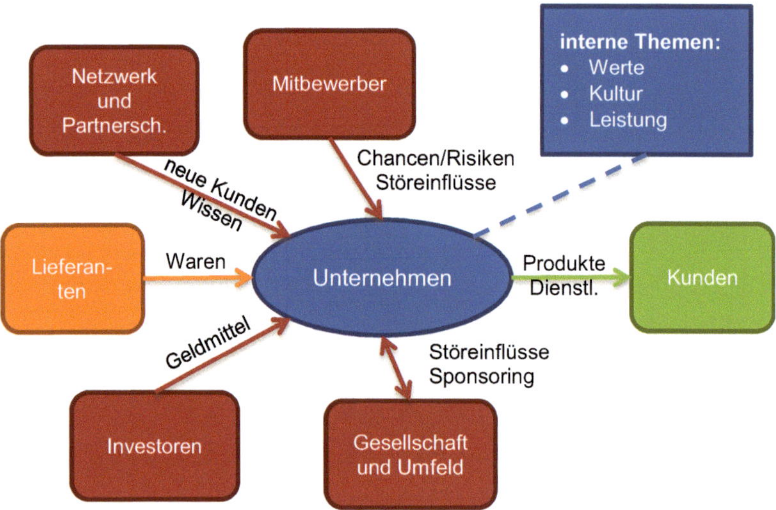

Bild 4.1 Interessierte Parteien (Stakeholder) im Umfeld einer Organisation

Bild 4.1 vermittelt ein Gefühl, worum es sich bei diesen Stakeholdern handeln kann. Es sind alle Parteien, die – wie auch immer – geartete Interessen am Unternehmen haben. Diese können positiv oder auch negativ sein (z. B. der Mitbewerber, der möchte, dass es unserem Unternehmen schlecht geht). Auch hier empfiehlt sich eine Tabelle, in der die Stakeholder einschließlich ihrer Erwartungen und Erfordernisse in strukturierter Form aufgelistet werden.

4.3 Anwendungsbereich des QM-Systems

Mit dem Anwendungsbereich werden die Grenzen des QM-Systems festgelegt. Dabei geht es im Besonderen um

- die Festlegung der (geografischen) Standorte/Geschäftseinheiten sowie um
- die Produkte und Dienstleistungen, die vom Unternehmen angeboten werden.

Der Anwendungsbereich geht einher mit der Festlegung, welche Anforderungen (der ISO 9001 oder nach einem anderen System) nicht anwendbar sind. Ein kategorischer Ausschluss von Normforderungen ist in der ISO 9001 nicht (mehr) möglich. Wenn jedoch Anforderungen nicht angewendet werden können - beispielsweise, wenn es keine Entwicklung im Sinne der Norm gibt -, dann muss diese Nichtanwendung begründet werden.

Vereinfacht gesagt ist der Anwendungsbereich das, was später auf dem Zertifikat stehen soll.

4.4 Kontext im Sinne der ISO 9001

Hier und in den folgenden Kapiteln bis einschließlich Kap. 10 erfolgt als letzter Unterabschnitt nun immer eine kurze Zusammenfassung der Anforderungen zum jeweiligen Thema nach ISO 9001:2015 in Form von Leitfragen (LF) und einer Kurzanleitung (ANL). Im Anhang (Abschn. 26.3) finden Sie dann eine Gesamttabelle aller Leitfragen/Anforderungen, die auch als Grundlage zur Durchführung interner Audits verwendet werden kann. In der rechten Spalte gelb markierte Felder deuten auf darauf hin, dass die ISO 9001 hier eine dokumentierte Information verlangt (Tabelle 4.1).

Tabelle 4.1 Zusammenfassung der Anforderungen zum Thema „Kontext" nach ISO 9001

Kap.	Überschrift/Leitfragen/Anleitung	FS*
4	**Kontext der Organisation**	
4.1	**Verstehen der Organisation und ihres Kontextes**	
LF	*Welche Themen sind für die strategische Ausrichtung des Unternehmens relevant und wirken sich auf das QM-System aus?*	
ANL	1. Bestimmen Sie Ihre **internen Themen** (Werte, Kultur, Wissen, Leistung). 2. Bestimmen Sie Ihre **externen Themen** (gesetzliche, technische, wettbewerbliche, marktübliche, kulturelle, soziale und wirtschaftliche Faktoren, die strategisch wichtig sind).	

Tabelle 4.1 Zusammenfassung der Anforderungen zum Thema „Kontext" nach ISO 9001 *(Fortsetzung)*

Kap.	Überschrift/Leitfragen/Anleitung	FS*
4.2	**Verstehen der Erfordernisse und Erwartungen interessierter Parteien**	
LF	*Welche interessierten Parteien (Stakeholder) gibt es und welche Anforderungen haben diese an die Organisation?*	
ANL	1. Bestimmen Sie Ihre **interessierten Parteien** (Kunden, Lieferanten, Geldgeber, Mitbewerber, angeschlossene Verbände usw.) und listen Sie diese auf. 2. Beschreiben Sie kurz, welche **Anforderungen** sich hieraus für das QM-System ergeben.	
4.3	**Festlegen des Anwendungsbereichs des Qualitätsmanagementsystems**	
LF	*Wie lautet der Anwendungsbereich des QM-Systems?*	
ANL	1. Definieren Sie den **Anwendungsbereich** auf Basis a) der Anforderungen der interessierten Parteien b) den festgelegten internen und externen Themen c) Ihrer Produkte und Dienstleistungen 2. Welche **Standorte/Betriebe/Bereiche** sind betroffen? 3. Bestimmen Sie **nicht anwendbare Normforderungen** und legen dafür eine kurze Begründung fest.	
4.4	**Qualitätsmanagementsystem und seine Prozesse**	
LF	*Welche Prozesse gibt es und wie wurden diese und ihre Wechselwirkungen festgelegt?*	
ANL	1. Legen Sie Ihre wichtigen (v. a. wertschöpfenden) **Prozesse und deren Wechselwirkung** fest, z. B. in Form von Flussdiagrammen im Rahmen von Verfahrens- oder Prozessbeschreibungen. 2. Legen Sie die für die Durchführung notwendigen **Mittel und Verantwortlichkeiten** fest. 3. Legen Sie **Leistungsindikatoren** für eine wirksame Durchführung fest, die Sie in der täglichen Praxis auch messen und überwachen können. 4. Überlegen Sie, welche Risiken und Chancen mit diesen Prozessen verbunden sind. 5. Überlegen Sie sich, wie ein KVP in den Prozessen verankert werden kann (z. B. PDCA-Ansatz).	

5 Führung

Das folgende Kapitel beschreibt verschiedene Aspekte, die für die Führung von elementarer Bedeutung sind.

5.1 Intrinsische und extrinsische Motivation

In der klassischen Motivationspsychologie wird zwischen intrinsischer und extrinsischer Motivation unterschieden (Tabelle 5.1).

Tabelle 5.1 Intrinsische und extrinsische Motivation

intrinsische Motivation	Das, was uns in unserem Inneren antreibt und ursächlich für unser Verhalten verantwortlich ist
extrinsische Motivation	Das, was uns von außen dazu antreibt, uns anders zu verhalten, als wenn der externe Reiz nicht da wäre

Auf die Theorie der extrinsischen Motivation nach dem Motto „Wie motiviere ich meine Mitarbeiter, sich so und so zu verhalten“ bauen unzählige Managementseminare auf und stellen inzwischen einen eigenen Wirtschaftszweig dar.

Der wohl bekannteste Kritiker Reinhard K. Sprenger führt in seinem Bestseller „Mythos Motivation“ hingegen aus, dass extrinsische Motivation in der Regel immer eine Manipulation darstellt. Er unterscheidet daher auch deutlich zwischen dem Begriff der **Motivation** (= Eigensteuerung bzw. Antrieb von innen) und dem Begriff der **Motivierung** (= Fremdsteuerung bzw. Antrieb von außen).

Sprenger führt in seiner **„Grammatik der Verführung“** vor Augen, dass eine Motivierung niemals langfristig ist und statt zu einer dauerhaften Steigerung der Leistung im Gegenteil zu deren Abfall - eben zu Demotivierung - führt. Hierzu definiert er die **fünf großen B der Motivierung** (siehe Tabelle 5.2).

Tabelle 5.2 Die fünf großen B der Verführung nach Sprenger

Belohnen	„Der Beste bekommt ..."
Belobigen	„Sie sind mein bester Mann – könnten Sie bitte ..."
Bestechen	„Wenn Sie dies und jenes tun, dann erhalten Sie ..."
Bedrohen	Strategie Zwang 1: „Funktioniere, dann bleibst du ungestraft!"
Bestrafen	Strategie Zwang 2: „Wer nicht hören will, muss fühlen!"

Aus dem Verb **„motivieren"** geht nicht hervor, ob im beschriebenen Sinne Motivation oder Motivierung gemeint ist. Daher kommt dem Untersuchen des „Motivs" als Antriebsfeder von Verhalten eine wesentliche Bedeutung zu.

Während Sprenger vor Augen führt, wie alle gängigen Managementpraktiken weitgehend zum Scheitern verurteilt sind, werfen Kritiker ihm vor, dass er keine Alternativen bietet. Die aufgezeigte Empfehlung für Führungskräfte ist jedoch sehr einfach und fordert kein komplexes Managementseminar:

Schaffe ein Umfeld, in dem sich der Mitarbeiter wohlfühlt![1]

Hierzu muss die Führungskraft jedoch wissen, was den Mitarbeiter bewegt und wie er ein geeignetes Umfeld schaffen kann. Alle Mitarbeiter sind unterschiedlich und diese Forderung verlangt der Führungskraft daher alles ab. Vor allem: **Sie belässt die Verantwortung über die Leistung des Mitarbeiters bei der Führungskraft!**

Im Grunde entspricht dieser Ansatz auch dem Modell von Masing (siehe Bild 3.16) in Bezug auf Fehler. Der Ansatz von Sprenger hat viel für sich und es kann für eine erfolgreiche Mitarbeiterführung nur dazu geraten werden, sich mit den Motiven seiner Mitarbeiter auseinanderzusetzen. In den Motiven der Mitarbeiter liegt auch der Schlüssel für ein hohes Qualitätsbewusstsein (siehe hierzu Kap. 3).

5.1.1 Modell nach Maslow

Der amerikanische Psychologe Abraham Maslow veröffentlichte 1943 ein Modell, mit dem er in Form einer Pyramide die Bedürfnisse des Menschen in fünf Stufen einordnete (siehe Bild 5.1 und Tabelle 5.3).

---

[1] Sprenger stellt die Frage: Warum ändert sich bei neuen Mitarbeitern, die zunächst „hochmotiviert" eine neue Arbeitsstelle antreten, im Laufe der Zeit deren Verhalten? Beantworten Sie diese Frage bitte für sich selbst!

Motivation ist demnach das Streben nach Befriedigung der vorhandenen Bedürfnisse. Dabei bilden die Bedürfnisse die Inhalte der jeweiligen Stufe ab.

Die Grundaussage von Maslow war, dass Bedürfnisse einer bestimmten Hierarchiestufe erst dann „entstehen", wenn Bedürfnisse der darunterliegenden Stufe befriedigt wurden.

So wird ein Obdachloser in erster Linie seine Bedürfnisse in der Stufe der Grundbedürfnisse befriedigen und strebt außerdem nach Befriedigung der Stufe 2 „Sicherheit", er wird jedoch nicht nach Status oder Selbstverwirklichung streben. Hierzu müssten nach Maslow erst die Stufen dazwischen ausreichend befriedigt werden.

Außerdem unterschied Maslow noch nach zwei verschiedenen **Bedürfnisarten:**

- **Defizitbedürfnisse**

  Das sind die unteren Stufen der Pyramide. Wenn das „Defizit" (z.B. Essen) gestillt ist, erfolgt zunächst kein weiteres Streben nach Befriedigung dieses Bedürfnisses.

- **Unstillbare Bedürfnisse**

  Das betrifft die Selbstverwirklichungs- und (zum Teil) die Statusebene. Der Drang, diese Bedürfnisse zu befriedigen, endet nie.

Bild 5.1 Maslow'sche Bedürfnispyramide

Tabelle 5.3 Die fünf Bedürfnisebenen nach Maslow[2]

Selbstverwirklichung (SV)	eigene Ziele setzen und diese erreichen
Status	Anerkennung
Soziale Bedürfnisse	Freundschaften/soziales Netzwerk/Familie bilden
Sicherheit	Wohnraum, Einkommen, Absicherung
Grundbedürfnisse	Schlafen, Essen, Trinken, Sexualtrieb

[2] Kurz vor seinem Tode hat Maslow noch eine weitere sechste Ebene unter der Bezeichnung „Transzendenz" hinzugefügt, die oberhalb der Selbstverwirklichung die Suche nach Gott bzw. Spiritualität widerspiegelt.

Es bleibt dem Leser überlassen, was er davon hält, dass es nach dieser Theorie einen „einfachen“ Arbeiter nicht geben kann, der in erster Linie seinem Job nachgeht, um sein Einkommen zu sichern, und um damit Miete und Essen bezahlen zu können (Stufe 2) und sich andererseits z. B. in seinem Hobby (Stufe 5) selbst verwirklicht.

5.1.2 Zwei-Faktoren-Theorie nach Herzberg

Aufbauend auf die Theorie von Maslow führte Frederick Herzberg zwei Faktoren ein (Tabelle 5.4), die nebeneinander als voneinander unabhängig betrachtet werden müssen und die in einem bestimmten Maße den fünf Stufen der Maslow'schen Bedürfnispyramide zugeordnet werden können (eine eindeutige Festlegung ist nicht möglich).

Tabelle 5.4 Motivatoren und Hygienefaktoren nach Herzberg

	Hygienefaktoren	Motivatoren
Fehlen führt zu ...	Unzufriedenheit	Keine Zufriedenheit
Vorhandensein führt zu ...	Keine Unzufriedenheit	Zufriedenheit
Maslow-Pyramide Stufen	1 bis 3	3 bis 5
Arbeitsbezug	Kontext/Umgebung	Arbeitsinhalt
Andere Bezeichnung	Unzufriedenheitsverhinderer	Zufriedenheitsmacher

Die unabhängige Betrachtung der beiden Parameter Zufriedenheit und Unzufriedenheit führen zu der in Bild 5.2 dargestellten Logik.

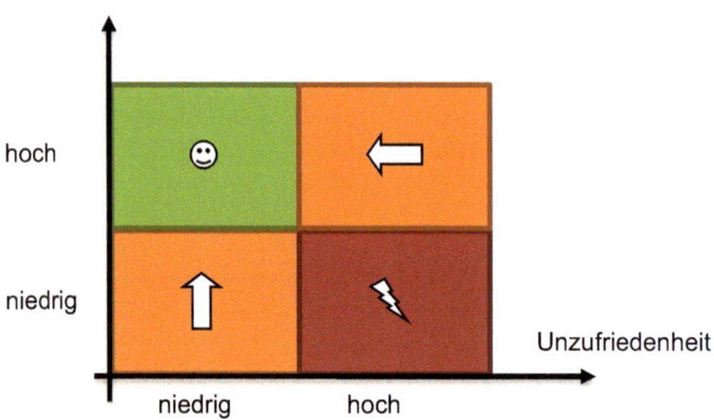

Bild 5.2 Zufriedenheit und Unzufriedenheit nach Herzberg

Bild 5.2 zeigt im oberen rechten Quadranten (Pfeil nach links) die nach Herzberg kuriose Konstellation, dass durch das Vorhandensein/Fehlen von Faktoren jemand sowohl zufrieden (Vorhandensein von Motivatoren) als auch unzufrieden sein kann (Fehlen von Hygienefaktoren). Da Gehalt als typischer Hygienefaktor zählt (Gehaltserhöhungen wirken nur kurzfristig als Motivator), lässt sich ein einfaches Beispiel für diese Konstellation konstruieren: Ein Manager, der alleinverantwortlich seinen Bereich führt und in seinem Job Erfüllung findet, jedoch völlig unterbezahlt ist.

Der linke untere Quadrant (Pfeil nach oben) zeigt die ebenfalls seltsame Situation, dass jemand nicht zufrieden (Motivatoren fehlen), aber gleichzeitig nicht unzufrieden ist (Hygienefaktoren vorhanden). Als Beispiel stelle man sich ein extrem gut bezahltes Reinigungspersonal vor.

Die Quadranten oben links und unten rechts zeigen die „Normalfälle“, dass entweder alle Faktoren vorhanden sind (Smiley) oder beide Faktoren völlig fehlen (Blitz).

5.1.3 X-Y-Theorien nach McGregor

Als letzte der klassischen Motivationstheorien und damit verbundene Führungsmethoden sollen nun die Theorien des Psychologen Douglas McGregor vorgestellt werden. McGregor formulierte ab 1960 zwei Theorien über den Menschen, die sich gegenseitig ausschließen (was auch die Ursache für die häufigste Kritik an den Theorien darstellt), und zwar die X-Theorie (Tabelle 5.5) und die Y-Theorie (Tabelle 5.6).

Tabelle 5.5 X-Theorie nach McGregor

Menschenbild	Der Mensch hat eine Abneigung gegen Arbeit und ist von Natur aus faul. Er scheut Verantwortung und hat keinen Ehrgeiz.
Führungsstil	autoritär, direktiv, zielorientiert
Führungsmethoden	Zwang, Kontrolle, Berichtspflicht, Strafe
Begriffe	Vorgesetzte, Untergebene, Befehle, Anweisungen

Tabelle 5.6 Y-Theorie nach McGregor

Menschenbild	Arbeit hat einen hohen Stellenwert und ist Quelle von Zufriedenheit. Er ist von Natur aus fleißig und motiviert und sucht die Befriedigung seiner Bedürfnisse (i. B. das nach Selbstverwirklichung).
Führungsstil	kooperativ, partizipativ, mitarbeiterorientiert
Führungsmethoden	MbO (Führen durch Zielvereinbarung), Delegation, Gruppenentscheidungen
Begriffe	Mitarbeiter, Kompetenz, Verantwortung

McGregor selbst favorisierte die Y-Theorie. Später entwickelte er noch die Z-Theorie („Der Mensch ist je nachdem“), die dem traditionellen japanischen Führungsstil entsprach.

Die Methoden und Führungsstile, Mitarbeiter gemäß ihrem Typ X oder Y zu führen, greifen nach heutigen Erkenntnissen deutlich zu kurz. Diese Theorie wurde hier nur der Vollständigkeit halber vorgestellt. Der folgende Abschnitt stellt ein neues, zeitgemäßes Modell der Persönlichkeit vor.

5.1.4 Die 16 Lebensmotive nach Steven Reiss

Der amerikanische Psychologe Steven Reiss (* 1947, † 2016) hat die wohl umfangreichste und wissenschaftlich validierte Analyse der grundlegenden Motive bzw. Bedürfnisse des Menschen durchgeführt.

Außer den Theorien von Maslow und Herzberg, gab es viele weitere Arbeiten, die Reiss als Grundlage dienten. Der Psychologe McDougall hatte beispielsweise eine Liste mit 10 000 Motiven entwickelt und veröffentlicht. Reiss erstellte eine Liste mit 328 „Ausgangswerten“ und reduzierte im Rahmen einer groß angelegten Studie durch ein statistisches Verfahren namens Faktoranalyse diese 328 Ausgangswerte auf am Schluss 16 grundlegende Motive, die sich nicht mehr weiter reduzieren ließen.

Anschließend entwickelte er einen 128 Fragen umfassenden Fragebogen, mit dessen Hilfe sich die Ausprägung der 16 Lebensmotive für jeden Menschen ermitteln lässt. Im Jahr 2000 veröffentlichte Reiss sein Buch „Wer bin ich – und was will ich wirklich?“ (Originaltitel „Who am I?“). Zu diesem Zeitpunkt hatten bereits mehr als 25.000 Personen in Nordamerika und Europa die Fragen zum Reiss-Profil beantwortet. Seit 2002 wird das Reiss Motivation Profile® auch in Deutschland erfolgreich eingesetzt – z. B. in den Bereichen Führung (Telekom, REWE, RWE und viele andere) oder im Leistungssport (Fußball Bundesliga – Borussia Dortmund oder Hannover 96, Handball-Nationalmannschaft, Judo-Nationalmannschaft).

Mitte September 2017 wurde die Normstichprobe, welche seit 2012 auf 55 000 Personen aus Afrika, Asien, Europa und Nordamerika basiert, erneuert. Die Norm des Reiss Motivation Profile® basiert jetzt auf 79 878 Personen, davon 45 738 Männer und 34 140 Frauen aus Afrika, Asien, Europa, Nord- und Südamerika. Seit Juli 2017 gibt es für Deutschland und Europa einen neuen Lizenznehmer für das Reiss Motivation Profile®, die RMP germany GmbH. In diesem Zuge wurden die bisher verwendeten Ampelfarben auf neutralere Farben umgestellt.

Ausgehend von einem Schichtenmodell der menschlichen Persönlichkeit (siehe Bild 5.3) setzt das Reiss Motivation Profile® auf der innersten Ebene an. Die meisten Instrumente zur Entwicklung von Persönlichkeiten im Allgemeinen und Mitarbeitern im Speziellen setzen auf der Verhaltens- oder Fähigkeitenebene an und berücksichtigen dabei die Motivstruktur des Menschen nicht oder nur ungenügend.

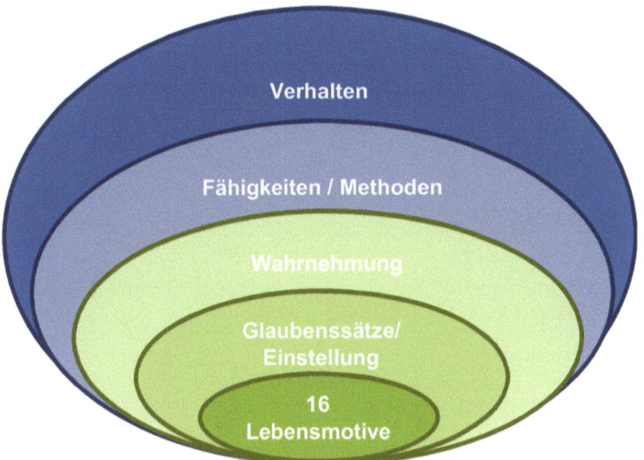

Bild 5.3 Das Zwiebelschalenmodell nach Markus Brand, Institut für Persönlichkeit, basierend auf einer Idee von Robert Dilts

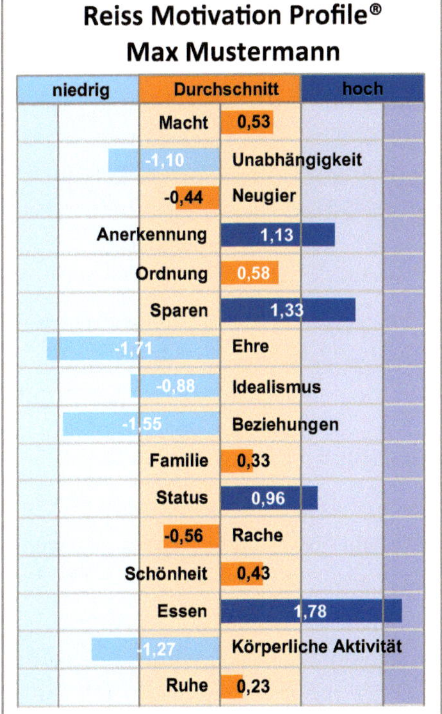

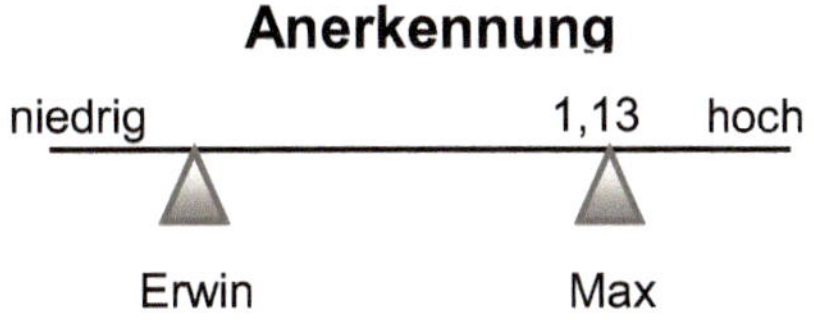

Bild 5.4 Muster-Reiss-Profil mit Darstellung des Einzelmotivs Anerkennung als „Motivkontinuum“

Nach Steven Reiss stellen die Lebensmotive die „Letztmotive", also die Endzwecke des menschlichen Handelns dar. Erkennt man an, dass jeder Mensch eine unterschiedliche Ausprägung der 16 Lebensmotive hat, so wird das Reiss Motivation Profile® zu einem individuellen Fingerabdruck der Persönlichkeit (fünf Ausprägungsstufen je Motiv zu Grunde, so gibt es theoretisch $5^{16} \approx 152$ Millionen Möglichkeiten). Bild 5.4 zeigt ein Beispiel eines Reiss-Profils.

Entscheidend zum **Verständnis und zur Einordnung** des Profils sind folgende Punkte:

- Das Reiss Motivation Profile® ist wissenschaftlich abgesichert:
  - valide (Nachweis, dass mit den Fragen auch tatsächlich das jeweilige Motiv „gemessen" wird)
  - reliabel (verlässlich in Bezug auf Zeitstabilität)
  - hat eine geringe „soziale Erwünschtheit"

    (durch acht Fragen je Motiv werden Ausreißer eliminiert)
- Es gibt kein gut und kein schlecht, lediglich die genannten fünf Ausprägungen eines Motivs
- Jedes Motiv wird durch eine Zahl zwischen c2 und +2 ausgedrückt (Tabelle 5.7)

Tabelle 5.7 Ausprägungen im Reiss Motivation Profile®

-2 bis -0,8	unterdurchschnittliche Ausprägung
-0,8 bis -0,4	leicht unterdurchschnittliche Ausprägung
-0,4 bis +0,4	neutrale Ausprägung
+0,4 bis +0,8	leicht überdurchschnittliche Ausprägung
+0,8 bis 2,0	überdurchschnittliche Ausprägung

- Steven Reiss unterscheidet zwischen
  - Wohlfühlglück

    entsteht aus dem Empfinden einer bestimmten Situation heraus, und
  - Werteglück

    resultiert ausschließlich aus der Befriedigung von Lebensmotiven

Die Werte

Die Grenzwerte hat Steven Reiss anhand einer Normalverteilung festgelegt (Bild 5.5).

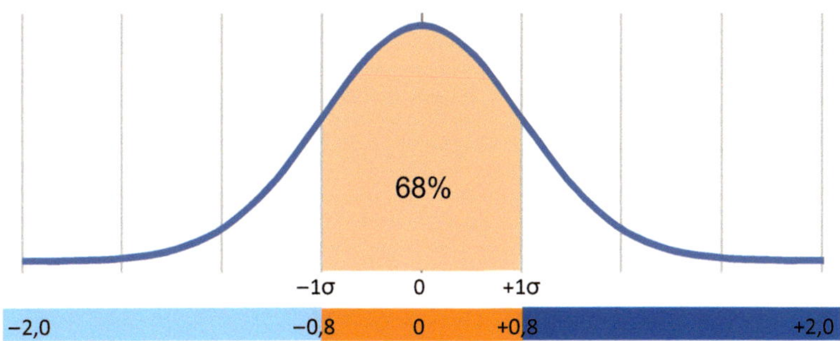

Bild 5.5 Die Motivwerte anhand der Normalverteilung

Im Abstand einer Standardabweichung um den Mittelwert sind die Werte +0,8 und -0,8 als Grenze zur hohen und zur schwachen Ausprägung festgelegt. Das Ende der Skala bilden die beiden Werte +2,0 und -2,0. Den Durchschnitt (zwischen -0,8 und +0,8) bilden damit anteilig ca. 68 % der Befragten eines Motivs, auf die über- bzw. unterdurchschnittlichen Ausprägungen entfallen je etwa 16 %. Ein einzelner Motivwert entspricht damit dem 0,8-fachen *z*-Wert der Standardnormalverteilung:

$$RMP = \begin{cases} +2\, falls\, 0{,}8 \cdot z > 2 \\ 0{,}8 \cdot z\; falls -2 < 0{,}8 \cdot z < +2 \\ -2\, falls\, 0{,}8 \cdot z < 2 \end{cases} \text{mit } z = \frac{x - \mu}{\sigma}$$

Sowohl die Gewichtung der je acht Fragen zu jedem Motiv, aus denen der individuelle *x*-Wert je Motiv bestimmt wird, als auch Mittelwert μ und Standardabweichung *σ* der Normstichprobe jedes Alters und Geschlechts sind geschütztes Geheimnis der IDS Publishing Corporation™.

Da das persönliche Reiss Motivation Profile® grundsätzlich vor dem Hintergrund der Normstichprobe erstellt werden muss, kann es ausschließlich über zertifizierte Reiss-Profile-Master mit Zugang zur zentralen Datenbank generiert werden.

Interpretation der Motivausprägungen

Wie in Bild 5.4 am Beispiel des Motivs Anerkennung dargestellt, handelt es sich bei jeder Motivausprägung um einen Wert auf einer kontinuierlichen Skala, der die Anteile der beiden gegensätzlichen Pole des Motivs repräsentiert. Bild 5.6 zeigt schematisch auf, wie bei einem Motiv je nach Motivwert die Anteile von rechtem und linkem Pol schematisch zu verstehen sind.

Im Beispiel zeigt die Länge der Linie im dunkelblauen Bereich für Max den Anteil, in dem Anerkennung angestrebt wird, die Länge der Linie im hellblauen Bereich zeigt an, wie viel „Nichtanerkennung" für Max in Ordnung geht. Tendenziell bedeutet die Ausprägung von 1,13 also einen starken Drang nach Anerkennung (Anteil ist über 84 %). Für Max würde demnach ein Lob motivierend wirken.

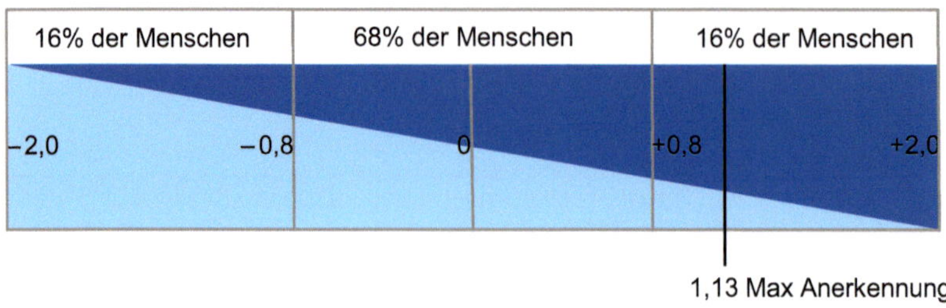

Bild 5.6 Motivanteile

> Die Führungskraft muss lernen und erkennen, dass der Mitarbeiter auf der Basis seiner Motivstruktur geführt werden muss, wenn er motiviert arbeiten soll.

Dabei ist es unerheblich, welche Motivstruktur die Führungskraft hat. Auch wenn die Führungskraft selbst mit einem Lob überhaupt nichts anfangen kann (Anerkennung -2,0), so wird er mit einem wohlgemeinten, wertschätzenden Lob Max motivieren. Die Schwierigkeit liegt bei der Führungskraft, denn sie tut sich ja schwer, nachzuvollziehen, wozu ein Lob überhaupt nötig ist.

Übersicht über die 16 Lebensmotive

Steven Reiss definierte die 16 Lebensmotive in Kurzform wie in Tabelle 5.8 dargestellt.

Tabelle 5.8 Kurzdefinition der 16 Lebensmotive nach Dr. Steven Reiss

	Macht (Power)	Der Wunsch nach Einfluss oder Führung (The desire for influence or leadership)
	Unabhängigkeit (Independence)	Der Wunsch nach Selbstständigkeit (The desire for self-reliance)
	Neugier (Curiosity)	Der Wunsch, zu verstehen (The desire for understanding)
	Anerkennung (Acceptance)	Der Wunsch nach positiver Selbstachtung (The desire for positive self-regard)
	Ordnung (Order)	Der Wunsch, es organisiert und sauber zu haben (The desire for to be organized and clean)

	Sparen (Saving)	Der Wunsch, Dingen anzuhäufen (sammeln) (The desire to collect)
	Ehre (Honor)	Der Wunsch nach einem aufrechten Charakter (The desire for upright character)
	Idealismus (Idealism)	Der Wunsch nach sozialer Gerechtigkeit (The desire for social justice)
	Beziehungen (Social contact)	Der Wunsch nach Gesellschaft durch Gleichgesinnte (The desire for peer companionship)
	Familie (Family)	Der Wunsch, Kinder großzuziehen und Zeit mit Geschwistern zu verbringen (The desire to raise children and spend time with siblings)
	Status (Status)	Der Wunsch nach Respekt durch soziale Zugehörigkeit (The desire for respect based on social standing)
	Rache/Kampf (Vengeance)	Der Wunsch, diejenigen zu konfrontieren, die beleidigen (The desire to confront those who offend)
	Eros (Romance)	Der Wunsch nach Schönheit und Sex (The desire for beauty and sex)
	Essen (Eating)	Der Wunsch nach Essen (The desire for food)
	Körperliche Aktivität (Physical activity)	Der Wunsch nach muskulärer Betätigung (The desire for muscle exercise)
	Emotionale Ruhe (Tranquility)	Der Wunsch, frei von Angst und Schmerzen zu sein (The desire to be free of anxiety and pain)

Zeitstabilität

Bei der Erstellung eines Reiss Motivation Profile® werden die individuellen Antworten vor dem Hintergrund einer Normstichprobe aus Tausenden von Personen gleichen Alters, gleicher Nationalität und gleichen Geschlechts gespiegelt. Das resultierende Profil ist damit immer relativ zur Normstichprobe zu verstehen. Mit zunehmendem Alter verschieben sich absolut betrachtet Motivausprägungen (z. B. ist bei einem 16-Jährigen das Familienmotiv geringer ausgeprägt als bei einem 30-Jährigen). Da sich jedoch auch die Normstichprobe gemäß Alter, Geschlecht und Nationalität mit verändert, bleibt das Reiss-Profil relativ betrachtet sehr zeitstabil.

Self-Hugging (Selbstbezug)

Als Self-Hugging bezeichnet Steven Reiss den Umstand, dass man das eigene Profil für das Maß der Dinge hält. Menschen, die anders sind (ein deutlich abweichendes Profil haben), werden dann manchmal sogar als krank bezeichnet. Gelingt es jedoch, jedem Menschen sein eigenes Profil zuzugestehen und ihn so zu akzeptieren, wie er ist, so führt dies direkt zu einer besseren Menschenkenntnis und einem einfacheren Umgang mit „Andersdenkenden“.

Original- und Business-Profil

Es gibt zwei Varianten des Reiss-Profils – das Original- und das Business-Profil. Im Original-Reiss-Profil gibt es das Motiv Eros, das im Business-Profil durch Schönheit ersetzt wurde. Bei dem Motiv Schönheit handelt es sich um ein nicht valides Motiv, da es nur einen Teilaspekt des Motivs Eros abbildet. Für geschäftliche Zwecke eignet sich das Business-Profil jedoch deutlich besser, da die Fragen nach dem Erosmotiv in der Regel als Eingriff in die Privatsphäre empfunden werden, diejenigen nach dem Teilaspekt Schönheit dagegen nicht.

Tabelle 5.9 gibt auf Basis von Aussagen einen abschließender Überblick über die 16 Lebensmotive mit einer Spalte für die Selbstbewertung.

Tabelle 5.9 Die Lebensmotive im Überblick mit möglicher Selbstbewertung

Motiv	niedrige Ausprägung	hohe Ausprägung	Selbstbewertung
Macht	geführt, dienstleistungsorientiert „Ich will mich an anderen orientieren.“	führend, entscheidend „Ich will Einfluss nehmen.“	
Unabhängigkeit	team- & konsensorientiert „Ich will emotional verbunden sein.“	unabhängig, autark „Ich will frei und eigenständig sein.“	
Neugier	praktisch, umsetzungsorientiert „Ich will konkret handeln.“	wissbegierig, intellektuell „Ich will Neues lernen.“	

Motiv	niedrige Ausprägung	hohe Ausprägung	Selbstbewertung
Anerkennung	selbstsicher, kritikfähig Anerkennung „Ich kann alles schaffen."	perfektionistisch, sensibel „Ich will anderen gefallen."	
Ordnung	flexibel, spontan „Ich will frei sein von Strukturen."	planvoll, organisiert „Ich will Struktur und Sauberkeit."	
Sparen	großzügig, gebend „Ich will generös sein."	sparsam, bewahrend „Ich will Dinge aufheben."	
Ehre	ziel- & zweckorientiert „Ich will nach meinen Regeln leben."	prinzipientreu, loyal „Ich will Werte ein-halten."	
Idealismus	realistisch, pragmatisch „Ich will Gerechtigkeit für mich."	idealistisch, altruistisch „Ich will Gerechtigkeit für alle."	
Beziehungen	zurückgezogen, Nähe vermeidend „Ich will alleine sein."	gesellig, kontaktfreudig „Ich will mit Menschen zusammen sein."	
Familie	partnerschaftlich, familiär unabhängig „Ich will nicht eingeengt sein."	fürsorglich, kümmernd „Ich will meinen Partner/meine Kinder umsorgen."	
Status	bescheiden, unauffällig „Ich will nicht heraus-gehoben sein."	elitär, herausstechend „Ich will gesehen werden."	
Rache	harmonieorientiert, ausgleichend „Ich will in Harmonie leben."	wettbewerbsorientiert, kämpferisch „Ich will gewinnen."	
Schönheit	asketisch, nüchtern „Ich will keine Ver-drehung der Sinne."	sinnlich, ästhetisch „Ich will Spaß an den schönen Dingen haben."	
Essen	hungerstillend, eintönig essend „Ich will mich nur ernähren."	genussvoll, kulinarisch „Ich will Essen genießen."	
Körperliche Aktivität	bequem, gemütlich „Ich will körperliche Anstrengung vermeiden."	sportlich, athletisch „Ich will mich bewegen und fit sein."	
Ruhe	stressrobust, risikobereit „Ich will Abwechslung."	stresssensibel, ängstlich „Ich will vorsichtig sein."	

Möglichkeiten der Verwendung als Führungsinstrument

- Mitarbeiter in Bezug auf Ihre Motive einschätzen
- Bewusstmachen von Schwächen und Stärken
- Mitarbeiter nach deren Motiven führen („Der Wurm muss dem Fisch schmecken, nicht dem Angler")
- Bewusstes Vermeiden von Self-Hugging
- Erstellung von Teamprofilen für die Teambildung

■ 5.2 Der Gallup-Engagement-Index

Das Beratungsunternehmen Gallup untersucht seit 2001 in Form von Studien die emotionale Bindung von Mitarbeitern an ihre Unternehmen. Das Ergebnis dieser Untersuchungen spiegelt sich im sogenannten Engagement-Index wider (Bild 5.7).

Die Studie zeigt, dass 85 % aller Mitarbeiter keine oder nur eine geringe emotionale Bindung an ihr Unternehmen haben. Dieser Sachverhalt hat sich in den letzten 15 Jahren nur wenig verändert. Es kann davon ausgegangen werden, dass sich dies erheblich nachteilig auf das Qualitätsbewusstsein der Mitarbeiter auswirkt.

Jahr	hoch	geringe	keine
2001	16%	69%	15%
2002	15%	69%	16%
2003	12%	70%	18%
2004	13%	69%	18%
2005	13%	69%	18%
2006	13%	68%	19%
2007	12%	68%	20%
2008	13%	67%	20%
2009	11%	66%	23%
2010	13%	66%	21%
2011	14%	63%	23%
2012	15%	61%	24%
2013	16%	67%	17%
2014	15%	70%	15%
2015	16%	68%	16%
2016	15%	70%	15%
2017	15%	70%	15%
2018	15%	71%	14%
2019	15%	69%	16%
2020	17%	68%	15%

Bild 5.7
Der Gallup-Engagement-Index[3]

[3] Quelle: *eu.gallup.com*

Im Folgenden sollen nun noch ergänzend die zwölf Schlüsselaussagen aufgezeigt werden, die Gallup für die Ermittlung der emotionalen Bindung verwendet:

- Ich weiß, was von mir in bzw. bei der Arbeit erwartet wird.
- Ich habe das notwendige Material und die Ausrüstung, um meine Arbeit richtig ausführen zu können.
- Ich habe bei der Arbeit jeden Tag die Gelegenheit, das zu tun, was ich am besten kann.
- In den letzten sieben Tagen habe ich für gute Arbeit eine Anerkennung oder ein Lob erhalten.
- Meine Führungskraft oder jemand anders in der Arbeit kümmert sich um mich als Mensch.
- Es gibt jemanden in der Arbeit, der mich in meiner Entwicklung voranbringt bzw. ermutigt.
- In der Arbeit scheint meine Meinung etwas zu zählen.
- Die Mission bzw. der Unternehmenszweck meines Unternehmens verschaffen mir das Gefühl, dass meine Arbeit wichtig ist.
- Meine Kollegen und Kontaktpersonen haben sich alle zu Qualität in/bei der Arbeit verpflichtet.
- Ich habe einen besten Freund in der Arbeit.
- In den letzten sechs Monaten hat in meiner Arbeit jemand mit mir über meine Fortschritte gesprochen.
- Im zurückliegenden Jahr hatte ich verschiedene Gelegenheiten, bei der Arbeit zu lernen und zu wachsen.

Es gibt sehr viele Unternehmen, in denen Mitarbeiter keine oder nur wenige dieser Aussagen für sich in Anspruch nehmen können. Warum sollten sie dann ein Qualitätsbewusstsein im Sinne des Unternehmens entwickeln?

Auch hier stellt sich für ein Unternehmen die Kernfrage: Wie schaffe ich ein Umfeld, in dem der Mitarbeiter engagiert arbeitet bzw. in seiner Arbeit aufgeht? Die zwölf Schlüsselaussagen von Gallup geben mögliche Ansatzpunkte hierfür vor.

5.3 Merkmale und Randbedingungen qualitätsbewussten Handelns

Woran lässt sich erkennen, dass Mitarbeiter qualitätsbewusst im Alltag agieren? Hierzu müssen wir zunächst klären, was unter dem Begriff „Qualitätsbewusstsein" zu verstehen ist.

Diese Frage lässt sich wieder über den Begriff „Anforderungen" angehen. Erinnern wir uns an die Definition des Qualitätsbegriffs aus der ISO 9000: „Qualität ist der Grad, in dem...Anforderungen erfüllt werden." Das heißt in der logischen Folge, **dass die Anforderungen an die Produkte und Dienstleistungen zuallererst definiert sein müssen, damit überhaupt erst klar ist, wann man von guter Qualität sprechen kann und wann nicht.**

Beispiel 1: Unternehmen Winterhaus legt besonderen Wert darauf, dass nach Vorschrift gearbeitet wird und die Mitarbeiter sich in dem vorgegebenen Rahmen bewegen. Qualitätsbewusstsein zeichnet sich hier bei Mitarbeitern dadurch aus, dass sie keine Fragen stellen, sondern ihren Job erledigen und keine Fehler machen. Fehler sind hier ein Zeichen für mangelndes Qualitätsbewusstsein.

Beispiel 2: Unternehmen Sommerbries legt Wert darauf, dass vorhandene Fehler unverzüglich auf den Tisch kommen und ursächlich baldmöglichst abgestellt werden. Qualitätsbewusstsein zeigt sich hier im offenen Umgang aller Mitarbeiter untereinander auf allen Ebenen. Die Anzahl behobener Fehler ist sowohl ein Maß für die ständige Verbesserung als auch das Qualitätsbewusstsein.

Die beiden Beispiele zeigen eines sehr deutlich:

Qualitätsbewusstsein zeigt sich in erster Linie im Umgang mit Fehlern!

Beide Unternehmen haben eine eigene Qualitätspolitik und entwickeln dadurch eine eigene Unternehmenskultur.

Allgemein lässt sich sagen, dass Fehler die „Nichterfüllung einer Forderung" (ISO 9000) sind. Solange Mitarbeiter die Anforderungen an ihre Arbeit, die Produkte, die Prozesse, die Dienstleistungen etc. nicht kennen, so ist auch der Begriff „Fehler" unklar und ein Qualitätsbewusstsein lässt sich überhaupt nicht objektiv beurteilen.

Fazit: Die Merkmale qualitätsbewussten Handelns lassen sich am Erfüllen der unterschiedlichen Anforderungen im Unternehmen ablesen.

Die folgenden Abschnitte geben nun einen Überblick über Aspekte, die qualitätsbewusstes Handeln direkt oder indirekt beeinflussen. Sie stellen limitierende Faktoren dar, unter denen sich qualitätsbewusstes Handeln entfalten kann.

5.3.1 Über- und Unterforderung

In einfachen neurologischen Tests kann der Zusammenhang zwischen ausgesendeten optischen Signalen – z. B. Lichtblitze unterschiedlicher Farbe – und der Verarbeitung durch eine Testperson überprüft werden. Hierbei zeigt sich, dass es bei ansteigender Frequenz einen Bereich gibt, in dem die Testperson „optimal" die Signale richtig erkennt (z. B. durch Drücken des richtigen Knopfes).

Bei zu langsamer Frequenz entstehen Fehler durch Unkonzentriertheit, weil die Person aufgrund der „zu langen Pausen" sich gedanklich nicht dauerhaft auf die Signale fokussieren kann – die Person ist **unterfordert.** Ist die Frequenz zu schnell, so kann der Proband den Signalen nicht mehr genügend folgen – die Person ist **überfordert.**

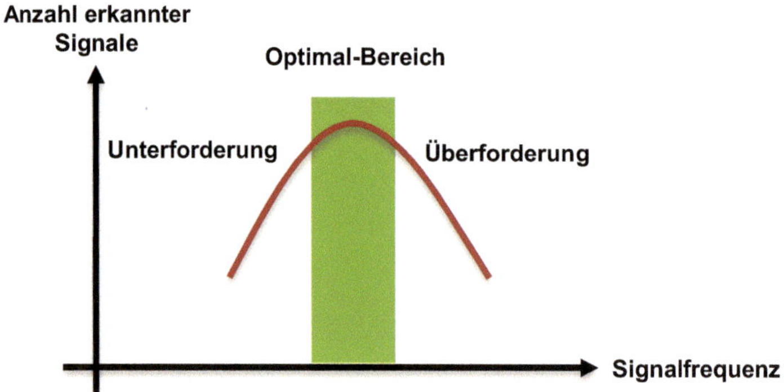

Bild 5.8 Zusammenhang zwischen Signalfrequenz und Signalerkennung

Es gibt eine Spanne, innerhalb der gesunde Menschen üblicherweise ihren Optimalbereich haben (Bild 5.8), und der Test kann helfen, neurologische Erkrankungen sichtbar zu machen. Jedoch gibt es auch zwischen gesunden Menschen deutliche Unterschiede, die teils von der Persönlichkeit des Probanden, teils vom Trainingszustand abhängig sind. Ein trainierter Morsefunker erkennt Signale beispielsweise mit einem x-Fachen eines Untrainierten, und dabei fühlt sich der Funker auch noch wohl, während der „normal Sterbliche" bei weit niedrigerer Signalhäufigkeit bereits völlig verzweifelt.

Der Psychologe Mihaly Csikszentmihalyi definiert den Bereich zwischen Über- und Unterforderung als **Flow-Zustand** und kennzeichnet ihn durch folgende Eigenschaften (Bild 5.9):

- Wir sind der Aktivität gewachsen.
- Wir sind fähig, uns auf unser Tun zu konzentrieren.
- Die Aktivität hat deutliche Ziele.
- Die Aktivität hat unmittelbare Rückmeldung.
- Wir haben das Gefühl von Kontrolle über unsere Aktivität.
- Unsere Sorgen um uns selbst verschwinden.
- Unser Gefühl für Zeitabläufe ist verändert.
- Die Tätigkeit hat ihre Zielsetzung bei sich selbst (sie ist „autotelisch").
- Nicht alle Bestandteile müssen gemeinsam vorhanden sein.

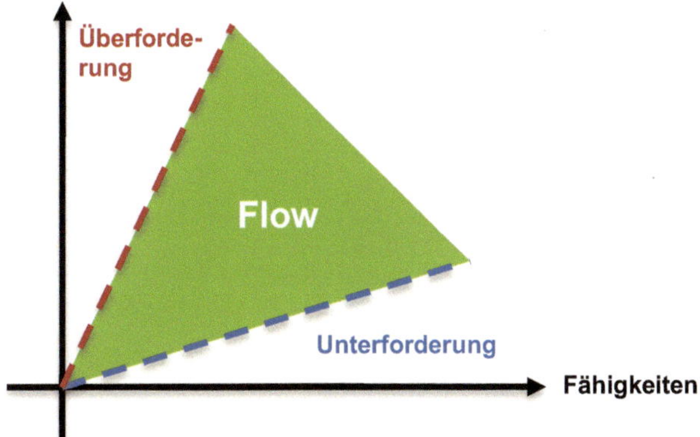

Bild 5.9 Der Flow-Zustand zwischen Über- und Unterforderung

Gelingt es, dass ein Mitarbeiter im Bereich zwischen Über- und Unterforderung agiert, so ist eine Voraussetzung für qualitätsbewusstes Handeln gegeben. Es ist allerdings kein Garant dafür!

Flow ist etwas anderes als ein „Kick", es scheint mehr zu sein, vielleicht in diesem Sinne auch „wertvoller". Der Flow nach Csikszentmihalyi kann als Zustand beschrieben werden, in dem Aufmerksamkeit, Motivation und die Umgebung in einer Art produktiven Harmonie zusammentreffen.

Kritik am Modell bezieht sich vor allem auf den Punkt, dass der Eigenantrieb (Motivation) hier keine Berücksichtigung findet. Ein Mitarbeiter kann zwischen Über- und Unterforderung - also im „Optimalbereich" - arbeiten und dennoch nie den Flow-Zustand erleben, weil ihm die Arbeit keinen Spaß macht bzw. sie ihn nicht erfüllt.

Für Führungskräfte leitet sich die Forderung ab, den Flow-Bereich der Mitarbeiter zu ermitteln und sie auch dementsprechend zu fordern und zu fördern.

5.3.2 Bedürfnis und Verhalten

Die Deutsche Gesellschaft für Qualität (DGQ) beschreibt in Band 14-61 einen Regelkreis von Bedürfnis und Verhalten (Bild 5.10). Triebfeder des Verhaltens ist das Streben nach Befriedigung oder Erfüllung von Bedürfnissen. Werden diese Bedürfnisse mit dem Verhalten befriedigt, so wird es beibehalten, andernfalls entstehen neue Bedürfnisse, die wiederum eine Verhaltensänderung nach sich ziehen.

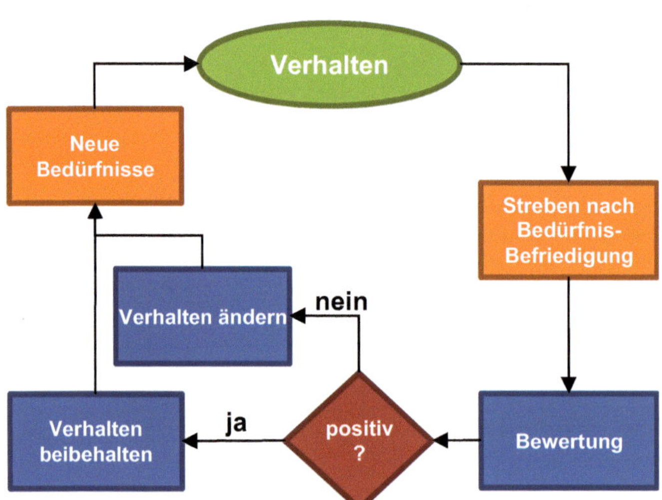

Bild 5.10 Regelkreis von Bedürfnissen und Verhalten

Beispiel: Ein neuer Mitarbeiter tritt eine neue Arbeitsstelle an und ist hoch motiviert, weil er gerne unter Beweis stellen möchte, dass er genau der Richtige für die Stelle ist. Nach einiger Zeit bewertet er (bewusst oder unbewusst), ob sein Verhalten seine Bedürfnisse (z. B. nach Anerkennung) befriedigt oder nicht. Erfolgt keine Bedürfnisbefriedigung, so wird er sein Verhalten nach und nach ändern und dabei neue bzw. andere Bedürfnisse befriedigen. Er geht z. B. dazu über, Dienst nach Vorschrift zu machen. Die Bedürfnisse heißen jetzt „keine Strafe“ und das Verhalten lautet „so wenig arbeiten wie möglich, um keine Fehler zu machen“.

Dieses Beispiel macht deutlich, wie wichtig das Schaffen eines „motivierenden“ Umfeldes durch die Führungskraft ist. Dabei sind jedoch die Motive des Einzelnen von entscheidender Bedeutung.

Der Psychologe Lutz von Rosenstiel untersuchte die Bedingungen, die unser Verhalten beeinflussen, etwas näher (Bild 5.11). Tabelle 5.10 stellt dar, was die Bedingungen im Einzelnen bedeuten.

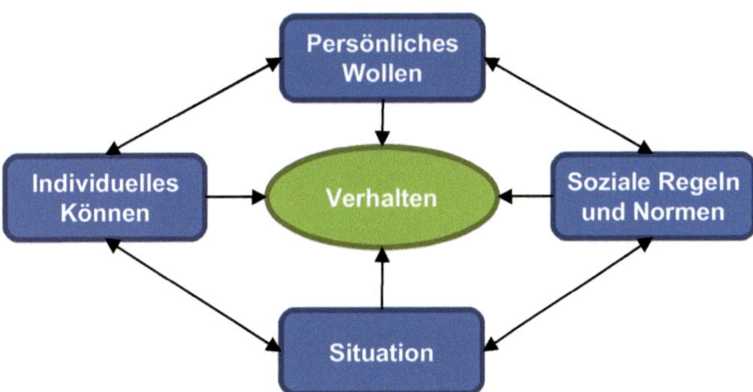

Bild 5.11 Bedingungen des Verhaltens nach von Rosenstiel

Tabelle 5.10 Bedingungen des Verhaltens nach von Rosenstiel

Persönliches Wollen	Eigenantrieb (Motivation)
Individuelles Können	mitgebrachte und durch Fortbildung erworbene Fähigkeiten
Situation	das organisatorische Umfeld, in dem sich der Mitarbeiter entfalten kann
Soziale Regeln und Normen	das im Wechselspiel mit Kollegen, Führungskräften und unterstellten Mitarbeitern vorhandene persönliche Umfeld, in dem angstfreies Arbeiten möglich ist

5.3.3 Leistung nach Sprenger

Reinhard K. Sprenger hat drei der genannten Verhaltensbedingungen als die Kernfaktoren der Leistung identifiziert. Leistung ist für ihn das Produkt aus **B**ereitschaft (Wollen, Motivation), **F**ähigkeit und **M**öglichkeit:

$$L = B \times F \times M$$

Dabei können diese Faktoren von Mitarbeiter und Führungskraft in unterschiedlichem Maße beeinflusst werden, wie Bild 5.12 zeigt. Wie bereits ausgeführt, obliegt die Motivation (Eigenantrieb) weitgehend dem Mitarbeiter.

Bild 5.12 Einflussfaktoren der Leistung nach Sprenger

Die Leistungsfähigkeit wird einerseits vom Mitarbeiter beeinflusst (Vorkenntnisse, Wille zur Fortbildung), andererseits jedoch auch durch die Führungskraft, die eine gezielte Fortbildung bzw. Erweiterung der Fähigkeiten und Kenntnisse ermöglichen kann.

Die Leistungsmöglichkeit schließlich ist hauptsächlich Sache der Führungskraft. Sie schafft das Umfeld in organisatorischer und persönlicher Hinsicht.

5.3.4 Betriebliche und persönliche Ziele

Jeder Mitarbeiter möchte durch sein Verhalten vorhandene Bedürfnisse befriedigen. Steven Reiss hat uns deutlich gemacht, dass in der Struktur der grundlegenden Motive gleichzeitig auch der „Lebenszielplan“ des Menschen liegt.

Die Kunst erfolgreicher Unternehmen besteht nun darin, die persönlichen Ziele der Mitarbeiter mit betrieblichen Zielen in eine gewisse Überdeckung zu bringen (Bild 5.13).

Bild 5.13 Synergie durch Überlappung von persönlichen und betrieblichen Zielen

> Durch die Überlappung betrieblicher mit persönlichen Zielen entsteht Synergie. Synergie ist mehr als die Summe der Einzelteile!

Beispiel: Ein Ruder-Achter soll aus 20 Personen besetzt werden. Man könnte nun die sportliche Leistung jedes einzelnen Sportlers auf einem Ergometer messen und die acht Besten plus einen Steuermann auswählen. Eine solche Besetzung wird in der Regel nicht der beste Achter sein! Ein optimales Team wird aus einer gemischten Gruppe bestehen, die gemeinsam mehr leisten können als die acht Besten.

Auf den Arbeitsalltag übertragen wird ein gutes Team beispielsweise im Rahmen eines gemeinsamen Brainstormings besser in der Lage sein, ein komplexes Problem zu lösen, als dies durch die Zusammenführung von Einzelvorschlägen der Beteiligten der Fall sein wird.

Für den einzelnen Mitarbeiter bedeutet dieser Ansatz, dass er durch die Überlappung von persönlichen und betrieblichen Zielen deutlich mehr leisten wird als die reine Erfüllung der betrieblichen Aufgaben. So wird beispielsweise die gezielte Förderung von (persönlich angestrebten) Fortbildungsmaßnahmen sein, dass das erworbene Wissen an verschiedenen Stellen auch dem Unternehmen zugutekommen wird.

Abschließend sei an dieser Stelle noch einmal auf Abschn. 5.1.4 verwiesen. Führen auf Basis der Lebensmotive des Mitarbeiters erweitert automatisch den Überlappungsbereich von persönlichen und betrieblichen Zielen und bereitet den Rahmen für qualitätsbewusstes Handeln.

5.3.5 Verbesserungsvorschläge und Anreizsysteme

Der Umgang mit Verbesserungsvorschlägen stellt mitunter ein sehr umstrittenes Thema dar. Es gibt grundsätzlich nur zwei Lager:

- Befürworter von Anreizsystemen und
- strikte Gegner von Anreizsystemen.

Die **Vorteile von Anreizsystemen** sind:

- Sammeln vieler Vorschläge führt häufig auch zu betriebswirtschaftlichen Sparpotenzialen des Unternehmens.
- Richtig eingeführt werden Mitarbeiter dazu ermutigt, Vorschläge zu machen (in der Regel sind sie immer an ein Belohnungssystem gekoppelt).
- Mitarbeiter können durch die Vorschläge direkt etwas an Missständen in ihrem Umfeld verändern.
- Mitarbeiter partizipieren häufig auch direkt finanziell an Vorteilen, die das Unternehmen durch Umsetzen der Vorschläge erreicht.

Häufig wird das Vorschlagswesen jedoch in einer Art und Weise betrieben, die langfristig **nachteilig** wirkt:

- Vorgesetzte unterbreiten „nach oben" Vorschläge ihrer Untergebenen als eigene und streichen die Belohnung ein.
- Vorschläge werden zeitversetzt umgesetzt, der Mitarbeiter geht leer aus.

- Zugesicherte Belohnungen werden nicht eingelöst.
- Belohnungen führen zu Erwartungshaltungen (vgl. Sprenger).

Mitarbeiter machen dann in der Folge Dienst nach Vorschrift und halten sich mit Vorschlägen bedeckt. Damit ist dann der Sinn und Zweck des Vorschlagswesens nicht nur verfehlt, sondern führt zu einer genau entgegengesetzten Richtung bzw. zur Demotivierung der Mitarbeiter.

Tabelle 5.11 zeigt einige Punkte, die beim Vorschlagswesen Beachtung finden sollten bzw. die in der Praxis zu einem gut angenommenen Anreizsystem durch die Mitarbeiter geführt haben.

Tabelle 5.11 Vorschläge und Hinweise zur Umsetzung eines Anreizsystems

Prozessbeschreibung	Für den Ablauf des Vorschlagswesens sollte eine klare Prozessbeschreibung erstellt werden, die allen Mitarbeitern zur Verfügung gestellt wird.
Mentor	Es empfiehlt sich die Einführung einer Gruppe von Mentoren, aus der ein Mitarbeiter frei auswählen kann. Der Mentor begleitet den Mitarbeiter während der Vorschlagsbearbeitung und informiert regelmäßig über den aktuellen Status. Ein Melden des Vorschlags direkt bei der Führungskraft ist in der Regel nicht empfehlenswert.
Wiederaufleben	Es sollte die Möglichkeit geben, einen bereits getätigten Vorschlag wieder aufleben zu lassen, falls es zeitverzögert zu einer Umsetzung eines gemachten Vorschlages kommt.
Belohnung	Häufig wird ein „vermutliches Einsparpotenzial" errechnet, an dem der Mitarbeiter prozentual beteiligt wird. Dies führt bei größeren Summen meist zu Neid und Missgunst. Es sollte überlegt werden, ob umgesetzte Vorschläge nicht durch gezielte Aktionen dem ganzen Team des vorschlagenden Mitarbeiters zugutekommen (z. B. Ausflug, Etat zur freien Verfügung etc.). Auch eine Verlosung einer Reise unter den Vorschlagenden wäre denkbar.
abgelehnte Vorschläge	Es sollte klar geregelt sein, wie mit abgelehnten Vorschlägen verfahren wird. Mitarbeiter sollten dabei nicht frustriert oder demotiviert werden.

Abschließend sei die Frage gestattet, ob in einem Unternehmen, in dem Mitarbeiter mit Verbesserungsvorschlägen ein offenes Ohr bei ihren Führungskräften finden und diese auch zu ihrem eigenen Wohl umgesetzt werden, Mitarbeiter sich mit Vorschlägen zurückhalten, weil es keine Belohnung gibt? Oder anders ausgedrückt: **Steigert ein Belohnungssystem die Qualität von Vorschlägen?** In jedem Fall wird es die Quantität steigern, so viel ist sicher.

5.4 Formen der Mitarbeiterbeteiligung zur Qualitätsverbesserung

Die folgenden Abschnitte beleuchten Maßnahmen und Aspekte, die der Qualitätsverbesserung von Produkten und im Sinne der Norm auch von Prozessen und erbrachten Dienstleistungen dienen.

5.4.1 Selbstprüfung

Um das Konzept der Selbstprüfung zu verstehen, stellen wir die in Bild 5.14 veranschaulichte Überlegung an:

In der Fertigung haben wir im klassischen Prozessablauf einen oder mehrere Prozessschritte, die am Ende der Prozesskette eine Qualitätskontrolle erfordern. Grundsätzlich sehen vier Augen mehr als zwei, also ist es sinnvoll, die Kontrolle durch eine andere Person ausführen zu lassen als die am Prozess beteiligte(n) Person(en).

Bild 5.14 Klassischer Prozessablauf in der Fertigung

Es gibt jedoch viele Fälle in der Praxis, in denen es aus verschiedenen Gründen sinnvoll ist, die Kontrollaufgabe trotzdem durch einen am Prozess beteiligten Mitarbeiter ausführen zu lassen. Dies gilt niemals für kritische Fehlerbauteile.

Vorteile für das Unternehmen:

- Zeit- und Kostenersparnis
- gezielte Möglichkeit, die Arbeit des Mitarbeiters im gegebenen Fall besonders wertzuschätzen (z. B. höhere Lohneinstufung)
- Am Prozess Beteiligte haben meist das höchste Fach-Know-how.

Vorteile für den Mitarbeiter:

- höhere Eigenverantwortung
- ggf. besondere Vergütung der Leistung

Um eine Selbstprüfung sinnvoll einzuführen, sind jedoch verschiedene **Voraussetzungen** nötig:

- Die Stelle im Prozess muss für die Selbstprüfung geeignet sein.
- Mitarbeiter muss geeignet sein.

- spezielle Kenntnisse in Qualitätsmanagement im Allgemeinen sowie Mess- und Prüftechnik im Besonderen
- genaue Kenntnis der Auswirkung möglicher Fehler
- eindeutig festgelegte Prüfverfahren

Beispiele aus der Praxis:

- An einer Fertigungsstraße gibt es mehrere Arbeitsschritte, bei denen durch die Art der Tätigkeit ein Kontrollschritt nicht möglich ist. An dem Punkt, wo eine Prüfung möglich wird, wird ein Selbstprüfer eingesetzt, der sämtliche Arbeitsschritte, die vorher stattfanden, mitkontrolliert und „freigibt".
- In teilautonomen Arbeitsgruppen (siehe Abschn. 5.4.2) wird ein Mitarbeiter zum Selbstprüfer ernannt, der die Baugruppe oder das Halbfertigteil für die Gruppe freigibt.

5.4.2 Teilautonome Arbeitsgruppen

Teilautonome Arbeitsgruppen finden häufig in der Industrie Anwendung (z. B. Automobilindustrie), wo es um die Fertigung von Halbfertigteilen geht. **Empfehlenswerte Gruppengrößen** liegen bei etwa fünf bis 20 Mitarbeitern, die für das Erzeugnis **eigenverantwortlich alle notwendigen Arbeitsschritte durchführen** (Planung, Organisation, Steuerung, Qualitätskontrolle). Es grenzt sich damit deutlich vom tayloristischen Arbeitsansatz ab (strenge Arbeitsteilung).

Die höhere Verantwortung führt zu einer **stärkeren Identifikation** des Teams mit ihrer Arbeit bzw. dem zu fertigenden Produkt und erhöht in der Regel die Qualität des Produktes. Ein oder mehrere Gruppenmitglieder sind meist als **Selbstprüfer** (siehe Abschn. 5.4.1) ausgebildet und geben das Erzeugnis für die gesamte Gruppe frei.

5.4.3 Qualitätszirkel

Ein Qualitätszirkel ist eine Gruppe von Mitarbeitern, die sich regelmäßig treffen („Zirkel"), um die Qualität im Unternehmen zu steigern. Sie beschäftigen sich dabei sowohl mit Qualitätsproblemen als auch mit der Umsetzung von qualitätsrelevanten Verbesserungsvorschlägen. Die Gruppe ist durch die in Tabelle 5.12 dargestellten Aspekte gekennzeichnet.

Tabelle 5.12 Aspekte eines Qualitätszirkels

Aspekte:
▪ freiwillige Teilnahme
▪ gemischte Zusammensetzung aus allen möglichen Bereichen (Produktion, Entwicklung, Vertrieb) und Hierarchieschichten
▪ gemeinsames Ziel: kontinuierliche Verbesserung (KVP)
▪ alle wichtigen Kompetenzen im Team vertreten (siehe Abschn. 5.4.4)
▪ Über die Arbeitsergebnisse wird in der Regel direkt an die Geschäftsleitung berichtet.
▪ Erarbeitung von Vorschlägen und Maßnahmen zur Fehlerminimierung bzw. -Ursachenbeseitigung

Zuweilen ist es auch üblich, mehrere verschiedene Qualitätszirkel im Unternehmen herauszubilden, die sich dann um unterschiedliche Teilbereiche kümmern.

In allen erfolgreichen Teams müssen verschiedene Kompetenzen vorhanden sein. Diesem Thema widmet sich der nun folgende Abschnitt.

5.4.4 Kompetenzen im Team

In jedem guten Team sind verschiedene Kompetenzen vorhanden, die zusammen ein gutes Arbeitsergebnis erzeugen sollen (Tabelle 5.13).

Tabelle 5.13 Kompetenzen im Team

organisatorische Kompetenz	Organisation der Räumlichkeiten, Dokumentation der Ergebnisse etc.
sozial-integrative Kompetenz	die Fähigkeit, sich ohne Selbstdarstellung in die Gruppe zu integrieren
Persönlichkeitskompetenz	die Fähigkeit, sich auf andere einzustellen und mit ihnen zu interagieren
fachliche Kompetenz	Fachwissen um die behandelten Produkte, Prozesse, Dienstleistungen etc.
PR-Kompetenz	die Darstellung der Arbeitsergebnisse der Gruppe nach außen („Tue Gutes und rede darüber!“)
moderative Kompetenz	leitet und lenkt das Team; sorgt dafür, dass das Ziel erreicht wird

Alle Kompetenzen sind wichtig und sollten im Team vertreten sein. Jedoch muss betont werden, dass ohne guten Moderator das Team weder effizient (zeitoptimal) noch effektiv (zielführend) arbeitet.

Der Moderator ist daher die wichtigste Person im Team!

Es sollte einleuchtend sein, dass der Moderator ausreichende Kenntnisse in Bezug auf Kommunikation und Gruppenführung haben sollte, um diese Tätigkeit auch erfolgreich ausführen zu können.

Problematik „Führungskraft ist der Moderator“

Häufig übernehmen in einer Gruppe Führungskräfte auch die Moderation. Es sollte beachtet werden, dass Gruppenmitglieder, die der Führungskraft unterstellt sind, mitunter Angst haben, offen und ehrlich ihre Gedanken in den Kreis einzubringen. Gerade bei Einsatz von Werkzeugen wie Brainstorming bleiben so häufig wertvolle Vorschläge von Mitarbeitern ungenannt.

Das heißt, **dass die Führungskraft sich die Ehrlichkeit und Offenheit der Mitarbeiter erst verdienen muss!**

Dies ist keine Selbstverständlichkeit.

Für viele Führungskräfte ist dieser Gedanke ungewohnt. Sie unterschätzen dabei aber, dass Angst ein mächtiger Gegner sein kann. Die Führungskraft allein ist für einen offenen und ehrlichen Umgang in der Gruppe verantwortlich – er ist niemals erzwingbar!

5.5 Qualitätspolitik und Leitbild

Qualitätspolitik ist Bestandteil der Unternehmenspolitik mit dem Ziel, dem Thema Qualität als bedeutsamem Erfolgsfaktor den notwendigen Stellenwert zu verschaffen.

Ein geeignetes Leitbild hilft dabei, die Qualitätspolitik in den Köpfen der Mitarbeiter zu verankern.

Bild 5.15 zeigt die visuelle Darstellung eines Leitbildes der Firma Sanitätshaus Glotz aus Stuttgart. Für dieses Leitbild hat sich die Führungsebene des Unternehmens mehrere Monate Zeit genommen, um elf „Firmenwerte“ zu erarbeiten, die dann durch einen Grafiker illustriert und im Bild als Leuchttürme dargestellt wurden. Das Bild lässt erahnen, welche Wichtigkeit die Firma Glotz ihrem Leitbild zukommen lässt.

Die einfache Form: Leitsätze als Leitbild

Eine einfache Form des Leitbildes kann darin bestehen, im Stil der „10 Gebote“ Unternehmensgrundsätze aufzustellen (siehe Bild 5.16). Diese Grundsätze werden dann eingerahmt und im Unternehmen an verschiedenen Stellen aufgehängt.

Der Nachteil daran ist die Komplexität. Es wird wohl kaum einen Mitarbeiter geben, der die Grundsätze auswendig herunterbeten kann. Nchtsdestoweniger spiegelt sich - sofern es sich nicht um Lippenbekenntnisse handelt - darin die Qualitätspolitik und ein Stück Unternehmenskultur wider.

Die acht Grundsätze von QM-Systemen aus der ISO 9000 oder dem EFQM-Modell eignen sich ebenfalls als Grundlage für eine derartige Form des Leitbildes.

Kurz, aber effektiv: der Visionsleitspruch

Noch kürzer, aber zuweilen noch viel effektiver ist das Verpacken eines Leitbildes in einen einzigen kurzen Spruch, der die Vision - also das Fernziel des Unternehmens - abbildet.

„Beat Xerox" war der Leitspruch, den Canon als kleines Elektrounternehmen ausgab, und transportierte damit das Fernziel, den Branchenriesen Xerox mit einfachen Kopiermaschinen vom Thron zu stoßen, in die Köpfe der Mitarbeiter (was ihm schließlich auch gelang).

Was solche Leitsprüche auszeichnet, sind:

- Faszinationskraft/Begeisterungsfähigkeit
- Einprägsamkeit/Einfachheit
- Fokus/Prioritätenvorgabe
- Ziellinie/Kennzeichnung des Punktes, an dem das Ziel erreicht ist

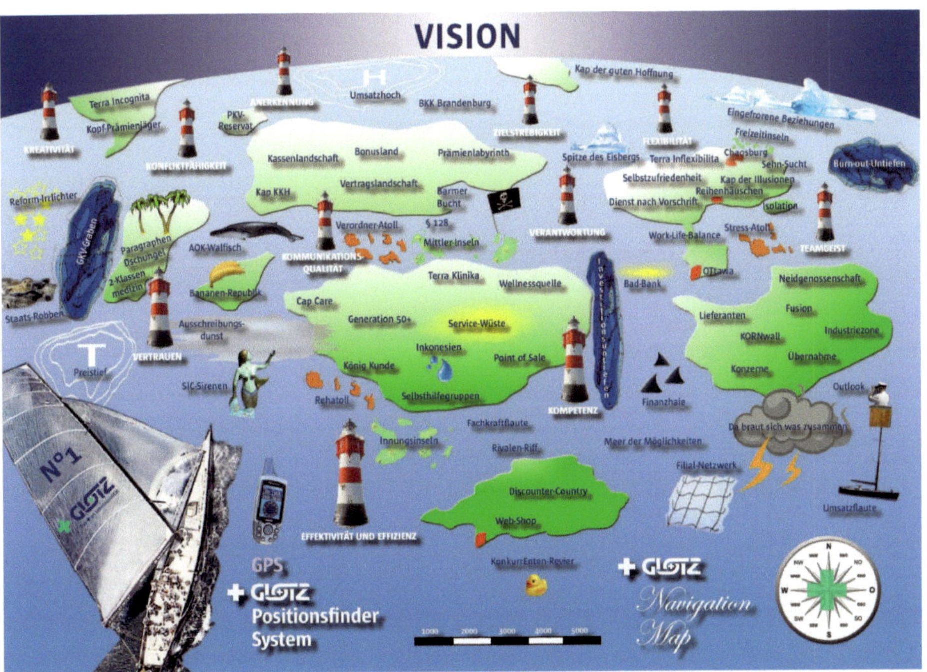

Bild 5.15 Leitbildbeispiel mit freundlicher Genehmigung der Sanitätshaus Glotz GmbH, Stuttgart

Leitbild

1. Im Mittelpunkt unserer Tätigkeit steht der Mensch.
2. Seine Bedürfnisse zu erfüllen, ist unsere Aufgabe.
3. Oberste Priorität hat ein respektvoller, zuvorkommender Umgang.
4. Wir haben uns für das was wir tun eine besondere Befähigung erworben und entwickeln diese stets weiter.
5. Unsere Mitarbeiter repräsentieren uns positiv an allen Schnittstellen des Unternehmens.
6. Wir arbeiten kostenbewusst und erfolgsorientiert.
7. Zuverlässigkeit und uneingeschränkte Beachtung der gesetzlichen Vorschriften bilden unsere Arbeitsgrundlage.
8. Der Einsatz moderner Technik und die ständige Verbesserung unserer Kompetenz und Prozesse gewährleisten die optimale Erfüllung von Kundenanforderungen.
9. Lieferanten, Kunden und Mitarbeiter bilden ein konstruktiv zusammenarbeitendes Netzwerk, in dem das Gesamtergebnis mehr ergibt als die Summe der Einzel-Elemente.
10. Unsere Ziele sind zufriedene Kunden und Mitarbeiter sowie ein geschäftlicher Erfolg auf der Grundlage, der Gesellschaft im positiven Sinne zu dienen.

Bild 5.16 Beispielleitbild in Form von Leitsätzen

■ 5.6 Organisation

5.6.1 Aufbauorganisation

Die Aufbauorganisation eines Unternehmens wird in der Regel durch ein **Organigramm** dargestellt und spiegelt übersichtlich die hierarchische Struktur des Unternehmens wider.

Dabei sollte grundsätzlich zwischen zwei verschiedenen Organigrammtypen unterschieden werden:

- Darstellung der vorhandenen Funktionen
- Darstellung, wer welche Funktion im Unternehmen erfüllt (Personigramm)

In der Praxis hat es sich bewährt, **zunächst mit einem Funktionsorganigramm zu beginnen**. Über diese Vorgehensweise wird die folgende Frage beantwortet:

> **„Welche Funktionsbereiche bilden unsere Grundstruktur, damit wir erfolgreich arbeiten?“**

Je nach Größe des Unternehmens sind oft mehrere Seiten für eine detaillierte Übersicht nötig. Es sollte jedoch stets eine Seite mit einem Gesamtüberblick über die Struktur des Unternehmens vorhanden sein (Bild 5.17). Weitere Seiten können dann in das Detail „zoomen“.

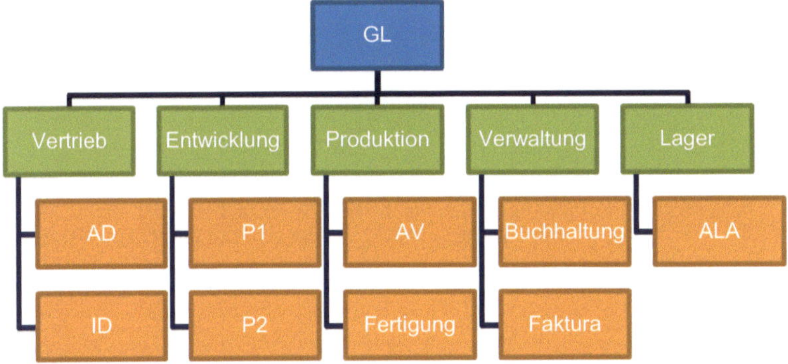

Bild 5.17 Organigramm zur Darstellung der Aufbauorganisation eines Unternehmens

Anmerkung für Kleinbetriebe

Häufig wird von Klein- oder Kleinstbetrieben bemängelt, warum für eine ISO-Zertifizierung der Aufwand eines Organigramms getrieben werden muss. Auch in einem Kleinunternehmen oder sogar im Einmannbetrieb ist es sinnvoll, sich Gedanken darüber zu machen, was für einen erfolgreichen Geschäftsbetrieb funktionieren muss. Auch hier gibt es Vertrieb, Buchhaltung, Leistungserbringung etc. Allerdings werden hier viele Funktionen in Personalunion von einer Person ausgeführt.

Sobald das Funktionsorganigramm erstellt wurde, kann nun mit der Zuordnung der Mitarbeiter zu den einzelnen Funktionen begonnen werden. In größeren Betrieben wird im Organigramm häufig nur die Leitungsebene mit Namen gefüllt und alle weiteren Mitarbeiter in einer Mitarbeiterliste geführt, in der sie den jeweilige Funktionsbereichen zugeordnet werden. Hier sind auch prozentuale Aufteilungen darstellbar (70 % Außendienst, 30 % Innendienst etc.).

Schwierigkeit in der Praxis: Mitarbeiter ohne Funktion

Diese Vorgehensweise führt in der Praxis manchmal zu erstaunlichen Effekten. Wurden zunächst alle wichtigen Funktionsbereiche definiert und werden anschließend die Mitarbeiter den jeweiligen Funktionen zugeordnet, kann es passieren, dass am Ende Mitarbeiter „übrig bleiben". Diese Tatsache ruft dann großes Erstaunen bei den Verantwortlichen hervor, da dies bisher niemandem bewusst war. Häufig muss dann die Feststellung getroffen werden, dass aufgrund historisch gewachsener Strukturen eine Stelle „um einen Mitarbeiter herum" aufgebaut wurde, die niemand benötigt.

5.6.2 Ablauforganisation

Die Ablauforganisation spiegelt die Abläufe und Prozesse in der Organisation wider. Die Darstellung erfolgt klassisch in Form von **Verfahrensanweisungen** („VA"; vertikal) oder **Prozessbeschreibungen** („PB"; horizontal; siehe hierzu Abschn. 2.8).

Als Werkzeug für die Darstellung von Abläufen eignet sich besonders das **Flussdiagramm** (siehe 11.3.4). Abläufe können auch rein textuell oder in Form von Tabellen dargestellt werden, jedoch weisen diese gegenüber Flussdiagrammen einige Nachteile auf. Zum einen lässt Text grundsätzlich Raum für Interpretation, zum zweiten weist Text ein hohes Maß an Redundanz auf, also „überflüssige" Informationen (Füll- und Bindewörter). Dies wiederum führt in der Regel zu einer mangelnden Übersichtlichkeit bzw. zu höherem Platzbedarf und damit wiederum zu einer schlechteren Akzeptanz bei den Mitarbeitern.

Umgekehrt hat das Flussdiagramm damit folgende Vorteile bei der Darstellung von Abläufen:

- Eindeutigkeit der Darstellung von Abläufen, Schleifen und Verzweigungen
  → geringer Raum für Interpretation
- keine Redundanz – nur das Notwendige wird dargestellt
- geringer Platzbedarf
- höhere Akzeptanz bei Mitarbeitern

5.6.3 Organisieren der Übertragung von Verantwortung/Koordination von Aufgaben

Stellt das funktionsbezogene Organigramm die Aufbaustruktur des Unternehmens dar, so kann in kleinen Unternehmen nach Zuweisung von Mitarbeiternamen zu den jeweiligen Funktionen (Personigramm) bereits ein aussagekräftiges Dokument entstehen, das darstellt, wer im Unternehmen für was zuständig oder verantwortlich ist (siehe Kap. 16). In größeren Unternehmen ist dies nicht mehr möglich.

In jedem Betrieb, in dem Mitarbeiter vielschichtige Aufgaben übernehmen müssen, ist das Personigramm allein jedoch nicht mehr ausreichend. Die Koordination der anstehenden Aufgaben und Verantwortlichkeiten werden daher in verschiedenen, weiteren Dokumenten geregelt, z.B.:

- Arbeitsvertrag
- Stellenbeschreibung/Funktionsbeschreibung
- Anforderungsprofil
- Verantwortlichkeitsmatrix
- Einweisungsmatrix

Der **Arbeitsvertrag** stellt die Rechtsgrundlage für das arbeitsvertragliche Verhältnis dar und enthält in der Regel einen Abschnitt mit der Stellenbeschreibung zu Beginn des Arbeitsverhältnisses. Eine salvatorische Klausel wie „... gegebenenfalls können dem Mitarbeiter auch andere, geeignete Aufgaben übertragen werden ..." sorgt für eine flexible Aufgabenverteilung in der Praxis, ohne dass der Arbeitsvertrag in kurzen Abständen nachgebessert werden muss.

Daher ist es sinnvoll, in Form einer **Stellenbeschreibung** zu beschreiben, für welche Aufgaben der Mitarbeiter zuständig und verantwortlich ist. Mit *„zuständig"* ist in diesem Sinne gemeint, dass der Mitarbeiter die Aufgaben ausführt. *„Verantwortlich"* heißt dagegen, dass er im Bedarfsfalle für das jeweilige Aufgabengebiet Entscheidungen trifft. Für eine Aufgabe kann es viele Zuständige geben, jedoch sollte es immer nur einen Verantwortlichen geben („Häuptling")[4]. Die Stellenbeschreibung schafft für Arbeitgeber und Arbeitnehmer eine leicht pflegbare Unterlage und sorgt für Klarheit im Arbeitsalltag. Der Begriff **Funktionsbeschreibung** zielt auf eine funktionale Einheit im Organigramm ab und enthält im Wesentlichen die gleichen Inhalte wie eine Stellenbeschreibung. Unternehmen wählen meist die eine oder die andere Bezeichnung. In größeren Unternehmen werden Stellen- oder Funktionsbeschreibungen festgelegt, die für mehrere Mitarbeiter gleichzeitig gelten, die diese Stelle oder Funktion im Unternehmen erfüllen. In Stellen- und Funktionsbeschreibungen sollten stets auch Fragen der gegenseitigen Vertretung geregelt werden (*„Mitarbeiter vertritt ..."* und *„Mitarbeiter wird vertreten durch ..."*).

Häufig werden Stellenbeschreibungen auch gekoppelt mit einem sogenannten **Anforderungsprofil.** Hierin wird festgelegt, welche Anforderungen an eine Stelle oder Funktion gestellt werden und stellt quasi eine Art „Wunschliste" an die Person dar, die die Stelle später ausfüllen soll.

Stellen- und Funktionsbeschreibungen sowie das Anforderungsprofil sind – einmal erstellt – eine wertvolle Hilfe bei der Personalsuche sowie der Formulierung von Arbeitszeugnissen und Arbeitsverträgen. Im Downloadbereich finden Sie ein

[4] Bedenke den Satz: „Zu viele Köche verderben die Köchin!" (oder so ähnlich). Diese Logik trifft auf die Thematik der Verantwortlichkeit und Zuständigkeit im Besonderen zu!

Muster einer kurzen Funktionsbeschreibung, wie sie in der Praxis Einsatz findet. Außerdem können sie – unabhängig vom Arbeitsvertrag – jederzeit aktuell gehalten werden.

Tabelle 5.14 Beispiel einer Verantwortlichkeitsmatrix

	Huber	Meier	Müller	Somm	Winte	Herbs	Frühl
Anmeldung/Post	V				Z		
Bestellsystem	V				Z		
Datenschutz	Z	Z	V	Z	Z	Z	Z
Dienstplan		V					
Geräte	V	Z					
QM	Z	V	Z	Z	Z	Z	Z
Arbeitssicherheit	V				Z		
Beratung ID		V				Z	
Beratung AD		V	Z				Z

Eine **Verantwortlichkeitsmatrix** dient dazu, einen Überblick zu schaffen, wer im Unternehmen wofür zuständig und verantwortlich ist. Sie dient allen Mitarbeitern zur Orientierung. Es empfiehlt sich ein einfacher Aufbau in Form einer Tabelle (siehe Tabelle 5.14). Auch hier sollte die oben bereits erwähnte Logik greifen, dass es je Aufgabe nur einen Verantwortlichen (V) gibt – das ist derjenige, der im Bedarfsfall die Entscheidungen trifft. Zuständige (Z) dagegen kann es viele geben – das sind diejenigen, die die Aufgabe in der Praxis ausführen. In größeren Unternehmen erfolgt über eine **VMI-Matrix** zusätzlich die Angabe, wer informiert werden muss (V = verantwortlich, M = mitarbeiten, I = muss informiert werden).

Zu guter Letzt soll nun noch die **Einweisungsmatrix** vorgestellt werden (Tabelle 5.15). Sie dient als Übersicht, wer im Unternehmen welche Gerätschaften bedienen darf, und stellt ein Hilfsmittel für den operativen Betrieb dar. Es dient weniger der Strukturierung des Unternehmens als der übersichtlichen Nachweisführung, wer darf was.[5]

Im Bereich einer Arztpraxis ersetzt eine Einweisungsmatrix beispielsweise einen nicht mehr vorhandenen Einweisungsnachweis durch den Gerätehersteller. Der Arzt übernimmt in diesem Fall durch Eintrag in die Liste die volle Verantwortung über den bestimmungsgemäßen Gebrauch des Gerätes durch die jeweilige Mitarbeiterin. Es gibt jedoch Gerätschaften (z. B. Röntgengerät), bei denen ein unabhängiger Nachweis unbedingt erforderlich ist und ein Eintrag in eine Einweisungsmatrix nicht ausreicht.

[5] Thematisch gehört die Einweisungsmatrix in den Bereich Schulungen/Fortbildungen/Mitarbeiterentwicklung. Aufgrund seiner Ähnlichkeit zur Verantwortlichkeitsmatrix wird sie jedoch hier behandelt.

Tabelle 5.15 Beispiel einer Einweisungsmatrix

Gerät/Tätigkeit	Einweisung am/durch	Meier	Müller	Herbst	Sommer
Röntgen Durchleucht1			12.05.XX Dr. Müller		13.03.XX Siemens
Hochdruck-Kaffeeautomat Aroma Krass		24.05.XX Clooney	24.05.XX Clooney	24.05.XX Clooney	24.05.XX Clooney
Besenreitautomat Nimbus 2000				27.08.XX Potter	

5.7 Führung im Sinne der ISO 9001

Tabelle 5.16 Zusammenfassung der Anforderungen zum Thema „Führung" nach ISO 9001

Kap.	Überschrift/Leitfragen/Anleitung	FS*
5	**Führung**	
5.1	**Führung und Verpflichtung**	
	5.1.1 Allgemeines	
	5.1.2 Kundenorientierung	
LF	*Wie und wo hat sich die oberste Leitung zur Führung des QM-Systems sowie der Kundenorientierung der Norm verpflichtet?*	
ANL	1.Legen Sie einen Abschnitt im QM-Handbuch an und listen Sie hier die Punkte auf, zu denen Sie sich verpflichten: ▪ Übernahme der Verantwortung für die Wirksamkeit des QM-Systems ▪ Festlegung und Bekanntmachen einer Q-Politik und Q-Zielen ▪ Integration aller QMS-Anforderungen in die Geschäftsprozesse ▪ gezielte Förderung von Q-Bewusstsein/Vermitteln der Bedeutung des QMS ▪ Bereitstellung erforderlicher Mittel ▪ sicherstellen, dass beabsichtigte Ziele erreicht werden ▪ Mitarbeiter anleiten und unterstützen ▪ den KVP-Gedanken fördern ▪ Führungskräfte in ihrer Führungsrolle unterstützen ▪ Bestimmung und Erfüllung gesetzlicher, behördlicher und Kundenanforderungen ▪ Berücksichtigung von Risiken und Chancen ▪ ständige Bereitstellung von Produkten und Dienstleistungen ▪ Anstreben einer ständigen Verbesserung der Kundenzufriedenheit Unterschreiben Sie diese **Verpflichtungserklärung**	

Tabelle 5.16 Zusammenfassung der Anforderungen zum Thema „Führung“ nach ISO 9001 *(Fortsetzung)*

Kap.	Überschrift/Leitfragen/Anleitung	FS*
5.2	**Qualitätspolitik**	
	5.2.1 Festlegung der Qualitätspolitik	
LF	*Wie und wo hat die oberste Leitung eine Qualitätspolitik festgelegt?* *Werden alle Anforderungen an die Qualitätspolitik im Sinne dieser Norm eingehalten?*	
ANL	1. Legen Sie Ihre Qualitätspolitik schriftlich fest. 2. Berücksichtigen Sie dabei ▪ Zweck und Kontext der Organisation ▪ Schaffen eines Rahmens zum Umgang mit Qualitätszielen ▪ Verpflichtung zur Erfüllung zutreffender Anforderungen ▪ Verpflichtung zum KVP des QMS ▪ Aufrechterhaltung und regelmäßige Überprüfung. 3. Machen Sie Ihre Q-Politik allen Mitarbeitern bekannt. 4. Stellen Sie sicher, dass diese verstanden und angewendet wird. 5. Stellen Sie diese interessierten Parteien zur Verfügung.	
5.3	**Rollen, Verantwortlichkeiten und Befugnisse in der Organisation**	
LF	*Welche Verantwortlichkeiten und Befugnisse sind geregelt und werden diese entsprechend gelebt?*	
ANL	Regeln Sie **Verantwortlichkeiten und Befugnisse** nach folgendem einfachen Schema: 1. Legen Sie die „Funktionen“ Ihrer Organisation fest („Was muss funktionieren?“). Das Ergebnis mündet in der Regel in einem Funktionsorganigramm. 2. Ordnen Sie die Mitarbeiter den Funktionen zu - entweder direkt im Organigramm oder über eine Excel-Liste, die wiederum die Funktionen im Organigramm referenziert. 3. Überprüfen Sie, ob folgende Punkte sichergestellt sind: ▪ Die Festlegung entspricht der Praxis. ▪ Die Anforderungen an das QMS können damit erfüllt werden. ▪ Die Prozesse liefern damit die beabsichtigten Ergebnisse. ▪ Die Kundenorientierung und ▪ das QMS werden damit aufrechterhalten.	

6 Planung

6.1 Qualitätsplanung

Im Duden wird der Begriff „Plan“ beschrieben mit „Entwurf, Karte, Absicht“. Aus dem Projektmanagement gibt es eine sehr nachdenklich stimmende Umschreibung des Planungsbegriffs:

Planen ist das Ersetzen des Zufalls durch den Irrtum!

Die Logik ist simpel: Nicht zu planen bedeutet, vieles dem Zufall zu überlassen. Planen bedeutet dagegen, dass man einen Entwurf, eine Absichtserklärung vornimmt, die nicht sicher ist und bei der man sich irren kann. Jedoch bietet die Erfahrung aus einer vorherigen Planung die Möglichkeit, im Sinne einer ständigen Verbesserung die nächste Planung besser durchzuführen als die vorherige. Wer nicht plant, bringt sich um genau diesen Vorteil der Erkenntnis und gezielten Verbesserung!

Die Qualitätsplanung (QP) ist auf der strategischen und auf der operativen Ebene angesiedelt (Bild 6.1).

Bild 6.1
Einordnung der Qualitätsplanung (QP)

Abgrenzung der Begriffe

Die **Vision** stellt das am weitesten entfernte Fernziel dar und kann in der Regel zeitlich nicht benannt werden. Als Peter Jackson, der Regisseur von „Herr der Ringe", in seiner Jugend den Film „King-Kong und die weiße Frau" sah, hatte er zum ersten Mal die Vision, King-Kong so zu verfilmen, dass er realistisch wirkte. Sein gesamtes filmisches Wirken ab diesem Zeitpunkt widmete sich diesem Fernziel, das er Jahrzehnte später schließlich erreichte.

Die **Mission** eines Unternehmens ist der „Auftrag", der Unternehmenszweck, dem sich das Unternehmen verschreibt und der sich aus der langfristigen Vision ableitet. Um beim Beispiel Peter Jackson zu bleiben, verschrieb sich Jackson fortan der Mission, Filme mit Trickeffekten zu drehen, und baute seine Fähigkeiten diesbezüglich systematisch aus.

Von der Mission leiten sich dann **Unternehmenspolitik**, **Leitbild** und **Unternehmenskultur** ab, die den Geist und das Bewusstsein der Mitarbeiter leiten und lenken (sollen).

Die Ebene darunter bilden schließlich die zeitlich konkret formulierbaren **Unternehmensziele.** Als Zeithorizont wird meist ein Zeitraum von zwei bis fünf Jahren angenommen. Die Planung der Unternehmensziele fällt in die strategische Ebene.

Die unterste Ebene schließlich stellt das **operative Tagesgeschäft** dar.

Die letzten beiden Ebenen stehen auch in Zusammenhang mit zwei weiteren, häufig verwechselten Begriffen, und zwar Effektivität und Effizienz (Bild 6.2).

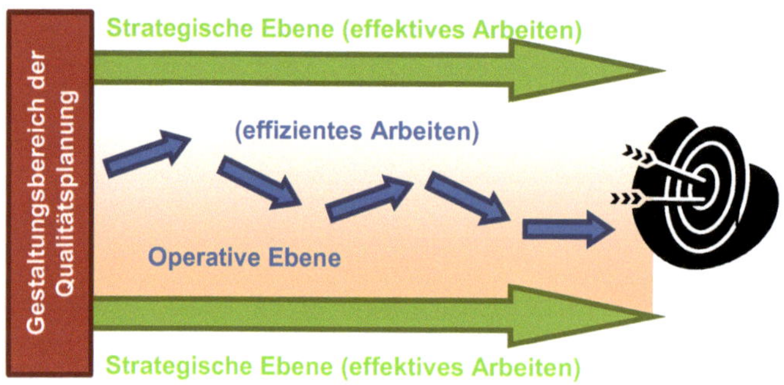

Bild 6.2 Effektivität und Effizienz im Vergleich

Für die **Formulierung von Zielen** empfiehlt sich das **smart-System.** Danach müssen Ziele **s**pezifisch, **m**essbar, **a**t**t**raktiv, **r**ealistisch und **t**erminiert sein.

Effektivität bestimmt den Zielerreichungsgrad, während **Effizienz** das ökonomische Prinzip – das beste Aufwand-Nutzen-Verhältnis – abbildet.

Effektivität vor Effizienz!

Effektivität ist „die richtigen Dinge tun“ (do the right things), während Effizienz „die Dinge richtig tun“ (do the things right) beschreibt. Wer die falschen Dinge angeht, wird niemals die gesetzten Ziele erreichen, egal wie effizient er dies tut. Das heißt: **Effektivität vor Effizienz!**

Qualitätsplanung ist im Sinne der ISO 9000 der Teil des Qualitätsmanagements, der die Qualitätsziele, die notwendigen Umsetzungsmaßnahmen sowie die zugehörigen Ressourcen zum Erreichen dieser Qualitätsziele festlegt.

APQP – Advanced Product Quality Planning

Bei APQP handelt es sich um ein strukturiertes Verfahren, Qualitätskriterien im Voraus zu planen, das häufig im Bereich der Automobilindustrie angewendet wird. Die Idee, dass Qualität bereits in der Design-, Definitions- und Entwicklungsphase festgelegt wird, ist schon im Rahmen der vorgestellten Methode QFD (siehe Abschn. 11.4.4) vorgestellt worden. APQP hat seinen Schwerpunkt in der vorgegebenen Dokumentationsstruktur und wird in allen Phasen der Entwicklung angewendet. Die damit verbundene Zielsetzung ist eine einfache und transparente Steuerung der Produktion.

6.2 Der risikobasierte Denkansatz

Lösen Sie bitte folgende Aufgabe. Ein Auto fährt mit 15 km/h einen 1 km langen Berg hoch. Auf der anderen Seite geht es wieder 1 km bergab (Bild 6.3). Eine Aufgabe, an der sich Einstein die Zähne ausbiss.[1] Häufig denken wir, dass wir über Risiken Bescheid wissen. Um die Risikofreudigkeit herauszufinden, kann man beispielsweise fragen: Angenommen, Sie müssen eine Lösung angeben und auch noch 1000 € zahlen, wenn sie falsch ist – Sie haben keine Wahl, ob Sie wollen oder nicht. Wie viel würden Sie maximal zahlen für eine Versicherung, die Ihnen im Falle, dass Ihre Lösung falsch ist, Ihren Verlust übernimmt? Je niedriger Ihre maximale Versicherungssumme ist, desto risikofreudiger sind Sie.

[1] Die Aufgabe ist nicht lösbar. Die Gesamtzeit, die für 2 km bei 30 km/h zur Verfügung steht, beträgt vier Minuten – so viel Zeit wird jedoch schon für 1 km bergauf bei 15 km/h benötigt. Das heißt: oben angekommen ist die Zeit um.

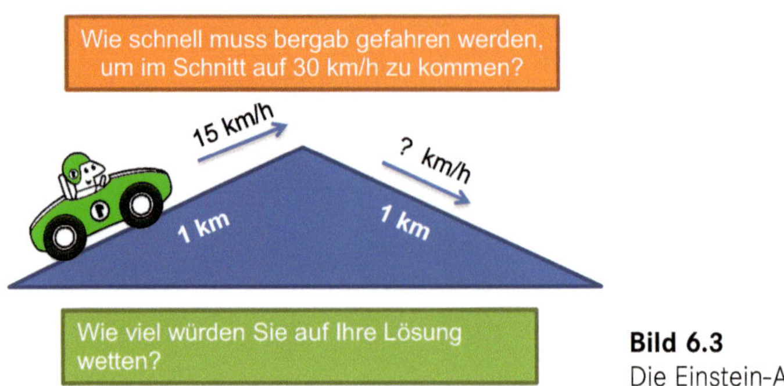

Bild 6.3
Die Einstein-Aufgabe

Für einen vernünftigen Umgang mit Risiken müssen zunächst folgende Begriffe klar voneinander abgegrenzt werden (Bild 6.4):

- **Gewissheit**

  heißt, Sie wissen über einen Sachverhalt sicher Bescheid (z. B., dass bei Loslassen eines Gegenstandes dieser zu Boden fällt).

- **Risiko**

  heißt, Sie können eine Wahrscheinlichkeit für ein bestimmtes Ereignis auf Basis erprobter Techniken berechnen (z. B. bei Bekanntsein von Häufigkeiten ähnlich gelagerter Ereignisse in den zurückliegenden Jahren).

- **Ungewissheit**

  heißt, es gibt Sachverhalte und Ereignisse, von denen Sie nicht wissen, dass es sie gibt bzw. dass diese Ereignisse eintreten können (schwarze Schwäne). Wahrscheinlichkeiten lassen sich nicht in einem vernünftigen Rahmen berechnen.

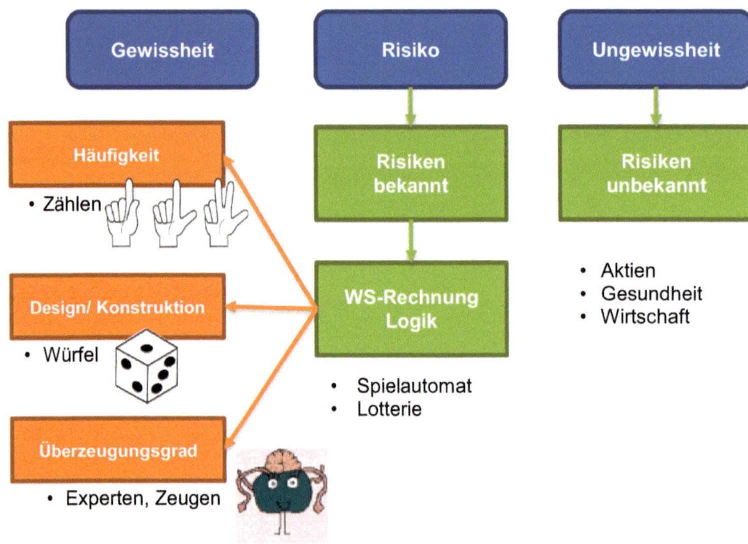

Bild 6.4 Begriffsunterscheidung Gewissheit – Risiko – Ungewissheit

Wir unterliegen der Versuchung, bekannte (und bereits bewertete) Risiken so zu interpretieren, dass kein Risiko vorhanden wäre (Null-Risiko-Illusion), und unbekannte Risiken komplett auszublenden (Truthahn-Illusion; Bild 6.5). Risiken lassen sich berechnen, jedoch nur bei Vorliegen bestimmter Voraussetzungen (Bild 6.6). Die ISO 31000 definiert die grundlegende Begriffe rund um das Risikomanagement (Bild 6.7). Bild 6.8 zeigt den Risikomanagementprozess im Überblick.

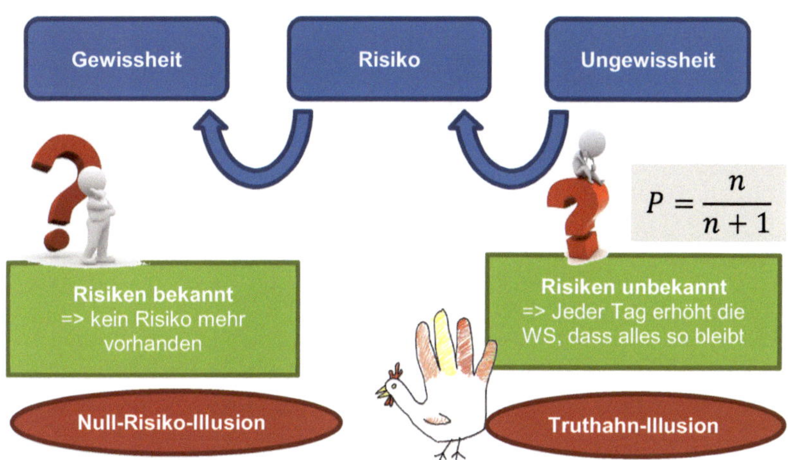

Bild 6.5 Illusionen im Umgang mit Risiken

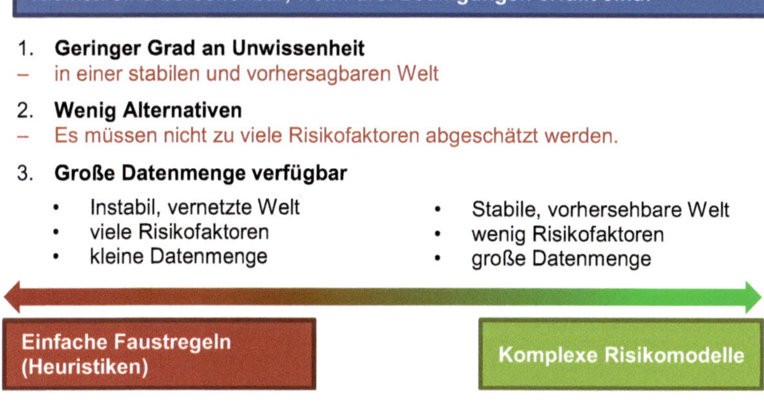

Bild 6.6 Berechenbarkeit von Risiken

- **Risiko**
  - **Auswirkung** von **Unsicherheit** auf Ziele
  - **Auswirkung** von **Ungewissheit** (9001)
- **Risikoidentifikation**
  - Prozess zum **Finden, Erkennen** und **Beschreiben** von Risiken
- **Risikobeurteilung**
  - das gesamte Verfahren der **Identifikation, Analyse** und **Bewertung** von Risiken
- **Risikoanalyse**
  - Prozess zur Erfassung des **Wesens** und der **Höhe** eines Risikos
- **Risikohöhe**
  - **Ausmaß** eines Risikos oder einer Kombination von Risiken, das als **Kombination von Auswirkungen und ihrer Wahrscheinlichkeit** ausgedrückt wird
- **Risikobewertung**
  - Prozess, bei dem die **Ergebnisse der Risikoanalyse mit den Risikokriterien verglichen** werden, um das Ausmaß zu bestimmen
- **Risikobewältigung**
  - Verfahren zur **Veränderung** von Risiken

Bild 6.7 Begriffe aus dem Risikomanagement

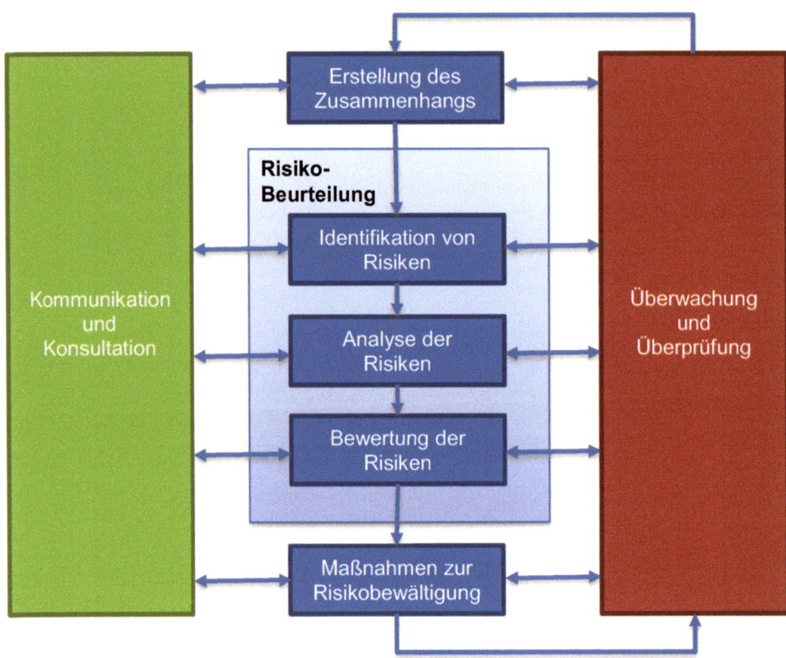

Bild 6.8 Risikomanagementprozess nach ISO 31000

Ein vereinfachter Ansatz zum Risikomanagement beginnt mit einer **Risikoanalyse**, das Schema ist in Bild 6.9 dargestellt.

1. **Gliedern (Prozesse, Bauteile, Dienstleistungen)**
2. **Risiken suchen und finden**
   - Brainstorming
   - Mindmaps / Ishikawa-Diagramm
   - Finden von Fehlerursachen (FU) und Fehlerfolgen (FF)
3. **Vorhandene Maßnahmen feststellen**
4. **Risiken bewerten (z.B. Risk Grid, FMEA)**
5. **Maßnahmen zur Minimierung definieren**
6. **Restrisiko beschreiben**
7. **Neubewertung**

Bild 6.9 Vereinfachter Ansatz einer Risikoanalyse

Die Dokumentation kann z. B. direkt in ein Excel-Sheet erfolgen (Tabelle 6.1).

Tabelle 6.1 Schema der Risikoanalyse im Tabellenformat

1. Gliederungsebene	2. Risiko		3. Vorhandene Maßnahmen	4. Bewertung			5. Maßnahmen	6. Restrisiko	7. Neubewertung		
	FU	FF		SH	EW	RK			SH	EW	RK
Legende:	FU = Fehlerursache, FF = Fehlerfolge, SH = Schadenshöhe, EW = Eintrittswahrscheinlichkeit, RK = Risikoklasse										

Entscheidend ist hier vor allem die praktische Umsetzung der in Punkt 5 definierten Maßnahmen. Zum einen kann auf diese Weise der risikobasierte Denkansatz als Ersatz der bisherigen Vorbeugungsmaßnahmen nachgewiesen werden, zum andern soll das Ganze kein „Papiertiger“ sein, sondern dem Unternehmen als Stütze dienen! Die Einstufung der Risiken kann beispielsweise über ein Risk-Grid erfolgen (Bild 6.10).

Risikomatrix	Eintrittswahrscheinlichkeit (EW)		
Schadenshöhe (SH)	unwahrscheinlich	möglich	wahrscheinlich
sehr hoch	erheblich	kritisch	kritisch
hoch	gering	erheblich	kritisch
mittel	gering	gering	erheblich
gering	unkritisch	unkritisch	unkritisch

Akzeptanzlinie

Bild 6.10 Beispiel eines Risikogitters (Risk-Grid)

Je nach ermittelter Risikoklasse müssen sinnvolle Vorbeugungsmaßnahmen eingeführt werden, um das Risiko kleiner zu machen. Eine systematische Ermittlung von Risiken in Form einer Risikoanalyse ist jedoch noch kein Risikomanagement!

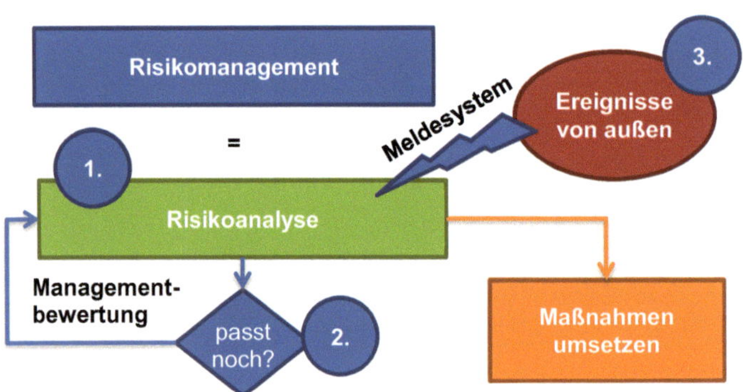

Bild 6.11 Vereinfachter Ansatz eines Risikomanagements

Risikomanagement wird erst daraus, wenn es einen umgesetzten, systematischen Ansatz gibt, die Risikoanalyse regelmäßig und bei wichtigen Ereignissen von außen zu aktualisieren und die hieraus abgeleiteten Maßnahmen in die Praxis umzusetzen (Bild 6.11).

Zum Abschluss sollen noch ein paar Hinweise erfolgen, die für ein sinnvolles Risikomanagement zu beachten sind:

- Für die Eintrittswahrscheinlichkeiten (EW) und Schadenshöhen (SH) sind **Kriterien** festzulegen, ab wann welcher Wert genommen werden muss (z. B. für EW Häufigkeiten pro Zeiteinheit, bei Schadenshöhen wirtschaftlicher Verlust).
- Im Risikogitter sollten **Akzeptanzkriterien** oder eine Akzeptanzlinie festgelegt werden (siehe Strichlinie in Bild 6.10). Unterhalb dieser Linie werden

Risiken akzeptiert - Maßnahmen sind nicht erforderlich. Oberhalb der Linie müssen Maßnahmen zum Umgang mit dem Risiko festgelegt werden (z.B. Risikominderung).

- Wenn die geplanten Maßnahmen umgesetzt wurden, muss die Risikoanalyse angepasst werden. Die Maßnahmen wandern im Schema in Tabelle 6.1 nach vorne in Spalte 3. Vorhandene Maßnahmen, ebenso werden die Spalten unter 4. Bewertung angepasst. Unter 5. Maßnahmen steht nur noch „Keine - akzeptiertes Restrisiko“.

■ 6.3 Planung im Sinne der ISO 9001

Tabelle 6.2 Zusammenfassung der Anforderungen zum Thema „Planung“ nach ISO 9001

Kap.	Überschrift/Leitfragen/Anleitung	FS*
6	**Planung für das Qualitätsmanagementsystem**	
6.1	**Maßnahmen zum Umgang mit Risiken und Chancen**	
	6.1.1 Berücksichtigung von Risiken und Chancen	
	6.1.2 Planung	
LF	*Welche Risiken und Chancen wurden hinsichtlich strategischer Ausrichtung identifiziert und wie ist der geplante Umgang damit geregelt?*	
ANL	1. Bestimmen Sie Risiken und Chancen, die sich aus der strategischen Ausrichtung sowie den interessierten Parteien ergeben. Dies kann im Rahmen eines Brainstormings mit Unterstützung von Mindmaps oder Ishikawa-Diagrammen erfolgen. Die Bestimmung ist notwendig, damit ▪ angestrebte Ziele des QMS erreicht werden ▪ unerwünschte Auswirkungen verhindert oder minimiert werden ▪ eine ständige Verbesserung erreicht wird (KVP). 2. Nach der Auflistung der identifizierten Risiken und Chancen müssen diese einer **Bewertung** unterzogen werden (z. B. FMEA, Risk Grid oder Ähnliches). 3. Für hoch bewertete Risiken müssen (vorbeugende) **Maßnahmen zur Risikoreduzierung** definiert werden. Diese müssen methodisch beschrieben werden (wie werden sie in Prozesse integriert und umgesetzt?). Die Maßnahmen müssen proportional zum möglichen Einfluss auf die angebotenen Produkte oder Dienstleistungen sein. Möglichkeiten zum Umgang mit Risiken und Chancen sind: Risikovermeidung, bewusstes Inkaufnehmen eines Risikos zur Chancenerhöhung, Beseitigen der Risikoquelle, Ändern der Wahrscheinlichkeit oder der Konsequenzen, Risikoteilung oder Beibehaltung eines Risikos durch verantwortungsbewusste Entscheidung. 4. Danach müssen sie hinsichtlich ihrer **Wirksamkeit** bewertet bzw. das verbleibende **Restrisiko** festgestellt werden. 5. Legen Sie ein Verfahren fest, wie **neue Risiken** in die Analyse aufgenommen werden und eine **regelmäßige Prüfung** der bestehenden Risiken erfolgt.	

<table>
<tr><th>Kap.</th><th>Überschrift/Leitfragen/Anleitung</th><th>FS*</th></tr>
<tr><td rowspan="3">6.2</td><td colspan="2">Qualitätsziele und Planung zur deren Erreichung</td></tr>
<tr><td colspan="2">6.2.1 Festlegung von Qualitätszielen</td></tr>
<tr><td colspan="2">6.2.2 Planung</td></tr>
<tr><td>LF</td><td>Welche Qualitätsziele hat die Organisation festgelegt?
Wie erfolgt die Planung zur Erreichung dieser Qualitätsziele?</td><td></td></tr>
<tr><td>ANL</td><td>1. Die grundsätzliche Darlegung der Planung zur Erreichung der Qualitätsziele sollte im QM-Handbuch erfolgen - z. B. jährliche Erstellung eines Jahreszielplans im Dezember mit Bewertung des Status des Vorjahres und Jahresplanung für das kommende Jahr.
2. Legen Sie einen Jahreszielplan in Form einer einfachen Tabelle mit 12 Monatsspalten an. Die erste Spalte enthält eine kurze Zielformulierung, Spalte 2 sollte für Verantwortlichkeiten vorgesehen werden. Außerdem empfiehlt sich eine Statusspalte.
3. Tragen Sie folgende Informationen ein:
▪ Maßnahmen zur Zielerreichung (Was)
▪ erforderliche Ressourcen (Womit) und Verantwortlichkeiten (Wer)
▪ Terminierung, wann die Ziele erreicht sein sollen (Wann)
▪ wie die Ergebnisse zu bewerten sind (Wie)
4. Prüfen Sie, ob Ihre Qualitätsziele in Einklang stehen mit folgenden Forderungen:
▪ Sie harmonieren mit der vorgegebenen Qualitätspolitik.
▪ Sie sind messbar (Wie viel).
▪ Sie berücksichtigen interne und externe Anforderungen.
▪ Sie werden regelmäßig überwacht und ggf. aktualisiert.
▪ Sie werden in der Organisation vermittelt.</td><td></td></tr>
</table>

Tabelle 6.2 Zusammenfassung der Anforderungen zum Thema „Planung“ nach ISO 9001 *(Fortsetzung)*

Kap.	Überschrift/Leitfragen/Anleitung	FS*
6.3	**Planung von Änderungen**	
LF	*Wie werden Änderungen am QM-System geplant und systematisch durchgeführt?*	
ANL	1. Legen Sie einen Abschnitt im QM-Handbuch oder der VA Lenkung von Dokumenten an und beschreiben Sie kurz, wie **QMS-Änderungen** auf geplante Weise durchgeführt werden. 2. Überprüfen Sie, ob Ihre Regelung folgende Anforderungen der Norm berücksichtigt: ▪ den Zweck einer Änderung und ihre mögliche Konsequenz ▪ Die Integrität des QM-Systems bleibt erhalten. ▪ Die notwendigen Ressourcen sind verfügbar. ▪ Verantwortungen und Befugnisse sind festgelegt.	

7 Unterstützung

7.1 Mitarbeiterqualifizierungen

Die Erreichung gesetzter Ziele kann in der Regel nur realisiert werden, wenn die Mitarbeiter **„die zur Ausführung ihrer Arbeit notwendige Sachkenntnis besitzen“.** Die ISO 9001 behandelt die Anforderungen an die Qualifizierung von Mitarbeitern in Form folgender Schritte, die im Weiteren näher beschrieben werden:

- Ermittlung und Planung des Qualifizierungsbedarfs (Soll-Ist-Abgleich)
- Durchführung und Evaluierung von Qualifizierungsmaßnahmen
- geeignete Dokumentation

7.1.1 Ermittlung und Planung des Qualifizierungsbedarfs

Der erste Schritt besteht in der Feststellung, wo an welcher Stelle im Betrieb ein Qualifizierungsbedarf vorhanden ist. Während in Kleinbetrieben dieser Bedarf häufig allein durch Geschäftsführer oder Betriebsleiter festgestellt wird, ist in größeren Unternehmen diese Aufgabe durch die jeweiligen Führungskräfte durchzuführen.

Exemplarisch könnte ein Prozess zur Bedarfsfeststellung aktiv durch(!) die Personalabteilung über(!) den Versand eines geeigneten Formblattes an die zuständigen Führungskräfte ausgelöst werden, die wiederum für die jeweiligen Mitarbeiter/Kostenstellen in ihrem Bereich bestimmte Schulungsmaßnahmen beantragen (Bild 7.1).

Bild 7.1 Beispielprozess der Schulungsbedarfsermittlung in einem größeren Betrieb

Die beantragten Schulungsmaßnahmen werden zentral gesammelt und einem Genehmigungsverfahren unterzogen. Hierbei könnte zum Beispiel ein standardisierter Budgetabgleich erfolgen, der durch die Geschäftsleitung vorgegeben wurde. Nach diesem Schritt erhalten die Führungskräfte wiederum Rückmeldung über das genehmigte Schulungsbudget, über das sie dann frei und zielgerichtet verfügen können.

Tabelle 7.1 Beispiel eines einfachen Schulungsplans

Schulungsthema	Mitarbeiter	Plantermin	Isttermin	Kosten	Ort/Veranstalter
Arbeitssicherheit	Alle	01.03.XX	01.03.XX		intern
Datenschutz	Alle	01.10.XX			intern
QM	Alle	02.04.XX	02.04.XX		intern
Verhalten im Verkauf	AB, CD	2. HJ 20XX	15.07.XX	1500	GutVerkauf

Über diesen Prozess hat man im Unternehmen an zentraler Stelle einen Überblick über anstehende Schulungsmaßnahmen sowie eine Steuermöglichkeit, wofür und wie viel in Schulungen investiert wird. Im einfachen Fall eines kleineren Betriebs könnte ein Schulungsplan auch wie in Tabelle 7.1 aussehen.

Die Gestaltung eines Schulungsplans ist grundsätzlich frei. Jedoch sind einige Punkte bedenkenswert:

- Der Schulungsplan sollte sowohl einen Plan- als auch einen Istzeitraum ausweisen, um aufzuzeigen, wo Soll und Ist auseinanderdriften
- Themen, die nur selten im Alltag bewusst wahrgenommen werden (und daher regelmäßig wieder vergessen werden), sollten als Standardschulung einmal pro Jahr angesetzt werden, um die damit verbundenen Inhalte gezielt ins Bewusstsein zu holen (Arbeitssicherheit, Datenschutz, QM, Notfallmanagement etc.).
- Sollte der Schulungsplan an mehreren Stellen im Betrieb Einsatz finden, so sind die einzelnen Pläne regelmäßig zusammenzuführen, um einen zentralen Überblick zu ermöglichen.
- Schulungspläne können Strukturhilfe für wiederkehrende Schulungsthemen wie Erste Hilfe oder Ähnliches bieten, um die Erfüllung gesetzlicher oder berufsgenossenschaftlicher Auflagen sicherzustellen.

Abschließend soll noch ein Verfahren zur gezielten Bedarfsermittlung mithilfe des Entwicklungsstufenmodells von Kenneth Blanchard und Drea Zigarmi dargestellt werden.

Das **Entwicklungsstufenmodell** geht davon aus, dass Mitarbeiter für bestimmte Aufgaben in Abhängigkeit von Engagement und Kompetenz vier verschiedene Entwicklungsstufen durchlaufen (Bild 7.2). Das Engagement setzt sich dabei aus den Komponenten Motivation (Eigenantrieb) und Selbstbewusstsein zusammen (wenn jemand nicht engagiert arbeitet, dann kann es daran liegen, dass er nicht will oder dass er Angst hat, etwas falsch zu machen).

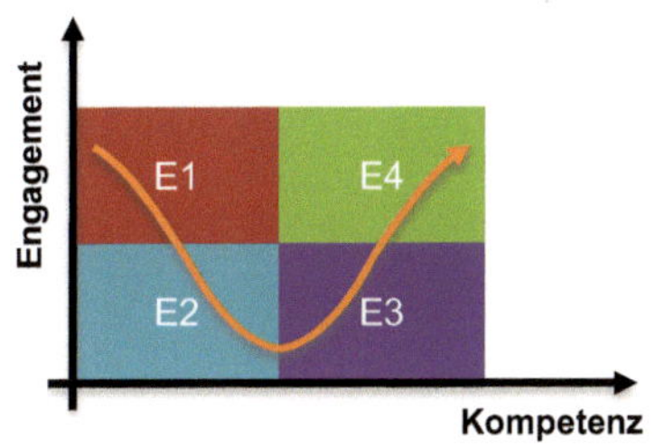

Bild 7.2
Entwicklungsstufenmodell in Anlehnung an Blanchard/Zigarmi

- E1: hohes Engagement, niedrige Kompetenz
- E2: niedriges Engagement, niedrige Kompetenz
- E3: niedriges Engagement, hohe Kompetenz
- E4: hohes Engagement, hohe Kompetenz

Blanchard/Zigarmi haben dieses Modell eingeführt, um Führungskräften ein System zur situativen Führung von Mitarbeitern an die Hand zu geben. Jeder dieser Entwicklungsstufen entspricht nämlich ein **Führungsstil,** auf die allerdings im Weiteren nicht näher eingegangen werden soll:

- E1 → S1 Dirigieren, Anleiten
- E2 → S2 Trainieren
- E3 → S3 Coachen
- E4 → S4 Delegieren

Erstellt man nun eine Matrix, in der horizontal die wichtigsten Aufgaben eines Mitarbeiters („Hauptaufgaben“) dargestellt werden, so kann man in einer einzigen Übersicht sichtbar machen, welcher Mitarbeiter sich in Bezug auf welche Aufgabe in welcher Entwicklungsstufe befindet. So lassen sich auf einen Blick sämtliche E1- und E2-Stufen ersehen (niedrige Kompetenz), von denen sich wiederum ein direkter Schulungsbedarf innerhalb einer Mitarbeitergruppe ableiten lässt (Tabelle 7.2).

Tabelle 7.2 Musteraufbau einer Hauptaufgabenmatrix

Hauptaufgabe	Meier	Huber	Müller	...		
Montage	Z2	V4	Z1			
Werkzeugtechnik	Z3	V4	Z1			
...						

Die Matrix kann gleichzeitig als Gesamtüberblick über den Qualifikationsstatus sowie Zuständigkeit und Verantwortlichkeit dienen. Die Zuständigkeit (Z) kennzeichnet dabei Mitarbeiter, die Aufgaben praktisch ausführen, die Verantwortlichkeit (V) kennzeichnet Mitarbeiter, die für die jeweilige Aufgabe Führungsverantwortung bzw. Entscheidungsbefugnis haben.

Entscheidend für das Entwicklungsstufenmodell und das entsprechende situative Führungsstilmodell ist, dass die Festlegung einer Entwicklungsstufe zwischen Führungskraft und Mitarbeiter in Absprache erfolgen muss. Nur dann ist sichergestellt, dass der Führungsstil beim Mitarbeiter auch „ankommt“. Angenommen, ein Mitarbeiter sieht sich selbst in Entwicklungsstufe E1 (benötigt Richtungsgabe), die Führungskraft sieht den Mitarbeiter jedoch in E4 (vor allem aufgrund des hohen Engagements), dann wäre es völlig falsch, diesem Mitarbeiter Aufgaben vollständig zu delegieren – er wäre damit völlig überfordert. Daher ist für den erfolgreichen Ansatz dieses Führungsmodells die Absprache der Entwicklungsstufe von entscheidender Bedeutung.

Einfache Qualifikationsmatrix mit Ampelfarben

Als Alternative zum Entwicklungsstufenmodell kann auch eine einfache Matrix mit Ampelfarben dienen (Tabelle 7.3). Dabei werden die zu bewertenden Hauptaufgaben wie oben in der ersten Spalte, die Mitarbeiter wie oben in der ersten Zeile eingetragen. Die jeweiligen Zellen werden jetzt anstelle der Angabe der Entwicklungsstufe mit einer Ampelfarbe eingefärbt:

- Grün = Mitarbeiter ist eingearbeitet.
- Gelb = Mitarbeiter wird gerade eingearbeitet.
- Rot = Mitarbeiter soll eingearbeitet werden.
- Weiß (ohne Farbe) = die Aufgabe ist für den Mitarbeiter nicht relevant.

Tabelle 7.3 Musteraufbau einer Qualifizierungsmatrix

Hauptaufgabe	Meier	Huber	Müller	...		
Montage						
Werkzeugtechnik						
...						

Was beim Entwicklungsstufenmodell E1 und E2 ist, entspricht hier den Farben Gelb und Rot – hier besteht Qualifizierungsbedarf.

7.1.2 Durchführung und Evaluierung

Die Durchführung von Qualifizierungsmaßnahmen sollte **im Schulungsplan vermerkt** werden **(IST-Spalte),** um später eine lückenlose Abweichung von Plan und Ist aufzeigen zu können. In größeren Unternehmen gestaltet sich genau diese Anforderung häufig schwierig, weil viele Mitarbeiter ihrer Verpflichtung zur Rückmeldung nicht nachkommen.

Eine sinnvolle Unterstützung kann hier eine **elektronische Wiedervorlage** in der Personalabteilung bieten, die nach einem Plantermin das Aussenden eines Feedbackbogens an den Teilnehmer bewirkt, der diesen ausgefüllt und mit einer Kopie erhaltener Zertifikate zurück an die Personalabteilung senden muss. Gegebenenfalls kann an die Rückleitung des ausgefüllten Feedbackbogens die Auszahlung von Spesen gekoppelt werden.

Das Feedback soll sicherstellen, dass von zentraler Stelle gesteuert werden kann, dass keine unnützen Schulungen wiederholt stattfinden.

Im Kleinbetrieb ist das schriftliche Fixieren eines Feedbacks nicht unbedingt erforderlich.

Im Idealfall kann die Personalabteilung in Vorbereitung auf durchzuführende Mitarbeitergespräche auf Knopfdruck für Führungskräfte ein vorbereitetes Gesprächsprotokoll-Formblatt ausdrucken, auf dem besuchte und nicht besuchte (aber geplante) Schulungsmaßnahmen bereits als Gesprächsgrundlage vermerkt sind.

Entscheidend ist, dass die jeweilige Führungskraft verantwortlich ist für die Bewertung, ob eine Schulungsmaßnahme sinnvoll war oder nicht. Sie stellt das Personal für eine Schulungsmaßnahme frei und verantwortet in der Regel auch das Schulungsbudget. Wie diese Bewertung vonstattengeht, ist von den jeweiligen Umständen abhängig: Bringt der Mitarbeiter neues Wissen mit oder kann das im Unternehmen abgeprüft werden? Soll mit dem erworbenen Wissen ein Projekt bearbeitet werden? Muss ich einen Standard im eigenen Unternehmen sicherstellen? Soll der Mitarbeiter mit der Schulung motiviert werden? Zum Teil kann eine Evaluierung erst Monate nach der Schulung durchgeführt werden.

7.1.3 Geeignete Dokumentation

Die ISO 9001 fordert im letzten Abschnitt des Kapitels 6.2 das Führen „geeigneter Aufzeichnungen“. In den vorhergehenden Absätzen wurde versucht, darzustellen, was im Schulungswesen an Dokumentation sinnvoll ist und wie die gewählte Vorgehensweise von der Unternehmensgröße abhängig ist.

In jedem Fall wird benötigt:

- ein Nachweis für die Ermittlung des Qualifizierungsbedarfs
- ein Schulungsplan (Nachweis der Bedarfsfeststellung)
- eine Sammlung der Nachweise von durchgeführten bzw. besuchten Aus-, Fort- und Weiterbildungen (Nachweis der Deckung des Bedarfs)
- bei größeren Betrieben auch schriftliche Bewertungen der Schulungsmaßnahmen (Wirksamkeitsnachweis); im Kleinbetrieb kann dies auch entfallen, beispielsweise, wenn sich die Geschäftsführung persönlich im Gespräch oder durch Leistungen des Mitarbeiters von der Wirksamkeit von Schulungsmaßnahmen überzeugt. Wie oben beschrieben, gestaltet sich die Evaluierung von Schulungsmaßnahmen zum Teil schwierig, wenn sie für das Unternehmen sinnvoll umgesetzt werden soll.

■ 7.2 Information und Kommunikation

Die folgenden Abschnitte sollen Grundsätze erfolgreicher Kommunikation vermitteln und Hintergrundwissen für anstehende Führungsaufgaben vermitteln. Gleichzeitig sind die dargestellten Sachverhalte wichtig und relevant für jeden, der direkt oder indirekt an allen Formen von Audits mitwirkt.

Eine geeignete Kommunikation ist die beste Grundlage dafür, Qualitätsbewusstsein zu entwickeln und zu fördern!

7.2.1 Sender-Empfänger-Modell

Um Kommunikation verstehen zu können, soll zunächst das sogenannte Sender-Empfänger-Modell erklärt werden (Bild 7.3). Ein Sender sendet eine Information an einen Empfänger. Kommunikation entsteht jedoch erst dadurch, dass der Empfänger auf die Information antwortet – es entsteht ein zweiseitiger Informationsaustausch (Bild 7.4).

Allein aus diesem Modell leiten sich verschiedene Unterscheidungskennzeichen von Information und Kommunikation ab (Tabelle 7.4).

Bild 7.3 Einfaches Sender-Empfänger-Modell: Information

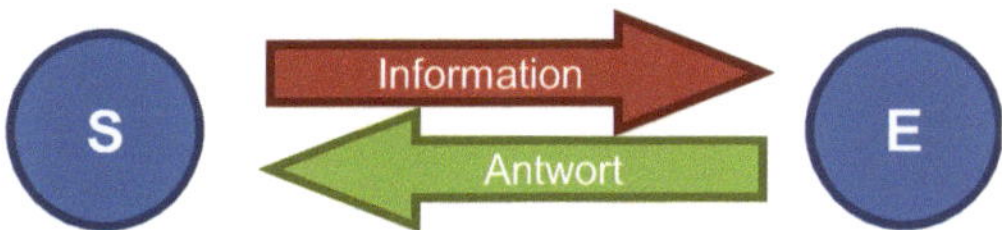

Bild 7.4 Erweitertes Sender-Empfänger-Modell: Kommunikation

Tabelle 7.4 Information und Kommunikation im Vergleich

Information	Kommunikation
Einseitig	zweiseitig
zielt auf Monolog ab	zielt auf Dialog ab
ohne Rückkopplung	mit Rückkopplung
Verzicht auf Reaktion	gewünschte Reaktion
Verständnis beim Empfänger fraglich	Verständnis wird signalisiert
genügt, wenn ein „Nichtverstehen“ in Kauf genommen werden kann; einfache Inhalte	erforderlich für Verbesserungen, Risikominimierung, wichtige Inhalte und überall, wo eine Bestätigung erforderlich ist

7.2.2 Die vier Seiten einer Nachricht

Die Information, die vom Sender zum Empfänger fließt, enthält immer mehr als eine reine Sachinformation. In ihr schwingen auch andere Ebenen mit. Nach dem Psychologen **Paul Watzlawick** ist in jeder Nachricht (Information) stets auch eine Aussage über die Beziehung zwischen Sender und Empfänger vorhanden.

Der Kommunikationspsychologe **Friedemann Schulz von Thun** hat das Modell um zwei weitere Ebenen erweitert (Bild 7.5).

Bild 7.5 Die vier Seiten einer Nachricht nach Schulz von Thun

Jeder Seite lässt sich nun auch ein „Ohr“ zuweisen. So gibt es ein Sachohr, ein Selbstoffenbarungsohr, ein Appellohr und ein Beziehungsohr.

7.2.3 Störungen in der Kommunikation

In Anlehnung an das Buch „Miteinander reden“ von Schulz von Thun soll eine Autofahrt eines Pärchens beleuchtet werden – sie fährt und er ist Beifahrer. Sie fahren auf eine Ampel zu und der Mann sagt: „Du, da vorne ist gelb!“. Sie antwortet genervt: „Fährst du oder ich?“

Bei der Analyse dieses Beispiels wird offensichtlich, dass die Kommunikation zwischen beiden auseinanderläuft. Ursache hierfür ist, dass die Information des Senders an ein bestimmtes Ohr des Empfängers adressiert werden soll, dieser aber auf einem anderen Ohr empfängt.

In der Beispielnachricht „Du, da vorne ist gelb!“ könnten die vier Seiten der Nachricht wie folgt vertreten sein:

- **Sachebene:** Die Ampel ist gelb.
- **Selbstoffenbarungsebene:** Ich bin aufmerksam.
- **Appellebene:** Achtung: Gib Gas oder bremse!
- **Beziehungsebene:** Frauen können nicht Auto fahren.

Angenommen, der Mann möchte in erster Linie die Sachinformation mitteilen, dass die Ampel gelb ist (vielleicht verbunden mit einem Appell „Gib Gas oder bremse!“), die Frau empfängt die Nachricht jedoch auf dem Beziehungsohr („Frauen können nicht fahren!“), so wird ihre Reaktion entsprechend ausfallen: „Fahr ich oder fährst Du?“ – die Kommunikation ist gestört.

7.2.4 Erkennen und Behebung der Störung

Woran ist erkennbar, dass eine Störung in der Kommunikation vorliegt?

Die Antwort liegt auf der Hand: An der Reaktion des Gesprächspartners. Hätte die Frau einfach Gas gegeben, wäre die Kommunikation vermutlich erfolgreich verlaufen. Sie reagierte jedoch „auf einer anderen Ebene". Aufgrund des unerwarteten Feedbacks kann der Sender erkennen, dass die Nachricht offenbar auf einem „falschen Ohr" empfangen wurde, und kann die Kommunikation klären (Bild 7.6).

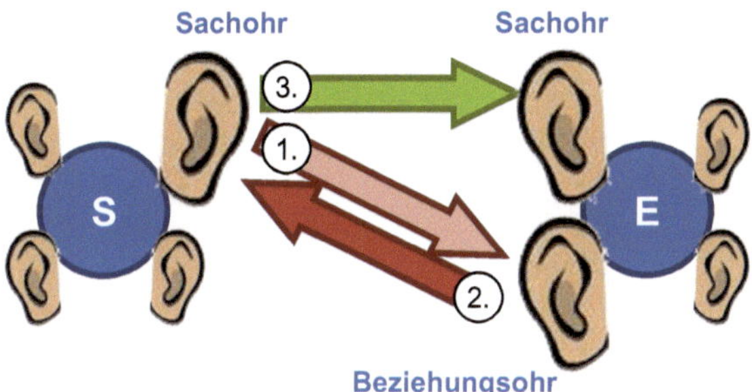

Bild 7.6 Störung in der Kommunikation beheben

Umgangssprachlich hat der Empfänger die Nachricht „in den falschen Hals bekommen". Aus dem Sachverhalt leitet sich ein wichtiger Grundsatz der Kommunikation ab:

Der Sender ist verantwortlich für die richtige Ankunft der Nachricht beim Empfänger!

Denn nur der Sender kann aufgrund der Rückmeldung des Empfängers erkennen, dass die Kommunikation aus dem Ruder läuft.

7.3 Transaktionale Analyse (TA)

7.3.1 Einführung

Bei der Transaktionalen Analyse handelt es sich um ein Instrument, mit dem auf Basis der Kommunikation speziell die Beziehungsebene zwischen Sender und Empfänger beleuchtet wird. Sie geht zurück auf den amerikanischen Psychiater **Eric Berne.**

Die TA geht davon aus, dass in jedem von uns drei verschiedene Persönlichkeiten vorhanden sind (als sog. ICHs bezeichnet), die wiederum zum Teil verschiedene Aspekte beinhalten (Bild 7.7).

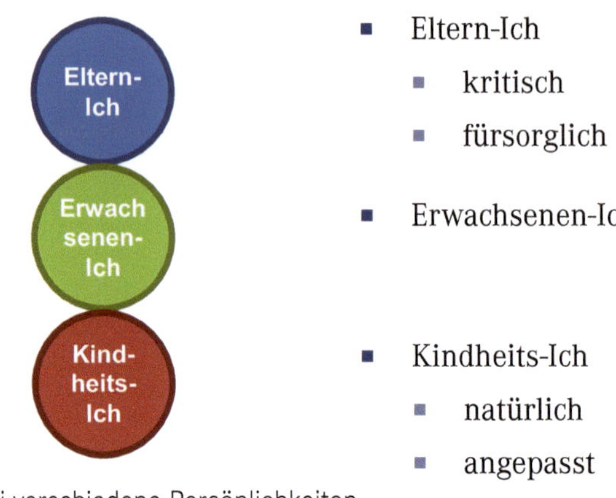

Bild 7.7 Drei verschiedene Persönlichkeiten laut Transaktionsanalyse

Die verschiedenen Ichs melden sich in verschiedenster Art und Weise zu Wort (Tabelle 7.5).

Tabelle 7.5 Kennzeichen der verschiedenen Ich-Persönlichkeiten der TA

Eltern-Ich kritisch	mahnend, gebietend, verbietend, Vorstellung festlegend, wie man sein soll
Eltern-Ich fürsorglich	helfend, behütend
Erwachsenen-Ich	nüchtern, sachlich, informierend, feststellend, analysierend, vernünftig
Kindheits-Ich natürlich	ausgelassen, verspielt, spontan
Kindheits-Ich angepasst	brav, unterwürfig
Kindheits-Ich rebellisch	trotzig, aufmüpfig, patzig, wehleidig, schmollend

Alle diese Ich-Zustände sind Bestandteile der Persönlichkeit eines Erwachsenen und wertvoll!

Soll die Kommunikation zweier Gesprächspartner analysiert werden, so werden diese durch je drei Kreise dargestellt und der Nachrichtenfluss durch Pfeile zwischen den Gesprächspartnern. Das in Bild 7.8 dargestellte Beispiel zeigt den Kommunikationsfluss zwischen einem Elternteil und einem Kind (oder auch einem „Vorgesetzten“ und einem trotzigen „Untergebenen“).

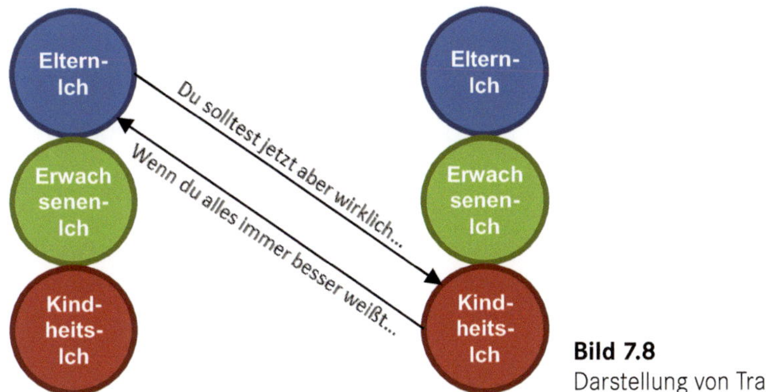

Bild 7.8
Darstellung von Transaktionen[1]

7.3.2 Verdeckte Transaktionen

Idealerweise erfolgt die Kommunikation im täglichen Arbeitsalltag parallel von Erwachsenen- zu Erwachsenen-Ich. Manchmal ist jedoch die Kommunikation nur scheinbar parallel und verdeckt die eigentlich stattfindende Transaktion. Am Beispiel aus Abschn. 7.2.3 könnte das dann so aussehen, wie in Bild 7.9 veranschaulicht. Die verdeckte Transaktion wird dabei gestrichelt dargestellt.

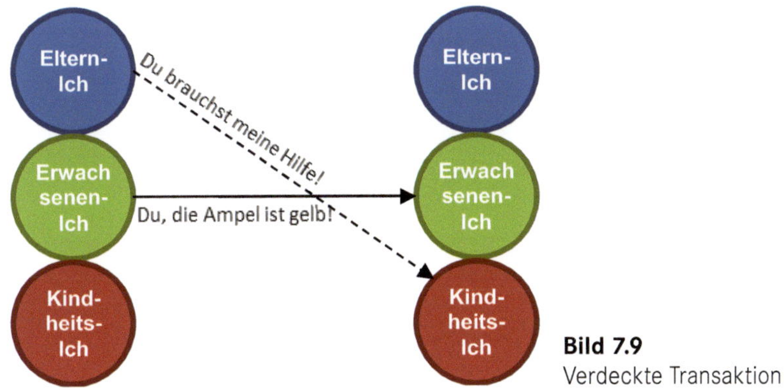

Bild 7.9
Verdeckte Transaktion

Während im Vordergrund die parallele Erwachsenen-Ich-Kommunikation erfolgt („Du, da vorne ist gelb!"), schwingt unterschwellig das Eltern-Ich mit (Fürsorge, Mahnung).

[1] nach Schulz von Thun, S. 173

7.3.3 Bewusstes Kreuzen

Wird im Gespräch erkannt, dass der Gesprächspartner direkt oder verdeckt eine Transaktion zwischen Kindheits- und Eltern-Ich führt, so muss als Reaktion hierauf bewusst die „Schräglinie“ gekreuzt werden, um die Kommunikation bewusst auf die parallele Erwachsenen-Ich-Ebene zu führen (Bild 7.10). Für Auditoren ist es beispielsweise enorm wichtig, dass sie diese Technik beherrschen, um der Auditierung in jedem Falle einen sachorientierten Verlauf geben zu können.

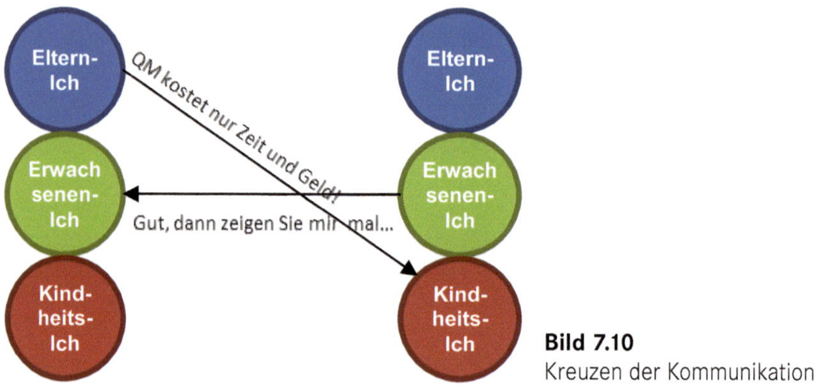

Bild 7.10
Kreuzen der Kommunikation

Grundsätzlich gilt:

> Es sollte stets eine parallele Erwachsenen-Ich-Kommunikation angestrebt werden! Transaktionen, die das Eltern- oder Kindheits-Ich ansprechen, müssen gekreuzt und in eine parallele Erwachsenen-Ich-Kommunikation überführt werden.

■ 7.4 Weitere Aspekte der Kommunikation

7.4.1 Aktives Zuhören

Das aktive Zuhören ist der **Königsweg des Zuhörens:**

> Aktives Zuhören ist die Wiederholung der Grundaussagen des Gesprächspartners mit eigenen Worten und ein klares Signal, dass man verstanden hat!

ACHTUNG:

Aktives Zuhören darf nicht verwechselt werden mit körpersprachlichen Signalen, während man passiv zuhört (z.B. durch Kopfnicken oder -schütteln)! Dies signalisiert bereits eine Zustimmung oder Ablehnung des Gesagten und ist häufig nicht sinnvoll.

Gerade bei gegensätzlichen Meinungen ist das aktive Zuhören durch die Wiederholung des Gesagten und das Signalisieren des Verstehens die Grundlage für eine Darstellung der eigenen Sichtweise. Durch das signalisierte Verständnis wird in der Regel beim Gegenüber die Bereitschaft aktiviert, auch zuzuhören und sich die „andere" Meinung anzuhören.

Jede gute Führungskraft und jeder im Vertrieb tätige Mitarbeiter sollte die Kunst des aktiven Zuhörens beherrschen. Hierüber wird sichergestellt, dass die Parteien nicht aneinander vorbeireden.

7.4.2 Ich-Form statt Du-Form

Worin liegt der Unterschied zwischen folgenden beiden Aussagen:

„Herr Meier, jetzt machen Sie schon wieder einen Fehler!" und

„Herr Meier, ich habe den Eindruck, dass Ihnen in letzter Zeit häufiger Fehler unterlaufen!"

Im ersten Beispiel wird die Du-Form verwendet („Du machst Fehler!"). In der zweiten Aussage wird die Ich-Form eingesetzt („Ich habe den Eindruck ...").

Der Unterschied ist entscheidend für die Reaktion des Gesprächspartners:

> Bei der Ich-Form bleibt offen, ob ich mich irre oder nicht. Die Du-Form ist eine finale Feststellung und lässt keinen Irrtum meinerseits zu. Damit lasse ich dem Empfänger biologisch gesehen keine „Rückzugsmöglichkeit" (Flucht).

Da es in unserem biologischen Programm auf Angriffe nur die zwei Möglichkeiten **Angriff** und **Flucht** gibt, wird der Gesprächspartner auf seine Art angreifen. Entweder die Kommunikation wird aggressiv oder der angesprochene wird stumm und wird sich im Nachhinein auf seine Art rächen (auch wenn dies ein hartes Wort ist, aber so ist der Sachverhalt - und wenn es Rache durch „Dienst nach Vorschrift" ist).

7.4.3 Durch Fragen führen

Sokrates wurde berühmt, durch seine Fragen die Mitmenschen zum Nach- und Umdenken zu bewegen. Rhetorisch geschulte Fachkräfte sorgen durch gezielte Fragen für eine Selbsterkenntnis beim Befragten. Besonders im Audit ist die richtige Fragetechnik entscheidend für eine angenehme und entspannte Atmosphäre.

Im Folgenden sollen verschiedene Fragetechniken kurz erläutert werden:

- Geschlossene Fragen (Ja/Nein - Fragen)
  - geeignet für den Einstieg oder den Ausstieg
  - führen zu kurzen Antworten „ohne Inhalt“
- Alternativfragen
  - bieten im Gegensatz zur geschlossenen Frage mehrere alternative Auswahlmöglichkeiten für die Antwort (Grundlage: Entscheidungsbaum!)
- Offene Fragen (W-Fragen - des Auditors 6 Freunde)
  - sind „direkte“ Fragen
  - führen zu ausführlichen Antworten
  - fördern/signalisieren das aktive Zuhören
  - verbessern das Klima

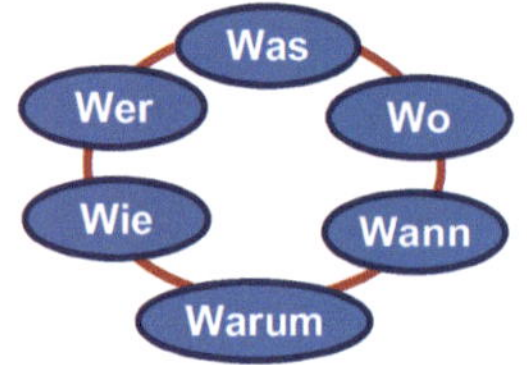

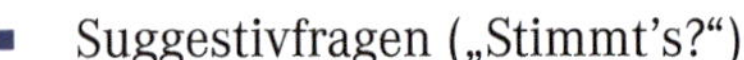

- Suggestivfragen („Stimmt’s?“)
  - unterstellen einen bestimmten Sachverhalt (manipulativ!)
  - tunlichst unterlassen!
- Gegenfragen („Wie meinen Sie das?“)
  - verschaffen Zeitgewinn und erspart sofortige Antwort
  - führen dazu, dass man mehr Informationen erhält
- Kontrollfragen („Wären Sie damit einverstanden ...?“)
  - stellen die gemeinsame Sichtweise sicher
  - sollten vor der Schlussphase gestellt werden
- Meinungsfragen („Wie finden Sie ...?“)

Sonderform der offenen Frage; stark in der Wirkung, da wir es mögen, wenn wir nach unserer Meinung gefragt werden

- Bedingungsfragen („Angenommen ...?“)
  - liefern weitere Informationen
  - Ansprechpartner wird zum Mitdenken angeregt
  - kann gut in der Einwandbehandlung angewendet werden

- Erklärende Fragen („Wie …?")
  - Sonderform der offenen Frage; hat Eisbrecherfunktion; für Einwandbehandlung jedoch ungeeignet!

7.4.4 Nonverbale Kommunikation

Es ist eine weitläufig bekannte Tatsache, dass man nicht „Nicht kommunizieren" kann. Gemeint ist damit, dass selbst bei nonverbalen Äußerungen das „Gegenüber" kommuniziert - und zwar durch seine Körpersprache.

Dies führt zu dem Aspekt, dass besonders in Hinblick auf Störungen in der Kommunikation auf nonverbale Signale geachtet werden sollte. Sie zeigen auch eventuelle Differenzen zwischen verbaler und nonverbaler Kommunikation auf.

Machen Sie sich bitte bewusst: **Die transportierte Information eines Gesprächs steckt zu**[2]

7 % in den Worten

38 % im Stimmklang

55 % in der Körpersprache

Das bedeutet, der reine Sachinhalt (Worte) ist im Vergleich zu den anderen Signalen (Stimme und Körpersprache) verschwindend gering.

Noch ein Grundsatz ist sehr wichtig:

Körpersprache kann nicht lügen, Worte schon!

In einem gewissen Maße kann Körpersprache bewusst eingesetzt werden, aber der weitaus überwiegende Teil ist unbewusst und damit willentlich nicht steuerbar.

Wir unterscheiden im Besonderen folgende **zwei Aspekte der Körpersprache** mit verschiedenen möglichen Ausprägungen:

- **Mimik** (Ausdrucksbereiche des Gesichts)
  - Stirnfalten (waagerecht/senkrecht)
  - Blickkontakt (gerade/von oben/von unten/seitlich)
  - Mundstellung (offen/lächelnd/zusammengepresst)
- **Gestik** (Ausdrucksbewegungen des restlichen Körpers)
  - Kopf (aufrecht/gesenkt/schaukelnd)

[2] Simon, Grundlagen der Kommunikation S. 127

- Arme (ruhig/unruhig)
- Hände (Handfläche oben/unten/vorne; Fingerstellung)
- Oberkörper (zugewandt/abgewandt)
- Beinstellung (zugewandt/abgewandt/ängstlich)

Im Mienenspiel **(Mimik)** zeigt sich der „Spiegel der Seele". Es offenbart Gefühle wie Freude, Unlust, Frust, Ärger, Interesse, Langeweile. Es gibt nichts, was enger mit dem Seelenleben verknüpft ist, als die Mimik.

Die **Gestik** – im Besonderen die Hand-, Arm- und Beinarbeit – lässt sich in gewissem Maße trainieren, um eigene Aussagen wirksam zu unterstreichen. Trotzdem gilt auch hier, dass der überwiegende Teil nicht oder nur sehr schwer kontrollierbar ist.

Die **Stimme** erzeugt zu 38 % ebenfalls Teilinformationen, die ergänzend wahrgenommen werden durch:

- Tonhöhe (tief/mittel/hoch/piepsend)
- Stimmklang (sonor/rasselnd/scheppernd)
- Sprachmelodie (gleiche/wechselnde Tonhöhe)

Diese Teilinformationen sind bei Telefonaten entscheidend, weil hier die körpersprachlichen Aspekte nicht wahrgenommen werden können.

Im E-Mail- oder Schriftverkehr fällt dieser Aspekt auch noch weg. Was übrig bleibt, sind die Worte – und das kann bei wichtigen Dingen gefährlich sein!

Daher sollte stets der folgende Grundsatz Berücksichtigung finden:

Wichtige Sachverhalte sollten stets von **Angesicht zu Angesicht** im persönlichen Gespräch geklärt werden, weil nur hier alle Aspekte der Informationen aufgenommen werden können – und zwar von beiden Seiten!

7.4.5 „Zweinigkeit"

Ein Begriff, den die inzwischen verstorbene Managementtrainerin Vera Birkenbihl erfunden hat für den Sachverhalt, dass es Situationen gibt, in denen zwei verschiedene Meinungen nebeneinander bestehen bleiben, ohne dass eine explizite Einigung auf eine Meinung oder einen Konsens erfolgen muss.

Die Grundaussage der Zweinigkeit lautet also:

Du hast deine Meinung und ich habe meine - und das ist gut so!

Es dürfte einleuchtend sein, dass diese Methode nicht überall einsetzbar ist - aber in geeigneten Situationen kann es durchaus hilfreich sein.

7.4.6 Meta-Kommunikation

Als letzter Punkt sei noch die aus dem NLP (Neurolinguistische Programmierung) stammende Methodik der Meta-Kommunikation erwähnt. Hier geht es darum, bewusst die drei Positionen in der Kommunikation einzunehmen und zu analysieren (Bild 7.11).

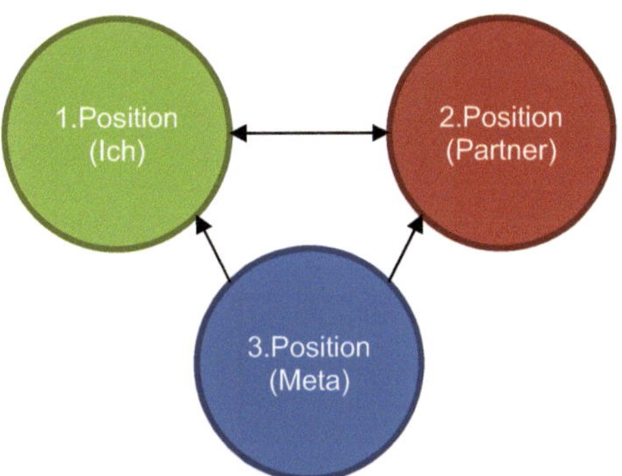

Bild 7.11 Die drei Positionen im NLP

In Position 1 vertrete ich meinen eigenen Standpunkt. Position 2 ist die Sicht meines Gegenübers. Ich versuche, den Standpunkt des anderen zu verstehen (siehe auch Abschn. 7.4.1, Aktives Zuhören).

In der dritten Position wird nun eine neutrale Position eingenommen („Hubschrauberperspektive“), um die Kommunikation beider Gesprächspartner nüchtern zu analysieren. Fragen wie „Wie ist die Atmosphäre?“, „Respektieren sich beide Partner?“ usw. helfen dabei, zu erkennen, wo grundsätzlich die Kommunikation beider Partner gestört ist - unabhängig von deren Inhalt.

Position 3 verlangt, sich vom reinen Gesprächsinhalt vollständig zu lösen.

Meta-Kommunikation ist die Kommunikation über die Kommunikation selbst!

7.5 Berichtswesen

Das Berichtswesen erfordert gewisse Grundfertigkeiten in Bezug auf die Gestaltung von darzustellenden Informationen. Der folgende Abschnitt ist als theoretische Einführung in die Thematik zu verstehen, kann jedoch ein stetes Üben und das Sammeln eigener Erfahrung nicht ersetzen.

7.5.1 Berichtstechnik

Ein Bericht erfüllt die **Funktion bzw.** den **Zweck,** Informationen über bestimmte Dinge (Tatbestände, Ereignisse) zu dokumentieren.

Wichtige **Merkmale** des Berichtes sind:

- sachliche Information über
- ein Ereignis oder einen Sachverhalt
- kurz und knapp
- indirekte Rede
- Angaben zu Beteiligten, Zeit, Ort, Anlass etc.
- ggf. Ausblick und/oder Kritik

Anlässe für Berichte gibt es viele. Für bestimmte Berichtsformen gibt es sogar konkrete (gesetzliche oder normative) Vorgaben.

Hier eine kurze Liste von **Berichtsformen,** die im Arbeitsalltag entstehen:

- Geschäftsberichte (z. B. beim Jahresabschluss)
- Auditberichte
- Projektberichte
- Controllingberichte

Die spezielle Form des Auditberichtes wurde ja bereits im letzten Abschnitt behandelt.

7.5.2 Protokolltechnik

Protokolle stellen eine Sonderform des Berichtes dar und erfüllen verschiedene **Funktionen bzw. Zwecke.** Sie dienen zur

- Information,
- Dokumentation und als
- Nachweis.

Dementsprechend lassen sich verschiedene **Arten** von Protokollen unterscheiden:

- **Verlaufsprotokolle** (wesentliche Diskussionsbeiträge)
- **Wortprotokolle** (alles Gesagte)
- **Ergebnis- und Beschlussprotokolle** (nur wesentliche Ergebnisse und Beschlüsse)
- **Kurzprotokolle** (alles Wesentliche; erstreckt sich unter anderem auf zusätzliche Vereinbarungen zu Verträgen etc.)
- **Aktennotizen/Aktenvermerke**[3]

Protokolle, die als Nachweis dienen, besitzen oft Urkundencharakter. Hier ist unbedingt auf eine strikte Trennung von Meinung und Fakten zu achten. Gefühlsmäßige Meinungen haben in Protokollen nichts verloren.

Entscheidend ist gerade bei Beschlüssen und Vereinbarungen, dass am Ende des Protokolls dokumentiert ist, wer welche Aufgaben bis wann zu erledigen hat. Nur darüber lässt sich die Erledigung von Maßnahmen auch kontrollieren. Am besten erfolgt dies über einen To-Do-Block. Im Downloadbereich finden Sie ein Protokollmuster. Es eignet sich durch eine Festlegung fester Tagesordnungspunkte am Protokollanfang auch zur Protokollierung regelmäßig stattfindender Meetings (Jour-fixe).

Unerledigte Punkte können beim nächsten Meeting in das neue Protokoll übernommen werden, sodass jederzeit ein Überblick über offene Aufgaben möglich ist. Sollte die Anzahl der Aufgaben auf ein nicht mehr zu bewältigendes Maß ansteigen, so sollte die Aufgabe oder das Streichen von Aufgaben aus Zeitgründen ebenfalls im Protokoll vermerkt werden.[4]

7.5.3 Darstellung

Berichte oder Protokolle sollten so verfasst werden, dass der Leser sich auf möglichst(!) einfache Weise ein möglichst(!) gutes „Bild" über die vermittelten Informationen machen kann.[5]

Auf die Verwendung von Bildern wurde bereits mehrfach eingegangen (siehe hierzu 11.3.2). Es sollte alles unternommen werden, um die Verständlichkeit der Information so groß wie möglich zu gestalten.

---

[3] Aktennotizen werden in der Literatur zum Teil auch den Berichten und nicht den Protokollen zugeordnet.

[4] Es gibt Firmen, die das Protokollieren nach einiger Zeit aufgrund der Vielfalt der „vor Augen geführten" Aufgaben wieder einstellten, um den „Wahnsinn" nicht ständig sehen zu müssen. Für ein modernes Unternehmen ist das keine Lösung! Hier muss nach Prioritätsgesichtspunkten eine Streichung von Aufgaben erfolgen. Das Protokoll wird hier zum unterstützenden Hilfsmittel, das hilft, allen Beteiligten die Notwendigkeit der Streichung von relativ unwichtigen Aufgaben klarzumachen. Die Streichung gibt den Blick frei auf die Dinge, die auch mit aller Kraft verfolgt werden sollen.

[5] Manche Berichte oder Protokolle stellen eher Anforderungen an die Konzentration und die Geduld des Lesers.

Hierzu ist im Besonderen auf folgende **Elemente** zu achten:

- Form
- Gliederung/Struktur
- Verständlichkeit
- Komplexität (auch bei der Verwendung von Bildern!)
- Aufnahmefähigkeit der Zielpersonen

Im Management gibt es eine Vielzahl bewährter Werkzeuge (z. B. Mindmaps), die bei der Darstellung und Gliederung von Informationen sehr hilfreich sind. Eine hierüber gefundene Struktur kann dann häufig 1 : 1 in den Bericht oder ein Protokoll übernommen werden.

7.6 Unterstützung im Sinne der ISO 9001

Tabelle 7.6 Zusammenfassung der Anforderungen zum Thema „Unterstützung" nach ISO 9001

Kap.	Überschrift/Leitfragen/Anleitung	FS*
7	**Unterstützung**	
7.1	**Ressourcen**	
7.1.1	**Allgemeines**	
LF	*Welche Ressourcen sind für Aufbau, Verwirklichung, Aufrechterhaltung und KVP des QM-Systems notwendig?* *Wo ist verankert, dass diese bestimmt und bereitgestellt werden?*	
ANL	1. Legen Sie eine grundsätzliche Erklärung im QM-Handbuch fest, dass die **erforderlichen Ressourcen** für Aufbau, Verwirklichung, Aufrechterhaltung und kontinuierliche Verbesserung des QM-Systems bestimmt und bereitgestellt werden. 2. Prüfen Sie, ob folgende Anforderungen der Norm berücksichtigt wurden, und arbeiten Sie diese ggf. in Ihre Erklärung ein: ▪ Fähigkeiten und Beschränkungen ▪ einzuholende Informationen bei Inanspruchnahme externer Anbieter	

Kap.	Überschrift/Leitfragen/Anleitung	FS*
7.1.2	**Personen**	
LF	*Wie kann nachgewiesen werden, dass die Organisation über das notwendige Personal verfügt, um das QM-System und die benötigten Prozesse wirksam in der Praxis umzusetzen?*	
ANL	1. Legen Sie eine grundsätzliche Erklärung im QM-Handbuch fest, dass die Organisation das **notwendige Personal** bestimmt und bereitstellt, um das QM-System und die benötigten Prozesse wirksam in der Praxis umzusetzen. 2. Erstellen Sie entsprechende Dokumente, aus denen die Anforderungen hierfür hervorgehen (Stellenbeschreibungen etc.). 3. Sammeln Sie Nachweise wie Zeugnisse, Lebenslauf etc. in Form einer Personalakte	
7.1.3	**Infrastruktur**	
LF	*Welche Infrastruktur wurde von der Organisation festgelegt und bereitgestellt?*	
ANL	1. Beschreiben Sie die für Ihren Betrieb notwendige Infrastruktur und legen Sie diese damit fest: ▪ Gebäude und zugehörige Gebäudetechnik ▪ technische Ausrüstung, einschließlich Hardware und Software ▪ Transporteinrichtungen ▪ Informations- und Kommunikationstechnik 2. Erklären Sie die Bereitstellung und Aufrechterhaltung dieser notwendigen Infrastruktur 3. Legen Sie Maßnahmen und Werkzeuge für die Instandhaltung dieser Infrastruktur fest (Wartungspläne etc.)	
7.1.4	**Umgebung zur Durchführung von Prozessen**	
LF	*Wie kann nachgewiesen werden, dass für alle Bereiche eine geeignete Arbeitsumgebung vorliegt?*	
ANL	1. Beurteilen Sie Ihre **Arbeitsumgebung/Prozessumgebung** in Bezug auf folgende Faktoren: ▪ soziale Faktoren (z. B. diskriminierungsfrei, ruhig, nicht konfrontativ) ▪ psychologische Faktoren (z. B. Stress, Burnout-Prävention) ▪ physikalische Faktoren (z. B. Temperatur, Wärme, Feuchtigkeit, Licht, Luftführung, Hygiene, Lärm usw.) 2. In Abhängigkeit von den angebotenen Dienstleistungen und Produkten umfasst diese Anforderung auch alle Forderungen des klassischen Arbeitsschutzes bzw. der Arbeitssicherheit.	

Tabelle 7.6 Zusammenfassung der Anforderungen zum Thema „Unterstützung" nach ISO 9001 *(Fortsetzung)*

Kap.	Überschrift/Leitfragen/Anleitung	FS*
7.1.5	**Ressourcen zur Überwachung und Messung**	
LF	*Welche Mess- und Prüfmittel gibt es?* *Wie erfolgt die Festlegung dieser Mittel und wie wird sichergestellt, dass in allen relevanten Bereichen gültige und verlässliche Überwachungs- und Messergebnisse erreicht werden?*	
ANL	1. Legen Sie eine Bestandsliste Ihrer **Mess- und Prüfmittel** an (Ressourcen zur Überwachung und Messung). Wichtig dabei ist eine eindeutige Nummerierung der aufgeführten Mittel und die Festlegung eines geeigneten Kalibrierintervalls. 2. Kennzeichnen Sie die Prüfmittel mit der entsprechenden ID-Nummer. 3. Legen Sie in einem Wiedervorlage-System geeignete Serientermine für die Prüfmittelüberwachung fest (je nach Kalibrierintervallen). 4. Durchführung der Kalibrierung, ggf. mit Justierung, mit entsprechender Dokumentation und Kennzeichnung des Prüfmittels mit dem nächsten Prüfdatum. 5. Legen Sie ein Ablagesystem für die durchgeführten Kalibriernachweise fest (Ordner, Datenbank etc.). 6. Schützen Sie Ihre Prüfmittel vor Beschädigung, De-Justierung oder Verschlechterung. 7. Prüfen Sie, ob mit Ihrem System folgende Anforderungen erfüllt sind: ▪ Eignung der Messmittel sowie deren Kalibrierungen und Prüfintervalle ▪ geeignete Aufzeichnungen/Nachweise hierzu ▪ Wo eine messtechnische Rückführbarkeit gefordert ist, muss eine Rückführung auf internationale oder nationale Normale gegeben sein. ▪ Wo letzter Punkt nicht gegeben ist, muss die Grundlage der Kalibrierung oder Verifizierung an geeigneter Stelle dokumentiert werden. ▪ Bei Feststellung mangelnder Eignung müssen auch frühere Messergebnisse infrage gestellt werden.	

Kap.	Überschrift/Leitfragen/Anleitung	FS*
7.1.6	**Wissen der Organisation**	
LF	*Wie kann nachgewiesen werden, dass die Organisation über das notwendige Wissen verfügt, um die Konformität von Produkten und Dienstleistungen zu erreichen?*	
ANL	1. Ermitteln Sie, wo sich im Unternehmen **Wissen** befindet, das gesichert werden sollte. Weitere Leitfragen hierzu: Wo ist Wissen auf eine Person konzentriert? Wo besteht die Gefahr, dass mit einem Mitarbeiterweggang durch Krankheit, Unfall, aus Altersgründen, durch Kündigung etc. wichtiges Wissen abhandenkommt? 2. Sichern Sie das ermittelte Wissen durch geeignete Maßnahmen, z. B.: ▪ Verteilung des Wissens auf mehrere Köpfe ▪ Dokumentation (z. B. Aufbau einer Wissensdatenbank) ▪ Schulungsunterlagen etc.	
7.2	**Kompetenz**	
LF	*Wie wird sichergestellt, dass die Mitarbeiter über die notwendige Kompetenz verfügen?*	
ANL	1. Aufbauend auf den Stellen- und Funktionsbeschreibungen müssen die erforderlichen **Kompetenzen** im Unternehmen bestimmt werden, z. B. in Form von Qualifikationsmatrizen, in denen dargestellt wird, welche Kompetenz welcher Mitarbeiter besitzt. 2. Leiten Sie hieraus einen Schulungsplan ab, welche Kompetenzen gefördert werden müssen (Ermittlung des **Schulungsbedarfs**). 3. Führen Sie die Schulungsmaßnahmen wie geplant durch (intern und extern). Auch Maßnahmen wie Mentoring, Job-Rotation oder ähnliches fallen hierunter. 4. Sammeln Sie geeignete **Schulungsnachweise.** Wo keine externen Nachweise vorhanden sind, sollte ein eigener Schulungsnachweis erstellt werden. 5. Prüfen Sie die **Wirksamkeit** der Schulungen (je nach Unternehmensgröße ggf. schriftlich).	

Tabelle 7.6 Zusammenfassung der Anforderungen zum Thema „Unterstützung" nach ISO 9001 *(Fortsetzung)*

Kap.	Überschrift/Leitfragen/Anleitung	FS*
7.3	**Bewusstsein**	
LF	*Wie schafft die Organisation das notwendige Qualitätsbewusstsein bei den Mitarbeitern?*	
ANL	1. Schaffen Sie das **notwendige Qualitätsbewusstsein,** indem Sie eine Verpflichtungserklärung für die Mitarbeiter erstellen, in der folgende Informationen verankert sind (z. B. Auszüge aus dem QM-Handbuch): ▪ Qualitätspolitik ▪ Qualitätsziele ▪ der Beitrag der Mitarbeiter am QM-System ▪ die Folgen von Fehlern (Nichterfüllung von Forderungen) 2. Vermitteln Sie die Inhalte durch geeignete Veranstaltungen und holen Sie von jedem Mitarbeiter eine Unterschrift zu dieser Verpflichtungserklärung ein.	
7.4	**Kommunikation**	
LF	*Welche interne und externe Kommunikation ist festgelegt?*	
ANL	1. Prüfen Sie kritisch, wie aufgrund Ihrer Organisationsgröße vernünftig kommuniziert werden sollte. Bedenken Sie dabei, dass Information einseitig und Kommunikation zweiseitig ist. Folgende Punkte müssen im Sinne der Norm festgelegt werden, z. B. im QM-Handbuch oder einer Verfahrensanweisung: **Worüber wird Wann mit Wem Wie kommuniziert?** 2. Je nach Organisationsgröße sollten Besprechungen geeignet dokumentiert werden. Hierfür empfiehlt es sich, ein strukturiertes Formblatt mit To-Do-Block zu verwenden.	

Kap.	Überschrift/Leitfragen/Anleitung	FS*
7.5	**Dokumentierte Information**	
7.5.1	**Allgemeines**	
LF	*Welche dokumentierten Informationen gibt es und entsprechen diese den Vorgaben der Norm?*	
ANL	1. Bestimmen Sie die relevante **Dokumentation** Ihres **QM-Systems** anhand zweier Kriterien: ▪ dokumentierte Information, die sich aus Normforderungen ergibt ▪ dokumentierte Information, die von der Organisation selbst gefordert wird 2. Legen Sie den Umfang für die dokumentierte Information auf Basis folgender Punkte fest: ▪ der Größe der Organisation und der Art ihrer Tätigkeiten, Prozesse, Produkte und Dienstleistungen ▪ der Komplexität ihrer Prozesse und deren Wechselwirkungen ▪ der Kompetenz der Personen.	
7.5.2	**Erstellen und Aktualisieren**	
LF	*Welche Regelungen gibt es in Bezug auf Erstellung und Aktualisierung dokumentierter Informationen?*	
ANL	1. Legen Sie eine Regelung für die **Erstellung und Aktualisierung dokumentierter Informationen** fest, z. B. in Form einer VA. 2. Prüfen Sie, ob folgende Kriterien in Ihrer Regelung enthalten sind: ▪ Kennzeichnung und Beschreibung (z. B. Titel, Datum, Autor, Seite X von Y) ▪ Format (z. B. Sprache, Grafiken) und Medium (z. B. Papier, elektronisch) ▪ Überprüfung und Genehmigung im Hinblick auf Eignung und Angemessenheit	

Tabelle 7.6 Zusammenfassung der Anforderungen zum Thema „Unterstützung“ nach ISO 9001 *(Fortsetzung)*

Kap.	Überschrift/Leitfragen/Anleitung	FS*
7.5.3	**Lenkung dokumentierter Information**	
LF	*Wie werden dokumentierte Informationen im Sinne der Norm gelenkt?*	
ANL	1. Legen Sie eine Regelung für die **Lenkung dokumentierter Informationen** fest, z. B. in Form einer VA. 2. Prüfen Sie, ob folgende Punkte in Ihrer Regelung berücksichtigt sind: ▪ Eignung der Dokumente für die jeweilige Verwendung ▪ angemessener Schutz (Verfügbarkeit, Vertraulichkeit, Integrität) ▪ Verteilung, Zugriff, Auffindung und Verwendung (z. B. Schreib-/Leserechte) ▪ Ablage/Speicherung und Erhaltung, einschließlich Erhaltung der Lesbarkeit ▪ Überwachung von Änderungen (z. B. Versionskontrolle) ▪ Aufbewahrung und Verfügung über den weiteren Verbleib (was lagert wo wie lange?) ▪ ggf. Fragen der Entsorgung 3. Dokumentierte Information externer Herkunft, die als notwendig für das QM-System bestimmt wurde, muss angemessen gekennzeichnet und ebenfalls gelenkt werden.	

8 Betrieb

8.1 Lenkung qualitätswirksamer Maßnahmen

Qualitätslenkung ist sinngemäß der ISO 9000 der Teil des Qualitätsmanagements, der die Erfüllung von Qualitätsforderungen sicherstellen soll.

Der Begriff Lenkung entspricht dem technischen Begriff des Regelns (Bild 8.1).

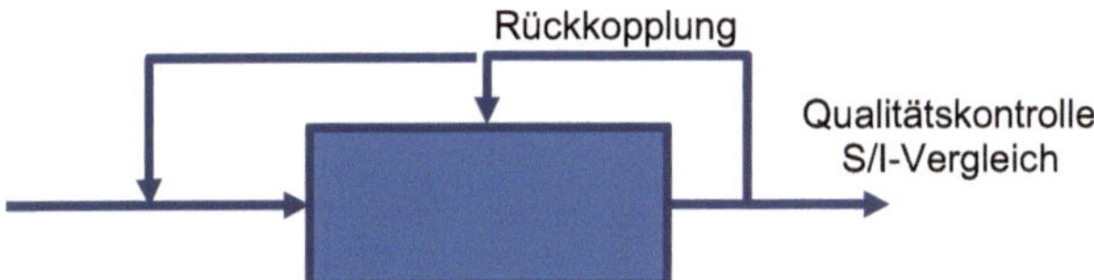

Bild 8.1 Qualitätslenkung = Regeln

Auf das Ergebnis eines Prozesses (Output) erfolgt ein Soll-Ist-Vergleich – das entspricht der klassischen Qualitätskontrolle. Qualitätslenkung ist nun das Zurückkoppeln in den Prozess oder den Prozess-Input, um Abweichungen zu korrigieren und damit gestellte Anforderungen zu erreichen.

TQC – Total Quality Control

Das TQC-Zeichen, das auf vielen Produkten steht, soll genau diesen Gedankengang zum Ausdruck bringen: Erkenntnisse über irgendwelche Fehler an Produkt oder Dienstleistung fließen automatisch in die Fortentwicklung ein und verbessern auf diesem Wege stetig das Produkt.

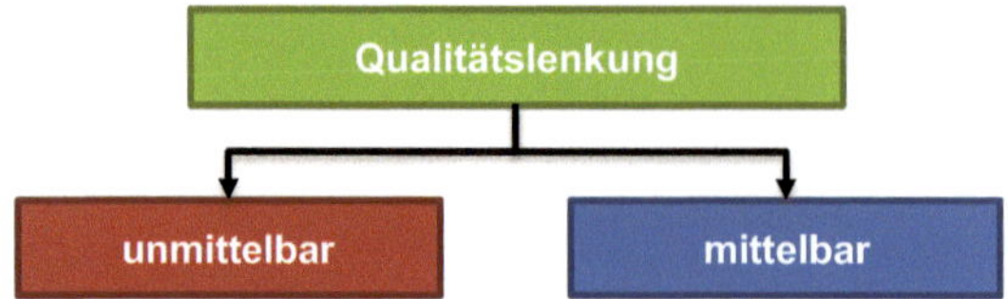

Bild 8.2 Zeitliche Aspekte der Qualitätslenkung

Zeitliche Unterscheidung von Lenkungsmaßnahmen

Zeitlich betrachtet gibt es Maßnahmen, die sofort **(unmittelbar)** oder mit einer gewissen zeitlichen Verzögerung **(mittelbar)** greifen (Bild 8.2).

Tabelle 8.1 gibt einen Überblick über die Einordnung von mittelbaren und unmittelbaren Lenkungsmaßnahmen:

Tabelle 8.1 Beispiele für unmittelbare und mittelbare Lenkungsmaßnahmen

Unmittelbar	Mittelbar
Wareneingangsprüfung	Lieferantenbewertung
Führen der Qualitätsregelkarte	Bestimmen der Prozessfähigkeit
Qualitätskontrolle	QFD
Nacharbeiten	Qualitätszirkel
Durchführen von Reparaturen	Durchführen von Wartungen

Für die finale Beurteilung von Produkten kommen im Besonderen zwei verschiedene Verfahren zum Einsatz, die im Folgenden kurz erklärt werden.

■ 8.2 Sichern der Ziele

Um die Zielerreichung zu sichern, sind verschiedene Aspekte zu berücksichtigen. Zum einen sind die realisierten Produkte und Dienstleistungen gegen die Anforderungen bzw. Qualitätsziele mit geeigneten Methoden zu prüfen und (hoffentlich) zu bestätigen. Daher geht es in den nächsten beiden Abschnitten um die in diesem Zusammenhang wichtigen Begriffe Verifizierung und Validierung. Abschließend soll dann noch die Unterstützung durch geeignete EDV-Systeme betrachtet werden (CAQ).

8.2.1 Verifizierung

Die Definition nach ISO 9000 lautet sinngemäß:

Verifizierung ist ein **Nachweis,** dass **festgelegte Forderungen** erfüllt worden sind.

Um etwas verifizieren zu können, werden demnach die „festgelegten Anforderungen" benötigt. Im Rahmen eines Pflichtenheftes erfolgt in der Regel die Definition der grundlegenden Eigenschaften, die ein Produkt erfüllen muss und die durch eine geeignete Prüfung auch nachgewiesen werden können müssen (z. B. festgelegte Laufzeit eines Produktes unter Laborbedingungen). Die Prüfung dieser festgelegten Eigenschaften ist die Verifizierung.

8.2.2 Validierung

Die Definition nach ISO 9000 lautet sinngemäß:

Validierung ist ein **Nachweis,** dass die Forderungen **für einen spezifischen beabsichtigten Gebrauch** erfüllt worden sind.

Für eine Validierung wird ausschließlich der beabsichtigte Gebrauch betrachtet.

Beispiel:

Betrachten wir eine Arztpraxis, die nach einer Operation das Operationsbesteck sterilisieren will. Hierzu wird ein Sterilisator eingesetzt, der bei bestimmungsgemäßem Gebrauch sicherstellen soll, dass das Besteck nach dem Sterilisationsvorgang auch tatsächlich steril ist.

Ob die gewünschte Keimreduktion tatsächlich eingetreten ist, kann der Arzt nicht prüfen, er wendet das Verfahren einfach an und hofft darauf, dass es funktioniert. Das „Funktionieren" des Verfahrens muss der Sterilisatorhersteller nachweisen, indem er von unabhängiger Seite die Keimreduktion über ein Labor nachweist. Damit wird die Keimreduktion im Labor „verifiziert" und damit das Verfahren „validiert". Wendet der Arzt nun dieses validierte Verfahren an, so kann er sicher sein, dass der Sterilisationsvorgang auch funktioniert. Hierzu muss er sämtliche Anwendungsvorschriften des Herstellers beachten, inklusive der regelmäßig durchzuführenden Sterilisatorüberprüfungen.

In den meisten Betrieben ist eine Validierung von Prozessen nicht anwendbar bzw. wirtschaftlich unsinnig. Da jedoch – wie im Beispiel eines Sterilisatorherstellers – die Validierung von Verfahren einen sehr wichtigen Stellenwert einnehmen kann, ist der Validierung von Prozessen ein eigenes Kapitel in der ISO 9001 gewidmet.

8.2.3 Computer Aided Quality Assurance (CAQ)

Die Abkürzung CAQ deutet zunächst nur auf „Computer-unterstützte Qualität" hin (Computer Aided Quality). Es hat sich jedoch eingebürgert, unter dieser Abkürzung im Wesentlichen nur eine Computer-Unterstützung im Bereich Qualitätssicherung zu verstehen. Betrachtet man ein „großes", voll in das Unternehmen integriertes, Computer-gestütztes QM-System, spricht man von CIM – Computer Integrated Manufacturing (Bild 8.3), das in der Regel auch noch ein Produktionsplanungs- und Steuerungssystem beinhaltet (PPS) und eine Anbindung an die Betriebsdatenerfassung (BDE).

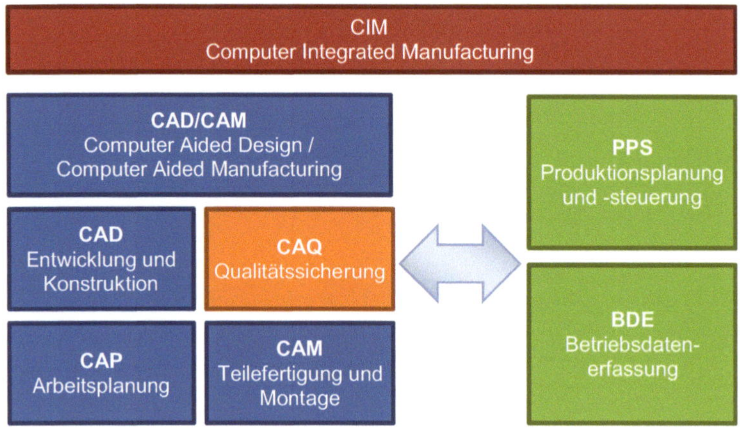

Bild 8.3 Computer Integrated Manufacturing (CIM)[1]

Damit versteht man unter CAQ im Allgemeinen die EDV-gestützte Planung und Umsetzung von qualitätsbezogenen Maßnahmen im gesamten Kernprozess – also von der Entstehung eines Produktes oder einer Dienstleistung bis zur Lieferung/Abgabe. Ein CAQ-System schafft dabei die datentechnische Verbindung zwischen verschiedenen Teilbereichen:

- Vertrieb/Marketing
- Einkauf/Beschaffung
- Forschung und Entwicklung
- Konstruktion/Arbeitsvorbereitung
- Fertigung
- Instandhaltung

[1] angelehnt an Kamiske/Brauer (2006)

Es gibt die Möglichkeit, verschiedene - bereits vorhandene - Systeme datentechnisch zu koppeln. Damit entsteht einerseits eine Schnittstellenproblematik zwischen den unterschiedlichen Systemen, andererseits beschränkt es jedoch die Abhängigkeit von einem einzigen Zentralsystem. Ein integriertes System hingegen bietet aufeinander abgestimmte Prozesse und den Wegfall von Datenschnittstellen, führt jedoch zu einer höheren Abhängigkeit vom jeweiligen Softwareanbieter.

Funktional lassen sich die Elemente oder Module eines CAQ-Systems vier Segmenten zuordnen, die indirekt wiederum Elemente des PDCA-Zyklus widerspiegeln (Bild 8.4).

CAQ-Segment	Funktion / Modul
Qualitätsplanung (Plan)	• Produktqualitätsvorausplanung (APQP) • Produktionsprozess- und Produktfreigabe (PPAP) • Produktions-Lenkungsplan (Control-Plan) • Prüfplanung
Qualitätslenkung (Do)	• Prüfmittelmanagement • Reklamations- und KVP-Management • Lieferantenmanagement • Maßnahmenmanagement • Dokumentenmanagement
Qualitätsprüfung (Check)	• Wareneingangsprüfung mit Lieferantenbewertung • Statistische Prozesskontrolle (SPC) • Qualitätskostenanalyse • Laborprüfungen mit Datenübernahme von Mess- und Analysegeräten • Produktions- und Warenausgangsprüfung mit Ergebnisdarstellung • Kurz- und Langzeitstatistiken
QM-Darlegung (Act & Learn)	• QM-Systemdokumentation lenken und verwalten • Prozesslandschaften generieren • Kennzahlen erfassen und darstellen • Standardisierte QM-Berichte erzeugen • Management-Review erstellen

Bild 8.4 Funktionen oder Module eines CAQ-Systems

Die Einführung eines CAQ-Systems will gut geplant sein. Es gibt viele Anbieter von CAQ-Systemen und die Unterschiede sind mannigfaltig. Seien Sie sich bitte der Tatsache bewusst, dass die dem Abschnitt QM-Darlegung zugeordneten Module aus den anderen Modulen gespeist werden und das Fundament für den kontinuierlichen Verbesserungsprozess bilden sowie ggf. einer Abmilderung von Haftungsrisiken dienen. Es ist daher unbedingt nötig, das System auf das Unternehmen spezifisch abzustimmen.

8.3 Entwicklung nach ISO 9001

Findet im Unternehmen eine Entwicklung gemäß Abschnitt 8.3 der Norm statt, so müssen alle sechs Unterabschnitte der Norm umgesetzt und aufrechterhalten werden. Bild 8.5 zeigt schematisch die Zusammenhänge der einzelnen Unterabschnitte. Die Anforderungen sind der Tabelle 8.2 zu entnehmen.

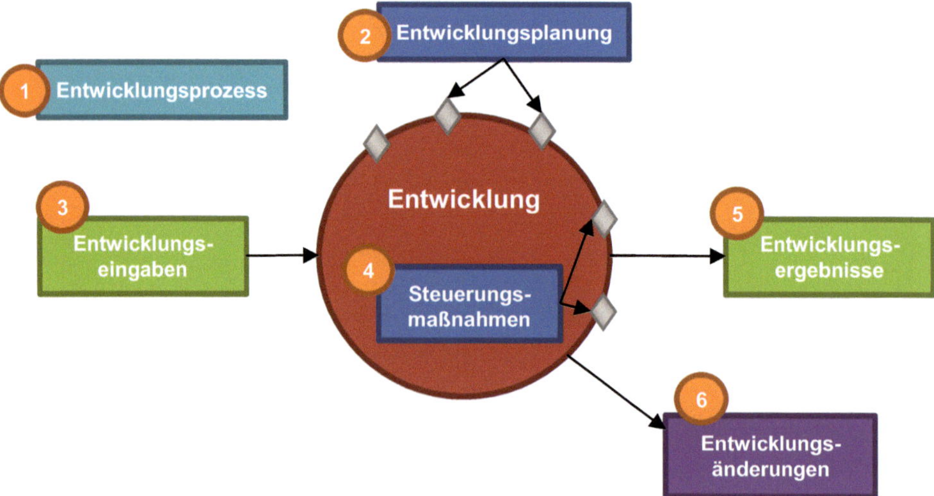

Bild 8.5 Entwicklung nach ISO 9001

■ 8.4 Betrieb im Sinne der ISO 9001

Tabelle 8.2 Zusammenfassung der Anforderungen zum Thema „Betrieb“ nach ISO 9001

Kap.	Überschrift/Leitfragen/Anleitung	FS*
8	**Betrieb**	
8.1	**Betriebliche Planung und Steuerung**	
LF	*Welche notwendigen Prozesse sind für die betriebliche Planung und Steuerung festgelegt (Kernprozesse)?*	
ANL	1. Erstellen Sie für alle wertschöpfenden Prozesse Verfahrensanweisungen oder Prozessbeschreibungen. Eine Visualisierung - z. B. in Form von Flussdiagrammen - ist empfehlenswert. 2. Prüfen Sie, ob die folgenden, notwendigen Kriterien in Ihren Beschreibungen berücksichtigt sind: ▪ Anforderungen an Produkte und Dienstleistungen ▪ Annahmekriterien von Produkten, Dienstleistungen und Prozessen ▪ notwendige Ressourcen ▪ Lenkung der Prozesse ▪ notwendige Dokumentation ▪ Umgang mit geplanten und ungeplanten Änderungen ▪ Lenkung ausgegliederter Prozesse	
8.2	**Bestimmen von Anforderungen an Produkte und Dienstleistungen**	
8.2.1	**Kommunikation mit den Kunden**	
LF	*Wie ist die Kommunikation mit Kunden geregelt?*	
ANL	1. Legen Sie in einem Abschnitt des QM-Handbuches fest, auf Basis welcher Werkzeuge und Methoden die **Kommunikation mit dem Kunden** stattfindet. 2. Prüfen Sie Ihre Beschreibung auf folgende Punkte: ▪ Bereitstellung von Informationen über Produkte und Dienstleistungen (Flyer, Webauftritt etc.) ▪ Umgang mit Anfragen, Verträgen oder Aufträgen, einschließlich Änderungen ▪ Erhalt von Kundenmeinungen und Kundenbeschwerden ▪ Handhabung/Lenkung von Kundeneigentum (siehe hierzu 8.5.3) ▪ ggf. spezifische Anforderungen an Notfallmaßnahmen 3. Stellen Sie sicher, dass Sie für Ihre dargestellten Instrumente entsprechende Nachweise aus der täglichen Praxis vorweisen können.	

Tabelle 8.2 Zusammenfassung der Anforderungen zum Thema „Betrieb" nach ISO 9001 *(Fortsetzung)*

Kap.	Überschrift/Leitfragen/Anleitung	FS*
8.2.2	**Bestimmen von Anforderungen in Bezug auf Produkte und Dienstleistungen**	
LF	*Wie werden Anforderungen für Produkte und Dienstleistungen bestimmt?*	
ANL	1. Stellen Sie für alle wertschöpfenden Prozesse sicher, dass diese einen Prozessschritt enthalten, in dem **Anforderungen an Produkte und Dienstleistungen** für (potenzielle) Kunden gezielt ermittelt und festgelegt werden. 2. Prüfen Sie, ob hierbei folgende Punkte berücksichtigt sind: ▪ Festlegung der Anforderungen an das Produkt und die Dienstleistung ▪ Festlegung gesetzlicher und behördlicher Anforderungen/Rahmenbedingungen ▪ Festlegung eigener Rahmenbedingungen der Organisation	
8.2.3	**Überprüfung von Anforderungen in Bezug auf Produkte und Dienstleistungen**	
LF	*Wie werden die Anforderungen in Bezug auf Produkte und Dienstleistungen vor Eingehen einer Lieferverpflichtung überprüft?*	
ANL	1. Stellen Sie für alle wertschöpfenden Prozesse sicher, dass - in Ergänzung des letzten Punktes - in einem eigenen Prozessschritt die ermittelten Anforderungen an Produkte und Dienstleistungen von der Organisation auch erfüllt werden können **(Vertragsprüfung).** 2. Prüfen Sie, ob hierbei folgende Punkte berücksichtigt sind: ▪ Prüfung, ob die vom Kunden festgelegten Forderungen erfüllt werden können ▪ Prüfung, inwiefern auch Anforderungen an die Lieferung oder Tätigkeiten nach der Lieferung betroffen sind ▪ Prüfung, inwieweit nicht angegebene Anforderungen notwendig sind ▪ Prüfung, ob alle gesetzlichen und behördlichen Anforderungen erfüllbar sind ▪ Prüfung, ob alle Zusagen/Anforderungen der Organisation erfüllbar sind ▪ Prüfung ggf. anderer Anforderungen aus Vertrag oder Auftrag	

Kap.	Überschrift/Leitfragen/Anleitung	FS*
ANL	3. Legen Sie fest, auf welche Weise Aufträge bestätigt werden - auch wenn der Kunde keine dokumentierte Angabe über seine Anforderungen macht. Die Nachweise müssen Informationen über das Ergebnis der Prüfung sowie jegliche neuen Anforderungen an das Produkt/die Dienstleistung beinhalten. Außerdem sind die Nachweise für eine festgelegte Frist zu archivieren.	
8.2.4	**Änderungen von Anforderungen an Produkte und Dienstleistungen**	
LF	*Welche Regelung gibt es hinsichtlich Änderungen von Anforderungen?*	
ANL	1. Stellen Sie für alle wertschöpfenden Prozesse sicher, dass - in Ergänzung der letzten beiden Punkte - **Änderungen von Anforderungen an Produkte und Dienstleistungen** nach einer klaren Regelung erfolgt. 2. Prüfen Sie, ob folgende Punkte hierbei berücksichtigt sind: ▪ Anpassung der relevanten Dokumente ▪ Information der zuständigen Personen über die Änderungen	
8.3	**Entwicklung von Produkten und Dienstleistungen**	
8.3.1	**Allgemeines**	
LF	*Wie ist der Entwicklungsprozess geregelt?*	
ANL	1. Legen Sie in Form einer eigenen VA oder einem Abschnitt im QM-Handbuch dar, wie der **Entwicklungsprozess** geregelt, umgesetzt und aufrechterhalten wird. Es sollte die Eignung in Bezug auf die anschließende Produktion und Dienstleistungserbringung dargestellt werden. 2. Wenn keine Entwicklung im Sinne dieser Norm vorliegt, dann erklären Sie in einem entsprechenden Abschnitt des QM-Handbuches diesen Normpunkt als nicht anwendbar. Die Entwicklung kann nicht mehr wie in der ISO 9001:2008 ausgeschlossen werden.	

Tabelle 8.2 Zusammenfassung der Anforderungen zum Thema „Betrieb“ nach ISO 9001 *(Fortsetzung)*

Kap.	Überschrift/Leitfragen/Anleitung	FS*
8.3.2	**Entwicklungsplanung**	
LF	*Wie ist die Entwicklungsplanung geregelt?*	
ANL	1. Legen Sie ein Instrument fest. mit dem **Entwicklungsstufen** (Meilensteine, Quality Gates, Phasen) sowie zugehörige Lenkungsmaßnahmen festgelegt und dargestellt werden können (z. B. Projektmanagementprogramm). 2. Prüfen Sie, ob Ihr Instrument folgende Anforderungen der Norm berücksichtigt: ▪ Art, Dauer und Umfang der Entwicklungstätigkeiten ▪ erforderliche Prozessstufen einschließlich notwendiger Prüfungen ▪ Entwicklungsverifizierung (Prüfung gegen vorgegebene Forderungen) und Entwicklungsvalidierung (Prüfung auf den Anwendungszweck) ▪ Verantwortungen und Befugnisse ▪ internen und externen Ressourcenbedarf ▪ Steuerung von Schnittstellen zwischen verschiedenen, beteiligten Parteien ▪ Einbindung von Kunden, Anwendern oder Nutzergruppen ▪ Anforderungen an die anschließende Produktion und Dienstleistungserbringung ▪ Steuerungsebene, die von allen interessierten Parteien erwartet wird ▪ dokumentierte Informationen, um zu bestätigen, dass die Anforderungen an die Entwicklung erfüllt wurden. 3. Legen Sie für alle Ihre Produkte einen Entwicklungsplan an.	

Kap.	Überschrift/Leitfragen/Anleitung	FS*
8.3.3	**Entwicklungseingaben**	
LF	*Welche Eingaben für die Entwicklung gibt es?*	
ANL	1. Legen Sie für jedes Produkt ein Lastenheft an und listen Sie hier die Eingaben (Input) für Ihr jeweiliges Produkt aus Kundensicht auf (WAS). 2. Auf Basis des Lastenheftes erstellen Sie ein Pflichtenheft, in dem Sie darlegen, wie Sie die Anforderungen an das Produkt umsetzen möchten (WIE). 3. Prüfen Sie, ob Ihre Lasten- und Pflichtenhefte folgende Anforderungen an **Entwicklungseingaben** berücksichtigen: ▪ Funktions- und Leistungsanforderungen ▪ gewonnene Information aus vorangegangenen Entwicklungstätigkeiten ▪ gesetzliche und behördliche Anforderungen (Rechtsregister) ▪ Normen, Standards oder Verfahrensregeln, zu deren Umsetzung sich die Organisation verpflichtet hat ▪ mögliche Konsequenzen aus Fehlern (Risikoanalyse) ▪ keine Widersprüchlichkeiten ▪ Eingaben müssen angemessen, vollständig und eindeutig sein. 4. Bewahren Sie die Nachweise hierzu auf.	
8.3.4	**Steuerungsmaßnahmen für die Entwicklung**	
LF	*Wie erfolgt die Lenkung der Entwicklung?*	
ANL	1. Beschreiben Sie in Ihrer VA Entwicklung oder im QM-Handbuch in einem eigenen Abschnitt, wie die **Lenkung der Entwicklung** erfolgt. Der Normtext spricht von „Steuerungsmaßnahmen für den Entwicklungsprozess". Es geht um die Darstellung von Maßnahmen, die eine erfolgreiche Entwicklung sicherstellen sollen. 2. Prüfen Sie, ob die Beschreibung Ihrer Maßnahmen folgende Punkte vorsieht: ▪ eine klare Definition der zu erzielenden Ergebnisse ▪ planmäßige Entwicklungsprüfungen (Meilensteinprüfungen) ▪ eine Verifizierung (Prüfung gegen die Entwicklungseingaben) ▪ eine Validierung (Prüfung auf den beabsichtigen Gebrauch) ▪ Einleitung von Maßnahmen bei Problemen aus Verifizierung und Validierung	

Tabelle 8.2 Zusammenfassung der Anforderungen zum Thema „Betrieb“ nach ISO 9001 *(Fortsetzung)*

Kap.	Überschrift/Leitfragen/Anleitung	FS*
ANL	3. Dokumentieren Sie für Ihre Entwicklungsprodukte die obigen Punkte in geeigneter Form gemäß Ihrem Verfahren und bewahren Sie diese Nachweise auf.	
8.3.5	**Entwicklungsergebnisse**	
LF	*Welche Entwicklungsergebnisse gibt es?*	
ANL	1. Beschreiben Sie in Ihrer VA Entwicklung oder im QM-Handbuch in einem eigenen Abschnitt, welche Anforderungen an **Entwicklungsergebnisse** geregelt sind. 2. Prüfen Sie, ob folgende Punkte bei Ihrer Regelung berücksichtigt sind. Entwicklungsergebnisse müssen ▪ die Anforderungen an die Entwicklungseingaben erfüllen ▪ sich für anschließende Prozesse eignen ▪ die Anforderungen an die Überwachung und Messung sowie ggf. Annahmekriterien enthalten oder auf sie verweisen ▪ die Eigenschaften von Produkten und Dienstleistungen festlegen, die für den vorgesehenen Zweck sowie für deren sichere und ordnungsgemäße Bereitstellung von wesentlicher Bedeutung sind. 3. Bewahren Sie die produktspezifischen Nachweise hierzu auf.	
8.3.6	**Entwicklungsänderungen**	
LF	*Wie erfolgt der Umgang mit Entwicklungsänderungen?*	
ANL	1. Beschreiben Sie in Ihrer VA Entwicklung oder im QM-Handbuch in einem eigenen Abschnitt, wie mit **Entwicklungsänderungen** verfahren werden soll. Die Organisation muss Änderungen im notwendigen Umfang ermitteln, prüfen und so lenken, dass die geforderte Konformität mit den Anforderungen gewährleistet werden kann. 2. Führen Sie ein Instrument zur Dokumentation von Entwicklungsänderungen ein (z. B. in Form eines speziellen Formblattes) und berücksichtigen Sie folgende Punkte: ▪ die Entwicklungsänderung ▪ Ergebnisse von Überprüfungen ▪ Autorisierung der Änderungen ▪ eingeleitete Maßnahmen zur Vorbeugung 3. Bewahren Sie die zugehörigen Nachweise auf.	

<table>
<tr><th>Kap.</th><th>Überschrift/Leitfragen/Anleitung</th><th>FS*</th></tr>
<tr><td>8.4</td><td colspan="2">Kontrolle von extern bereitgestellten Produkten und Dienstleistungen</td></tr>
<tr><td>8.4.1</td><td colspan="2">Allgemeines</td></tr>
<tr><td>LF</td><td>Welche extern bereitgestellten Prozesse, Produkte und Dienstleistungen gibt es?</td><td></td></tr>
<tr><td>ANL</td><td>1. Beschreiben Sie in einem eigenen Abschnitt im QM-Handbuch kurz, wie in der Organisation der Umgang mit extern bereitgestellten Prozessen, Produkten und Dienstleistungen erfolgt. Lenkungsmaßnahmen sind hier erforderlich, wenn
▪ Produkte und Dienstleistungen externer Anbieter in eigene Produkte und Dienstleistungen integriert werden
▪ Produkte und Dienstleistungen durch externe Anbieter direkt dem Kunden bereitgestellt werden
▪ Prozesse, Teilprozesse oder Funktionen von einem externen Anbieter bereitgestellt werden.
2. Legen Sie eine Liste für diese Lieferanten und Dienstleister an.
3. Legen Sie Kriterien für die Beurteilung fest, z. B. Qualität, Preis, Service etc.
4. Benoten Sie die Lieferanten nach einem einfachen Schulnotensystem oder nach objektiven Kenngrößen wie Liefertreue, Lieferfehler oder Ähnlichem.
5. Bewahren Sie Nachweise zur Lieferantenbeurteilung und Lieferantengesprächen auf.</td><td></td></tr>
<tr><td>8.4.2</td><td colspan="2">Art und Umfang der Steuerung</td></tr>
<tr><td>LF</td><td>Wie und in welchem Umfang erfolgt eine Kontrolle von externen Bereitstellungen?</td><td></td></tr>
<tr><td>ANL</td><td>1. Beschreiben Sie in einem eigenen Abschnitt im QM-Handbuch kurz, wie sichergestellt wird, dass extern bereitgestellte Prozesse, Produkte und Dienstleistungen die Fähigkeit, konforme Produkte und Dienstleistungen zu liefern, nicht nachteilig beeinflussen.
2. Prüfen Sie, ob in Ihrer Beschreibung folgende Punkte berücksichtigt werden:
▪ Extern bereitgestellte Prozesse müssen unter der Lenkung des QMS verbleiben.
▪ Maßnahmen zur Lenkung externer Anbieter
▪ Auswirkungen auf die eigene Fähigkeit, Kundenanforderungen sowie gesetzliche und behördliche Anforderungen zu erfüllen
▪ Wirksamkeit der angewendeten Lenkungsmaßnahmen des externen Anbieters
▪ Verifizierung und andere Tätigkeiten, die das Erfüllen der Anforderungen an extern bereitgestellte Prozesse, Produkte und Dienstleistungen sicherstellen (Wareneingangsprüfung)</td><td></td></tr>
</table>

Tabelle 8.2 Zusammenfassung der Anforderungen zum Thema „Betrieb“ nach ISO 9001 *(Fortsetzung)*

Kap.	Überschrift/Leitfragen/Anleitung	FS*
ANL	3. Setzen Sie die Regelungen in Abhängigkeit von den betrachteten extern bereitgestellten Prozessen, Produkten und Dienstleistungen in die Praxis um und sammeln Sie hierfür geeignete Nachweise.	
8.4.3	**Informationen für externe Anbieter**	
LF	*Welche Informationen für externe Anbieter gibt es und wie werden diese bereitgestellt?*	
ANL	1. Beschreiben Sie in einem eigenen Abschnitt im QM-Handbuch kurz, wie die Kommunikation hinsichtlich der Anforderungen mit externen Anbietern grundsätzlich erfolgt. Die Organisation muss dabei die Angemessenheit der Anforderungen vor deren Bekanntgabe gegenüber externen Anbietern sicherstellen. 2. Prüfen Sie, ob in Ihrer Beschreibung folgende Punkte berücksichtigt werden: ▪ die bereitzustellenden Prozesse, Produkte und Dienstleistungen ▪ Genehmigung oder Freigabe von Produkten, Dienstleistungen, Methoden, Prozessen oder Ausrüstungen ▪ Kompetenz/Qualifikation des Personals ▪ Zusammenwirken des Anbieters mit der Organisation ▪ die Steuerung und Überwachung der Leistung von externen Anbietern ▪ Verifizierungs- und Validierungstätigkeiten, die die Organisation oder deren Kunde beabsichtigt, beim externen Anbieter durchzuführen.	
8.5	**Produktion und Dienstleistungserbringung**	
8.5.1	**Steuerung der Produktion und der Dienstleistungserbringung**	
LF	*Welche Bedingungen gib es hinsichtlich der Lenkung der Produktion und der Dienstleistungserbringung einschließlich Liefertätigkeiten und Tätigkeiten nach der Lieferung?*	
ANL	1. Beschreiben Sie in einem eigenen Abschnitt im QM-Handbuch kurz, wie in der Organisation sichergestellt wird, dass die **Produktion und die Dienstleistungserbringung unter beherrschten Bedingungen erfolgen.** 2. Prüfen Sie, ob die folgenden grundsätzlichen Aussagen enthalten sind, die den Begriff „Beherrschte Bedingungen“ näher charakterisieren. Beherrschte Bedingungen enthalten:	

<table>
<tr><th>Kap.</th><th>Überschrift/Leitfragen/Anleitung</th><th>FS*</th></tr>
<tr><td>ANL</td><td>▪ dokumentierte Informationen über die Merkmale von Produkten/Dienstleistungen
▪ dokumentierte Informationen über durchzuführende Tätigkeiten und Ergebnisse
▪ Überwachungs- und Messtätigkeiten sowie Annahmekriterien für Produkte und Dienstleistungen
▪ die Nutzung einer geeigneten Infrastruktur und Prozessumgebung
▪ Benennung kompetenter Personen einschließlich deren Qualifikation
▪ die Validierung/Neuvalidierung der Fähigkeit von Prozessen, wenn das resultierende Ergebnis nicht durch anschließende Überwachung oder Messung verifiziert werden kann
▪ Umsetzung von Maßnahmen zur Verhinderung menschlicher Fehler
▪ die Freigabe von Produkten und Dienstleistungen, Liefertätigkeiten und Tätigkeiten nach der Lieferung</td><td></td></tr>
<tr><td>8.5.2</td><td colspan="2">Kennzeichnung und Rückverfolgbarkeit</td></tr>
<tr><td>LF</td><td>Wie ist der Status der Prozessergebnisse während der gesamten Produktion und Dienstleistungserbringung in Bezug auf Überwachungs- und Messanforderungen erkennbar (Kennzeichnung) und wo ist eine eindeutige Rückverfolgbarkeit gefordert bzw. ist diese gegeben?</td><td></td></tr>
<tr><td>ANL</td><td>1. Legen Sie für Ihre (wertschöpfenden) Prozesse fest, an welchen Stellen Ergebnisse von Prozessen wie gekennzeichnet werden müssen (z. B. Aufkleber, Anhänger).
2. Stellen Sie sicher, dass der (Bearbeitungs-) Status von Vorgängen jederzeit erkennbar ist. Dies ist insbesondere wichtig, wenn erkennbar sein muss, ob Überwachungs- und Messanforderungen erfüllt sind (Statuskennzeichnung).
3. An den Stellen, wo eine Rückverfolgbarkeit gefordert ist (gesetzlich oder vom Kunden), muss eine eindeutige Kennzeichnung eingeführt werden (LOT- oder Seriennummern) und diese Nummern müssen rückverfolgbar dokumentiert werden, damit im Notfall ein Rückruf eingeleitet werden könnte.</td><td></td></tr>
</table>

Tabelle 8.2 Zusammenfassung der Anforderungen zum Thema „Betrieb“ nach ISO 9001 *(Fortsetzung)*

Kap.	Überschrift/Leitfragen/Anleitung	FS*
8.5.3	**Eigentum der Kunden oder der externen Anbieter**	
LF	*Welche Anforderungen an den sorgfältigen Umgang mit Kundeneigentum oder Eigentum externer Anbieter gibt es?*	
ANL	1. Beschreiben Sie im QM-Handbuch in einem eigenen Abschnitt, an welchen Stellen Sie mit **Kundeneigentum** in Berührung kommen (z. B. Beistellprodukte, überlassene Messmittel, Reparaturware, Daten, geistiges Eigentum, vergessene Ware). 2. Legen Sie dann für die verschiedenen Typen Kundeneigentum fest, wie Sie damit in der Praxis umgehen, um Ihrer **Sorgfaltspflicht** nachzukommen (Kennzeichnung, Verifizierung, Schutz und Sicherung). 3. Sollte Kundeneigentum beschädigt oder unbrauchbar werden oder komplett verloren gehen, so muss hier eine geeignete Kommunikation mit dem Kunden stattfinden und ein schriftlicher Nachweis über den Sachverhalt archiviert werden.	
8.5.4	**Erhaltung**	
LF	*Wie und wo wird eine Erhaltung von Produkten und Waren sichergestellt?*	
ANL	1. Stellen Sie fest, wo Sie in Ihrer Organisation eine Erhaltung von Produkten und Prozessergebnissen sicherstellen müssen (Beschreibung im QM-Handbuch). Eine Erhaltung schließt die Kennzeichnung, die Handhabung, den Schutz vor Verunreinigung, die Verpackung, die Lagerung, die Übertragung oder den Transport und den Schutz mit ein. 2. Legen Sie für die verschiedenen Erhaltungsanforderungen geeignete Maßnahmen fest, wie die Erhaltung sichergestellt werden kann. Bei Vorgaben hinsichtlich begrenzter Haltbarkeit oder Vorgabe einer Lagertemperatur kann beispielsweise mithilfe einer Lagerprüfliste in angemessenen Abständen eine Lagerprüfung dokumentiert werden. Ein Akku, der gelagert wird und regelmäßig aufgeladen werden muss, sollte mit dem nächsten Ladedatum gekennzeichnet werden etc.	

Kap.	Überschrift/Leitfragen/Anleitung	FS*
8.5.5	**Tätigkeiten nach der Lieferung**	
LF	*Welche Tätigkeiten gibt es nach der Lieferung und wie sind diese geregelt?*	
ANL	1. Ermitteln Sie, welche Tätigkeiten es gibt, die nach einer Lieferung von Produkten oder Dienstleistungserbringung erbracht werden müssen (grundsätzliche Beschreibung im QM-Handbuch). Tätigkeiten nach der Lieferung entstehen z. B. aus Gewährleistung, vertraglichen Pflichten (z. B. Instandhaltung) oder ergänzenden Dienstleistungen wie Wiederverwertung oder Entsorgung. 2. Prüfen Sie, ob folgende Punkte in Ihrem Verfahren sichergestellt sind: ▪ gesetzliche und behördliche Anforderungen ▪ mögliche unerwünschte Folgen ▪ die Art, Nutzung und beabsichtigte Lebensdauer der Produkte und Dienstleistungen ▪ Kundenanforderungen ▪ Rückmeldungen von Kunden 3. Tragen Sie prozessspezifische Regelungen in die entsprechende VA für Ihre Kernprozesse ein.	
8.5.6	**Überwachung von Änderungen**	
LF	*Wie werden Änderungen der Produktion oder Dienstleistungserbringung dokumentiert?*	
ANL	1. Legen Sie eine grundsätzliche Regelung für Änderungen in der Produktion oder der Dienstleistungserbringung im QM-Handbuch fest. Die Regelung muss folgende Aussagen enthalten: ▪ Änderungen werden auf ihre Notwendigkeit geprüft. ▪ Änderungen werden nur in dem Umfang umgesetzt, um die Konformität mit den Anforderungen sicherzustellen. 2. Legen Sie für in der Praxis stattfindende Änderungen ein Instrument (z. B. Formblatt) fest, in dem folgende Punkte dokumentiert werden können: ▪ Ergebnisse der Überprüfung der Änderung ▪ die Personen, die die Änderung angewiesen haben ▪ Beschreibung der notwendigen Maßnahmen	

Tabelle 8.2 Zusammenfassung der Anforderungen zum Thema „Betrieb" nach ISO 9001 *(Fortsetzung)*

Kap.	Überschrift/Leitfragen/Anleitung	FS*
8.6	**Freigabe von Produkten und Dienstleistungen**	
LF	*Wie erfolgt die Freigabe von Produkten und Dienstleistungen gemäß geplanter Regelungen und in geeigneten Phasen?*	
ANL	1. Legen Sie für Ihre (wertschöpfenden) Prozesse fest, an welchen Stellen eine Freigabe für den weiteren Fortgang erfolgen muss. Diese Freigabeschritte grenzen wichtige Phasen voneinander ab. Tragen Sie diese Freigaben/Phasenabschlüsse in Ihre VA Kernprozesse ein. Eine grundsätzliche Regelung kann im QM-Handbuch erfolgen (z. B., dass Sonderfreigaben ausschließlich durch die Geschäftsführung erfolgen dürfen). 2. Eine Freigabe gegenüber dem Kunden darf erst nach zufriedenstellender Vollendung der festgelegten Tätigkeiten zur Verifizierung der Konformität erfolgen. Eine Ausnahme hiervon wäre, wenn die Freigabe von einer zuständigen Stelle und ggf. durch den Kunden erfolgt (Sonderfreigabe). 3. Bewahren Sie dokumentierte Informationen hierzu auf, die einen Nachweis der Konformität sowie eine Rückführung auf die freigebenden Personen zulassen.	
8.7	**Steuerung nichtkonformer Prozessergebnisse, Produkte und Dienstleistungen**	
LF	*Wie erfolgt der Umgang mit nichtkonformen Prozessergebnissen, Produkten und Dienstleistungen?*	
	1. Legen Sie in Form einer VA oder in einem Abschnitt im QM-Handbuch fest, wie mit **fehlerhaften Produkten/Dienstleistungen** umgegangen werden muss. 2. Prüfen Sie Ihre Beschreibung auf folgende Punkte, die in Ihrer Regelung enthalten sein müssen: ▪ Kennzeichnung fehlerhafter Produkte oder Prozessergebnisse ▪ Lenkung fehlerhafter Produkte, sodass ein unbeabsichtigter Gebrauch oder eine Auslieferung verhindert wird ▪ Festlegung von Sofortmaßnahmen (**Korrektur**) ▪ Festlegung von **Korrekturmaßnahmen** (Ursachenbeseitigung), auch wenn Fehler erst nach der Lieferung oder während der Dienstleistungserbringung erkannt werden. ▪ Aussonderung, Zurückhaltung/Sperrung („Sperrlager"), Rückgabe, Aussetzung der Bereitstellung von Produkten oder Dienstleistungen	

Kap.	Überschrift/Leitfragen/Anleitung	FS*
ANL	▪ Benachrichtigen der Kunden ▪ Einholen der Autorisierung zur Verwendung im aktuellen Zustand oder zur erneuten Bereitstellung (Sonderfreigabe) ▪ Verifizierung der Konformität nach einer Korrekturmaßnahme 3. Legen Sie fest, über welche Instrumente die diesbezügliche Dokumentation erfolgt. Folgende Punkte sind in jedem Fall gefordert: ▪ Beschreibung der Nichtkonformität (Was, Wann, Wer, Wie viel, Womit, Wie) ▪ eingeleitete und durchgeführte Maßnahmen ▪ Sonderfreigaben ▪ verantwortliche Personen	

9 Bewertung der Leistung

9.1 Audits im Qualitätsmanagement

9.1.1 Über den Sinn von Audits

Locomotion Nr. 1 war 1825 die erste funktionierende Lokomotive der Welt. Sie explodierte jedoch 1828 und tötete den Lokführer. Versicherungen stellten darauf hin Ingenieure an, die Dampfkessel gezielt prüften und genehmigten. Dies führte zum Prinzip der Zertifizierung. Der Hintergrund war eine schlichte Risikominimierung für diejenigen, die im Zweifelsfall den (finanziellen) Schaden hatten - das waren hier die Versicherungen. Die Bedeutung der Standards und Normen wurde im Laufe der Zeit aber immer stärker durch die „Versicherten" bestimmt. Versicherungen wurden so von einem Mittel zur Abwendung des Ruins zu einem Gütesiegel.

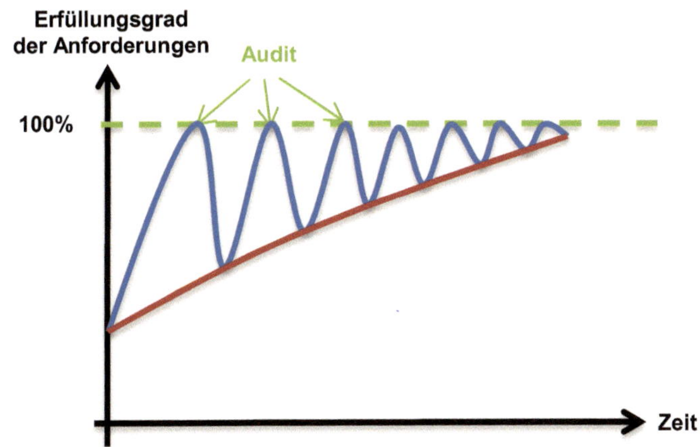

Bild 9.1 Der Sinn von Audits

Auch heute gilt der Grundsatz, dass Zertifizierungen der Risikominimierung dienen. Ein TÜV-Aufkleber auf dem Auto mit erfolgter Begutachtung folgt genau diesem Prinzip.

Audits in Betrieben haben zum Ziel, Verbesserungspotenzial herauszuarbeiten und im Besonderen das Vertrauen intern und extern zu stärken. Durch externe, unabhängige Stellen kann dies in besonderem Maße geschehen.

> Ein Audit ist das gezielte **Sammeln von Nachweisen** dafür, dass ein Produkt, ein Prozess oder ein System konform ist zu vorgegebenen Anforderungen **(Auditkriterien).** Auditkriterien können Norm- oder Gesetzesvorgaben sein oder auch selbst erstellte Verfahrens- und Prozessvorgaben.

Ein Zertifikat, das durch ein Zertifizierungsaudit nach anerkannten Normen ausgestellt wurde, ist ein Leistungsnachweis eines Unternehmens. Damit kann es sich unter Umständen vom Mitbewerber absetzen oder Kunden gewinnen, die ein entsprechendes Zertifikat fordern. In öffentlichen Ausschreibungen ist es gängige Praxis, dass Zertifikate von QM-Systemen eingefordert werden.

Hinzu kommt, dass die Zertifizierung bzw. die Überwachung durch eine anerkannte Stelle nur einmal im Jahr erfolgt und nicht durch beliebig viele Kunden jedes Mal neu nachgewiesen werden muss. Das Zertifikat fungiert damit als indirekter Leistungsnachweis. Dies wiederum spart dem Unternehmen Geld, Zeit und Nerven.

9.1.2 Auditbegriffe 1: WER auditiert WEN?

Aus der Sicht des Auditierenden bzw. des Auditierten werden verschiedene Stufen (Level) unterschieden (Tabelle 9.1).

Tabelle 9.1 Unterschiedliche Auditlevel

First-Party-Audit/Erstparteienaudit (internes Audit)	
Eigenauditierung eines Unternehmens (durch eigenes Personal oder auch durch externe Berater). In der deutschen Ausgabe der ISO 9000 mit „Erstparteienaudit“ übersetzt. Dies ist das klassische interne Audit.	U IA
Second-Party-Audit/Zweitparteienaudit (extern)	
auch Kunden- oder Lieferantenaudit Je nachdem, aus wessen Sicht das Audit betrachtet wird, sprechen wir einmal vom Kundenaudit (aus Sicht des Lieferanten, der ja von seinem Kunden auditiert wird) oder Lieferantenaudit (aus Sicht des Kunden, der seinen Lieferanten auditiert). Die Richtung ist aber immer: Kunde auditiert Lieferant!	K → L

Third-Party-Audit/Drittparteienaudit (extern)	
Auditierung des Unternehmens durch unabhängige „dritte“ Partei, in der Regel durch akkreditierte Gesellschaft (ZS = Zertifizierungsstelle); Ziel ist ein externes Zertifikat, das den Standard bescheinigt. Das ist das klassische Zertifizierungsaudit.	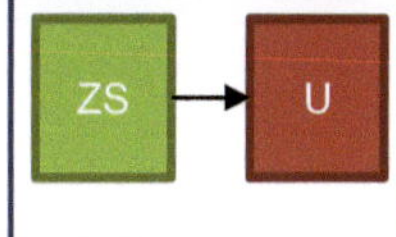

Bei den genannten Auditarten handelt es sich in der Regel um eine Mischform verschiedener Auditformen, die im nächsten Abschnitt beschrieben werden.

9.1.3 Auditbegriffe 2: WAS wird auditiert?

In der Praxis finden wir meist eine Mischung der verschiedenen Auditarten vor (Tabelle 9.2). Ein reines Verfahrensaudit, also das reine Prüfen des Einhaltens von Vorschriften, ist nicht mehr zeitgemäß und führt nicht zu einem tieferen Verständnis von Prozessabläufen. Hierzu ist es unbedingt erforderlich, die Prozesse an sich zu durchleuchten und ggf. falsche Verfahrens- und Arbeitsanweisungen der sinnvollen Praxis entsprechend anzugleichen.

Tabelle 9.2 Auditbegriffe: WAS wird auditiert?

Systemaudit
Auditierung eines kompletten (QM-)Systems; in der Regel Mischung aus Prozess- und Verfahrensaudit (s. u.)
Produktaudit
Prüfung von Produktanforderungen NACH erfolgter Endprüfung; Prüfung der Eignung von QS-Maßnahmen
Verfahrensaudit
Auditierung, ob dokumentierte Verfahren in der Praxis umgesetzt/eingehalten werden
Prozessaudit
Auditierung von Prozessen und Prozessschnittstellen; Prüfung der Sinnhaftigkeit von Vorgehensweisen sowie Verfahrens- und Prozessbeschreibungen
Compliance-Audit
Auditierung der Einhaltung von Vorschriften, Regeln, Gesetzen etc.
Performance-Audit
Auditierung, ob Kennzahlen erfüllt werden, oder Prüfung, ob Kennzahlen überhaupt sinnvoll gewählt wurden.

9.1.4 Auditbegriffe 3: Rund um die Zertifizierung

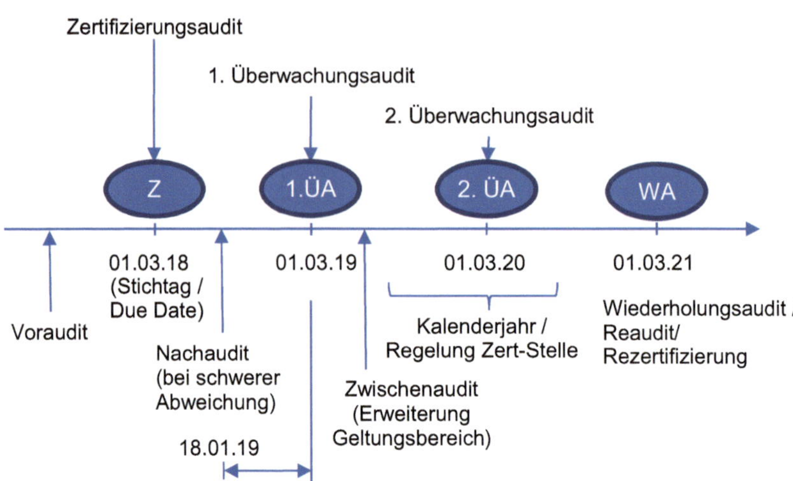

Bild 9.2 Auditbegriffe im zeitlichen Verlauf

Neben den beschriebenen Auditbegriffen gibt es noch weitere, die in Zusammenhang mit Drittparteienaudits auftreten. Bild 9.2 sowie Tabelle 9.3 geben Aufschluss über die Begriffe – besonders in Hinblick auf deren Verwendung im zeitlichen Verlauf.

Tabelle 9.3 Auditbegriffe im Zertifizierungsablauf

Zertifizierungsaudit (Z)
Das Audit, in dem ein Unternehmen erstmalig durch eine externe „dritte“ Stelle zertifiziert wird. Der letzte Tag des Zertifizierungsaudits markiert den sog. „Stichtag“, der im weiteren Verlauf als fester Zeitanker fungiert. Im Zertifizierungsaudit werden alle Bereiche begutachtet (vollumfängliches Audit oder Vollaudit)! Am Stichtag orientieren sich zukünftig die für die Folgeaudits zur Verfügung stehenden Zeitrahmen. Das Zertifizierungsaudit findet zweistufig statt. In Stufe 1 erfolgt eine Vorprüfung der Zertifizierungsfähigkeit des Unternehmens, Stufe 2 ist das Zertifizierungsaudit. Der Abstand zwischen Stufe 1 und 2 darf maximal sechs Monate betragen.
Überwachungsaudit (ÜA)
Die Überwachungsaudits finden in den Jahren zwischen zwei vollumfänglichen Audits statt. Der sog. Überwachungszeitraum ist abhängig von der gewählten Norm. Bei von der DAkkS akkreditierten Managementsystemnormen beträgt er standardmäßig drei Jahre. In Überwachungsaudits werden verschiedene Bereiche bei der Begutachtung ausgelassen, außerdem ist der Stichprobenumfang kleiner. Daher ist hier der Zeitumfang gegenüber dem Vollaudit reduziert. Bei der ISO 9001 muss das erste Überwachungsaudit innerhalb von sechs Wochen vor dem Stichtag im nächsten Jahr erfolgen. In den weiteren Folgejahren erweitert sich der Spielraum auf zwölf Wochen vor bis sechs Wochen nach dem Stichtag.

Wiederholungsaudit (WA)/Reaudit/Rezertifizierung
Nach Ablauf des Überwachungszeitraums (bei ISO 9001 drei Jahre) findet jetzt das nächste vollumfängliche Audit statt. Dies wird dann als Wiederholungs- oder Reaudit bezeichnet oder auch als Rezertifizierung. Der Stichtag bleibt erhalten.
Nachaudit
Tritt in einem Audit eine schwere Hauptabweichung auf, deren Beseitigung nicht in formaler Form auf dem Schriftweg oder elektronisch nachgewiesen werden kann, so muss der Auditor erneut vor Ort gehen und sich von der Beseitigung der Hauptabweichung persönlich überzeugen. Hier spricht man dann von einem Nachaudit.
Zwischenaudit
Wenn ein Betrieb neue Bereiche in den Geltungsbereich des Zertifikates aufnehmen möchte, so muss in der Regel ein sog. Zwischenaudit erfolgen, in dem ausschließlich der neue Bereich begutachtet wird.
Voraudit
Manche Unternehmen lassen von offiziellen Zertifizierungsstellen in einem sog. Voraudit den Stand ihres QM-Systems prüfen. Dabei handelt es sich nicht um ein Vollaudit, sondern Ziel ist es, dem Unternehmen seinen Bedarf für das Bestehen eines Zertifizierungsaudits aufzuzeigen. Voraudits sind grundsätzlich ein schwieriges Thema, da Auditoren keine Beratung durchführen dürfen. Der reine Verweis auf fehlende Unterlagen oder Prozesse ist für viele Unternehmen daher oft nicht ausreichend oder hilfreich.

9.1.5 Prozessorientiertes Auditieren

Zum Schluss dieses Abschnitts sollen noch ein paar Grundgedanken über prozessorientiertes Auditieren gegeben werden.

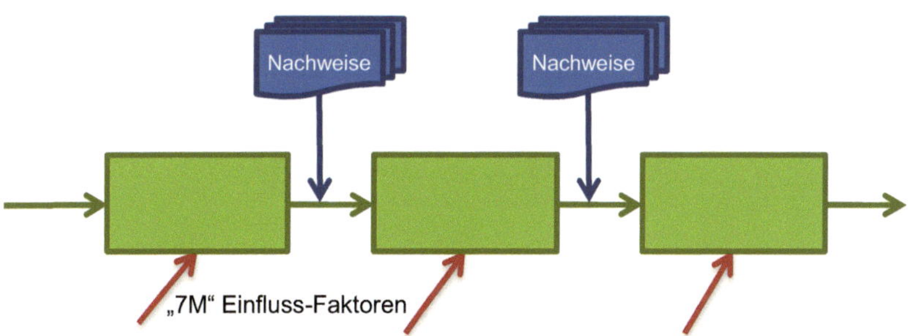

Bild 9.3 Prozesskette als Grundlage für ein Prozessaudit

Nach dem heute in allen modernen Unternehmen nicht mehr wegzudenkenden Ansatz der Prozessorientierung haben wir eine Wechselwirkung verschiedenster Einflussfaktoren auf den Prozess selbst und im Besonderen auf das Ergebnis am Ende der Prozesskette (Bild 9.3). Der japanische Qualitätswissenschaftler Kaoru

Ishikawa hat hierzu die sogenannten M-Begriffe eingeführt, die jeden Prozess beeinflussen (siehe Abschn. 11.2.7 - die „7 M").

In einem Prozessaudit „hangelt" sich der Auditor die Prozesskette entlang, um den Prozess in der Praxis nachzuvollziehen und Verbesserungspotenzial aufzudecken. Besonders an den Schnittstellen von einem Prozesselement zum nächsten entstehen in der Regel Nachweise, die sich begutachten lassen.

Nun stellt sich die Frage, was passiert, wenn sich der Auditor von vorne nach hinten durch die Prozesskette arbeitet und jeden Mitarbeiter bei seiner Arbeit und der Nachweiserstellung beobachtet. Er wird dann so gut wie keine Lücken im Prozess aufdecken können! Denn die begutachteten Vorgänge, die sich gerade im jeweils auditierten Prozessstadium befinden, haben keinen Zusammenhang.

Was ist also zu tun?

In jedem Fall müssen zum sinnvollen Auditieren Vorgänge ausgewählt werden, die bereits eine deutliche Spur im Unternehmen hinterlassen haben – also beispielsweise ziemlich am Ende der gesamten Prozesskette stehen.

In der Praxis geht der Auditor beispielsweise ins Auslieferlager und schreibt sich dort von zur Auslieferung bereitstehenden Waren Vorgangsnummern auf. Im Dienstleistungssektor werden Vorgänge gezogen, die sich bereits in der Abrechnung befinden und weitgehend komplett abgewickelt wurden. Anhand der so ermittelten Vorgangsnummern wird jetzt das Audit vorwärts oder rückwärts durch die Prozesskette durchgeführt (Bild 9.4).

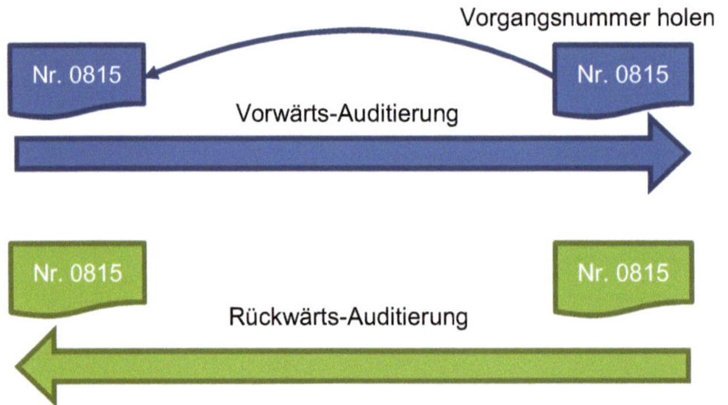

Bild 9.4 Prozessorientiertes Auditieren vorwärts und rückwärts

Über diese Vorgehensweise können dann vorhandene Lücken, fehlende Nachweise etc. aufgedeckt werden.

LPA - Layered Process Audits

Bei LPA handelt es sich um eine spezielle Art, Prozesse zu auditieren, die vor allem in der Autoindustrie eingesetzt wird. Der Begriff Layer bezieht sich dabei auf die verschiedenen Führungsebenen im Unternehmen. Auf jeder Führungsebene werden Prozessaudits auf Basis vorbereiteter Checklisten durchgeführt. Dies soll sicherstellen, dass Prozesse aus unterschiedlichen Sichten begutachtet werden und nachhaltig Prozesse optimiert und Fehler beseitigt werden. Die Ergebnisse der Audits werden üblicherweise für alle Beteiligten visualisiert.

9.1.6 Grundsätze nach ISO 19011

Die ISO 19011 definiert in Normabschnitt 4 sieben sog. „Auditprinzipien", die im Folgenden kurz erläutert werden sollen:

1. **Integrität**

   Sie bildet die Grundlage des Berufsbildes (Ehrlichkeit, Sorgfalt, Verantwortung, Unparteilichkeit, Fachkompetenz, sensibel, Berücksichtigung aller anwendbaren Anforderungen).

2. **Sachliche Darstellung**

   wahrheitsgemäßes und genaues Berichten (objektiv, zeitgerecht, vollständig, Hindernisse, unterschiedliche Auffassungen etc.).

3. **Angemessene berufliche Sorgfalt**

   Anwendung von Sorgfalt, um in allen Auditsituationen gemäß dem entgegengebrachten Vertrauen fundierte Beurteilungen vorzunehmen.

4. **Vertraulichkeit**

   Umsicht im Umgang mit schützenswerten Informationen; Schutz von sensiblen, vertraulichen oder geheimen Informationen.

5. **Unabhängigkeit**

   Grundlage für die Unparteilichkeit und Objektivität von Auditschlussfolgerungen; Freisein von Voreingenommenheit und Interessenskonflikten während des gesamten Auditprozesses.

6. **Faktengestützter Ansatz**

   Rationale Grundlage durch verifizierbare Auditnachweise schaffen, um zu nachvollziehbaren Auditschlussfolgerungen zu gelangen.

7. **Risikobasierter Ansatz**

   Berücksichtigung von Risiken und Chancen bei Planung, Durchführung und Berichterstattung von Audits.

Auditprinzipien zielen darauf ab, dass Auditoren unabhängig voneinander unter gleichen Umständen zu gleichartigen Schlussfolgerungen gelangen!

9.1.7 Auditprogramm/Auditplan

Die Definition eines Auditprogramms nach ISO 19011 lautet:

> Vorkehrungen für einen Satz von einem oder mehreren Audits, die für einen spezifischen Zeitraum geplant werden und auf einen spezifischen Zweck gerichtet sind.

Daraus folgt, dass mit einem Auditprogramm verschiedene Dinge festgelegt werden müssen:

- Ziel des/der Audits
- Auditumfang/Standorte/Zeitplan (Auditplan)
- Auditarten (Systemaudit, Produktaudit, Prozessaudit …)
- Auditkriterien (gegen was wird auditiert?)
- Auditmethoden
- Auswahl des/der Auditteams
- erforderliches Umfeld schaffen (Reise, Übernachtung etc.)
- Bewertung von möglichen Risiken
- vorbeugende Maßnahmen bzgl. Unsicherheiten, Informationssicherheit, Vertraulichkeit etc.

Der Auditplan ist in der Regel eine zeitliche Auflistung, wann wer wo wann auditiert wird. Im Downloadbereich finden Sie ein Musterbeispiel eines kombinierten Auditprogramms/Auditplans.

Im Auditprogramm wird ein Überblick geschaffen, welche Normabschnitte wann auditiert wurden. Abweichungen können im Nachgang noch als Haupt- oder Nebenabweichung gekennzeichnet werden.

9.1.8 Auditdokumentation

Die Auditdokumentation besteht im Wesentlichen aus drei Teilen, die sich zeitlich logisch an der Umsetzung des Auditprogramms orientieren:

Zeitlich	Auditdokumentation
vor dem Audit	Auditprogramm/Auditplan Auditcheckliste (Vorbereitung)
während des Audits	Auditcheckliste (Ausfüllen) Sammeln von Nachweisen
nach dem Audit	Auditbericht Anpassen des Auditprogramms

Auditprogramm/Auditplan wurden bereits im letzten Abschnitt behandelt.

Die **Audit-Checkliste** ist ein strukturierter Fragenkatalog, der als Leitfaden für die Durchführung des Audits dienen soll und daher *vor dem Audit* vorbereitet werden muss. Er beinhaltet die Anforderungen der Norm ebenso wie fach- und unternehmensspezifische Fragen, die auf Basis der eigenen (Vorgabe-)Dokumentation des Unternehmens fußen (QMH, VA, AA, FB). Es sollten stets auch die Auditfeststellungen aus dem Vorjahr bzw. den vorangegangenen Audits enthalten sein, um die wirksame Beseitigung von Haupt- und Nebenabweichungen beurteilen zu können. Für die Abdeckung der normspezifischen Fragen kann die Tabelle zu den Norminhalten (siehe Downloadbereich) verwendet werden.

MERKE: Die Auditcheckliste ist für eine strukturierte Durchführung des Audits unerlässlich! Ein ständiges „Kleben" an der Checkliste (kein Augenkontakt mit den Auditierten) führt jedoch zu einem Stocken des Auditablaufes. Hier ist Fingerspitzengefühl erforderlich!

Für die Bewertung der einzelnen Anforderungen/Fragen der Checkliste[1] eignet sich folgendes Schema:

- K konform (Anforderung erfüllt)
- V Verbesserungsvorschlag (keine Umsetzungspflicht)
- A Anmerkung (bzgl. Dinge außerhalb des QM-Systems)
- NA Nebenabweichung (mittelfristig zu beseitigen)
- HA Hauptabweichung (sofort zu beseitigen)

Während des Audits schreibt der Auditor seine Beobachtungen in die Auditcheckliste, und zwar unverzüglich! Was nicht sofort dokumentiert wird, wird erfahrungsgemäß vergessen, daher kann diese Forderung gar nicht stark genug betont werden. Hier werden auch Referenzen auf Vorgangsnummern oder Ähnliches eingetragen, die in Form von Stichproben begutachtet wurden.

Nach dem Audit erfolgt ein Auditbericht. Der Auditbericht fasst die Ergebnisse des Audits zusammen. Eine Zweiteilung des Berichtes ist dabei zu empfehlen: Der erste Teil enthält eine grundlegende Zusammenfassung, der zweite Teil führt dann bereichsspezifisch in einem gestaffelten System zunächst Hauptabweichungen,

[1] Im Englischen gibt es nur den Begriff „Conformity" für konform – also Anforderung erfüllt, und „Non-Conformity" – also Anforderung nicht erfüllt. Bei Letzterem wiederum gibt es zwei Stufen, die „Major Non-Conformity" und die „Minor Non-Conformity" (also große und kleine Nichtkonformität). Je nach Zertifizierungsstelle ist hier im Deutschen der Sprachgebrauch unterschiedlich. Der Autor verwendet den Begriff „Nebenabweichung" für die Minor Non-Conformity und „Hauptabweichung" für die Major Non-Conformity. Hauptabweichungen müssen in diesem Sinne unbedingt beseitigt werden, um ein Zertifikat zu erhalten. Eine Nebenabweichung dagegen wird in der Regel erst im nächsten Audit wieder begutachtet – das heißt, das Unternehmen hat hier für die Erledigung etwa ein Jahr Zeit. Die gleiche Logik empfiehlt sich auch für die Beurteilungen in internen Audits.

dann Nebenabweichungen und Anmerkungen mit oder ohne Empfehlungscharakter auf. Dadurch wird der Bericht kurz und übersichtlich und die Feststellungen können sogar noch mit Spalten zur Nachverfolgung der Erledigung von festgelegten Korrekturmaßnahmen verwendet werden.

Im Downloadbereich finden Sie ein Muster, wie ein Auditbericht in der Praxis aufgebaut sein kann.

Außerdem sollte im Nachgang noch das **Auditprogramm** angepasst werden, indem in den jeweiligen Bereichen kenntlich gemacht wird, wo es Haupt- und Nebenabweichungen gab (im Muster im Downloadbereich sind die relevanten Abschnitte gelb für die Nebenabweichung und rot für die Hauptabweichung gekennzeichnet).

9.2 Managementbewertung

Die oberste Leitung muss gemäß ISO 9001, Abschn. 9.3 das QM-System in geplanten Abständen bewerten, um Folgendes sicherzustellen[2]:

- Eignung
- Angemessenheit
- Wirksamkeit des QM-Systems sowie dessen
- Angleichung an die strategische Ausrichtung des Unternehmens

Die Bewertung muss insbesondere folgende Punkte beinhalten:

- Möglichkeiten von Verbesserungen
- Änderungsbedarf für
    - das QM-System
    - die Qualitätspolitik
    - gesetzte Qualitätsziele

Die Managementbewertung muss schriftlich erfolgen. Es empfiehlt sich, eine Struktur, wie von der Norm gefordert, einzuführen („Eingaben für die Bewertung“):

1. Status von Maßnahmen vorheriger Managementbewertungen
2. Veränderungen bei externen und internen Themen

[2] In der Norm steht ausdrücklich „in geplanten Abständen“, das heißt, ein Jahreszeitraum ist nicht ausdrücklich vorgeschrieben, leitet sich aber indirekt aus der Tatsache ab, dass es bei der ISO 9001 einen einjährigen Überwachungsturnus gibt.

3. Informationen über die Leistung und Wirksamkeit des QM-Systems - insbesondere:
   - Kundenzufriedenheit/Rückmeldungen relevanter interessierter Parteien
   - inwiefern Qualitätsziele erreicht wurden
   - Prozessleistung und Konformität von Produkten und Dienstleistungen
   - Nichtkonformitäten und Korrekturmaßnahmen
   - Ergebnisse von Überwachungen und Messungen
   - Auditergebnisse
   - die Leistung externer Anbieter
4. die Angemessenheit von Ressourcen
5. die Wirksamkeit von Maßnahmen zum Umgang mit Risiken und Chancen
6. Möglichkeiten zur Verbesserung.

Diese Eingaben spannen den Rahmen des QM-Systems nach ISO 9001 auf und werden in verschiedensten Bereichen als Stand der Technik betrachtet. So wird in verschiedenen Bereichen, in denen zwar kein ISO-9001-Zertifikat gefordert wird, aber ein „QM-System nach Stand der Technik", die Managementbewertung als Ersatznachweis für ein QM-System erwartet (z. B. AZAV - Akkreditierungs- und Zulassungsverordnung Arbeitsförderung).

Häufig finden sich im Anschluss an die Normeingaben noch branchenspezifische Unterpunkte, wie z. B. Risikomanagement, die für das Unternehmen eine herausragende Bedeutung haben.

Mit einer reinen Statusermittlung des QM-Systems ist es jedoch nicht getan. Es müssen aus den Statusfeststellungen geeignete **Entscheidungen und Maßnahmen** abgeleitet werden, und zwar speziell in folgenden Punkten:

- Verbesserung der Wirksamkeit des QM-Systems und seiner Prozesse
- Produktverbesserung in Bezug auf Kundenanforderungen
- Bedarf an Ressourcen

Eine Managementbewertung ohne abgeleitete Entscheidungen und Maßnahmen ist wertlos!

Ein einfaches Muster einer Managementbewertung finden Sie im Downloadbereich.

■ 9.3 Bewertung der Leistung im Sinne der ISO 9001

Tabelle 9.4 Zusammenfassung der Anforderungen zum Thema „Bewertung der Leistung“ nach ISO 9001

Kap.	Überschrift/Leitfragen/Anleitung	FS*
9	**Bewertung der Leistung**	
9.1	**Überwachung, Messung, Analyse und Bewertung**	
9.1.1	**Allgemeines**	
LF	*Wie erfolgt die Bewertung der Leistung der Organisation?*	
ANL	1.Legen Sie einen Abschnitt im QM-Handbuch an, der folgende Grundsatzaussagen zur Bewertung der Leistung der Organisation enthält: ▪ Es ist festgelegt, was überwacht und gemessen werden muss. ▪ Es sind die Methoden zur Überwachung, Messung, Analyse und Bewertung festgelegt, um gültige Ergebnisse sicherzustellen. ▪ Es ist festgelegt, wann die Überwachung und Messung durchzuführen ist. ▪ Es ist festgelegt, wann die Ergebnisse der Überwachung und Messung zu analysieren und zu bewerten sind. 2. Führen Sie die Analysen gemäß den gemachten Vorgaben durch und bewahren Sie geeignete Nachweise der Ergebnisse auf. 3. Das Fazit dieser Ergebnisse in die Managementbewertung einbringen (siehe Abschn. 9.3).	
9.1.2	**Kundenzufriedenheit**	
LF	*Wie erfolgt die Analyse über die Wahrnehmung des Kunden (Kundenzufriedenheit)?*	
ANL	1. Legen Sie ein Verfahren fest, wie die Wahrnehmung von Kunden über den Erfüllungsgrad seiner Anforderungen überwacht werden kann, z. B. in Form eines Abschnittes im QM-Handbuch. Ziel ist eine mögliche Messung der **Kundenzufriedenheit**. 2. Schaffen Sie die für die praktische Umsetzung notwendigen Arbeitswerkzeuge wie Formblätter zur Kundenbefragung, Gesprächsprotokolle, Besuchsberichte etc. 3. Führen Sie die Werkzeuge gemäß Ihrem Verfahren ein und sammeln Sie Daten, damit diese später analysiert werden können (siehe 9.1.3).	

Kap.	Überschrift/Leitfragen/Anleitung	FS*
9.1.3	**Analyse und Bewertung**	
LF	*Wie erfolgt eine Analyse und Beurteilung von Daten und Informationen, die sich aus Überwachung, Messung und anderen Quellen ergeben?*	
ANL	1. Führen Sie Analysen und Bewertungen zu folgenden Punkten durch: ▪ Konformität der Produkte/Dienstleistungen ▪ Grad der Kundenzufriedenheit (siehe 9.1.2) ▪ Leistung und Wirksamkeit des QM-Systems ▪ Wirksamkeit der Umsetzung der Planung ▪ Wirksamkeit von Maßnahmen bzgl. Risiken und Chancen ▪ Leistung externer Anbieter ▪ Bedarf an Verbesserungen. 2. Die Ergebnisse der Analysen und Beurteilung in die Managementbewertung einbringen. Hinweis: Die Anwendung **statistischer Methoden** ist nicht (mehr) explizit gefordert, jedoch kann eine dem Stand der Technik entsprechende Beurteilung/Analyse ohne sie in der Regel nicht umgesetzt werden.	
9.2	**Internes Audit**	
	9.2.1 Durchführung von internen Audits	
	9.2.2 Anforderungen an interne Audits	
LF	*In welcher Form erfolgen interne Audits und wie werden diese dokumentiert?*	
ANL	1. Legen Sie ein Auditprogramm fest, wann Sie wo ein internes Audit durchführen möchten. In einem Überwachungszyklus von drei Jahren müssen alle Bereiche einmal auditiert werden. 2. Bereiten Sie für die einzelnen Audits eine Auditplanung (Zeitplan) sowie Auditcheck- und fragelisten vor. Berücksichtigen Sie dabei, dass die zu prüfenden Auditkriterien einmal von der Norm und zum anderen von der Organisation selbst kommen (QMH, VA, AA, Rechtsrahmen etc.). 3. Führen Sie die internen Audits durch und dokumentieren Sie die Auditergebnisse während des Audits in Ihre Auditcheckliste. 4. Führen Sie Ihre Auditfeststellungen in einem Auditbericht zusammen und legen Sie nach einer Ursachenanalyse Maßnahmen zur Beseitigung fest. 5. Archivieren Sie Ihre Aufzeichnungen zum Audit.	

<table>
<tr><th>Kap.</th><th>Überschrift/Leitfragen/Anleitung</th><th>FS*</th></tr>
<tr><td>ANL</td><td>6. Wenn sinnvoll, dann sollte auch für die Durchführung interner Audits eine VA mit einer klaren Regelung der Abläufe hierzu erstellt werden. In Kleinunternehmen reicht auch eine kleine Regelung im QM-Handbuch.
Hinweise:
▪ Auditoren sollten so ausgewählt und Audits so durchführt werden, dass die Objektivität und Unparteilichkeit des Auditprozesses sichergestellt sind.
▪ Maßnahmen, die sich aus Auditfeststellungen ergeben, müssen ohne ungerechtfertigte Verzögerung umgesetzt werden.</td><td></td></tr>
<tr><td>9.3</td><td colspan="2">Managementbewertung</td></tr>
<tr><td></td><td colspan="2">9.3.1 Allgemeines</td></tr>
<tr><td></td><td colspan="2">9.3.2 Eingaben für die Managementbewertung</td></tr>
<tr><td></td><td colspan="2">9.3.3 Ergebnisse der Managementbewertung</td></tr>
<tr><td>LF</td><td>Gibt es eine Managementbewertung (Bewertung des QM-Systems), die alle von der Norm vorgegebenen Aspekte berücksichtigt?
Enthält die Managementbewertung Entscheidungen und Maßnahmen?</td><td></td></tr>
<tr><td>ANL</td><td>1. Legen Sie fest, in welchen Abständen Sie eine Managementbewertung durchführen werden, z. B. im QM-Handbuch. In den meisten Organisationen erfolgt dies einmal jährlich.
2. Führen Sie in der Managementbewertung folgende Informationen aus anderen Bereichen der Norm in einem finalen Gesamtbericht der obersten Leitung zum QMS zusammen, der die fortdauernde Eignung, Angemessenheit, Wirksamkeit und strategische Ausrichtung sicherstellen soll:
a) Status von Maßnahmen vorheriger Managementbewertungen
b) Veränderungen bei externen und internen Themen
c) Informationen über die Qualitätsleistung, einschließlich Entwicklungen und Indikatoren bei:
- Kundenzufriedenheit
- Erfüllung der Qualitätsziele
- Prozessleistung/Produkt-/DL-Konformität
- Nichtkonformitäten/Korrekturmaßnahmen
- Ergebnissen aus Überwachung und Messung</td><td></td></tr>
</table>

Kap.	Überschrift/Leitfragen/Anleitung	FS*
ANL	- Auditergebnissen - Leistung externer Anbieter/interessierte Parteien d) Angemessenheit und Eignung von Ressourcen e) Wirksamkeit von Maßnahmen zur Behandlung von Risiken und Chancen f) Möglichkeiten zur Verbesserung. 3. Stellen Sie sicher, dass Ihre Managementbewertung Entscheidungen und Maßnahmen enthält zu folgenden Punkten ▪ Möglichkeiten der Verbesserung ▪ jeglichem Änderungsbedarf am QM-System ▪ Ressourcenbedarf. 4. Bewahren Sie die Managementbewertungen als Nachweis der Ergebnisse der Überprüfung durch das Management auf.	

10 Verbesserung

Die Grundlagen zum Thema Verbesserung wurden bereits in den einführenden Kapiteln behandelt (PDCA-Zyklus, KVP, betriebliche Notwendigkeit). In diesem Kapitel wird zum einen der Umgang mit Maßnahmen als Nachweisinstrument für den Verbesserungsprozess beschrieben, zum anderen sollen die Anforderungen nach ISO 9001 kurz vorgestellt werden.

10.1 Umsetzung von Maßnahmen

Um Verbesserungen im Unternehmen nachweisen zu können, müssen vor allem entsprechende Maßnahmen nachvollziehbar umgesetzt werden. Bis zu einer bestimmten Unternehmensgröße empfiehlt sich die Einführung einer zentralen Maßnahmenliste, die aus verschiedenen Quellen gespeist wird (Bild 10.1).

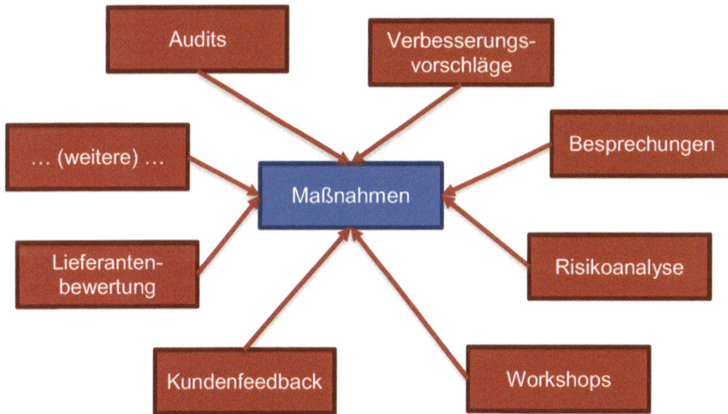

Bild 10.1 Quellen für umzusetzende Maßnahmen

Im Englischen hat sich der Begriff CAPA-Liste eingebürgert (Corrective Action – Preventive Action), was darauf hindeutet, dass sich in einer solchen Liste nicht nur Korrekturen und Korrekturmaßnahmen wiederfinden können, sondern auch vorbeugende Maßnahmen – also Maßnahmen, die vorbeugend verhindern sollen, dass eine mögliche Fehlerursache überhaupt zum Tragen kommt.

Als Werkzeug bietet sich eine Excel-Liste an, die neben der Quelle auch das Datum der Aufnahme, ein Zieldatum und ein Datum der Erledigung sichtbar macht. Jede Maßnahme sollte eine eindeutige ID-Nummer erhalten, über die ggf. in anderen Tabellen – z. B. einer „Historie der Umsetzung" – referenziert werden kann. Über eine Filterung auf die Quelle kann so beispielsweise dargestellt werden, welche Verbesserungen aufgrund von Feststellungen in Audits und welche auf Basis von Kundenfeedback oder der Bewertung eigener Qualitätselemente umgesetzt wurden. Führt man auch noch eine Spalte „Ursache" ein, so lassen sich hierüber sogar die Korrekturmaßnahmen im Sinne der ISO 9000 abbilden, d. h. darstellen, dass mit einer Maßnahme auch tatsächlich die Fehlerursachen beseitigt werden und nicht nur ein Symptom (siehe Seifenspender-Beispiel Abschn. 1.4).

■ 10.2 Verbesserung im Sinne der ISO 9001

Tabelle 10.1 Zusammenfassung der Anforderungen zum Thema „Verbesserung" nach ISO 9001

Kap.	Überschrift/Leitfragen/Anleitung	FS*
10	**Verbesserung**	
10.1	**Allgemeines**	
LF	*Welche Chancen zur Verbesserung hat die Organisation festgelegt, um die Anforderungen der Kunden zu erfüllen und die Kundenzufriedenheit zu verbessern?*	
ANL	1. Legen Sie einen Abschnitt im QM-Handbuch fest, in dem Sie beschreiben, wie Sie Chancen zur Verbesserung bestimmen und auswählen, die folgende Punkte umfassen: ▪ Verbesserung von Produkten/Dienstleistungen ▪ Verhindern/Verringern von unerwünschten Auswirkungen ▪ Verbesserung der Leistung und Wirksamkeit des QM-Systems. Die Verbesserung kann dabei reaktiv (z. B. Korrektur, Korrekturmaßnahme), schrittweise (z. B. fortlaufende Verbesserung), sprunghaft (z. B. Durchbruch), kreativ (z. B. Innovation) oder durch Umorganisation erfolgen.	

Kap.	Überschrift/Leitfragen/Anleitung	FS*
ANL	2. Kennzeichnen Sie Maßnahmen und Entscheidungen in Ihrer Risikoanalyse, die Chancen zur Verbesserung enthalten.	
10.2	**Nichtkonformität und Korrekturmaßnahmen**	
	10.2.1 Anforderungen an den Umgang mit Nichtkonformitäten	
	10.2.2 Nachweise	
LF	*Welche Regelungen zum Umgang mit Nichtkonformitäten gibt es?* *Welche dokumentierten Informationen (Nachweise) gibt es hierzu?*	
ANL	1. Beschreiben Sie in Form einer VA oder im QM-Handbuch, welche Regelungen greifen, wenn **Nichtkonformitäten** (Fehler) auftreten - einschließlich solcher, die sich aus Reklamationen ergeben. Maßnahmen müssen den Auswirkungen entsprechend angemessen sein. 2. Prüfen Sie Ihre Beschreibung auf folgende Punkte, die in der Regelung enthalten sein müssen: ▪ Beschreibung der Maßnahmen (Sofortmaßnahmen (Korrektur) und Ursachenbeseitigung (Korrekturmaßnahmen)/Umgang mit den Folgen) ▪ Bewertung der Notwendigkeit einer Ursachenforschung (wann reichen Sofortmaßnahmen aus, wann müssen Korrekturmaßnahmen eingeleitet werden) ▪ Prüfung der Wirksamkeit der ergriffenen Maßnahmen ▪ Wenn erforderlich - Einfließen der Ergebnisse in die vorhandene RISIKOANALYSE ▪ Wenn erforderlich - Einleitung von Änderungen am QM-System 3. Führen Sie ein Instrument ein (z. B. Formblatt), über das aufgetretene Nichtkonformitäten entsprechend obiger Regelung dokumentiert werden. Dabei müssen folgende Informationen enthalten sein: ▪ Beschreibung der Nichtkonformität (Was, Wann, Wer, Wie viel, Womit, Wie) ▪ Art der Nichtkonformität (Klassifizierung) ▪ getroffene Maßnahmen ▪ Ergebnisse der Maßnahmen einschließlich Wirksamkeit.	

Kap.	Überschrift/Leitfragen/Anleitung	FS*
ANL	Hinweis zur Abgrenzung von 8.7 (Steuerung nichtkonformer Ergebnisse): Dieser Abschnitt erweitert die Anforderungen auf alle möglichen Fehler in der Organisation, während 8.7 auf die gezielte Lenkung fehlerhafter Produkte im Bereich Fertigung/Dienstleistungserbringung abzielt.	
10.3	**Fortlaufende Verbesserung**	
LF	*Wie kann die Organisation eine Verbesserung des QM-Systems in Bezug auf Eignung, Angemessenheit und Wirksamkeit nachweisen?*	
ANL	1. Legen Sie einen Abschnitt im QM-Handbuch fest, in dem Sie beschreiben, wie Sie die **Eignung, Angemessenheit und Wirksamkeit Ihres QM-Systems** fortlaufend verbessern. Beschreiben Sie kurz die Werkzeuge und Methoden, auf die Sie Ihren KVP gründen (Audits, Datenanalysen, KVP-Berichtsanalysen etc.). 2. Stellen Sie auf Basis der oben festgelegten Methoden und Werkzeuge im Rahmen der Managementbewertung (siehe Abschn. 9.3) dar, wo es im zurückliegenden Zeitraum in der Organisation Verbesserungen gab und wie diese bewertet werden. Die Aussagen gründen sich in der Regel hauptsächlich auf Ergebnisse aus Kapitel 9 und 10.	

11 Werkzeuge und Methoden

11.1 Qualitätstechniken – eine Begriffsbestimmung

Mit Qualitätstechniken werden Werkzeuge und Methoden beschrieben, die im Qualitätsmanagement Anwendung finden. Dabei grenzen sich die Begriffe Werkzeug und Methode klar voneinander ab. Es gibt z. B. mehrere Methoden, ein Bild aufzuhängen. Dabei bedient man sich – je nach Methode – unterschiedlicher Werkzeuge.

Methode 1: Nagel einschlagen/Bild aufhängen

Methode 2: Loch bohren/Dübel setzen/Haken eindrehen

Werkzeuge sind bei Methode 1 ein Hammer, bei Methode 2 eine Bohrmaschine, ein Hammer und eine Zange. Das heißt, je nach Methode wird sich unterschiedlicher Werkzeuge bedient. Diese Logik ist im Qualitätsmanagement nicht anders. Tabelle 11.1 gibt eine Übersicht über die begriffliche Abgrenzung.

Tabelle 11.1 Begriffsabgrenzung Werkzeuge und Methoden

Methode	Werkzeug
beschreibt den Weg zu einem Ziel, das planmäßige, folgerichtige Vorgehen (WIE)	beschreibt das eingesetzte Mittel oder Instrument (WAS und WOMIT)
komplex/vielschichtig	einfach
häufig bereichsübergreifend; viele Personen sind daran beteiligt	wird häufig durch Einzelne angewendet
Beispiele:	
SPC (Statistic Process Control)	Qualitätsregelkarte
DoE (Design Of Experiments)	orthogonale Tafeln
QFD (Quality Function Deployment)	House Of Quality (HoQ)
FMEA (Fehlermöglichkeit- und Einfluss-Analyse)	FMEA-Formblatt

■ 11.2 Die sieben Werkzeuge (7 Q-Tools, Q 7)

Bei den 7 Q-Tools handelt es sich um einen Begriff für eine Sammlung von Werkzeugen, die sich in der Literatur je nach Quelle unterscheiden. Allgemein wird diese Sammlung wie ein „Schweizer Taschenmesser" für die Qualitätssicherung betrachtet. Sie stellt elementare Werkzeuge zur Fehlererfassung und -analyse bereit.

Die wohl am weitesten verbreitete Darstellung ist die von Kamiske (Bild 11.1). Sie geht zurück auf Ishikawa, der diese Werkzeuge ursprünglich zur Anwendung in Qualitätszirkeln zusammenstellte:

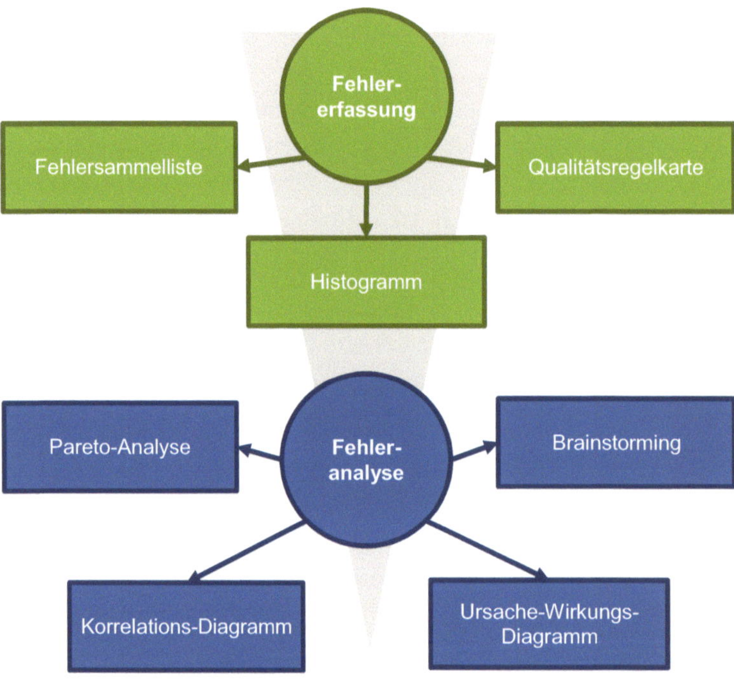

Bild 11.1 Die sieben Qualitätswerkzeuge in Anlehnung an Kamiske[1]

Nach Darstellung der Q 7 nach Kamiske werden weitere Werkzeuge vorgestellt, die im Qualitätsmanagement (und anderen Bereichen) sinnvoll eingesetzt werden können und die – je nach Literaturquelle – auch als Bestandteil der Q 7 dargestellt werden.

[1] Kamiske, Qualitätsmanagement von A bis Z, S. 226

11.2.1 Fehlersammelliste (Strichliste)

Die Fehlersammelliste (Tabelle 11.2) ist wohl die grundlegendste Form der Fehlerdatenerfassung zur späteren Auswertung und Analyse.

Tabelle 11.2 Beispiel einer standardisierten Fehlersammelliste

Nr.	Fehlerart	Zeitraum: KW 27	Gesamt
1.	Kratzer	𝍸 III	8
2.	Delle	𝍸 𝍸 𝍸 I	16
3.	Beule	III	3
4.	Verschmutzung	IIII	4
5.	...		

Im ersten Schritt werden die Fehlerklassen festgelegt sowie die Zeiträume, die mit einem Formblatt zu erfassen sind (oben beispielsweise werden die Fehler pro Kalenderwoche gesammelt). Am Ende des Zeitraums wird die Summe der einzelnen Fehlerarten ermittelt.

Eine alternative Fehlersammelmethode erfolgt häufig direkt in Form von Skizzen oder technischen Zeichnungen, um hierauf die Orte der Fehler festzuhalten sowie gegebenenfalls die Art des Fehlers (Tabelle 11.3).

Tabelle 11.3 Beispiel eines Fehlerzählblattes

Artikel-Nr.: 0815	Datum: 16.06.20XX
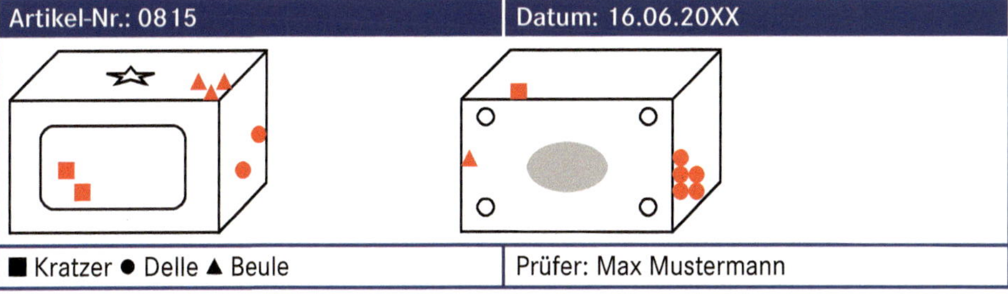	
■ Kratzer ● Delle ▲ Beule	Prüfer: Max Mustermann

11.2.2 Qualitätsregelkarte

Die Qualitätsregelkarte soll an dieser Stelle nur erwähnt werden, weil sie eines der klassischen Q-Tools nach Ishikawa darstellt. Ausführlich wird sie in Abschn. 12.8 behandelt.

> Die Qualitätsregelkarte (QRK) dient dem systematischen Erfassen von Lage und Streuung eines Serienprozesses, dem frühzeitigen Erkennen von Fehlern (RUN, TREND, Überschreiten von Eingriffs- und Warngrenzen) und der Möglichkeit eines frühzeitigen Eingreifens, noch bevor Ausschuss produziert wird.

11.2.3 Histogramm

Die Erstellung eines Histogramms wird ausführlich in Abschn. 12.3.2 behandelt.

> Das Histogramm dient der Darstellung von Verteilungen stetiger oder kontinuierlicher Merkmale. Das sind in der Regel messbare Merkmale (also alles, was eine physikalische Einheit trägt wie m, kg, s etc.).

- Zusammenfassend erfolgt die Erstellung eines Histogramms in folgenden Schritten:
- Daten sammeln (Stichprobe vom Umfang n)
- Klassenanzahl ermitteln: $k = \sqrt{n}$ (k ist natürliche Zahl!)
- größten und kleinsten Wert/Spannweite R bestimmen
- Klassenweite ermitteln: $w = R/k = (x_{max} - x_{min})/k$
- Klassen eindeutig voneinander abgrenzen
- Datenwerte den Klassen zuordnen/Häufigkeitstabelle erstellen
- Histogramm zeichnen

Stellen wir uns vor, wir sind zuständig für den Wareneingang und erhalten von unserem Lieferanten eine umfangreiche Lieferung von 10 000 Teilen (Lieferlos). Eine sinnvoll durchgeführte Histogrammanalyse (Beispiele: Bild 11.2 bis Bild 11.4) kann dabei helfen, bestimmte Sachverhalte aufzudecken, die im Folgenden kurz erläutert werden sollen. In das Histogramm werden dabei grundsätzlich oberer und unterer Grenzwert mit eingezeichnet. Tabelle 11.4 gibt eine Übersicht über die Interpretation der Histogramme.

Histogrammanalyse

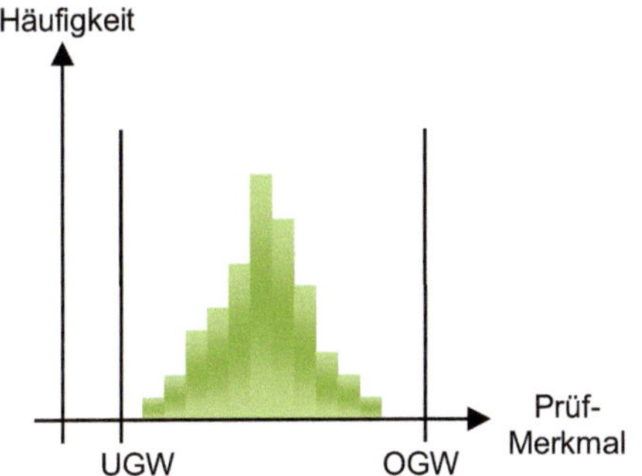

Bild 11.2 Histogrammbeispiele 1 und 2

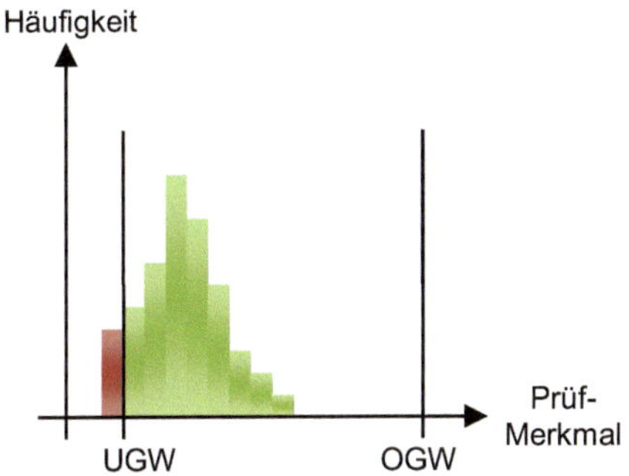

Bild 11.3 Histogrammbeispiele 3 und 4

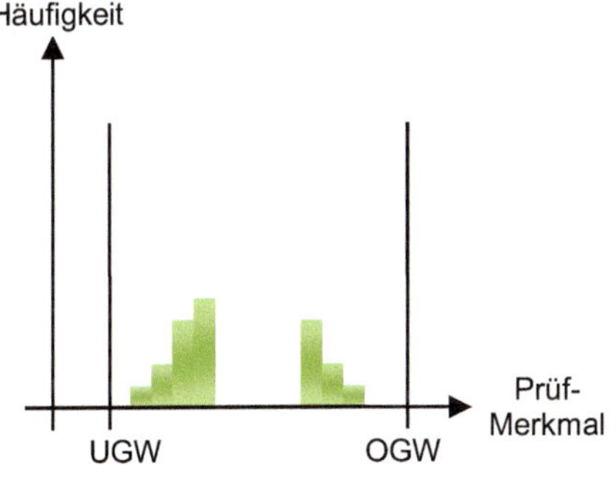

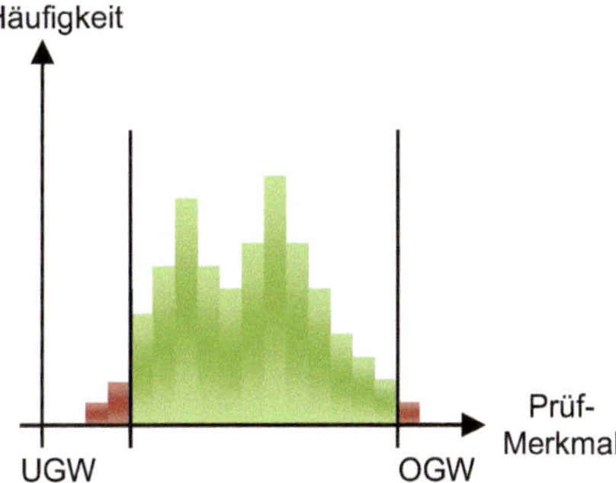

Bild 11.4 Histogrammbeispiele 5 und 6

Tabelle 11.4 Histogramminterpretation

Nr.	Hinweise
1	normales Histogramm; annähernde Normalverteilung mit höchstem Wert ungefähr in der Toleranzmitte
2	Die Histogrammmitte ist außermittig bzw. nach rechts verschoben. Am oberen Grenzwert wurde offensichtlich aussortiert.
3	Die Histogrammmitte ist außermittig bzw. nach links verschoben. Am unteren Grenzwert wurde offensichtlich aussortiert, aber schlecht - es sind Ausschussteile vorhanden!
4	Es gibt zwei Normalverteilungs-Gipfel. Dies lässt auf das Zusammenwerfen zweier Chargen schließen bzw. es ist keine Stratifikation erfolgt.
5	Hier wurden die mittleren Klassen aussortiert. Offensichtlich handelt es sich um Ware 2. Wahl.
6	Zwei Chargen wurden zusammengeworfen; keine Aussortierung erfolgt; Ausschuss vorhanden.

Die Histogrammanalyse kann auch im Rahmen der Serienfertigung in der Endkontrolle in Bezug auf das eigene Fertigungslos angewendet werden. Die genannten Aussagen gelten dann entsprechend für die Fertigung.

11.2.4 Pareto-Diagramm

Der Volkswissenschaftler Vilfredo Pareto ist auf eine Art Naturgesetz gestoßen, das in vielen Bereichen unseres alltäglichen Lebens auftritt, nämlich dass etwa 80 % einer Auswirkung von nur etwa 20 % der Ursachen bewirkt wird. Dieser Ansatz wird daher auch als 80-20-Regel bezeichnet.

Beispiele:

- Ein Unternehmen macht etwa 80 % des Umsatzes mit 20 % seiner Produkte.
- Mit etwa 20 % der Lieferanten erfolgen etwa 80 % des Einkaufsvolumens.
- 20 % der Bevölkerung besitzen etwa 80 % des gesamten Volkseinkommens.
- 20 % der Versicherungsnehmer einer Versicherung verursachen 80 % der Gesamtschadenssumme.
- Im QM-Bereich bedeutet das, dass etwa 20 % der Fehler 80 % der Fehlerkosten verursachen.

Der 80-20-Sachverhalt ist eine Daumenregel und gilt nicht überall. So gibt es beispielsweise weltweit etwa 8000 Sprachen. 50 % aller Menschen sprechen lediglich fünf Sprachen und bereits 95 % aller Menschen sprechen zusammen lediglich 100 Sprachen, das entspricht in etwa 1 % aller Sprachen. Hier würde es sich um eine „95-1-Regel“ handeln. In jedem Fall gilt aber:

Das Pareto-Diagramm dient der Analyse des Zusammenhangs zwischen **Ursache und Wirkung**. Es wird dabei davon ausgegangen, dass in einem sehr kleinen Teil der Ursachen der Großteil der Wirkung steckt. Es hilft dabei, **Wichtiges von Unwichtigem zu trennen**.

Vorgehensweise

- Analysekriterium festlegen (z. B. Fehleranzahl oder Fehlerkosten)
- Daten sammeln (z. B. Fehlersammelliste)
- Summen über die Fehlerklassen bilden
- Rangabsteigend sortieren (!!! nicht vergessen!!!)
- Summen kumulieren (aufaddieren)
- Pareto-Diagramm zeichnen
- ggf. 80-20-Punkt markieren oder ABC-Analyse anschließen

Im folgenden Beispiel wurden über einen bestimmten Zeitraum Fehlerdaten gesammelt, die Summen gebildet und bereits rangabsteigend sortiert (Schritte 1 bis 5).

Beachten Sie bitte, dass die rangabsteigende Sortierung hier nach den Gesamtkosten pro Fehlerart erfolgt ist. Würde man die Fehleranzahl als Analysekriterium heranziehen, so wären die Sortierung und damit auch das später resultierende Pareto-Diagramm anders!

Im Beispiel sieht man, dass die ersten beiden Fehlerklassen Kratzer und Dellen einen Anteil von 82 % an den Gesamtfehlerkosten haben (Tabelle 11.5).

Tabelle 11.5 Beispieltabelle für ein Pareto-Diagramm

Kl.	Fehlerart	Anz.	Kosten pro Fehler	Kosten Gesamt	in %	kum.
3.	Kratzer	84	9,60 €	806,40 €	44,3 %	44,3 %
5.	Dellen	111	6,10 €	677,10 €	37,3 %	81,6 %
2.	Beulen	15	4,20 €	63,00 €	3,4 %	85,0 %
1.	Montagefehler	3	19,70 €	59,10 €	3,3 %	88,3 %
4.	Element defekt	4	14,30 €	57,20 €	3,1 %	91,4 %
6.	Verfahrensfehler	13	3,39 €	44,07 €	2,5 %	93,9 %
8.	Kabel/Elektrik	4	9,30 €	37,20 €	2,0 %	95,9 %
7.	Bauteilbruch	17	1,97 €	33,49 €	1,8 %	97,7 %
10.	Sonstiges	17	2,10 €	35,70 €	2,0 %	99,7 %
9.	Bedienungsanleitung	1	5,10 €	5,10 €	0,3 %	100,0 %
			Summe	**1818,36 €**	**100 %**	

Man erkennt auch den 80-20-Punkt, an dem die Kurve einen starken Knick macht. Bis zu diesem Punkt hat man einen „großen Hebel" – sprich einen starken Zusammenhang zwischen Ursache und Wirkung. Danach flacht (im wahrsten Sinne des Wortes) die Auswirkung der Ursachen ab.

Die Kumulierung erfolgt grafisch durch Übereinanderschichten der „Fehlerblöcke" (Bild 11.5).

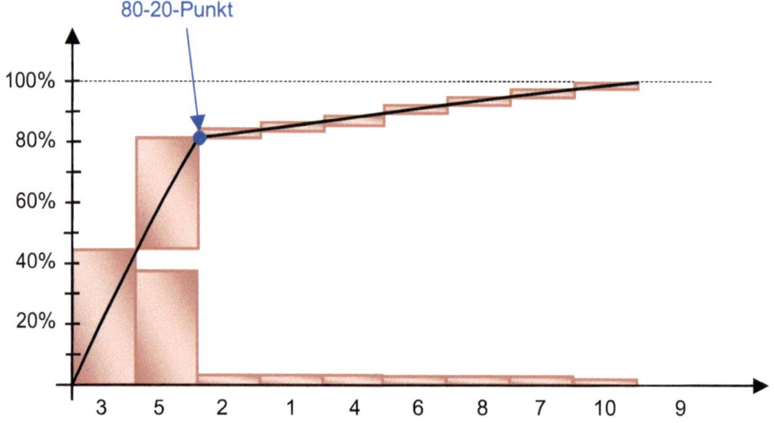

Bild 11.5 Pareto-Diagramm zu Tabelle 11.5

ABC-Analyse

Die ABC-Analyse ist ein zusätzlicher Schritt, nachdem das Pareto-Diagramm erstellt wurde. Es erfolgt eine Dreiteilung durch Einzeichnen von zwei zusätzlichen Linien auf der vertikalen Achse bei etwa folgenden Prozentwerten:

- A/B: 70 %
- B/C: 90 – 95 %

Die Dreiteilung bietet nun drei priorisierte Bereiche, die in der Regel mit A, B und C bezeichnet werden (Bild 11.6). Je nach untersuchtem Merkmal spricht man dann von A-Produkten, A-Lieferanten, A-Fehlern usw.

Die Pareto-Analyse stellt ein extrem wichtiges Werkzeug in der Praxis dar, nicht nur in Hinblick auf die Fehleranalyse im Qualitätsmanagement. Sie leistet eine unschätzbare Hilfe in allen Bereichen, in denen in kurzer Zeit ein Überblick über Sachverhalte benötigt wird sowie Hinweise, wo Hebel anzusetzen sind (vor allem auch in betriebswirtschaftlicher Hinsicht).

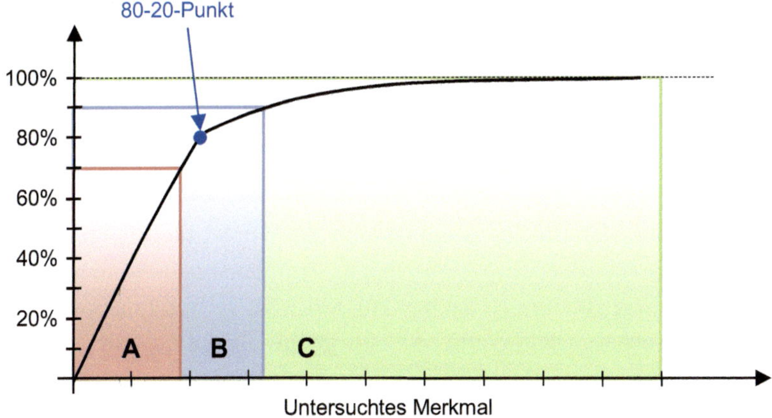

Bild 11.6 ABC-Analyse in Ergänzung des Pareto-Diagramms

11.2.5 Korrelationsdiagramm

Das Korrelationsdiagramm dient der Analyse des mathematischen Zusammenhangs zweier Größen. Es zeigt jedoch nicht unbedingt einen Ursache-Wirkungs-Zusammenhang auf!

Beispiele für Korrelationen im Alltag:

- Häufigkeiten der Durchsagen in einem Supermarkt korrelieren negativ mit dem Umsatz(der Einkäufer beschleunigt seine Einkaufsgeschwindigkeit, vermutlich weil er durch die Ansagen genervt ist; ein positiver Effekt ist nur spürbar, wenn der Kunde während der Ansage direkt vor dem Angebot steht).
- Langsame Musik erhöht die Verweildauer im Geschäft(verlangsamt die Einkaufsgeschwindigkeit).
- Langsame Musik in einer Boutique führt jedoch zu Umsatzrückgang (gefühlt wird hier durch die langsame Musik die Ware teurer).
- Versicherungen: Bis zum 11.09.01 ging man davon aus, dass Lebens-, Luftfahrt- und Gebäudeversicherungen nicht korrelieren. Mit mehr als 3000 Toten und 45 Milliarden Dollar war der 11.September der größte Versicherungsfall aller Zeiten (→ Risiken müssen auf Korrelationen abgeprüft und verteilt werden).
- In einer bestimmten Altersgruppe korreliert das Kaufverhalten von Männern, die regelmäßig Windeln kaufen, mit der Bereitschaft, auch Bier zu kaufen.

Die Beispiele zeigen, dass korrelierende Größen wie Windelkauf und Bierkauf nicht unbedingt in einem Ursache-Wirkungs-Zusammenhang stehen müssen. Die Korrelationsanalyse weist Handlungsempfehlungen auf, ohne dass dazu die Ergründung einer Ursache erforderlich wäre.

Das Beispiel 11. September zeigt, wie wichtig eine Korrelationsanalyse in Hinblick auf Risikoabschätzung und Verteilung von Risiken ist.

Als Grundlage für ein Korrelationsdiagramm ist eine ***x/y*-Wertetabelle** nötig. Jeder Punkt im Diagramm repräsentiert ein *x/y*-Wertepaar. Zum Beispiel könnte man die Körpergröße und das Gewicht einer Gruppe auf Korrelation untersuchen. Eine Achse wäre dann die Körpergröße (x) und die senkrechte Achse das Gewicht (y). Jedes Mitglied der Gruppe wäre dann durch einen Punkt vertreten. Sollten zwei Teilnehmer exakt gleiche Körpergröße und Gewicht haben, so lägen die Punkte übereinander und erschienen im Diagramm als ein einziger Punkt.

Der Korrelationskoeffizient *r* (Bild 11.7)

Mit dem Formelbuchstaben r wird allgemein der Korrelationskoeffizient bezeichnet. Er liegt in einem **Wertebereich zwischen −1 und +1** und **zeigt zwei Dinge auf:**

- ob ein Zusammenhang stark oder schwach ist
  (durch den Zahlenwert)
- ob ein Zusammenhang steigend oder fallend ist
  (durch das Vorzeichen)

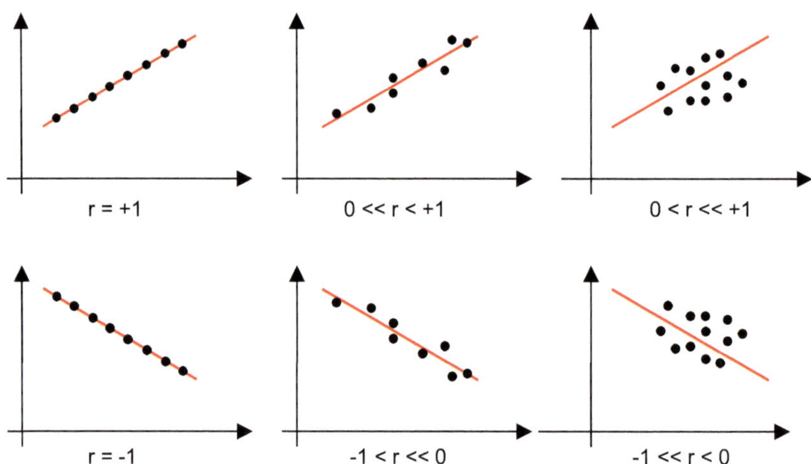

Bild 11.7 Der Korrelationskoeffizient und seine Bedeutung

Ein „perfekter“ Zusammenhang wäre ein Korrelationskoeffizient von +1 oder −1. Die Punkte erscheinen wie auf einer Schnur aufgefädelt auf einer Geraden. Je mehr sich r der 0 nähert, umso „nebulöser“ wird der Zusammenhang. Die folgenden Abbildungen verdeutlichen die Zusammenhänge.

Wichtig ist hierbei:

- Der Zahlenwert sagt nichts über die Steigung aus! Er definiert lediglich, wie „eng“ sich die Punkte an die Gerade schmiegen.
- Das Vorzeichen gibt lediglich die Richtung des Zusammenhangs an: + = steigend; − = fallend.
- $0 < r \ll 1$ bedeutet, dass r näher an der 0 ist als an der 1.
- $0 \ll r < 1$ bedeutet, dass r näher an der 1 ist als an der 0.

Wenn eine Gerade nicht mehr in die Punktewolke gelegt werden kann, so liegt keine Korrelation vor – der Korrelationskoeffizient ist 0.

Ein Korrelationskoeffizient von 0 ergibt sich jedoch noch auf anderen Wegen wie Bild 11.8 zeigt.

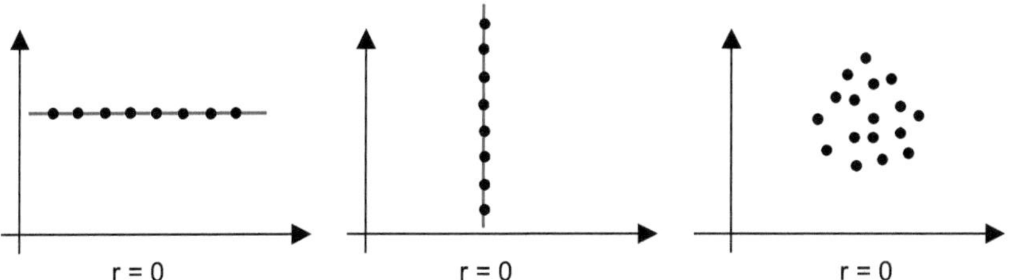

Bild 11.8 $r = 0$ – es liegt keine Korrelation vor

Eine Gerade, die eine Parallele zur x- oder y-Achse bildet, kann keine Korrelation ergeben. Korrelation bedeutet, dass es zu jedem x-Wert genau einen y-Wert gibt und nicht mehrere. Dies wäre bei den Parallelen aber der Fall.

Einfacher Zusammenhang über das Quotenverhältnis (Assoziationsmaß)

Eine einfache Methode der Ermittlung, ob ein Zusammenhang zwischen zwei Größen vorliegt, ist folgendermaßen möglich:

- Man legt in die Punktewolke eine parallele Gerade zur x-Achse, sodass die Anzahl der Punkte oberhalb gleich der Anzahl unterhalb der Geraden ist.
- Man legt eine zweite parallele Gerade – diesmal zur y-Achse –, sodass die Anzahl der Punkte links gleich der Anzahl rechts der Geraden ist.
- Nun ermittle man die Anzahl der Punkte in den vier Quadranten a bis d und berechne das normierte Quotenverhältnis nach folgender Formel:

$$Q = \frac{a \cdot c - b \cdot d}{a \cdot c + b \cdot d}$$

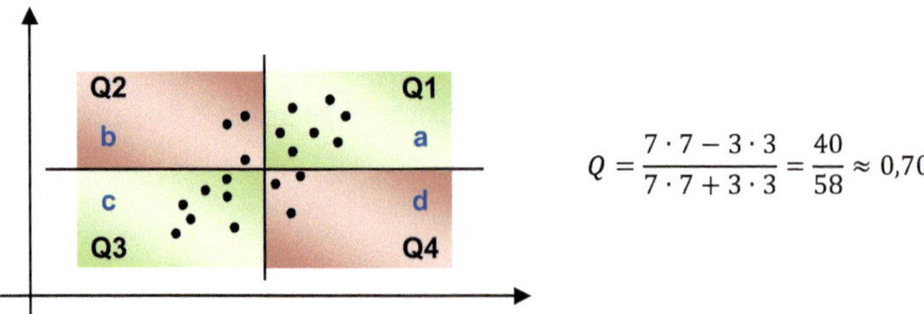

Bild 11.9 Berechnung des normierten Quotenverhältnisses (Assoziationsmaß) über einfaches Auszählen von Quadrantenpunkten

Auch das normierte Quotenverhältnis Q liegt im Wertebereich zwischen −1 und +1. Es berücksichtigt jedoch die Lage der einzelnen Punkte deutlich weniger als der Korrelationskoeffizient (Bild 11.9).

Ermittlung mit dem Taschenrechner (nicht prüfungsrelevant)

Mit dem Taschenrechner lassen sich im Statistikmodus die x/y-Wertepaare eingeben und der Korrelationskoeffizient direkt abrufen. Beispiele sind in der Regel in der Bedienungsanleitung des Taschenrechners vorhanden.

Ausblick: Regressionsanalyse

Eine Frage ist in jedem Fall geblieben: Wie liegt die Gerade in der Punktewolke? Diese Frage ist vor allem interessant, wenn man sie für eine Prognose interpolieren will, also gedanklich verlängern möchte, um zu beliebigen x-Werten entsprechende y-Werte zu ermitteln (und umgekehrt). Das Verfahren, das hierzu angewendet wird, heißt lineare Regression (Bild 11.10).

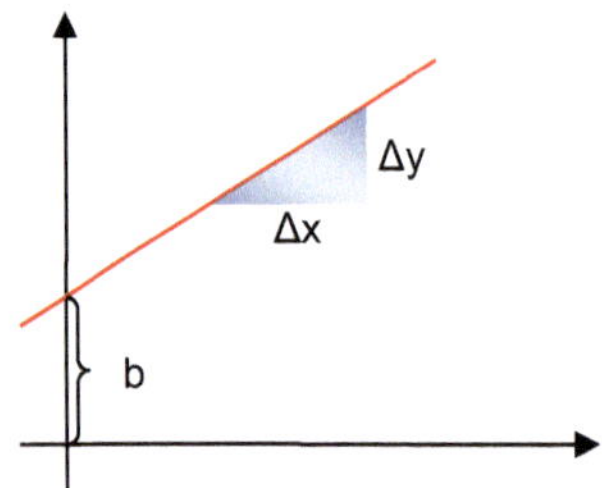

Bild 11.10 Die Parameter *m* und *b* einer beliebigen Geraden

Zur Bestimmung der Geraden sind zwei Parameter nötig, die eine beliebige Gerade eindeutig bestimmen:

- die **Steigung der Geraden *a***
  ermittelt durch das sog. „Steigungsdreieck“: $a = \frac{\Delta y}{\Delta x}$
- der sog. **Achsenabschnitt *b***
  (der Punkt auf der y-Achse, bei dem die Gerade die y-Achse schneidet)

Auch hier können die beiden Parameter a und b nach Eingabe einer x/y-Wertepaarliste direkt mit dem Taschenrechner abgerufen werden (a und b heißen in der Literatur und in vielen Bedienungsanleitungen zum Taschenrechner allerdings anders). Das manuelle Bestimmen des Korrelationskoeffizienten sowie der Parameter der Geraden ist relativ aufwendig.

Die Korrelationsanalyse ist nicht nur auf lineare Aufgabenstellungen anwendbar, also auf eine Annäherung der Korrelation durch eine Gerade, sondern auch durch andere Kurvenformen (Bild 11.11). Diese „nichtlineare" Regressionsaufgaben erfordern jedoch in der Regel die Kenntnis der höheren Mathematik.

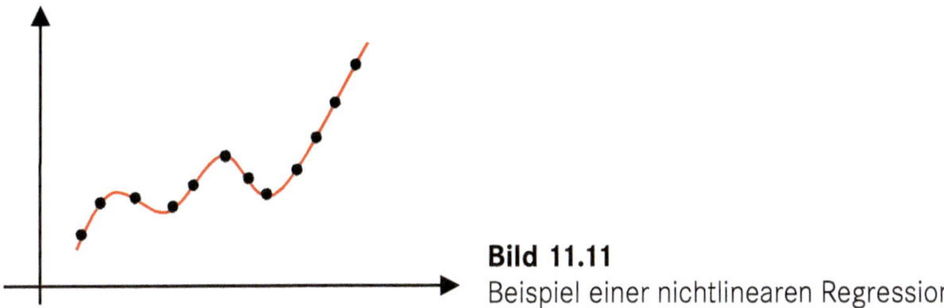

Bild 11.11
Beispiel einer nichtlinearen Regression

11.2.6 Brainstorming

Brainstorming („Gedankensturm") wird gezielt eingesetzt, um im Team zu beliebigen Themen Ideen, Lösungsansätze etc. zu sammeln. Es ist ein Kreativwerkzeug.

Brainstorming kann offen oder verdeckt erfolgen und benötigt in jedem Falle einen Moderator.

Entscheidend sind folgende Punkte:

- Organisation: Es sollte ein Raum mit Flipchart oder Whiteboard und/oder Moderationswand zur Verfügung stehen. Es muss sichergestellt werden, dass keine Störungen auftreten/alle Handys und Telefone aus.
- Die Zeit für das Brainstorming sollte im Vorfeld vereinbart und eingehalten werden.
- Das behandelte Thema muss schriftlich an einer Tafel oder einem Flipchart allen Teilnehmern dauerhaft „vor Augen" geführt werden.
- Alle Teilnehmer müssen signalisieren, dass sie das Thema oder die Aufgabe verstanden haben.
- Die Ideen können in einer oder mehreren Runden schriftlich über Karten beim Moderator eingereicht und dann in der Runde vorgestellt werden; danach er-

folgt die nächste Runde. Es ist jedoch auch ein von Anfang an offenes Brainstorming möglich.

- Sämtliche Ideen und Vorschläge müssen vom Moderator für alle lesbar schriftlich fixiert werden (entfällt bei der Kartenmethode).
- Alle Vorschläge sind erlaubt (auch die abstrusesten!).
- Eine Bewertung der Vorschläge ist nicht zugelassen (erfolgt in einer späteren Phase).

Die Ideen der anderen sollen auf die eigenen Gedanken zurückkoppeln und so wiederum neue Ideen auslösen – eigenes Gedankengut soll mit dem der anderen verbunden werden und so ein Synergieeffekt erzeugt werden (das Ergebnis ist mehr als die Summe der einzelnen Vorschläge).

Brainstorming wird von Ishikawa als Q-Tool benannt, gilt heute jedoch als klassisches Managementtool für alle möglichen Arten von Aufgaben- und Problemstellungen.

11.2.7 Ursache-Wirkungs-Diagramm

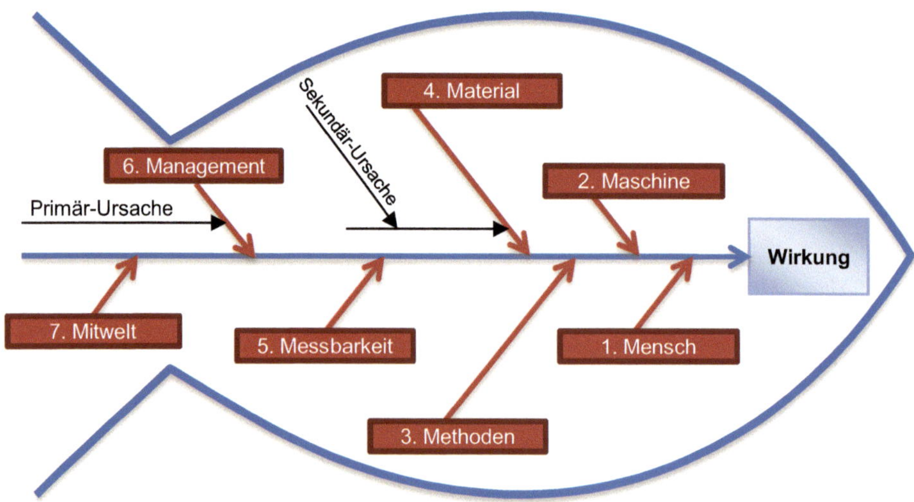

Bild 11.12 Das Ishikawa-, Fischgräten- oder Ursache-Wirkungs-Diagramm

Das nach dem japanischen Qualitätswissenschaftler Kaoru Ishikawa (1915–1989) benannte Werkzeug (Bild 11.12) dient der systematischen und strukturierten Sammlung von Ursachen, die zu einer festgelegten Auswirkung führen.

In der Praxis wird es beispielsweise in der Entwicklung eingesetzt, um im Rahmen eines Brainstormings Risikoursachen zu finden und zu dokumentieren, die später im Rahmen einer FMEA einer fundierten Bewertung unterzogen werden (Bild 11.13; zur FMEA siehe Abschn. 11.4.1.) oder auch im 8 D-Report (siehe Abschn. 11.4.7).

Bild 11.13
Zusammenhang zwischen Ursache-Wirkungs-Diagramm und FMEA

Ishikawa empfahl, die Untersuchung anhand einiger festgelegter Aspekte - die sog. M-Begriffe - durchzuführen. Die Hauptäste (Gräten), die am „Rückgrat" des Fisches enden, symbolisieren genau diese Hauptaspekte. Von damals vier M-Begriffen sprechen wir heute von sieben M-Begriffen: **Mensch, Maschine, Material, Methode, Mitwelt (Milieu), Management und Messbarkeit**. Nach Aussage eines Bekannten gibt es in seinem Unternehmen noch ein achtes M - nämlich Money. Bis heute weiß der Autor nicht, ob das ein Scherz war oder nicht. Im Sinne „Welche Folgen hat es, wenn das Bestechungsgeld nicht ausreicht?" wäre das achte M auf jeden Fall nachvollziehbar …

Jedenfalls werden die gesammelten Ursachen als Äste (Primärursachen) und Unteräste (Sekundärursachen) an die Hauptgräten angetragen. Bei einer Risikoanalyse werden beispielsweise mögliche Fehlerursachen erarbeitet, die durch den Menschen ausgelöst werden (z. B. Fehlverhalten), durch fehlerhaftes Material usw.

Eine moderne Form des Ishikawa-Diagramms bilden **Mindmaps,** bei denen im Zentrum ein Schlüsselbegriff steht (die Auswirkung) und als Äste die gefundenen Ursachen. Für die Darstellung von Mindmaps gibt es inzwischen Freeware-Tools, die EDV-gestützt die Erstellung auch komplexer Mindmaps ermöglichen.

Bild 11.14 zeigt eine Beispiel-Mindmap, wie sie vor einer umfangreicheren Risikoanalyse (FMEA) erstellt wurde.

Die Hauptaspekte müssen nicht unbedingt die M-Begriffe bilden, sondern können der jeweiligen Aufgabenstellung jederzeit angepasst werden.

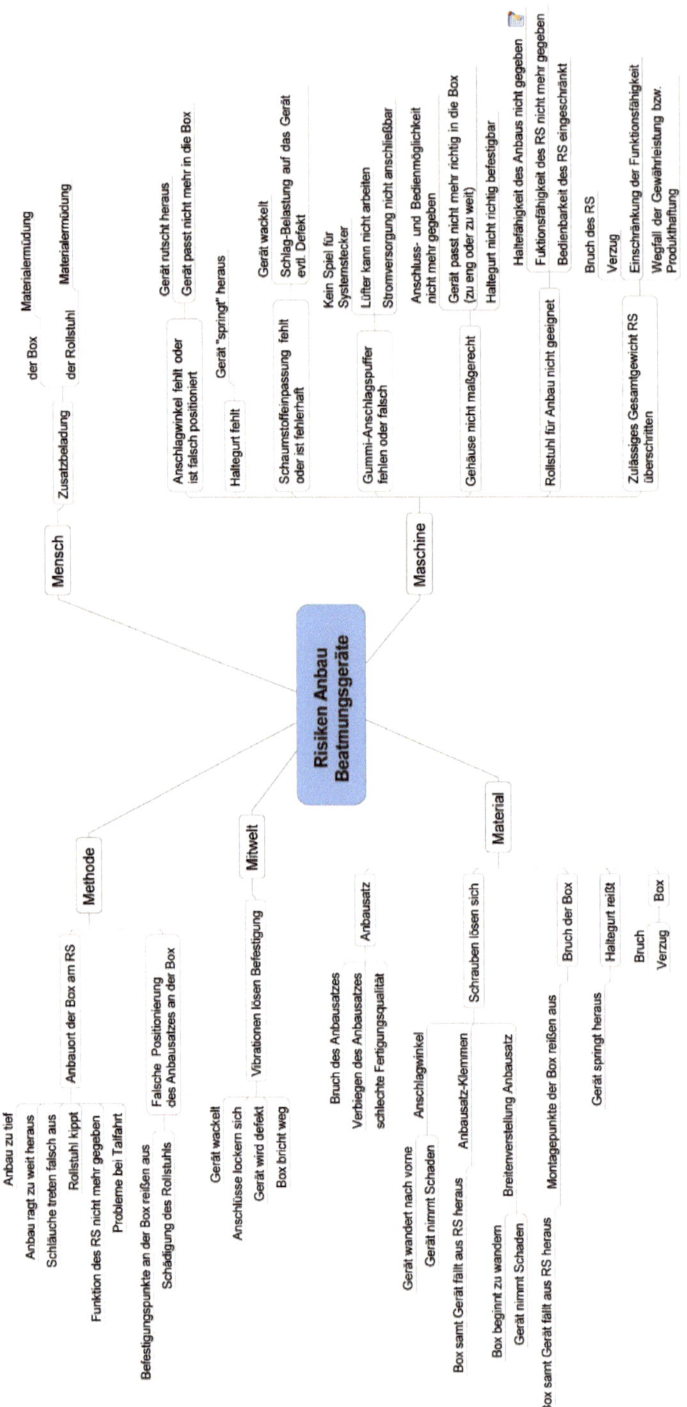

Bild 11.14 Beispiel einer Mindmap zum Sammeln von Risiken beim Anbau eines Beatmungsgerätes an einen Rollstuhl im Medizinbereich

11.3 Weitere Werkzeuge

11.3.1 Stratifikation (Datenschichtung)

Die Grundidee hinter dem Begriff der Stratifikation oder auch Stratifizierung besagt, dass die Ergebnisse eines Prozessschrittes niemals miteinander vermischt, sondern getrennt voneinander („geschichtet") gesammelt werden sollen (Bild 11.15).

In manchen Lehrbüchern wird die Stratifikation als eines der sieben Q-Tools (Q7) beschrieben. Sinn und Einsatzzweck der Stratifikation ist die schnelle Identifikation vorn fehlerverursachenden Prozesselementen.

Beispiel: Zwei Maschinen fertigen das gleiche Erzeugnis. Nur eine strikte Trennung der Auffangbehälter stellt sicher, dass im Zweifelsfall Ausschussware schnell identifiziert und ausgesondert werden kann.

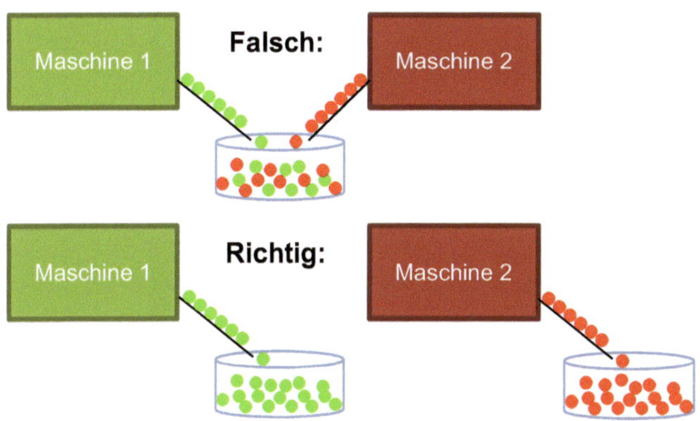

Bild 11.15 Prinzip der Stratifikation am Beispiel der Maschinenfertigung

Das Grundprinzip lässt sich auch auf andere Prozesse anwenden - beispielsweise auf Vorgänge in der Verwaltung (getrennte Ablage von Akten für bestimmte Prozessschritte). Der gezielte Einsatz der Stratifizierung dient in der Regel dem Auffinden von Fehlern.

11.3.2 Visualisierung

Unter Visualisierung versteht man die bildliche Darstellung eines Sachverhaltes.

Ein Bild sagt mehr als tausend Worte. Darum ist die Visualisierung von Ideen, Problem- und Aufgabenstellungen ein wichtiges und nützliches Werkzeug.

Eine gelungene bildhafte Darstellung macht Worte überflüssig und wird damit unabhängig von der Sprache (und der Fähigkeit zu lesen, wie wir alle seit der Werbung gegen Analphabetismus wissen).

Tabelle 11.6 gibt eine Übersicht über Visualisierungen im Alltag und im Beruf.

Tabelle 11.6 Beispiele von Visualisierungen

Visualisierung	Beispiele/Anwendungsfelder
Diagramme	Torten-, Säulen- und Trenddiagramme, Qualitätsregelkarten
Flussdiagramme/ Prozessschaubilder	QM-Modelle, Verfahrens- und Prozessbeschreibungen
Mindmaps	Risiko- und Fehlerursachenanalyse
Schilder	Arbeitssicherheit, Orientierungshilfen
Fotos	Montage
Zeichnungen	Fertigung, Montage, Bedienungsanleitungen
Skizzen	Kreativ- und Entwurfphase; Ideenvorstellung
Baumdiagramme	Darstellung von Abhängigkeiten; Fehlersuche

Hinweis:

Tabellen stellen keine Visualisierung dar! Eine reine Auflistung von Daten in Tabellenform erzeugt bei vielen Menschen kein Bild, sondern sorgt häufig sogar für Verwirrung. Ebenso ist „PowerPoint" keine Visualisierung, sondern ein Programm, das die Möglichkeit zu einer bildhaften Präsentation bietet. Präsentationen, die lediglich Aufzählungen von Textpassagen ohne ein einziges Bild enthalten, werden nach wie vor häufig eingesetzt. Dagegen kann eine gut erzählte Geschichte bewusst Bilder im Kopf entstehen lassen, die dazu führen, dass ein Sachverhalt besser eingeprägt werden kann.

Die Geschichte vom Zweibein

Versuchen Sie den folgenden Satz einmal zu lesen und dann auswendig aufzusagen:

„Ein Zweibein sitzt auf einem Dreibein und spielt mit einem Einbein. Da kommt ein Vierbein und nimmt dem Zweibein das Einbein weg. Daraufhin schmeißt das Zweibein nach dem Vierbein mit dem Dreibein."

Ist schwierig, gell?

Probieren Sie jetzt Folgendes: Stellen Sie sich vor, das Zweibein ist ein Mensch, der auf einem Hocker (Dreibein) sitzt. Er spielt dabei mit einem Knochen (Einbein). Da kommt ein Hund (Vierbein) und nimmt dem Menschen den Knochen weg. Daraufhin wirft der Mensch nach dem Hund mit dem Hocker. Jetzt dürfte es besser gehen. Der Grund: Im Kopf werden die abstrakten Begriffe Einbein, Zweibein usw. durch konkrete Bilder im Kopf ersetzt und zu einer Geschichte zusammengefügt. Der abstrakte Inhalt kann dadurch sehr einfach „gelernt" bzw. verarbeitet werden.

Dem vorgeführten Ansatz folgen Referenten, wenn sie Anekdoten erzählen. Die nachvollziehbaren Geschichten (Bilder im Kopf) beinhalten Sachverhalte, die durch die Verbindung mit der Geschichte einfacher gelernt werden können.

Jeder Mensch denkt visuell

Es ist seit Langem bekannt, dass unser Gehirn aus zwei Gehirnhälften besteht, von denen jede bevorzugt für spezielle Aufgabenbereiche zuständig ist. Unser Gehirn funktioniert zwar großteils holografisch, das bedeutet, dass Inhalte über größere, vernetzte Bereiche des Gehirns verteilt sind und damit auch der Ausfall von einzelnen Gehirnzellen kompensiert werden kann. Es ist jedoch unbestritten, dass die linke Gehirnhälfte stärker für die Analyse und Struktur von Sachverhalten zuständig ist, die rechte dagegen für Bilder, Empfindungen, Farben usw.

Ein rein textuell vorgetragener Sachverhalt spricht im Wesentlichen nur die linke Gehirnhälfte an. Unter Verwendung von Bildern wird ein größerer Gehirnbereich aktiviert, der bei so ziemlich allen Menschen dazu führt, dass ein Sachverhalt besser verstanden und behalten werden kann.

Lehrer, die bewusst auf Bilder und Anschaulichkeit verzichten, weil abstraktes Denken eine „Anforderung an weiterführenden Schulen" darstellt, sollten sich mit den Erkenntnissen der Hirnforschung auseinandersetzen. Ein entsprechend aufbereiteter Unterricht würde das Verständnis (und die Akzeptanz) der vermittelten Inhalte drastisch erhöhen.

11.3.3 (Fehler-)Baumdiagramm

> Baumdiagramme dienen der visuellen Darstellung von Abhängigkeiten und geben Orientierung.

Sie finden daher beispielsweise Einsatz bei komplexen Systemen zur Fehlersuche (z. B. Atomkraftwerke, Supportabteilungen) oder grafischen Software-Systemen zur Ausstattung von komplexen Produkten (z. B. Kraftfahrzeuge).

Vorteile

- zielgerichtete Führung des Anwenders

  (Beispielsweise kann auf Basis eines geeigneten Fehlerbaumdiagramms in einer Telefon-Hotline eine einheitliche Support-Qualität realisiert werden.)
- einfachere Einarbeitung neuer Mitarbeiter in neue Gebiete

Die detaillierte **Erstellung** eines solchen Diagramms ist **mit einem hohen Aufwand verbunden.** Dieser zahlt sich jedoch immer dann aus, wenn mehrere Mitarbeiter in einer einheitlichen Art und Weise komplexe Themen bearbeiten sollen.

Wie im Beispiel (Bild 11.16) zu erkennen, wird ein Baumdiagramm sehr schnell sehr umfangreich. Es ist daher wichtig, mit einem **geeigneten Medium** den Baum so abbilden zu können, dass er hinterher von den Anwendern auch sinnvoll genutzt werden kann. In der Praxis erfolgt dies heute fast immer mithilfe von Software-Systemen (z. B. Mindmaps).

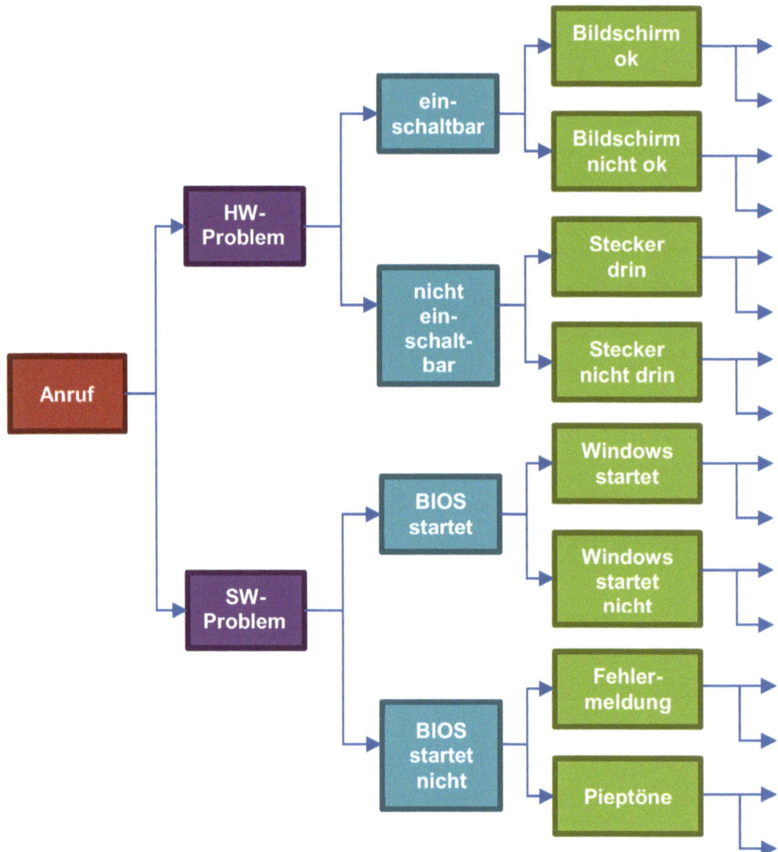

Bild 11.16 Fehlerbaumdiagramm am Beispiel einer PC-Telefon-Hotline

11.3.4 Flussdiagramm

Mithilfe von Flussdiagrammen lassen sich Prozessabläufe einschließlich der verwendeten Input-/Output-Datenflüsse sowie den jeweiligen Prozesseignern darstellen.

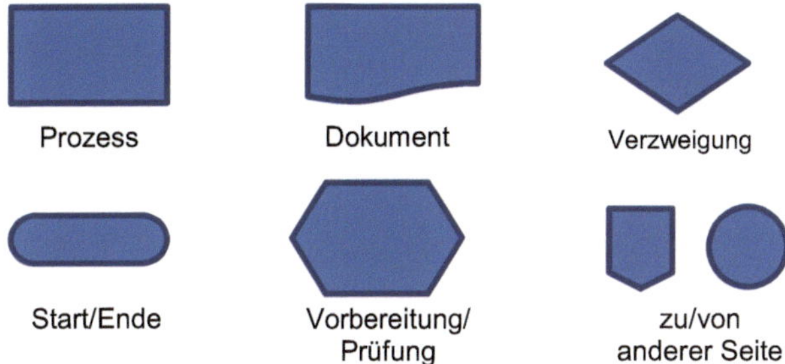

Bild 11.17 Wichtige Flussdiagrammsymbole

Flussdiagramme (oder neudeutsch „Flowcharts") finden sinnvollen Einsatz in Verfahrensanweisungen und Prozessbeschreibungen. Mithilfe der Symbole aus Bild 11.17 lassen sich 80 bis 90% aller Prozessabläufe im Unternehmen beschreiben (Bild 11.18).

Während es für die einzelnen Symbole eine eigene DIN-Norm gibt, kann die Darstellung des Prozesses in beliebiger Weise erfolgen. Als sinnvoll hat sich zum Beispiel die folgende Logik erwiesen, nach der auf der linken Seite Input-Daten stehen, in der Mitte der Prozess (von oben nach unten in zeitlicher Abfolge) und rechts daneben die Output-Daten. Rechts außen kann die Verantwortlichkeit oder Zuständigkeit geregelt werden.

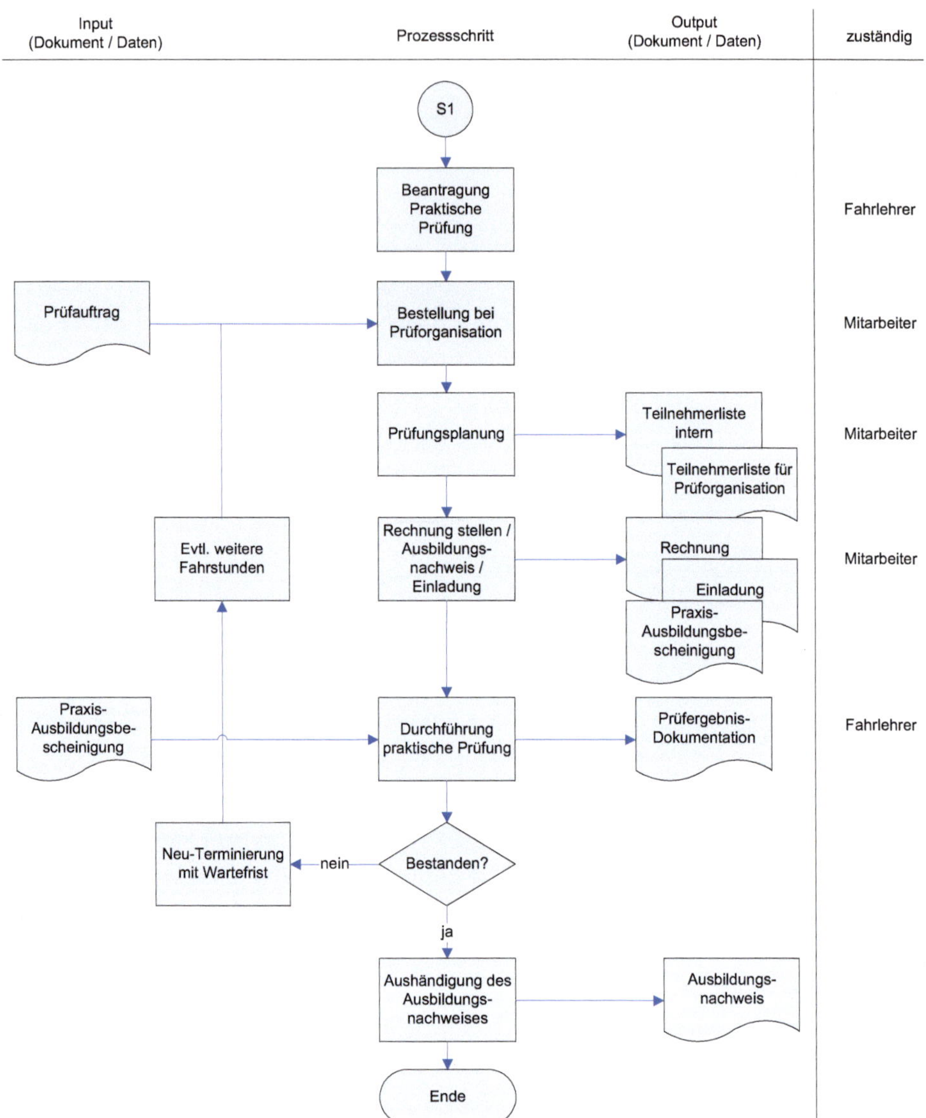

Bild 11.18 Auszug aus einer Prozessbeschreibung zur Prüfungsabwicklung in Fahrschulen

Die Vorteile liegen auf der Hand:

- relativ schnelle Erstellung bei der Prozessaufnahme
- Beschränkung auf das Wesentliche (kein Fülltext wie bei rein verbalen Beschreibungen)
- leichte Nachvollziehbarkeit von Verzweigungen (bei rein textbasierten oder tabellenorientierten Beschreibungen ist das sehr schwierig!)

- In Prozessbesprechungen innerhalb eines Teams kann ein Flussdiagramm als eindeutiger, roter Faden dienen.
- Die Diagrammansicht basiert ausschließlich auf den Gesetzen der Logik. Eine Fehlinterpretation, wie das bei Text oder Tabellen möglich ist, ist weit weniger gegeben.

Für die Erstellung einfacher Diagramme eignen sich bereits Office-Programme wie Word oder Excel oder auch Freeware-Programme wie DiagramDesigner. Professionellere Programme (MS Visio, iGrafx iProcess, ViFlow etc.) ermöglichen eine sehr schnelle Erstellung mit unterschiedlichsten Darstellungsoptionen. Beispielsweise können hier Abteilungen als sog. **Swimlanes** (Schwimmbahnen) abgebildet werden, durch die sich dann ein Prozess wie bei einer Landkarte hindurchzieht.

Programme wie iProcess von iGrafx ermöglichen zusätzlich die **Simulation von Prozessen,** indem hinter den jeweiligen Prozesssymbolen verschiedenste Parameter eingepflegt werden können (Arbeitszeiten, Anzahl der Arbeitskräfte etc.). Über die Simulation können dann Flaschenhälse im Prozess sichtbar gemacht werden und durch Veränderungen in den Parametern ein optimaler Prozess gefunden werden.

11.3.5 Turtle-Diagramm

Das Turtle-Diagramm ist ein Werkzeug, das auf einer einzigen Seite alle wichtigen Informationen zu einem Prozess darstellen soll. Es wird daher häufig auch als Prozesssteckbrief bezeichnet. Man stelle sich eine Schildkröte (Turtle) vor. Über den Mund fließt der Input (die Eingaben) in die Schildkröte, wird dort verarbeitet und es wird am Schwanz der Output (die Ergebnisse) erzeugt. Im Zentrum wird zusätzlich der Prozesseigner mit angegeben.

An den vier Füßen werden folgende Informationen angegeben:

- Benötigte Ressourcen (Womit?)
- Prozessbeteiligte (Wer?)
- Vorgaben/Anweisungen (Wie?)
- Indikatoren/Kennzahlen (Wie viel?)

Die beiden Seiten dienen der Aufnahme von Verbesserungspotenzial/Chancen sowie Risiken (Bild 11.19).

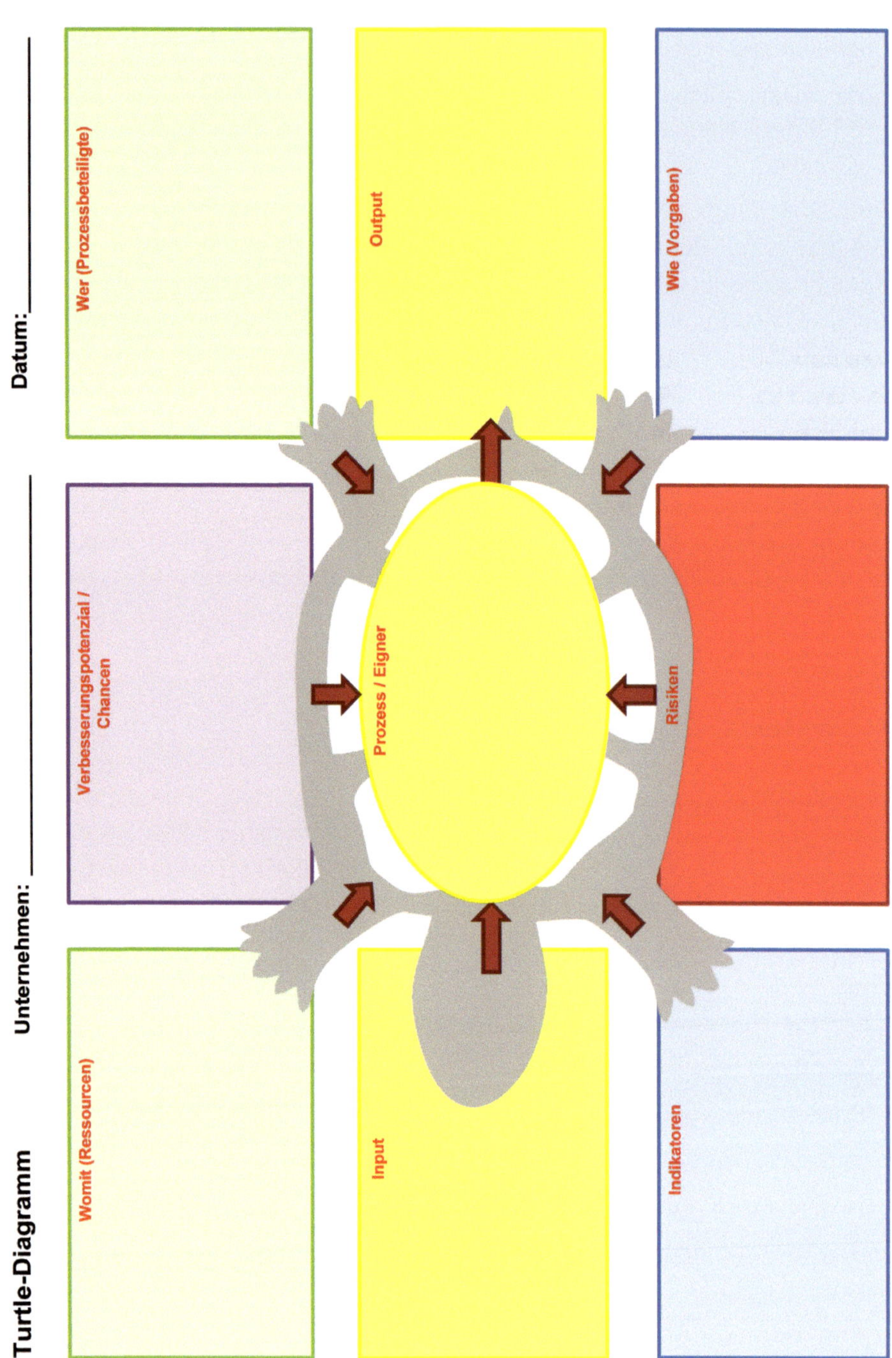

Bild 11.19 Turtle-Diagramm

11.3.6 Matrixdiagramm

Das Matrixdiagramm (Bild 11.20) ist ein Werkzeug zur gezielten Ermittlung von Gewichtungen bei einer Vielzahl von Auswahlmöglichkeiten.

Ein neues Auto

Eine (fast) einfache Aufgabe: Sie möchten sich ein neues Auto kaufen und können sich gefühlsmäßig zwischen drei verschiedenen Modellen nicht entscheiden. Sie stellen nun einen Kriterienkatalog in Form einer Tabelle mit sieben verschiedenen Merkmalen auf. Sie beginnen für die drei Fahrzeuge eine Punktbewertung durchzuführen, als Sie merken, dass die sieben Merkmale, die Sie sich erdacht haben, Ihnen nicht gleich wichtig sind. Aber wie bekommen Sie einen möglichst sinnvollen Gewichtungsschlüssel, der auch Ihrem „Bauchgefühl" entspricht? Die Antwort liefert ein Matrixdiagramm (Bild 11.20).

Kriterien	Leistung	Kofferraum	Sicherheit	Verbrauch	Verarbeitung	Komfort	Image	Summe (Gew.)	Rang
Leistung		2	2	2	0	0	2	8	2.
Kofferraum	0		0	0	0	0	2	2	4.
Sicherheit	0	2		0	2	2	2	8	2.
Verbrauch	0	2	2		2	2	2	10	1.
Verarbeitung	2	2	0	0		1	2	7	3.
Komfort	2	2	0	0	1		2	7	3.
Image	0	0	0	0	0	0		0	5.

Bild 11.20 Beispiel-Matrixdiagramm

Die Kriterien werden in die Tabelle vertikal in die erste Spalte und horizontal in die oberste Zeile eingetragen. Danach erfolgt ein paarweiser Vergleich in Form folgender Logik:

2 Punkte: Zeilenkriterium ist wichtiger

1 Punkt: Zeilen- und Spaltenkriterium sind gleich wichtig

0 Punkte: Spaltenkriterium ist wichtiger

Dabei werden immer zwei Werte – einer im roten und einer im grünen Bereich eingetragen. Beispiel Leistung und Verbrauch (blaue Kästchen): Verbrauch ist wichtiger als Leistung, also wird in der Zeile bei Leistung eine 0 und in der ersten Spalte bei Verbrauch eine 2 eingetragen.

Die korrespondierenden Werte müssen in Summe immer 2 ergeben!

Danach wird die Zeilensumme für alle Kriterien ermittelt. Die Summe spiegelt den Gewichtungsfaktor wider, mit dem das Kriterium in die Gesamtheit aller Kriterien einfließt! Dieser könnte nun direkt als Gewichtungsfaktor für eine Nutzwertanalyse der drei Fahrzeuge verwendet werden.

Der Vorteil des Matrixdiagramms besteht darin, dass durch die Konzentration auf jeweils nur zwei Kriterien, die betrachtet werden, in sehr kurzer Zeit ein objektives Bild der Gewichtung entsteht!

Besonders interessant wird dieses Werkzeug in Verbindung mit dem Lösen von Problemen nach der Methode von Thomas Gordon (siehe Abschnitt 11.4.8), bei der im Schritt 3 die gefundenen Lösungsansätze mithilfe eines Matrixdiagrammes bewertet werden können.

11.3.7 Offene Formblätter zur Fehlererfassung

Wie bereits mehrfach erwähnt, ist Qualitätsmanagement in erster Linie Fehlermanagement. Für verschiedene konkrete Zwecke wurden bereits Werkzeuge zur Erfassung von Fehlern vorgestellt (z. B. Strichliste).

Mit der Einführung von QM-Systemen kann jedoch häufig noch keine vernünftige Fehlerklassifizierung vorgenommen werden.

In diesem Fall eignet sich ein „offenes" Formblatt zur Erfassung von Problemen jeglicher Art (interne Fehler, Kunden- und Lieferantenfehler), die nur eine sehr grobe Rahmenstruktur vorgeben, jedoch die Möglichkeit zum Eintragen von Freitext ermöglichen. Nachteil eines solchen Formblattes ist die mangelhafte statistische Auswertbarkeit. Als Vorstufe zu einer klassenorientierten Fehlererfassung kann es jedoch ausgezeichnete Dienste liefern, da es meist große Akzeptanz bei den Mitarbeitern findet. Bild 11.21 zeigt exemplarisch einen möglichen Aufbau eines solchen Fehlererfassungs-Formblattes.

Als wesentlich komplexer wird in Abschnitt 11.4.6 die Methode des 8 D-Reports vorgestellt.

KVP-Bericht

Datum	K/L/I	MA	Beschreibung	Maßnahme / Vorschlag	Zeitbedarf

Legende: K=Kunde, **L**=Lieferant, **I**=intern, **MA**=Mitarbeiter

Bild 11.21 Möglicher Aufbau eines Fehlererfassungs-Formblattes

■ 11.4 Methoden

Wie bereits zu Beginn des Kapitels 11 erläutert, beschreiben Methoden den Weg (das WIE), das folgerichtige Vorgehen in Bezug auf ein bestimmtes Ziel. Im Qualitätsmanagement werden als Methoden komplexe, systemische Ansätze verstanden, die sich auf dem Weg zum Ziel auch verschiedener Werkzeuge bedienen, die zum Teil in den vorhergehenden Abschnitten beschrieben wurden, zum Teil aber auch im Folgenden bei der jeweiligen Methode behandelt werden.

11.4.1 Fehlermöglichkeits- und Einflussanalyse (FMEA)

Die Fehlermöglichkeits- und Einflussanalyse (FMEA) ist eine Methode zur systematischen Bewertung von Risiken sowie der Ableitung von Maßnahmen zur Risikominimierung.

In der Praxis werden drei Arten der FMEA unterschieden:

- System-FMEA
- Prozess-FMEA
- Konstruktions-FMEA

Um welche Art es sich handelt, bestimmt der Untersuchungsgegenstand, der der FMEA zugrunde gelegt wird und im ersten Schritt der FMEA in seine Einzelteile oder -abschnitte zerlegt wird (Tabelle 11.7).

Tabelle 11.7 Die drei FMEA-Typen

Typ	Untersuchungsgegenstand
System-FMEA	Produkt, (komplexes) System
Prozess-FMEA	Prozess
Konstruktions-FMEA	einzelnes Bauteil; Konstruktionszeichnung

Ein Risiko im Sinne der FMEA stellt grundsätzlich eine denkbare Kombination aus Fehlerursache (FU) und Fehlerfolge (FF) dar.

Vereinfacht lässt sich eine FMEA in sechs Schritten durchführen:

- Zerlegung (System, Prozess, Bauteil)
- Finden von Risiken (FU/FF-Kombinationen)
- Feststellen vorhandener Vorbeugungsmaßnahmen
- Bewertung der gefundenen Risiken (RPZ = A × B × E)
- Ableitung von Maßnahmen zur Risikominimierung
- Neubewertung des verbliebenen Restrisikos (RPZ)

Die Bewertung im Rahmen einer FMEA erfolgt über das Produkt der in Tabelle 11.8 dargestellten drei Faktoren.

Tabelle 11.8 Die drei Bewertungsfaktoren der Risikoprioritätszahl (RPZ)

	Faktor	Wertebereich
A	Auftretenswahrscheinlichkeit	1 (niedrig) - 10 (hoch)
B	Bedeutung (der Fehlerfolge)	1 (niedrig) - 10 (hoch)
E	Entdeckungswahrscheinlichkeit	1 (hoch) - 10 (niedrig)

Setzt man die maximale Punktzahl für jeden Faktor von 10 an, liegt das maximale Risiko bei RPZ = 1000. Das geringste Risiko ist 1.

Wichtige Hinweise:

- Ein mittleres Risiko hat man bei RPZ = 5 × 5 × 5 = 125.
- Eine hohe Entdeckungswahrscheinlichkeit ist gut und hat demzufolge eine niedrige Punktzahl; das heißt, der Fehler ist gut oder einfach zu entdecken.
- Sobald ein Risiko nicht mehr innerhalb des Unternehmens, sondern erst beim Kunden erkennbar ist, so ist für die Entdeckungswahrscheinlichkeit immer eine 9 oder 10 anzusetzen.
- Sobald eine Fehlerfolge einen Personenschaden beinhaltet, ist für die Bedeutung 10 anzusetzen.
- Jede Kombination aus Fehlerursache und Fehlerfolge ist separat zu bewerten (eine Ursache kann unterschiedliche Fehlerfolgen auslösen; verschiedene Ursachen können ein und dieselbe Fehlerfolge auslösen).

Das Werkzeug: das FMEA-Formblatt

Der formale Aufbau eines FMEA-Formblattes folgt der beschriebenen Struktur (Bild 11.22).

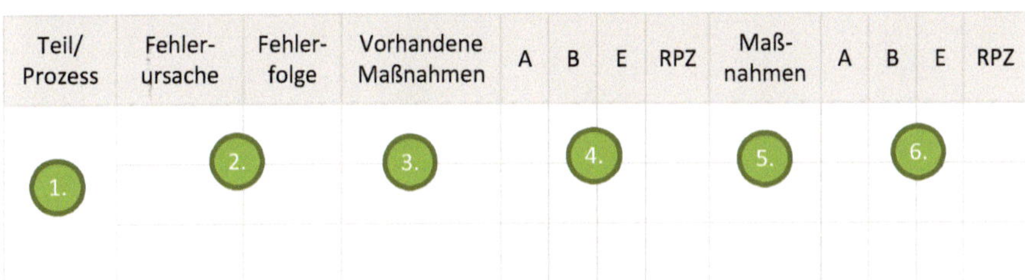

Bild 11.22 Formaler Aufbau eines FMEA-Formblattes

Je nach Zielsetzung und Bedarf lassen sich **weitere Spalten** einfügen:

- Vorgesehene Prüfmaßnahmen (vor 3./erste Bewertung)
- Vorgeschlagene Maßnahmen zur Risikominimierung (bei 4.)
- Umzusetzende/Beschlossene Maßnahmen (bei 4.)

- Verantwortlichkeit (bei 4.)
- Verbleibendes Restrisiko (vor 5./zweite Bewertung)

Das in Bild 11.23 dargestellte Beispiel zeigt einen Auszug aus einer FMEA zum Anbau von Beatmungsgeräten an Rollstühlen und setzt direkt auf das Ishikawa-Diagramm bzw. Mindmap aus Bild 11.12 auf, das zum Sammeln möglicher Risiken erarbeitet wurde.

Produkt / Leistung	Risikoart / Fehlerursache	Fehlerauswirkungen / Potenzielle Folgen	Risikobewertg.				Maßnahmen zur Risikominimierung	Verbleibendes Restrisiko	Restrisiko-Kennz.			
			A	B	E	RPZ			A	B	E	RPZ
3 Material	3.3 Schrauben der Anbausatz-Klemmen lösen sich	3.3.1 Box samt Gerät fällt aus RS heraus	3	10	8	240	Hinweis in Bedienungsanleitung bzgl. regelmäßiger Kontrolle der Festigkeit der Klemmschrauben durch Benutzer		1	10	8	80
	3.4 Breitenverstellung Anbausatz löst sich	3.4.1 Box beginnt zu wandern - Gerät nimmt Schaden	3	10	8	240	Loctite verwenden; mit definiertem Drehmoment anziehen; Rüttelprüfung mit anschließender Drehmomentsprüfung der Schrauben		1	10	2	20
	3.5 Bruch der Box	3.5.1 Montagepunkte der Box reißen aus; Box samt Gerät fällt aus RS heraus	1	10	10	100	Durchführen einer Erschütterungs- und einer Belastungsprüfung		1	10	3	30
	3.6 Haltegurt reißt	3.6.1 Gerät springt heraus	1	10	8	80	Durchführen einer Erschütterungs- und einer Belastungsprüfung		1	10	3	30
	3.7 Box verzieht sich	3.7.1 Gerät wackelt	1	2	6	12	Durchführen einer Erschütterungs- und einer Belastungsprüfung		1	2	3	6
4 Mitwelt	4.1 Vibrationen lösen Befestigung	4.1.1 Gerät wackelt	3	2	10	60	Durchführen einer Erschütterungs- und einer Belastungsprüfung		2	2	3	12
		4.1.2 Anschlüsse lockern sich	3	10	10	300	Durchführen einer Erschütterungs- und einer Belastungsprüfung		2	10	3	60
		4.1.3 Gerät wird defekt	3	10	10	300	Durchführen einer Erschütterungs- und einer Belastungsprüfung		2	10	3	60
5 Methode	5.1 Anbauort der Box am RS falsch	5.1.1 Anbau zu tief; Mangelhafte Kipp-Möglichkeit des RS; schlechtes "Hinkommen" an den RS	7	4	5	140	Bordsteinkanten-Prüfung; Hinweis in Bedienungsanleitung, dass Funktionseinschränkung bei Treppen-Bewältigung vorliegt		1	4	1	4

Bild 11.23 Auszug aus einer FMEA

11.4.2 Versuchsmethodik (DoE)

Unter Versuchsmethodik versteht man eine systematische Vorgehensweise bei der Durchführung von Versuchen oder (Labor-)Experimenten, um eine theoretisch mögliche, sehr hohe Anzahl von Versuchskonstellationen auf ein praktikables Maß zu reduzieren. Das Ziel ist es, eine stabile (robuste) Produktkonstellation zu finden.

Die Abkürzung DoE steht für die englischen Begriffe **Design of Experiments** und wird häufig auch als Statistische Versuchsplanung bezeichnet. DoE zeigt als Begriff etwas deutlicher, worum es hier geht, nämlich um das „Designen" - um das „Maßschneidern" - von Experimenten.

Die hier vorgestellte Methode stammt von dem Japaner Genichi Taguchi, weil sie die am weitesten verbreitete Methode darstellt.

Haupteinsatzbereiche des DoE:

- Produktentwicklung
- Fehlersuche

Zunächst sind zwei **Faktorenbegriffe** wichtig:

- Konzeptfaktoren (durch das Unternehmen bestimmt)
- Rauschfaktoren (durch die Umwelt bestimmt)

Taguchi unterscheidet zwischen Faktoren, aus denen ein Produktkonzept zusammengesetzt ist (Konzeptfaktoren) und Faktoren, die durch die Umwelt hervorgerufen sind und daher in der Praxis nicht beeinflussbar sind.

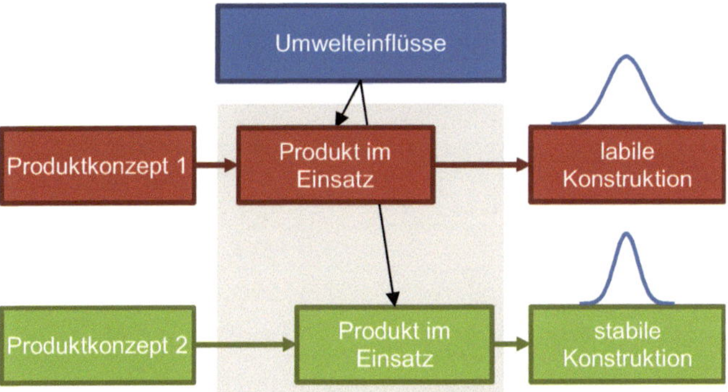

Bild 11.24 Zielsetzung im DoE: Finden einer robusten Konstruktion

Robustheit

Ziel des DoE ist es, eine robuste Produktkonstellation zu finden (also eine selbstgewählte Mischung aus Konzeptfaktoren), die auch unter dem Einfluss von verschiedenen, schwankenden Umwelteinflüssen (Rauschfaktoren) eine stabile, unbeeinträchtigte Funktionsweise gewährleistet (Bild 11.24).

Irre Anzahl an Versuchen

Stellen wir uns Folgendes vor: Sie entwickeln ein neues Produkt (z.B. einen neuen Autoscheinwerfer), welches aus sieben Komponenten zusammengesetzt ist (Konzeptfaktoren). Für jede dieser sieben Komponenten lassen wir lediglich zwei verschiedene Ausprägungen zu. Dann gäbe es theoretisch $2 \times 2 \times 2 \times 2 \times 2 \times 2 \times 2 = 2^7 = 128$ Möglichkeiten, diese sieben Komponenten miteinander zu kombinieren. Nehmen wir noch drei Umgebungsvariablen hinzu (Rauschfaktoren), mit denen wir schwankende Umwelteinflüsse simulieren möchten, so steigt die Anzahl der theoretisch möglichen Versuche auf 2^{10} = 1.024 an. Wer diese Versuche alle durchführen möchte, der kann auf absehbare Zeit keine Mittagspause mehr machen.

Absenken auf 32 Versuche

Mithilfe der Versuchsmethodik soll die Anzahl dieser extrem hohen, theoretisch möglichen Anzahl auf eine vertretbare Größe gesenkt werden. Hierzu schlägt Taguchi folgende Vorgehensweise vor:

- Festlegung von acht Produktkonzepten (die Konzepte, die nach Meinung eines Expertenteams am erfolgversprechendsten sind)
- Festlegung von vier Rauschkonzepten (also eine Zusammensetzung von simulierten Umweltbedingungen)

In das praktische Experiment gelangen damit nur noch insgesamt $8 \times 4 = 32$ Versuche (Tabelle 11.9).

Tabelle 11.9 Konzept- und Rauschfaktoren für neuen Toaster

	Konzeptfaktor	+	–
A	Gehäuse	Kunststoff 1	Kunststoff 2
B	Heizdraht	Typ 1	Typ 2
C	Kabel	Hersteller 1	Hersteller 2
D	Auswurfmechanismus	Hersteller 3	Hersteller 4
E	Druckhebel	Konstruktion 1	Konstruktion 2
F	Netzteil	Hersteller 5	Hersteller 6
G	Zeitsteuerung	Hersteller 7	Hersteller 8
	Rauschfaktor	**+**	**–**
M	Umgebungstemperatur	–5 °C	30 °C
N	Luftfeuchtigkeit	40 %	80 %
P	Untergrund	Holz	Glas

Beispiel Toaster

An einem kleinen Beispiel soll die Vorgehensweise nun verdeutlicht werden. Wir entwickeln jetzt „gedanklich“ einen neuen Toaster. Um ein stabiles, robustes Produktkonzept zu finden, untersuchen wir folgende sieben Konzeptfaktoren sowie drei Rauschfaktoren, die wir mit jeweils zwei verschiedenen Merkmalsausprägungen der Untersuchung zugrunde legen. Die erste Merkmalsausprägung wird in den Konzepten jeweils mit +, die zweite mit - bezeichnet (siehe Tabelle 11.9).

Das Werkzeug: orthogonale Tafeln

Zur Darstellung der Versuchsmethodik werden nun sogenannte orthogonale Tafeln verwendet. Dabei werden Produkt- und Rauschkonzepte rechtwinklig zueinander tabellarisch angeordnet. Die mittleren Y-Werte repräsentieren die vier Einzelergebnisse eines einzelnen Produktkonzeptes unter Einfluss der vier Rauschkonzepte (Bild 11.25).

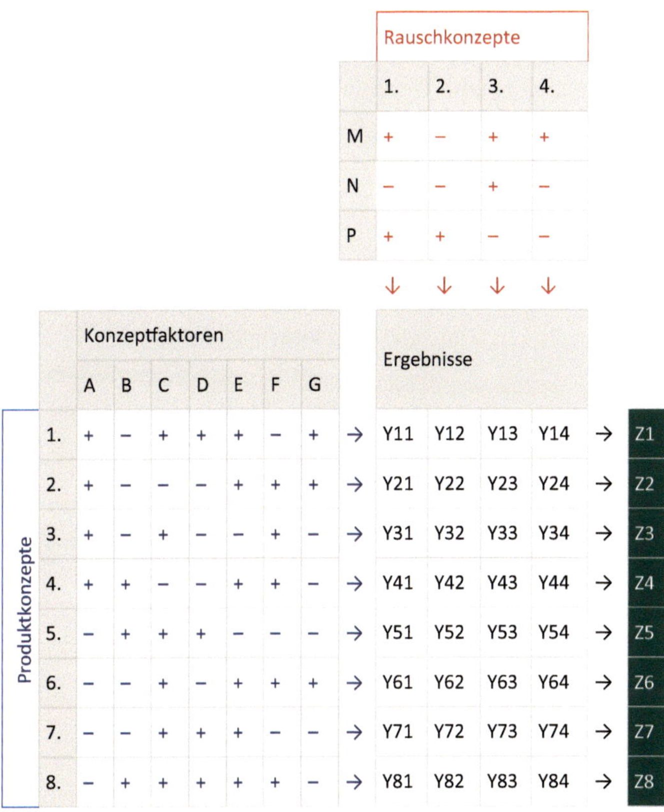

Rauschkonzepte	1.	2.	3.	4.
M	+	–	+	+
N	–	–	+	–
P	+	+	–	–

Produktkonzepte	A	B	C	D	E	F	G		Ergebnisse					
1.	+	–	+	+	+	–	+	→	Y11	Y12	Y13	Y14	→	Z1
2.	+	–	–	–	+	+	+	→	Y21	Y22	Y23	Y24	→	Z2
3.	+	–	+	–	–	+	–	→	Y31	Y32	Y33	Y34	→	Z3
4.	+	+	–	–	+	+	–	→	Y41	Y42	Y43	Y44	→	Z4
5.	–	+	+	+	–	–	–	→	Y51	Y52	Y53	Y54	→	Z5
6.	–	–	+	–	+	+	+	→	Y61	Y62	Y63	Y64	→	Z6
7.	–	–	+	+	+	–	–	→	Y71	Y72	Y73	Y74	→	Z7
8.	–	+	+	+	+	+	–	→	Y81	Y82	Y83	Y84	→	Z8

(Konzeptfaktoren: A–G)

Bild 11.25 Orthogonale Tafeln für das Beispiel Toaster

Die vier Einzelergebnisse werden zum Gesamtergebnis Z für ein einzelnes Produktkonzept zusammengeführt.

Die Ergebniswerte Y und Z stehen stellvertretend für geeignete Ergebnisparameter, die das Produkt kennzeichnen. Für den Toaster könnten das z. B. Lebensdauer, maximale Hitzeentwicklung, max. Stromentnahme usw. sein. Ein einzelner Ergebniswert kann auch eine Kombination mehrerer Parameter sein, man spricht dann von einem

Ergebnisvektor, z. B.: $Z = \begin{pmatrix} Lebensdauer \\ max.Hitzeentwicklung \\ max.Stromentnahme \end{pmatrix}$

Das schlussendlich gewählte Produktkonzept wird in der Regel dasjenige sein, das den optimalen Ergebnisvektor liefert. Auf die Analyse von Ergebnisvektoren soll hier jedoch nicht näher eingegangen werden.

Das wesentliche Risiko bei der Versuchsmethodik besteht in der Versuchsplangestaltung (Produkt- und Rauschkonzepte). Sinnvoll eingesetzt bietet sie jedoch große Möglichkeiten in Bezug auf Produkt- und Prozessqualität. Aus diesem Grunde wird sie auch häufig zur gezielten Optimierung bei schwierig greifbaren Qualitätsproblemen eingesetzt.

11.4.3 Poka Yoke

Poka Yoke ist eine Methode zum gezielten Verhindern unbeabsichtigter Fehler.

Zur Bedeutung der Begriffe:

- Poka bedeutet unbeabsichtigter Fehler
- Yoke bedeutet Vermeidung

Häufig wird Poka Yoke auch mit „narrensicher" übersetzt. Dies ist jedoch in Hinblick darauf, dass in der Regel niemand Fehler absichtlich begeht, falsch bzw. trifft nicht den Kern des Ganzen.

Vom geschichtlichen Hintergrund wurde Poka Yoke in Verbindung mit dem Toyota Production System (TPS) eingeführt und war auf Fertigungsprozesse ausgerichtet. Seit langer Zeit hat der Poka-Yoke-Gedanke jedoch auch unseren Alltag als Nutzer von Produkten erreicht. Beispiele hierfür sind jede Art verdreh- und verwechslungssicherer Steckverbinder, wie sie heute in der PC-Technik gang und gäbe sind.

Es lassen sich verschiedene **Methodenbereiche** unterscheiden.

Nach dem Auslösemechanismus eines erkannten Fehlers lassen sich drei Methoden unterscheiden:

- **Kontaktmethode** (Sensoren erfassen unzulässige Abweichungen in der Arbeitsfolge)
- **Fixwertmethode** (Überprüfen der Anzahl der erreichten Teilschritte)
- **Schrittfolgemethode** (automatische Erkennung der Standardabfolge von Arbeitsschritten)

Nach der Maßnahme, die auf einen Fehler folgt, lassen sich zwei Methoden unterscheiden:

- **Eingriffs- oder Abschaltmethode** (sofortiges Abschalten der Methode; z. B. Zweihandbedienung von gefährlichen Maschinen)
- **Alarmmethode** (Auslösen eines optischen oder akustischen Signals; Bild 11.26)

Daneben gibt es **Maßnahmen,** die - wie im Beispiel der verdrehsicheren Steckverbinder - einen **Fehler von vornherein systematisch ausschließen.**

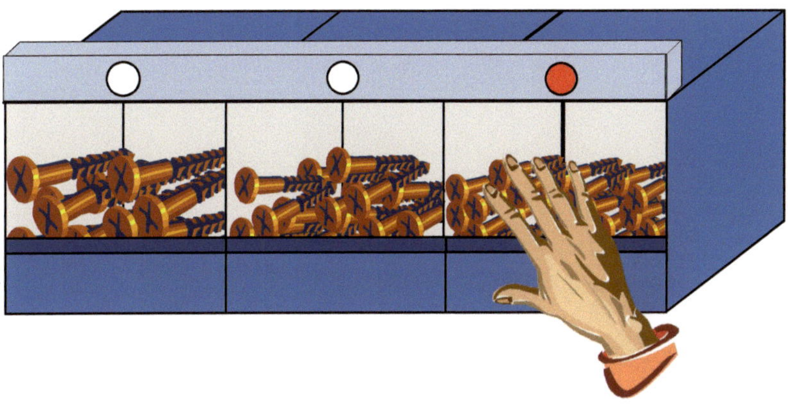

Bild 11.26 Poka-Yoke-Beispiel in der Montage - ein Griff in die falsche Schütte löst ein optisches Signal aus

Der Aufwand der Methode steckt in der genauen Risikoanalyse der einzelnen Vorgänge (z. B. in Form einer FMEA), um daraus eine geeignete Poka-Yoke-Maßnahme abzuleiten. Der Nutzen liegt in der Konsequenz in einer verringerten Fehlerrate und damit verbunden geringeren Fehlerkosten.

11.4.4 Quality Function Deployment (QFD)

Unter Quality Function Deployment (QFD) versteht man eine Methode zur umfassenden und systematischen Qualitätsplanung, um Produkte zu entwickeln, zu fertigen und auch vermarkten zu können, die den Kundenwünschen entsprechen.

Vom Englischen „to deploy“ = anwenden/umsetzen geht es beim QFD um die Umsetzung der (oft recht vagen) Kundenwünsche in konkrete Produkte, die diesen Wünschen gerecht werden.

Vier Phasen

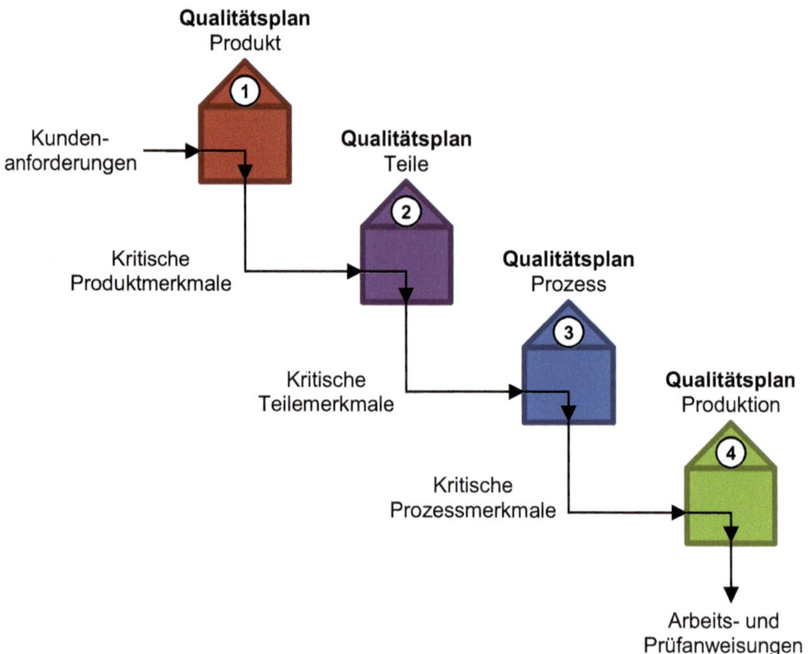

Bild 11.27 Die vier Phasen des QFD[2]

QFD läuft in der Regel in vier Phasen ab (Bild 11.27). Den Anfang bilden die Kundenanforderungen, die beispielsweise durch Marktforschung bzw. gezielte Kundenbefragung ermittelt wurden. In jeder weiteren Phase wird dann das Ergebnis der vorherigen Phase als Input-Kriterium hergenommen.

Am Ende der Kette stehen Arbeits- und Prüfanweisungen, die sicherstellen, dass kritische Fertigungsprozesse erfolgreich durchlaufen werden, die wiederum si-

[2] nach Brauer/Kamiske [2006]

cherstellen, dass die kritischen Teile keinen Ausschuss aufweisen, wodurch wiederum sichergestellt wird, dass die schließlich gefertigten Produkte exakt die Produktmerkmale aufweisen, die die ursprünglichen Kundenanforderungen erfüllen.

Werkzeug: das House of Quality (HoQ)

Als Werkzeug wird im QFD das sogenannte House of Quality eingesetzt (Bild 11.28). Es dient der Visualisierung der einzelnen Schritte innerhalb der vier Phasen des QFD (manchmal wird es auch nur für Phase 1 genutzt).

> Schematisch wird über das House of Quality folgende Frage beantwortet: **WIE kann ich erreichen, WAS gefordert wird?**

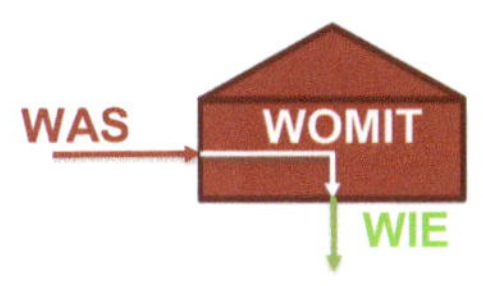

Bild 11.28
Grundprinzip des House of Quality (HoQ)

An einem Beispiel der Phase 1 soll das Prinzip des HoQ näher erläutert werden (Bild 11.29).

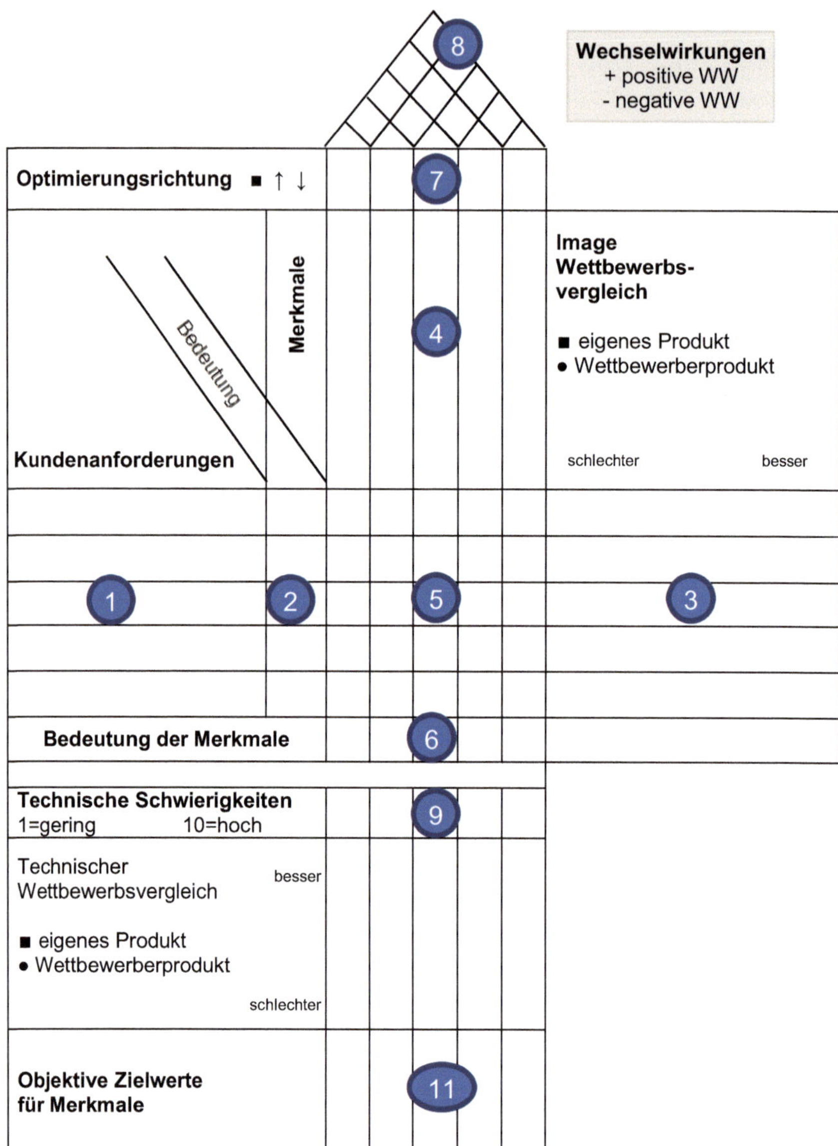

Bild 11.29 Schematischer Aufbau eines House of Quality mit schrittweisem Vorgehen

Im Downloadbereich finden Sie ein leeres Musterformblatt, das Sie zu Übungszwecken nutzen können. Tabelle 11.10 erläutert die einzelnen Schritte im Überblick. Zu erkennen ist auch die komplexe Verzahnung der einzelnen Bereiche und Abteilungen.

Tabelle 11.10 Die Schritte beim House of Quality

Schritt	Erklärung
1	Die Ermittlung der Kundenanforderungen (das erste WAS) erfolgt in der Regel durch Marketing und Vertrieb. Die Angaben sind häufig „schwammig" – z. B. „das Produkt soll lange halten!".
2	Die Anforderungen werden nun nach Bedeutung gewichtet (z. B. mit 1 bis 10).
3	Kritischer Wettbewerbsvergleich aus Kundensicht mit ein oder mehreren wichtigen Mitbewerberprodukten; sollte ebenfalls von Marketing oder Vertrieb durchgeführt werden und keine technischen Details berücksichtigen.
4	Festlegung der Produktmerkmale, über die die Anforderungen der Kunden direkt oder indirekt erfüllt werden können.
5	Ohne Berücksichtigung der Gewichtung wird nun bewertet, wie die jeweiligen Produktmerkmale die jeweilige Kundenanforderung beeinflusst (stark, mittel, schwach oder gar nicht; z. B. mit Punkten von 0 bis 3).
6	Hier erfolgt jetzt eine Rangfolgenfestlegung der Merkmale; sie bildet die Priorität bzw. Wichtigkeit des einzelnen Merkmals ab.
7	Festlegen der Optimierungsrichtung der Produktmerkmale; es gibt nur drei mögliche: ▪ ■ Es sollte ein genauer Punktwert erreicht werden. ▪ ↑ Das Merkmal ist zu maximieren. ▪ ↓ Das Merkmal ist zu minimieren.
8	Festlegen der Wechselbeziehungen, inwiefern sich die Merkmale gegenseitig positiv oder negativ beeinflussen.
9	Von den Ingenieuren und Technikern erfolgt nun eine Bewertung der technischen Schwierigkeiten.
10	Hier kann nun ein technischer Wettbewerbsvergleich erfolgen, den im Vergleich zu Schritt 3 die technische Abteilung – z. B. die Entwicklung – durchführt.
11	Final werden nun die konkreten Zielwerte festgelegt, die die Produktmerkmale aufweisen müssen (WIE), um die eingangs festgelegten Kundenanforderungen zu erfüllen.

11.4.5 Statistische Prozessregelung (SPC)

Die Statistische Prozessregelung (SPC – Statistic Process Control) soll an dieser Stelle nur der Vollständigkeit halber als wichtige Methode im Qualitätsmanagement erwähnt werden.

Eine Einführung zu SPC finden Sie in Abschnitt 12.8.1.

11.4.6 5 W-Fragen

Bei den 5 W oder engl. 5 Why handelt es sich um die einfache Vorgehensweise, fünf Mal „Warum?“ zu fragen. Die Antworten auf jedes Warum sollen schrittweise zur Ursache hinführen. Die Methode ist daher ein Instrument zur Ursachenanalyse und findet beispielsweise Einsatz im 8 D-Report (siehe Abschn. 11.4.7).

11.4.7 8 D-Report

Ein 8 D-Report ist eine systematische Vorgehensweise im Reklamationsmanagement in acht Schritten, durch die eine Reklamation im Gegensatz zur reinen Symptombekämpfung ursächlich beseitigt werden soll.

Das „D“ steht dabei für die acht „Disziplinen“ im Sinne von Prozessschritten, die bei der Bearbeitung von Reklamationsvorgängen systematisch abgearbeitet werden sollen und die vom Verband der Automobilindustrie (VDA) als Standard festgeschrieben wurde.

Als Grundlage für die Praxis dient in der Regel ein Formblatt, das die acht Schritte (Tabelle 11.11) in Form von Feldern abbildet und in die während der Reklamationsbearbeitung der jeweilige Fortschritt der Bearbeitung eingetragen wird.

Tabelle 11.11 Die acht Schritte des 8 D-Reports

D 1	Zusammenstellen eines Teams für die Problemlösung
D 2	Problembeschreibung
D 3	Sofortmaßnahmen festlegen
D 4	Fehlerursache(n) feststellen
D 5	Planen von Abstellmaßnahmen
D 6	Einführen der Abstellmaßnahmen
D 7	Fehlerwiederholung verhindern
D 8	Würdigen der Teamleistung

Bild 11.30 zeigt ein Musterformblatt, wie ein 8 D-Report in der Praxis gestaltet werden kann.

FB 8D-Report

Vorgang	Reklamationsnummer	Reklamationsdatum
Kundenname	**Ort**	**Referenzinfo**
1 Bearbeitendes Team		
2 Problembeschreibung		
3 Sofortmaßnahmen (Korrektur)		
4 Fehlerursachen-Ermittlung ☐ erstmaliger Fehler ☐ Wiederholfehler		
5 Geplante Korrekturmaßnahmen / Planung der Wirksamkeitsprüfung		
6 Umgesetzte Korrekturmaßnahmen		**Datum (Wann)**
7 Maßnahmen gegen Wiederholfehler		**Datum (Wann)**
8 Wirksamkeitsprüfung (Ist) und Teamwürdigung		**Datum (Wann)**
Verantwortlicher (Unterschrift)	**Ersteller d. Berichts (Name)**	**Abschlussdatum Kunde**
Finale Entscheidung	**Korrekturmaßnahme akzeptiert**	**Abschlussdatum Unternehmen**
	☐ Ja ☐ Nein / Maßnahme nötig	
Anlagen		

Bild 11.30 Musterformblatt eines 8D-Reports

11.4.8 Problemlösung nach Thomas Gordon

Die Problemlösungsmethode nach Thomas Gordon ist ein universelles Managementinstrument zur Lösung unterschiedlichster Aufgaben- und Problemstellungen in sechs Schritten.

In seinem Bestseller „Managerkonferenz“ beschreibt Thomas Gordon den Manager - und das entspricht in diesem Sinne jegliche Art von Führungskraft - als Problemlöser. In der Tat ist es so, dass Führungskräfte in ihrer Hauptaufgabe Probleme lösen. Spinnt man den Gedanken von Reinhard K. Sprenger weiter, dass Führungskräfte dafür verantwortlich sind, ein motivierendes Umfeld für die optimale Entfaltung ihrer Mitarbeiter zu schaffen, so wird der Ansatz Führungskraft = Problemlöser nachvollziehbar.

Die Methode von Thomas Gordon soll an dieser Stelle vorgestellt werden, weil sie in der Praxis eine hohe Relevanz für alle denkbaren Arten von Problemstellungen bietet und in sehr kurzer Zeit gute und von allen Beteiligten tragfähige Lösungen aufzeigen kann.

Die Vorgehensweise besteht aus sechs Schritten und nutzt dabei verschiedene bereits beschriebene Werkzeuge (Tabelle 11.12).

Tabelle 11.12 Problemlösung nach Thomas Gordon

Schritt	Inhalt
1.	Problem schriftlich definieren
2.	Brainstorming zur Erarbeitung alternativer Lösungen
3.	Bewertung der gefundenen Lösungen
4.	Treffen der Entscheidung
5.	Umsetzen der beschlossenen Lösung
6.	Kontrolle, ob die Lösung das Problem wirksam und nachhaltig beseitigt hat

Wichtige Hinweise:

- Das Ziel der Gordon-Methode ist der Konsens - nicht ein Kompromiss! Alle Mitglieder des Teams sollen die Lösung mittragen.
- Die Gruppengröße für die Anwendung dieser Methodik sollte nicht mehr als fünf bis zwölf Mitarbeiter umfassen. Alle Teammitglieder müssen die Methode kennen und sich ständig gegenseitig dazu disziplinieren, innerhalb der einen Stufe zu bleiben, die gerade behandelt wird.

- Das schriftlich fixierte Problem am Anfang ist der maßgebliche Schlüsselschritt. Mündlich reicht nicht aus! Erst wenn am Whiteboard oder Flipchart das Problem nüchtern und sachlich formuliert steht und von allen Teilnehmern „abgenickt“ worden ist, darf zu Schritt 2 übergegangen werden.
- Für das Brainstorming zum Erarbeiten alternativer Lösungsvorschläge gelten alle Hinweise aus Abschnitt 11.2.6. Zu Schritt 3 (Bewertung) darf erst übergegangen werden, wenn Schritt 2 abgeschlossen wurde.

  Benötigtes Hilfsmittel: Flipchart oder Whiteboard zur Dokumentation der Vorschläge
- Für die Bewertung der alternativen Vorschläge eignet sich im einfachen Fall ein Noten- oder Punktesystem; bei vielen Lösungsmöglichkeiten, die ähnlich sind, bietet sich das Matrixdiagramm bzw. ein paarweiser Vergleich an (siehe Abschn. 11.3.6).
- Die Entscheidung für eine Lösung fällt in einem separaten Schritt! Die Bewertung in Schritt 3 zeigt nur scheinbar die „beste“ Lösung auf. Vielmehr führt die Diskussion in Schritt 3 zu einem tieferen Bewusstwerden der Zusammenhänge. Dies hat aber wiederum nicht selten zur Folge, dass nicht unbedingt die am besten bewertete Lösung dann auch umgesetzt werden soll.
- Die Umsetzung erfordert meist die Definition konkreter Maßnahmen mit Prüfschritten und Verantwortlichkeitsregelung
- In einem geeigneten Zeitabstand nach Umsetzung der Lösung muss ein Kontrollschritt erfolgen, der über eine geeignete Wiedervorlage durch die verantwortliche Person realisiert wird.
- Gordon empfiehlt bei sehr komplexen Themen, für jeden der sechs Schritte ein eigenes (zeitlich überschaubares) Meeting anzusetzen, in dem ausschließlich der jeweils benannte Schritt innerhalb einer vorgegebenen Zeit behandelt wird. Richtig eingesetzt führt dies zu einer hoch entwickelten Meeting-Kultur, in der endlose und nervtötende Diskussions-Sessions der Vergangenheit angehören.

In der beruflichen Praxis des Autors konnten zahlreiche, komplexe Probleme – besonders auch in Hinblick auf Qualitätsprobleme – mithilfe der Gordon-Methodik erfolgreich gelöst werden.

Wichtig für den Erfolg der Methode ist neben der Kenntnis der einzelnen Schritte im Besonderen der erklärte Wille aller Teammitglieder, sich innerhalb der jeweils behandelten Schritte zu bewegen und daraus nicht auszubrechen.

11.4.9 Six Sigma

Bei Six Sigma handelt es sich um mehr als eine Methode des Qualitätsmanagements. Es ist ein eigenes Managementsystem, mit dem unter Einsatz statistischer Methoden das Ziel verfolgt wird, Prozesse bis auf ein maximal zulässiges Maß von 3,4 Fehler pro Million Vorgängen zu verbessern.

Die 3,4 Fehler pro Million als Zielsetzung leiten sich aus der in Bild 11.31 dargestellten Logik ab.

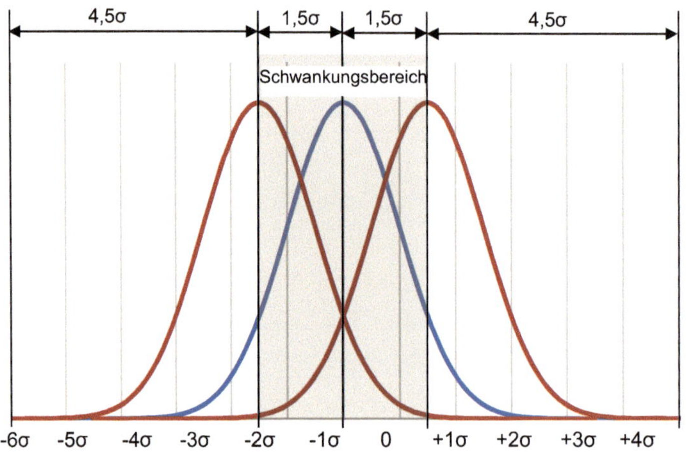

Bild 11.31 3,4 Fehler pro Million als Zielsetzung

Bei allen Prozessen, bei denen es sehr viele Vorgänge und Wiederholungen gibt, schwanken die einzelnen Prozesse in der Praxis und sind in Bezug auf den Mittelwert niemals an derselben Stelle. Die Six-Sigma-Philosophie berücksichtigt eine Schwankung von Prozessen von $\pm 1{,}5\sigma$ um den Mittelwert. Setzt man nun eine Toleranzbreite von -6σ bis $+6\sigma$ an (dieser Ansatz hat der Methode ihren Namen zu verdanken), so verbleiben unter Berücksichtigung der Schwankung noch $4{,}5\sigma$ nach rechts und links bis zur Toleranzgrenze. Errechnet man nun den zulässigen einseitigen Ausschuss an einer der beiden Toleranzgrenzen, so erhält man genau die oben genannten 3,4 Fehler pro Million (fpm – failure per million). In der Six-Sigma-Sprache sprechen wir allgemein von Fehlern pro Million und nicht von ppm (parts per million), da diese Methodik auf alle Arten von Vorgängen angewendet werden kann. Auf den Prozess der Briefzustellung bei der Post angewendet, hieße das, dass bei fünf Millionen zugestellten Briefen nur maximal 17 Stück verloren gehen dürfen.

Um dieses Ziel zu erreichen, wird der sog. DMAIC-Regelkreis angewendet. Dieser entspricht ähnlich dem PDCA-Zyklus einem fünfstufigen Phasenmodell:

- **D**efine Definieren
- **M**easure Messen
- **A**nalyze Analysieren
- **I**mprove Verbessern
- **C**ontrol Lenken/Steuern

Im Rahmen dieser fünf Phasen kommt eine **Toolbox** zum Einsatz, die aus sieben Bereichen je sieben Werkzeuge und Methoden, also insgesamt **49 Techniken** umfasst. Bestandteil dieser Toolbox sind unter anderem die in diesem Buch behandelten sieben Q-Tools (Q 7) sowie die sieben Management-Tools (M 7).

7 Designwerkzeuge	Robustes Design, Quality Function Deployment (QFD), TRIZ, Konzeptauswahlanalyse nach Pugh, FMEA/VMEA, Fehlerbaumanalyse, Toleranzdesign
7 Statistikwerkzeuge	Faktorielle Versuche, Fähigkeitsanalyse, Regressionsanalyse, Multivariate Analyse, Statistische Testverfahren (ANOVA/ANOM), Hypothesentests, Gage R&R-Analyse
7 Projektwerkzeuge	Netzplan, Projekt- und Teambeschreibung, CTQ-Analyse, Baumdiagramm, Fähigkeitsanalyse, Kosten-Nutzen-Analyse, Regelkarten
7 Schlankheitswerkzeuge	Standardisierung, Verschwendungsanalyse, Engpassanalyse, Flussdiagramm, Versorgungskettenmatrix, Rüstzeitanalyse, Red-Tag-Analyse
7 Kundenwerkzeuge	Kano-Modell, Anforderungsstrukturierung, House of Quality, Taguchi-Verlustfunktion, Kundeninterviews, Kundenfragebögen, Conjoint-Analyse
7 Quality Control-Werkzeuge	Prüfformulare (inkl. Messplan), Histogramm, Pareto-Diagramm, Ursache-Wirkungs-Diagramm, Grafischer Vergleich, Relationendiagramm, Regelkarten
7 Managementwerkzeuge	Entscheidungsbaum, Affinitätsdiagramm, Beziehungsdiagramm, Baumdiagramm, Matrixdiagramm, Matrixdatenanalyse, Netzplantechnik

Als Entwicklungsunternehmen von Six Sigma gilt Motorola (1987 in den USA). Ende der 90er-Jahre konnte General Electric (GE) große Erfolge unter umfänglichem Einsatz von Six Sigma verbuchen. Heutzutage wird Six Sigma in Unternehmen jedoch projektorientiert betrieben oder mit den Methoden des Lean Managements verbunden (Lean Six Sigma). Six-Sigma-Projekte werden in der Regel von speziell geschulten Mitarbeitern durchgeführt, die orientiert an den Gürtelrangstufen aus dem Kampfsport als Black Belt, Green Belt etc. bezeichnet werden.

11.4.10 Balanced Scorecard (BSC)

Bei der Balanced Scorecard (BCM - wörtlich „ausbalancierter Berichtsbogen“) handelt es sich um ein von den beiden Amerikanern Robert S. Kaplan und David P. Norton entwickeltes Konzept, das ein Unternehmen im Rahmen seiner strategischen Führungsaufgaben unterstützen soll. Über vier „Perspektiven“ soll die BSC eine umfassende Übersicht über die Leistungsfähigkeit und Effektivität einer Organisation geben (Bild 11.32).

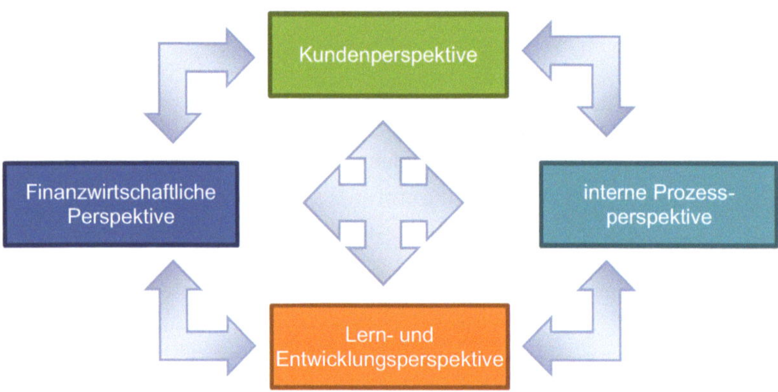

Bild 11.32 Die vier Perspektiven der Balanced Scorecard

Die vier Perspektiven sind mit einer konkreten Zielsetzung und geeigneten Kennzahlen verbunden. Dabei sollen die Kennzahlen möglichst einen **Ursache-Wirkungs-Bezug** der Perspektiven widerspiegeln und im Vergleich zu traditionellen Kennzahlensystemen auch eine **Zukunftsorientierung** geben. So ist in der Regel finanzieller Erfolg davon abhängig, ob Kunden zufrieden sind. Dies wiederum erfordert entsprechende, auf den Kunden ausgerichtete Prozesse sowie eine Organisation, die Lernen und Weiterentwicklung ermöglicht. Im Zentrum steht eine Frage:

„Was müssen wir tun, damit wir auch morgen erfolgreich sind?“

Tabelle 11.13 gibt hierzu einen zentralen Überblick.

Tabelle 11.13 Die vier Perspektiven, Leitfrage, Ziele und Kennzahlen im Überblick

Perspektive/Grundfrage/Ziele	Wichtige Kennzahlen
FINANZEN:	Wie sollen wir gegenüber Teilhabern auftreten, um finanziellen Erfolg zu haben?
Ertragswachstum/-mix	Umsatzwachstumsrate
	Neuproduktanteil
	Rentabilität
Kostensenkung/Produktivitätssteigerung	Mitarbeiterproduktivität
	Kostensenkungsrate
	Kostenanteile
Nutzung von Vermögenswerten Investitionsanteil	Kapitalrentabilität
	Working Capital
KUNDE:	Wie sollen wir gegenüber unseren Kunden auftreten, um unsere Vision zu verwirklichen?
Identifikation der Kunden- und Marktsegmente, in denen das Unternehmen tätig und wettbewerbsfähig sein will	Kundenzufriedenheit
	Kundenrentabilität
	Kundentreue
	Kundenakquisition
	Marktanteil
PROZESSE:	In welchen Geschäftsprozessen müssen wir die Besten sein, um unsere Teilhaber und Kunden zu befriedigen?
Ausrichtung der internen Prozesse auf die Ziele der Kunden und Anteilseigner; Steuerung mithilfe eines umfassenden Performance-Measurement-Systems	Prozesszeit
	Prozessqualität
	Prozesskosten
	Innovationszeit
	Innovationsqualität
	Innovationskosten
	Kundendienstqualität
Lernen und ENTWICKLUNG.	Wie können wir unsere Veränderungs- und Wachstumspotenziale fördern, um unsere Vision zu verwirklichen?
Schaffung der für die Erreichung der Ziele der anderen Perspektiven notwendigen Infrastruktur	Mitarbeiterzufriedenheit
	Mitarbeitertreue
	Mitarbeitermotivation
	Informationsnutzung

Diese vier Perspektiven stellen einen Standard dar, der unternehmensspezifisch angepasst werden muss. So kann es sein, dass in einem großen Unternehmen auf verschiedenen Ebenen (z. B. Abteilungen - Bereiche - Geschäftsleitung) jeweils eigene BSCs installiert werden. Außerdem können unternehmensspezifische Perspektiven aufgenommen werden, wo dies für das jeweilige Unternehmen sinnvoll ist.

Grundprinzipien[3]

- Einfachheit (von allen Beteiligten verstanden)
- Ausgewogenheit (Abbildung der relevanten Erfolgsfaktoren)
- Kausalität (aufeinander abgestimmte, erfolgserklärende Steuergrößen)
- Individualität (jedes Unternehmen hat seine eigene BSC)
- Kommunikation an alle Mitarbeiter (mit aktuellen Daten und Zielgrößen)
- Transparenz (in Bezug auf Herkunft und Interpretation der Daten)
- Strategiekonformität (Bindung an die Unternehmensstrategie)

Die grün dargestellten Sätze sind **Gestaltungsprinzipien**, bei den blauen handelt es sich um **Managementprinzipien**.

Entwicklung einer BSC

Die Entwicklung einer unternehmenseigenen BSC kann in einem 8-Schrittverfahren durchgeführt werden und wird in der Regel mindestens ein halbes Jahr beanspruchen (Bild 11.33).

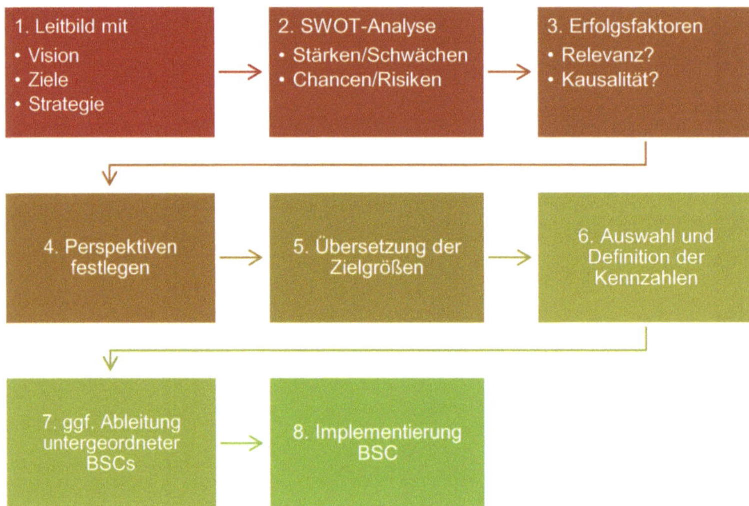

Bild 11.33 Schematische Entwicklung einer Balanced Scorecard

[3] nach Preißner (2007)

12 Statistik im Qualitätsmanagement

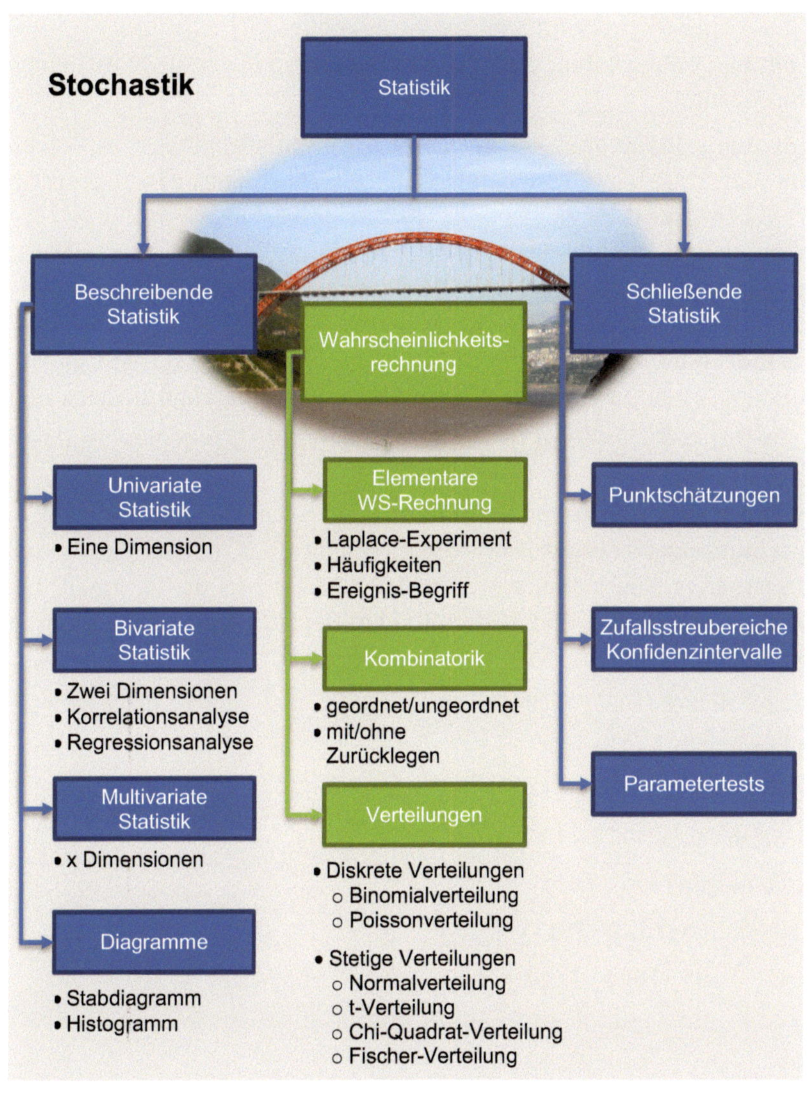

Bild 12.1 Überblick über die Fach- und Randgebiete der Stochastik

12.1 Einführung/Begriffe

12.1.1 Was ist Statistik?

Eine Definition, was heute unter Statistik verstanden wird, lautet wie folgt:

Die Statistik ist die Lehre von der Gewinnung und Auswertung mengenmäßiger (quantitativer) **Informationen von zufälligen Ereignissen und** (Massen-)**Erscheinungen** (Ergebnisse von Versuchen, Beobachtungen, Erhebungen) **und bedient sich dabei vor allem Rechenmethoden der Wahrscheinlichkeitstheorie.**

Zusammen mit der Wahrscheinlichkeitstheorie/-rechnung bildet die Statistik das Fachgebiet Stochastik.

Historisch gesehen geht das Wort auf das lateinische „statisticum“ zurück, was so viel heißt wie „den Staat betreffend“. Andere Quellen geben auch das italienische „statista“ als Vokabel für den „Staatsmann“ oder „Politiker“ als Ursprung an. Unstrittig ist in jedem Fall, dass die Statistik ihre Ursprünge im Sammeln von Daten zu einem politisch verwalteten Staat hat. So gab es beispielsweise nachgewiesene Volkszählungen im alten Ägypten und in China bereits Hunderte von Jahren vor Christi Geburt. Als Datum der wissenschaftlichen Einführung des Begriffs gilt allgemein das Jahr 1749 in Verbindung mit einer von dem deutschen Juristen und Gelehrten Gottfried Achenwall (1719 – 1772) eingeführten „Lehre von den Daten über den Staat“.

Die heutige Statistik mit der Trennung in ihre zwei Teilgebiete, der beschreibenden und der schließenden Statistik, sowie die Anwendung der statistischen Methoden auf immer weitere Anwendungsbereiche der Wissenschaft und des täglichen Lebens sind im Laufe des 19. und 20. Jahrhunderts entstanden. Die wichtigsten Wegbereiter waren

- Abraham de Moivre (1667 – 1754)
- Thomas Bayes (1702 – 1761)
- Pierre-Simon Laplace (1749 – 1827)
- Carl-Friedrich Gauß (1777 – 1855)
- Adolphe Quételet (1796 – 1874)
- Sir Francis Galton (1822 – 1911)
- Richard von Mises (1883 – 1953)

12.1.2 Tarnen und Täuschen mit Statistik

Der Satz *„Glaube keiner Statistik, die du nicht selbst gefälscht hast!“* wird Winston Churchill zugeschrieben. Es geht damit die Meinung einher, dass Statistiken in erster Linie dazu dienen, Meinungen zu beeinflussen bzw. zu manipulieren. Dieser Sachverhalt ist nicht so einfach von der Hand zu weisen, da Statistiken in der Praxis - vor allem im journalistischen Alltag - häufig genau zu diesem Zweck verwendet werden. Dabei werden jedoch in aller Regel - ob bewusst oder unbewusst -statistische Fehler begangen, die im Folgenden kurz beleuchtet werden sollen. Ziel dieses Abschnitts ist es, dabei zu helfen, seriöse von unseriösen Statistiken zu unterscheiden.[1] Allerdings soll das Thema in diesem Rahmen auf Basis einiger Schwerpunkte nur kurz angerissen werden.

Basisfehler und -verzerrungen

Prozentangaben entstehen in der Regel dadurch, dass Verhältnisse angegeben werden sollen, die mathematisch durch einen Bruch mit Zähler und Nenner ausgedrückt werden. Der Nenner bildet dabei die Basis der Betrachtung.

Betrachten wir folgende Aussage:

„70 % aller Autounfälle werden durch Nichtalkoholisierte verursacht!“

Damit könnte suggeriert werden, dass es besser ist, alkoholisiert zu fahren als nüchtern, denn nur 30 % werden durch Alkoholisierte verursacht. Logisch?

Hier schlägt ein Basisfehler zu. Nehme ich als Basis alle Unfälle, die in Deutschland 2014 auftraten, mag die Aussage zutreffen - diese ist jedoch völlig unsinnig! Sinnvoll ist es, zu fragen, wie viele Autounfälle wurden von Alkoholisierten aus der Menge der alkoholisierten Autofahrer insgesamt verursacht. Und wie viele Unfälle wurden von nüchternen Autofahrern aus der Gesamtmenge nüchterner Autofahrer verursacht. Jetzt werden die Prozentzahlen anders aussehen - und sie werden sich vermutlich nicht zu 100 % ergänzen. Achten Sie also darauf, was als Basis angenommen wird - nur so können Sie diesen Fehler gegebenenfalls entlarven.

Ein besonders krasser Fall von Manipulation aufgrund der Basisverzerrung wird von Dewdney (1994) beschrieben. In den USA sollte Mitte der 70'er-Jahre ein Radarsystem beschafft werden. Dabei gab es eine prozentuale Vorgabe, wie viele Flugzeuge von dem Radarsystem automatisch erfasst und verfolgt werden konnten. Es ging bei dieser Entscheidung vor allem auch darum, ob Millionen von Dollar Entwicklungskosten in den Sand gesetzt werden oder nicht. Also manipulierte man kurzerhand die „Erfolgsquote“ des Systems, und zwar so: Flugzeuge, die innerhalb der Reichweite des Systems starteten (nennen wir sie Typ-1-Flugzeuge) wurden sowohl im Zähler wie im Nenner berücksichtigt (also ggf. als Treffer und als Be-

[1] Wer tiefer in dieses Feld einsteigen möchte, dem sei besonders Krämer (2008) empfohlen.

standteil der Grundgesamtheit). Mit diesem Typ 1 erreichte man jedoch nicht die geforderte Quote (in Bild 12.2 ist die Logik mit eigenen, einfachen Zahlen nachgebildet - hier wurden nur 75 % erreicht; als Vorgabe wurden 80 % angenommen).

Nun wurden Flugzeuge eingeführt, die außerhalb der Reichweite des Systems starteten (nennen wir sie Flugzeuge vom Typ 2). Wenn diese innerhalb der Reichweite erfolgreich erkannt wurden, dann wurden sie als Treffer gewertet, wenn jedoch nicht, dann fiel das jeweilige Flugzeug komplett aus der Betrachtung (also aus dem Nenner!). Damit erreichte man für diese Flugzeuge vom Typ 2 eine volle 100 %-Trefferquote. Auf dieser Basis konnte man nun das Ergebnis beliebig manipulieren, bis es oberhalb der geforderten Trefferquote lag.

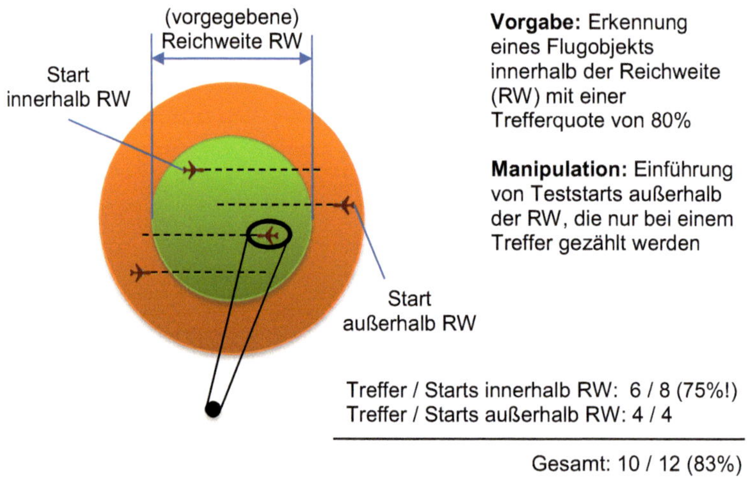

Bild 12.2 Manipulation der Entscheidung für ein Radarsystem

Weitere Beispiele für typische Basisfehler (finden Sie den Fehler?)[2]:

- *Roland Weghorn: „Ich habe noch nie ein Tennisspiel auf Rasen verloren!"*
- *„Studie belegt: Fußball ist die gefährlichste Sportart in Deutschland!"*
- *„Studie belegt: Eheleben gefährlich! 50 % aller Frauen vom eigenen Mann umgebracht!"*
- *„Studie belegt: Im Alter wirst du glücklicher! Bei Unter-20-Jährigen ist die Selbstmordrate mit 25 % am höchsten!"*
- *„Zahlen zeigen: Flugzeuge sind sicherer als die Bahn!"*
- *„Studie belegt: Großfamilien machen kriminell!"*

[2] Basisfehlerlösungen: noch nie Tennis auf Rasen gespielt; Fußball nicht bezogen auf alle Sportler; Eheleben: Grundlage müsste die Motivbetrachtung sein; Selbstmordrate wird nicht auf die jeweilige Altersgruppe bezogen; Verkehrssicherheit: Betrachtung pro transportierte Personen, pro zurückgelegte km oder pro Reisezeit? Kriminalitätsstudie bezieht sich nicht auf Haushalte, sondern auf alle Fälle.

Grafiktäuschungen

Manipulationen durch visuelle Darstellungen in Diagrammen basieren meist auf einer oder mehreren unerlaubten Aktionen. Um dies zu verdeutlichen, sehen wir uns ein einfaches Beispiel an, bei dem die in Tabelle 12.1 dargestellte Datenreihe zugrunde liegt, die Umsätze über die Jahre wiedergibt.

Tabelle 12.1 Beispielumsätze zur Grafiktäuschung

Jahr	2015	2016	2017	2018	2019	2020	2021	2022	2023	2024
Umsatz	103	102	101	103	102	103	104	103	104	105

Die Abbildungen in Bild 12.3 wurden allesamt aus dieser Datenreihe erstellt.

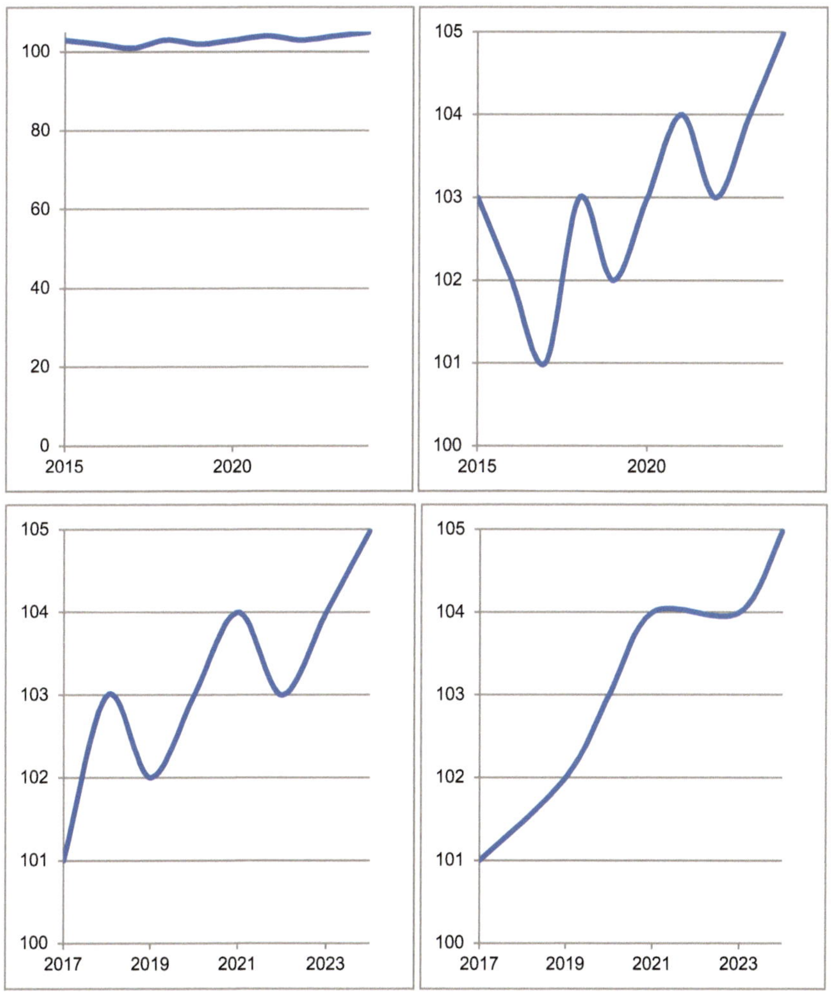

Bild 12.3 Täuschungen durch Grafiken

Die Täuschungen kommen durch folgende Effekte zustande:

- fehlender Nullpunkt
- Weglassen von Zwischenwerten
- Dehnung oder Stauchung von Achsen
- bewusstes Legen des Ausgangspunktes

Versuchen Sie zu entschlüsseln, wie die unterschiedlichen Darstellungen zustande kamen bzw. wie hier manipuliert wurde. Nur die Abbildung oben links ist unverfälscht und dementsprechend recht unspektakulär.

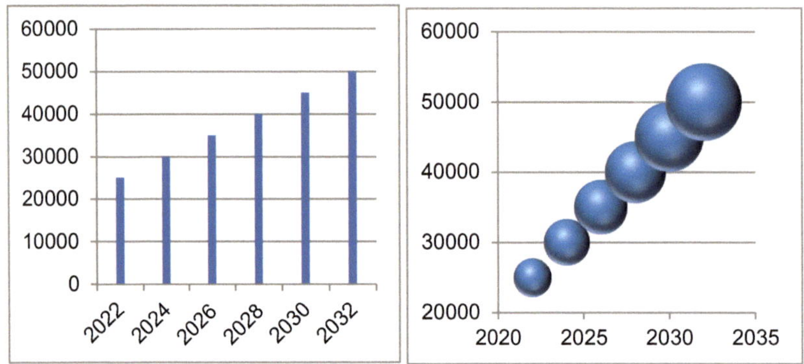

Bild 12.4 Täuschung durch Dimension- und Trendfortschreibung

Interessant ist auch die Technik, eine vorhandene Dimension mehrfach zu verwenden. In Bild 12.4 wird ein linearer Verlauf (linkes Bild) dadurch verzerrt, dass der Datenwert nicht nur die Höhe auf der *y*-Achse widerspiegelt, sondern zusätzlich noch durch die Blasengröße repräsentiert wird. Dadurch entsteht unterbewusst der Eindruck einer exponentiellen Steigerung, die aber gar nicht vorhanden ist. Außerdem wird im rechten Bild der Nullpunkt – und damit der Bezugspunkt – ausgeblendet. Fragwürdig ist auch das Vorgehen, nach Vorhandensein von lediglich zwei Daten (2022 und 2024) einfach einen Trend bis 2032 fortzuschreiben. Wodurch wäre das gerechtfertigt?

Täuschungen rund um den Prozentbegriff

Prozent heißt wörtlich „von Hundert". Mathematisch gesehen ist es ein Platzhalter für den Bruch 1/100. Jede beliebige Zahl lässt sich als Prozentwert ausdrücken, indem man mit 100 multipliziert (Kommaverschiebung um zwei Stellen nach rechts) und das Prozentzeichen anhängt: 4 = 400 %.

Täuschungen oder Manipulationen können beispielsweise durch folgende Sachverhalte entstehen:

- Verstecken/Verschleiern der Basis
- Wachstumsraten mit der Steigerung von Wachstumsraten vertauschen
- Prozentpunkte mit Prozenten vertauschen

Diese drei Punkte sollen kurz erläutert werden.

„Wir beschäftigen zu 58 % Produktionsmitarbeiter ...“

Nehmen wir z. B. folgende Aussage: *„Das Unternehmen beschäftigt zu 57 % Mitarbeiter in der Produktion, 29 % sind in der Konstruktion angestellt und 14 % bilden die Verwaltung.“* Hier wissen Sie nicht, welche Basis – also die Gesamtmenge aller Mitarbeiter – hinter dieser Aussage steckt. **Die Basis wird hier durch ziemlich große Prozentwerte verschleiert.** Sie trifft nämlich unter anderem auch folgendes Zahlenbeispiel zu: vier Produktionsmitarbeiter (57 %), zwei Konstrukteure (29 %) und ein Mitarbeiter in der Verwaltung (14 %). Was ist Aussage also wert? Angaben wie 33 % oder 66 % könnten darauf hindeuten, dass drei Daten für eine Aussage vorliegen.

„Sterblichkeit um über 300 % gestiegen!“

Stellen wir uns als Nächstes die in Tabelle 12.2 dargestellten Zahlen vor, die in absoluten Zahlen die Sterblichkeit für eine bestimmte Krankheit über drei Jahre widerspiegeln.

Tabelle 12.2 Entwicklung der Sterblichkeit über drei Jahre

Jahr	Jahr 1	Jahr 2	Jahr 3
Sterblichkeit	157	158	161

Die Wachstumsrate der Sterblichkeit beträgt vom ersten zum zweiten Jahr 1/157 ≈ 0,6 %, vom zweiten zum dritten Jahr 3/158 ≈ 1,9 % – also durchaus überschaubar. Betrachtet man jedoch die **Steigerung der Wachstumsraten** selbst, dann erhalten wir von zweiten zum dritten Jahr eine Steigerung von sage und schreibe 317 % (1,9/0,6). *„Sterblichkeit um über 300 % gestiegen!“* könnte die Schlagzeile in der Zeitung lauten. Dabei wird hier die Realität völlig verzerrt.

„Krankenkassenbeitrag steigt um einen Prozentpunkt!“

Ist das viel? Wenn bisher der Beitrag bei 13 % des Einkommens lag und jetzt auf 14 % steigt, dann ist das doch vertretbar oder? Was ist schon ein läppisches Prozent? Das macht die Krankenkassen auch nicht reicher – und der Arbeitnehmer zahlt sowieso nur die Hälfte! Doch Vorsicht – es geht hier nicht um ein Prozent Beitragserhöhung, sondern um einen **Prozentpunkt** des Einkommens! Das ist ein kleiner, aber wesentlicher Unterschied. Der Beitragssatz selbst steigt nämlich mitnichten nur um ein Prozent, sondern um weit über 7 %! Sehen wir uns dazu ein konkretes Beispiel an: Bei einem Nettoeinkommen von 1000 € wächst der Krankenkassenbeitrag von 130 auf 140 €. 10 € von 130 € entspricht aber einer Steigerung von 10/130, also ungefähr 7,6 %. Für die Krankenkasse ist das die spürbare Beitragssteigerung, nicht lediglich nur 1 %!

Das soll als Einstieg ins Thema genügen. Es gäbe noch viele Manipulationsfelder wie die Korrelationsanalyse, in denen uns mathematische Zusammenhänge als Ursache-Wirkungs-Prinzipien verkauft werden (z. B. *„Hüftspeck macht schlau“*[3]) oder Mittelwerte zu den eigenen Gunsten genutzt werden (arithmetischer Mittelwert vs. Median). Diese Themenbereiche werden in eigenen Abschnitten behandelt. Wir wollen jetzt ernsthaft in die Statistik einsteigen.

12.1.3 Gebiete der Statistik

Je nach Untersuchungsgegenstand unterteilt man die Statistik in zwei Teilgebiete, in denen man sich wiederum unterschiedlicher Methoden bedient (Tabelle 12.3).

Tabelle 12.3 Vergleich der beschreibenden und der beurteilenden Statistik

	Beschreibende Statistik	Schließende Statistik
andere Bezeichnungen	Deskriptive Statistik	Analytische Statistik Beurteilende Statistik Induktive Statistik
Untersuchungsgegenstand	Grundgesamtheit (GG)	Stichproben (SP)
Methoden	Ordnen von Daten Darstellen von Daten Kennwertberechnung	Rückschließen von SP auf GG Aufstellen von Hypothesen Schätzen von Parametern

In diesem Artikel wird stets von **beschreibender Statistik** gesprochen, wenn es um Grundgesamtheiten geht, und von **schließender Statistik,** wenn es um Stichproben geht und den Rückschluss von der Stichprobe auf die Grundgesamtheit.

[3] aus FOCUS 47/2007

12.1.4 Merkmale und Skalenniveaus

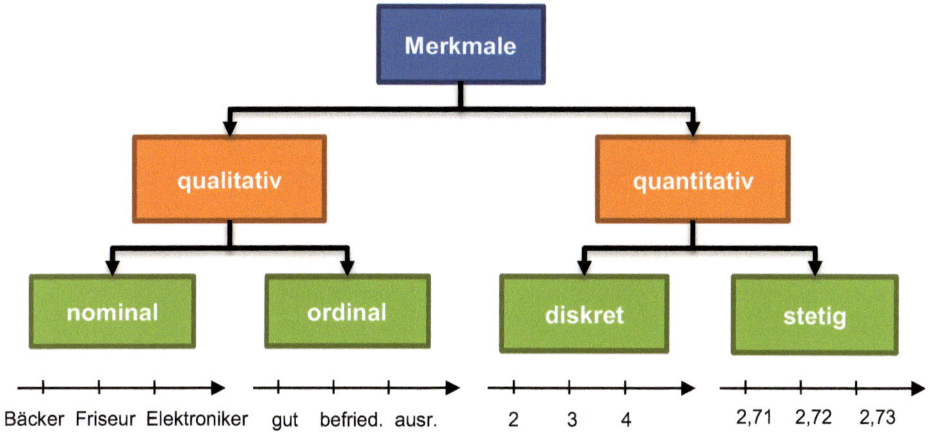

Bild 12.5 Merkmalsarten und Merkmalsskalen

Das, was in der Statistik untersucht wird, nennt man **Merkmale**. Je nach untersuchtem Merkmal gibt es sowohl unterschiedliche zur Verfügung stehende Rechenmethoden als auch je nach Merkmalstyp unterschiedliche **Merkmalswerte**, die die jeweiligen Merkmalsvariablen annehmen können. Die zugehörigen **Merkmalsachsen** werden auch als **Skalenniveau** bezeichnet und sind in Bild 12.5 beispielhaft abgebildet.

Qualitative Merkmale sind nicht durch Zahlen ausdrückbar. Ihre Werte sind reine Namensbezeichnungen, die entweder eine logische Ordnungsstruktur haben **(ordinale Merkmale)** oder nicht **(nominale Merkmale).**

Quantitative Merkmale hingegen sind durch Zahlen ausdrückbar (von Quantum = Menge). **Diskrete Merkmale** können ganzzahlige Werte annehmen und werden auch zählbare Merkmale genannt, bei **stetigen** oder **kontinuierlichen Merkmalen** können die Werte innerhalb eines bestimmten Intervalls beliebige Zahlenwerte annehmen. Stetige Merkmale sind in der Regel meist messbare Werte, die eine physikalische Einheit besitzen.

Auf einer **Nominalskala** werden die (nominalen) Merkmalswerte in einer beliebigen Reihenfolge angeordnet. Die Merkmalswerte sind reine Namensbezeichner („Nomen"). Beispiele hierfür wären Haarfarben, Berufe, Religionszugehörigkeit usw.

Auf einer **Ordinalskala** sind die (ordinalen) Merkmalswerte nach einem logischen Rang geordnet. Beispiele hierfür wären das klassische Notensystem, die Hotelklassifizierung oder auch die Wochentage.

Eine **diskrete Skala** bildet natürliche Zahlen ab. Jegliche Art von Häufigkeitsskalen sind diskrete Skalen. Beispiele für diskrete Merkmale sind Anzahl von Ausschussteilen in einer Stichprobe, Anzahl der Kinder eines Haushaltes usw.

Auf einer **stetigen Skala** befinden sich lediglich „Ankerpunkte". Die zugehörigen Merkmalswerte können jedoch auch jeden belieben Zwischenwert zwischen zwei auf der Skala dargestellten Ankerpunkte annehmen. Beispiele hierfür wären Durchmesser eines Drehteiles, Widerstand eines Verbrauchers, Körpergröße usw.

So lässt sich beispielsweise eine statistische Fehleranalyse auf Basis von diskreten Merkmalen untersuchen (z. B. die Anzahl fehlerhafter Teile pro Stichprobe) oder auf Basis eines stetigen Merkmals (z. B. der Durchmesser eines gefertigten Drehteils).

Hinsichtlich der Merkmals- und Skaleneinteilung finden sich in der statistischen Literatur noch weitere Unterscheidungen, die der Vollständigkeit halber hier kurz umrissen werden sollen, jedoch für die weiteren Betrachtungen in Bezug auf Statistik im Qualitätsmanagement eher von untergeordneter Bedeutung sind.

Von **dichotomen Merkmalen** spricht man, wenn das entsprechende Merkmal nur zwei Ausprägungen annehmen kann (z. B. Kopf und Zahl beim Münzwurf). Bei **intervallskalierten Merkmalen** sind die Abstände zwischen den Ausprägungen nicht einheitlich bzw. linear oder sind interpretierbar (z. B. Längen- und Breitengradangaben). Ratioskalen bzw. **ratioskalierte Merkmale** zeichnen sich durch das Vorhandensein eines natürlichen Nullpunktes aus (z. B. Größe, Gewicht; die Temperatur in °C oder °F ist dagegen kein ratioskaliertes Merkmal, da hier der Nullpunkt willkürlich über eine Formel festgelegt wurde). Von **Absolutskalen** wird gesprochen, wenn eine Messung in natürlichen Einheiten wie Stück oder Vielfachen von mathematischen Einheiten (z. B. Vielfache von π) erfolgt.

12.1.5 Fehlerbegriffe

Fehler lassen sich nach verschiedenen Kriterien unterscheiden. Tabelle 12.4 gibt einen Überblick.

Tabelle 12.4 Fehlertypen und -begriffe

	Erklärung	Beispiel
1.	Typisierung nach der Abweichung	
Absoluter Fehler	$\Delta x = x_I - x_S$ x_I = Istwert x_S = Sollwert	Durchmesser eines Bolzens hat ein Sollmaß von 50 mm (= Toleranzmitte!). Mit dem Messschieber messen wir 49,80 mm: Δx = −0,2 mm Δx_{rel} = −0,004 Δx_{rel} = −0,4 %
Relativer Fehler	$\Delta x_{rel} = \frac{x_I - x_S}{x_S}$	
Prozentualer Fehler	$\Delta x_{rel}[\%] = \Delta x_{rel} \cdot 100\%$	

	Erklärung	Beispiel
Hinweis: Bei Messgeräten entspricht der absolute Fehler der Abweichung des angezeigten vom wahren Wert. Der relative Fehler ist analog.		
2.	Typisierung nach dem Auftreten	
Systematischer Fehler	Fehler tritt in regelmäßiger Weise immer wieder auf.	Messgerät ist falsch kalibriert.
Zufälliger Fehler	Fehler tritt sporadisch und ohne erkennbare Zusammenhänge auf.	An der Stereoanlage setzt hin und wieder der Sound für mehrere Sekunden aus.
Hinweis: Zufällige Fehler sind in der Praxis kritisch, da sie häufig schwer zu lokalisieren und zu beseitigen sind!		
3.	Typisierung nach der Fehlerauswirkung	
Kritischer Fehler	Fehler, der zu Gefahr für Leib und Leben führt.	Bremsen
Hauptfehler	Nicht kritischer Fehler, der jedoch erhebliche Auswirkungen nach sich zieht (z. B. finanzielle)	Lackkratzer beim Neufahrzeug
Nebenfehler	Fehler, der keine wesentlichen Folgen nach sich zieht	Eingerissene Gummitülle an einem Stecker
Hinweis: Reicht die Dreiteilung nicht aus, werden Haupt- und Nebenfehler in zwei Untergruppen (A und B) unterteilt. Somit erhält man insgesamt fünf Fehlergruppen. Kritische Fehlerbauteile müssen 100 %-geprüft werden! Nebenfehler können vom Endkunden in der Regel am Produkt nicht mehr entdeckt werden, nur noch in der internen Qualitätskontrolle.		
4.	Definition nach ISO 9000	
Ein Fehler ist die Nichterfüllung einer Anforderung.		

Bei der Untersuchung von Stichproben auf Fehler muss vor allem unterschieden werden, ob die Anzahl fehlerhafter Teile oder die Anzahl an Fehlern analysiert wird. Ein einzelnes Teil kann mehr als einen Fehler aufweisen. Die Grundlage für die Analyse von Fehlern in Stichproben bildet die Wahrscheinlichkeitsrechnung. Bevor jedoch hierauf näher eingegangen wird, sollen zunächst ein paar mathematische Grundlagen erläutert werden.

■ 12.2 Wahrscheinlichkeitsrechnung

12.2.1 Wichtige mathematische Grundlagen

12.2.1.1 Summenzeichen

Das Summenzeichen ist ein mathematischer Hilfsoperator, der eine einfachere Darstellung der Summen von Zahlen ermöglicht:

$$\sum_{i=1}^{n} x_i = x_1 + x_2 + \ldots + x_n$$

Angenommen, es sind folgende Zahlen gegeben: 5, 7, 4, 3

Die erste Zahl 5 steht für x_1, die 7 für x_2 usw. – das heißt, im Beispiel ist die Anzahl der Zahlen $n = 4$.

Dann wäre die Summe der Zahlen:

$$\sum_{i=1}^{4} x_i = 5 + 7 + 4 + 3 = 19$$

Dem Summenzeichen kann über den Index *i* dabei ein Startwert (unter dem Zeichen) und ein Endwert (über dem Zeichen) zugeordnet werden. So würde über folgende Anweisung lediglich der zweite und der dritte Zahlenwert addiert werden:

$$\sum_{i=2}^{3} x_i = 7 + 4 = 11$$

12.2.1.2 Produktzeichen

Das Produktzeichen ist ähnlich wie das Summenzeichen ein mathematischer Hilfsoperator, der eine einfachere Darstellung der Produkte von Zahlen ermöglicht:

$$\prod_{i=1}^{n} x_i = x_1 \cdot x_2 \cdot \ldots \cdot x_n$$

Angenommen, es sind folgende Zahlen gegeben: 5, 7, 4, 3

Die erste Zahl 5 steht für x_1, die 7 für x_2 usw. – das heißt, im Beispiel ist die Anzahl der Zahlen $n = 4$.

Dann wäre das Produkt der Zahlen:

$$\prod_{i=1}^{4} x_i = 5 \cdot 7 \cdot 4 \cdot 3 = 420$$

Auch dem Produktzeichen kann über den Index *i* dabei ein Start- und ein Endwert zugeordnet werden. So würde über folgende Anweisung nur der zweite und der dritte Zahlenwert multipliziert werden:

$$\prod_{i=2}^{3} x_i = 7 \cdot 4 = 28$$

12.2.1.3 Fakultät

Als Fakultät wird es bezeichnet, wenn für eine beliebige, natürliche Zahl *x* von dieser Zahl alle Zahlen in absteigender Folge bis zur 1 miteinander multipliziert werden:

$$x! = x \cdot (x-1) \cdot \ldots \cdot 2 \cdot 1$$

Beispiel:

$$5! = 5 \cdot 4 \cdot 3 \cdot 2 \cdot 1 = 120$$

Auf dem wissenschaftlichen Taschenrechner finden Sie die Fakultätsfunktion in der Regel mit [x!] bezeichnet.

12.2.2 Kombinatorik

Die Kombinatorik als grundlegende Teildisziplin der Wahrscheinlichkeitsrechnung untersucht die Möglichkeiten, Gegenstände bzw. Elemente auf verschiedene Arten anzuordnen. Dabei wird im Wesentlichen zwischen den drei Begriffen Permutation, Kombination und Variation unterschieden. Im Folgenden sollen die Begriffe kurz beleuchtet und die damit verbundenen sechs Formeln an Beispielen kurz vorgestellt werden.

12.2.2.1 Permutationen

Permutationen bezeichnen die maximal mögliche Anzahl, wie vorgegebene Elemente angeordnet werden können. Dabei kommt die im vorigen Abschnitt vorgestellte Fakultätsrechnung zum Einsatz.

a) Permutationen von n Elementen

Beispiel: Wie viele Möglichkeiten gibt es, aus den drei Buchstaben a, b und c Codewörter zu erstellen?

Lösung: 3! = 3 · 2 · 1 = 6 (abc, acb, bac, bca, cab, cba)

Bei vier Buchstaben a, b, c und d wären es bereits 24 Möglichkeiten.

Interpretation: Für die erste Stelle gibt es drei Möglichkeiten, für die zweite nur noch zwei und für die letzte nur noch eine.

Allgemein lautet die Formel für die Anzahl an Permutationen von n Elementen

$$P = n! = 1 \cdot 2 \cdot 3 \cdot \ldots \cdot n$$

b) Permutationen, wenn von den n Elementen m Gruppen mit p_i gleichen Elementen bildbar sind:

Wenn unter den Elementen Gruppen von gleichen Elementen sind, so verringert sich die Anzahl der Möglichkeiten.

Beispiel: Wie viele Möglichkeiten gibt es, aus den vier Buchstaben a, b und zweimal c vierstellige Codewörter zu erstellen?

Lösung:

$$P = \frac{4!}{1 \cdot 1 \cdot 2} = 12$$

Durch das zweimal vorhandene c verringert sich die Anzahl der Möglichkeiten also von 24 auf 12.

Allgemein lautet die Formel für Permutationen, wenn von den n Elementen m Gruppen mit p_i gleichen Elementen bildbar sind:

$$P = \frac{n!}{p_1 \cdot p_2 \cdot \ldots \cdot p_m} \text{ mit } p_1 + p_2 + \ldots + p_m = n$$

12.2.2.2 Variationen

In der Kombinatorik wird die **Variationsrechnung** benötigt, um die Anzahl an möglichen Kombinationen von Elementen zu berechnen, bei der **die Anordnung der Elemente eine Rolle** spielt.

Dabei wird unterschieden, ob die einzelnen Elemente wiederholt auftreten können oder nicht.

a) Variationen ohne mögliche Wiederholung der Elemente

Beispiel: Wie viele Möglichkeiten gibt es, dass drei Personen **an unterschiedlichen Tagen** Geburtstag haben?

Lösung: $V = 365 \cdot 364 \cdot 363 = 48\,228\,180$

Die allgemeine Formel für die Anzahl an **Variationen ohne Wiederholung der Elemente** lautet:

$$V = \frac{n!}{(n-k)!}$$

Im Beispiel 4 gibt es für die erste Person (P1) 365 Möglichkeiten, für die zweite (P2) nur noch 364 und für die dritte (P3) nur noch 363 Möglichkeiten. Für die Anzahl der Möglichkeiten ist die Anordnung entscheidend, wie das folgende Beispiel zeigt:

P1	P2	P3
27.05.	02.01.	03.07.
02.01.	27.05.	03.07.
03.07.	02.01.	27.05.

Das sind drei verschiedene Möglichkeiten, die sich im Gesamtergebnis widerspiegeln, da es entscheidend ist, wer wann Geburtstag hat - dies ist „mit **Berücksichtigung der Anordnung** der Elemente" gemeint.

Auf dem Taschenrechner finden Sie die Variationsrechnung ohne Wiederholung in der Regel mit **[nPr]** bezeichnet (P für Permutation). Rein mathematisch werden hier im Gegensatz zur Fakultät nur die ersten r Zahlen von der Fakultätskette - beginnend bei n - miteinander multipliziert.

Übung: Rechnen Sie diese Aufgabe unter Eingabe von 365 [nPr] 3 auf Ihrem Taschenrechner.

b) Variationen mit möglicher Wiederholung der Elemente

Beispiel: Wie viele Möglichkeiten gibt es, dass drei Personen Geburtstag haben?

Lösung: $V_w = 365 \cdot 365 \cdot 365 = 365^3 = 48\ 627\ 125$

Bei dieser Lösung wird im Vergleich zu oben berücksichtigt, dass auch mehrere Personen am selben Tag Geburtstag haben können. Es handelt sich in diesem Fall also um eine mögliche Wiederholung der Elemente.

Die allgemeine Formel für die Anzahl an **Variationen mit Wiederholung der Elemente** lautet:

$$V_w = n^k$$

Auf dem Taschenrechner finden Sie diese Funktion meist mit [xy] bezeichnet.

12.2.2.3 Kombinationen

Wie dargelegt, ist für verschiedene Aufgabenstellungen die Reihenfolge von Elementen nicht von Belang. Man spricht von Zusammenstellungen (Permutationen) „ohne Berücksichtigung der Anordnung der Elemente".

In der Kombinatorik wird die **Kombinationsrechnung** benötigt, um die Anzahl an möglichen Kombinationen von Elementen zu berechnen, bei der **die Anordnung der Elemente keine Rolle** spielt.

Auch hier wird wie im vorherigen Abschnitt wieder unterschieden, ob die Elemente wiederholbar sind oder nicht.

a) Kombinationen ohne mögliche Wiederholung der Elemente

Beispiel Lottozahlen: Es wurden folgende sechs Zahlen nacheinander gezogen: 6, 17, 5, 49, 25, 13

Auf dem Lottoschein kann diese Kombination nur einmal angekreuzt werden, also ist die Reihenfolge unerheblich. Die Variationsrechnung (siehe letzter Abschnitt) würde uns ein viel zu hohes Ergebnis liefern, wollten wir die Anzahl an Möglichkeiten hierüber errechnen. Dafür gibt es die Kombinationsrechnung mit folgender Formel:

$$C_n^k = \binom{n}{k} = \frac{n!}{(n-k)! \cdot k!}$$

Gegenüber der Variationsformel unterscheidet sich der Ausdruck um den Faktor $k!$ im Nenner. Es wird das Ergebnis der Variationsrechnung noch durch die Anzahl der Möglichkeiten geteilt, die Elemente verschieden anzuordnen – also im Lotto-Beispiel, wie viele Möglichkeiten es gibt, sechs Zahlen unterschiedlich anzuordnen – und das sind genau 6!. Wendet man die Formel auf die Lotto-Aufgabe an, so erhält man:

$$C_{49}^6 = \frac{49!}{(49-6)! \cdot 6!} = 13983816$$

Die Wahrscheinlichkeit, einen Sechser im Lotto zu haben, errechnet sich damit etwa mit 1:14 Mio.

Eine besonders wichtige Rolle spielt diese Rechnung in Verbindung mit der Binomialverteilung. Der Ausdruck $\binom{n}{k}$, der genau der Möglichkeitszahl entspricht, wird auch als Binomialkoeffizient bezeichnet.

Auf dem Taschenrechner finden Sie die Kombinationsrechnung meist mit [$\mathbf{n}_{\mathrm{Cr}}$] bezeichnet. Das C steht dabei für das englische „Combinations".

Übung: Rechnen Sie diese Lotto-Aufgabe unter Eingabe von 49 [n_{Cr}] 6 auf Ihrem Rechner.

b) Kombinationen mit möglicher Wiederholung der Elemente

Sind Wiederholungen von Elementen zugelassen, so errechnet sich die Anzahl an möglichen Kombinationen nach folgender Formel:

$$C_{\mathrm{w}} = \binom{n+k-1}{k} = \frac{(n+k-1)!}{(n-1)! \cdot k!}$$

Beispiel: Wie viele Möglichkeiten gibt es, aus einer Lostrommel mit Kugeln mit den mehrfach vorhandenen Zahlen 1 bis 3 eine Zweierkombination zu bilden?

Lösung: 11, 12, 13, 22, 23, 33

$$C_w = \binom{3+2-1}{2} = \binom{4}{2} = 6$$

Beachten Sie bitte, dass hier wie beim Lotto-Beispiel die Anordnung der Zahlen keine Rolle spielt. Die Möglichkeit 12 ist dieselbe wie 21.

Wäre die Lotto-Lostrommel so bestückt, dass jede gezogene Zahl von 1 bis 49 mehrfach vorkommen kann, so gäbe es insgesamt $\binom{49+7-1}{7} = \binom{55}{7} = 202927725$ Möglichkeiten, Zahlenkombinationen zu ziehen. Allerdings ließe sich eine mehrfach vorkommende Zahl nicht in einem Lotto-Kästchen ankreuzen, daher ist dieses Beispiel nicht von praktischer Bedeutung.

12.2.3 Einführung in die Wahrscheinlichkeitsrechnung

Mathematiker sind seltsame Menschen. Fragt man einen Mathematiker, was zu tun ist, wenn die Wahrscheinlichkeit 1:100 000 beträgt, dass sich in einem Flugzeug eine Bombe befindet, dann rät er, aktiv eine eigene Bombe mitzunehmen, da nämlich die Wahrscheinlichkeit, dass sich zwei Bomben an Bord eines Flugzeuges befinden, dann auf

1:100 000 000 000 sinkt! Krass, was?

Nichtsdestotrotz bildet die Wahrscheinlichkeitsrechnung, die ihren Ursprung im Glücksspiel hat, die Grundlage für die gesamte Statistik bzw. deren Methoden. Wichtig zu Beginn ist zu wissen, dass zwei Arten von Ereignissen unterschieden werden:

- das sichere Ereignis (1 oder 100 %)
- das Ereignis, das auf keinen Fall eintritt (0)

Die grundlegende Formel für die Berechnung von Wahrscheinlichkeiten wird dem Mathematiker Laplace zugeschrieben und lautet:

$$P = \frac{\text{günstige Fälle}}{\text{mögliche Fälle}}$$

Mit dieser Formel lassen sich bereits verschiedene Aufgabenstellungen lösen. Es ist allgemein üblich, Wahrscheinlichkeiten mit P zu bezeichnen (für englisch „probability"). Im Bereich des Qualitätsmanagements ist diese Formel die Grundlage für die Berechnung von Wahrscheinlichkeiten, in einer Stichprobe ein fehlerhaftes Teil zu finden. Befinden sich in einer Stichprobe vom Umfang 50 drei fehlerhafte Teile, so ist die Wahrscheinlichkeit, bei Entnahme eines zufälligen Teiles ein fehlerhaftes zu erwischen 3/50 = 6 %.

Beispiel 1: Wie wahrscheinlich ist es, mit einem „idealen" Würfel[4] eine 1 oder eine 2 zu würfeln?

Mit der Formel errechnet sich die Wahrscheinlichkeit P wie folgt:

$$P = \frac{2}{6} = \frac{1}{3} \approx 0{,}33 = 33\ \%$$

[4] Ein „normaler", oder auch „Laplace'scher" Würfel genannt, bedeutet, dass die Wahrscheinlichkeit, dass eine der sechs Seiten fällt, exakt 1/6 ist. Dies ist nur in der Theorie möglich.

Beispiel 2: Ein Pokerspiel besteht aus 52 Karten. Wie groß ist die Wahrscheinlichkeit, dass man beim Ziehen einer Karte ein rotes Ass erwischt?

Die günstigen Fälle sind hier 2, denn es gibt zwei rote Asse im Spiel. Damit berechnet sich die Wahrscheinlichkeit mit

$$P = \frac{2}{52} = \frac{1}{26} \approx 0{,}04 = 4\ \%$$

Beispiel 3: Wie berechnet sich die Wahrscheinlichkeit, mit zwei Würfeln einen „Meier" zu würfeln (eine 2 und eine 1 – das ist die höchste Wertung beim „Meiern")[5]?

Bild 12.6 zeigt die möglichen Würfelsummen von zwei Würfeln. Bitte beachten Sie, dass der Meier (die Zahlensumme 3) sowohl durch eine 2 (Würfel 1) und eine 1 (Würfel 2) als auch durch eine 1 (Würfel 1) und eine 2 (Würfel 2) zustande kommen kann. Beide sind je ein günstiges Ereignis.

	⚀	⚁	⚂	⚃	⚄	⚅
⚀	2	3	4	5	6	7
⚁	3	4	5	6	7	8
⚂	4	5	6	7	8	9
⚃	5	6	7	8	9	10
⚄	6	7	8	9	10	11
⚅	7	8	9	10	11	12

Bild 12.6
Würfelsummen bei zwei Würfeln

Es gibt daher zwei günstige Ereignisse von insgesamt 36 möglichen und P errechnet sich zu:

$$P = \frac{2}{36} = \frac{1}{18} \approx 0{,}06 = 6\ \%$$

Beispiel 4: Wie wahrscheinlich ist es, aus einem Pokerspiel mit 52 Karten vier Karten zu ziehen und dabei genau die vier Asse zu erwischen?

Gedanklich trennen wir die Aufgabe in vier Schritte auf: zuerst Karte 1 ziehen, dann Karte 2 usw. Da das Ziehen der einzelnen Karten unabhängige Ereignisse

[5] „Meiern" ist ein altes Würfelspiel mit zwei Würfeln, bei dem die höchste Wertung eine 1 und eine 2 (den Meier) darstellt.

darstellt, deren Einzelwahrscheinlichkeiten multiplikativ miteinander verknüpft werden[6], errechnet sich die Wahrscheinlichkeit hierfür wie folgt:

$$P=\frac{4}{52}\cdot\frac{3}{51}\cdot\frac{2}{50}\cdot\frac{1}{49}=1:270725$$

Am Taschenrechner gibt es für diese Art Rechnungen verschiedene Funktionen, die man hier gut nutzen kann. Sie erhalten dieses Ergebnis beispielsweise, wenn Sie Folgendes in den Rechner eintippen[7]:

$$4[!][:]52[nPr]4\,oder\,auch\,1[:]52[nCr]4$$

Die verwendeten Funktionen entstammen der Kombinatorik, einem Teilgebiet der Wahrscheinlichkeitsrechnung, die jedoch hier nicht näher erläutert werden soll.

Die Wahrscheinlichkeitsrechnung erzeugt in verschiedenen Bereichen Ergebnisse, die unserem „gesunden" Menschenverstand zu widersprechen scheinen. Es folgen ein paar Beispiele, die im Statistikunterricht immer wieder ratlose Blicke hervorrufen.

Beispiel 5: Das Geburtstagsparadox (Bild 12.7)

Sie sind auf einer Party mit 35 Gästen. Wie hoch ist die Wahrscheinlichkeit, dass mindestens zwei der Gäste am selben Tag Geburtstag haben (Tag und Monat)?

Die Wahrscheinlichkeit liegt bei über 80 %, ab 41 Personen sogar über 90 %! Sie können auf Partys darauf wetten, denn die Wirklichkeit bestätigt dieses paradoxe Ergebnis. Seit fünf Jahren hat der Autor in verschiedenen Meisterkursen anonyme Befragungen durchgeführt und kann diesen hohen Wert empirisch bestätigen. Wie lässt sich diese Aufgabe rechnerisch lösen?

Die Antwort liegt in der Tatsache begründet, dass wir hier mit dem sog. **Gegenereignis** rechnen. Die Wahrscheinlichkeit, dass mindestens zwei am selben Tag Geburtstag haben, ist exakt 100 % minus die Wahrscheinlichkeit, dass jeder an einem anderen Tag Geburtstag hat.

Wer das am Taschenrechner einmal nachrechnen will, muss Folgendes eingeben:

$$1-(365[nPr]35[:]365[\wedge]35)$$

Ab einer Teilnehmerzahl von 40 steigen jedoch die meisten Taschenrechner aus, wenn mit diesen Funktionen gerechnet wird.

---

[6] Über diese Logik der multiplikativen Verknüpfung unabhängiger Ereignisse errechnet sich auch die Wahrscheinlichkeit aus der Einleitung, dass zwei Bomben an Bord eines Flugzeuges sind.

[7] $[n_{Pr}]$ (Variationen) und $[n_{Cr}]$ (Binomialkoeffzient) sind die Funktionsbezeichner auf den meisten Taschenrechnern, können aber je nach Modell auch anders lauten.

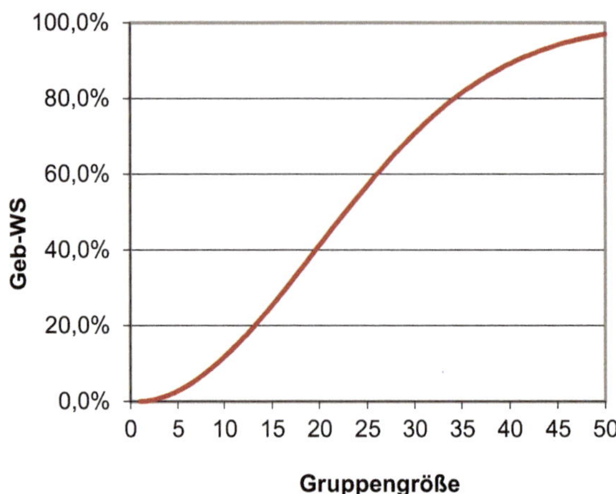

Bild 12.7
Das Geburtstagsparadox

Mit gleicher Logik lässt sich beispielsweise auch die Wahrscheinlichkeit errechnen, dass es innerhalb von 100 Jahren unter den 420 derzeit weltweit vorhandenen Atomkraftwerken (AKW) zu mindestens einem GAU (Größter Anzunehmender Unfall) kommt. Vorausgesetzt, ein AKW havariert einmal in 10 000 Jahren, errechnet sich die Wahrscheinlichkeit mithilfe oben beschriebener Logik zu 98,5 %. Fukushima und Tschernobyl lassen vermuten, dass die 10 000 Jahre pro AKW und GAU wohl zu hoch angesetzt sind!

Wer es genau wissen will: $P = 1 - \left[1 - p\left(\text{min.}1\frac{\text{GAU}}{\text{Jahr}}\right)\right]^{100} =$

$$1 - \left\{1 - \left[1 - \left(\frac{9999}{10000}\right)^{420}\right]\right\}^{100} \approx 98{,}5\ \%$$

Beispiel 6: Das Ziegenproblem (Bild 12.8)

Als letztes Beispiel sei noch das Ziegenproblem oder auch Monty-Hall-Experiment (benannt nach der gleichnamigen Spielshow) dargestellt, das ebenfalls immer wieder zu großem Staunen führt.

Wir stellen uns eine Kandidatin in einer Spielshow vor. Sie steht vor drei verschlossenen Türen. Hinter einer der drei Türen steht ein nagelneues Auto (Preis), hinter den anderen beiden je eine Ziege (Niete). Der Spielleiter weiß, hinter welcher Tür das Auto steht.

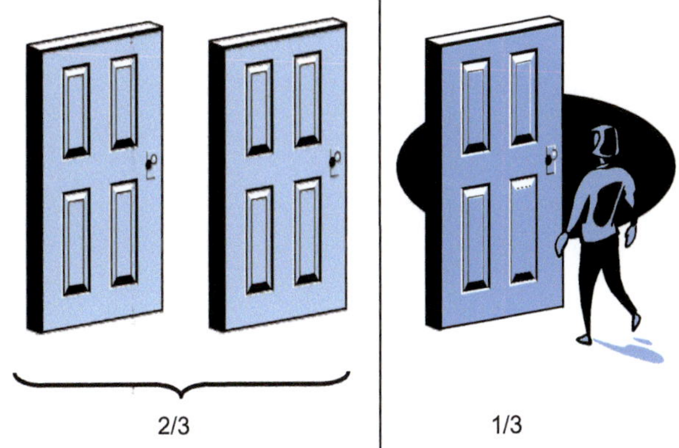

Bild 12.8 Das Ziegenproblem

Nun darf die Kandidatin raten, welche Tür (wie groß ist die Wahrscheinlichkeit, dass sie die richtige Tür errät? 1/3 - richtig!). Der Moderator geht jetzt zu einer der beiden verbliebenen Türen und öffnet eine davon. Er sagt „Schauen Sie mal, was wir hier haben!“ und zeigt der Kandidatin eine Ziege. Und jetzt kommt's: Die Kandidatin darf jetzt, wenn sie will, sich nochmals umentscheiden. Es gibt jetzt nur noch zwei verschlossene Türen und sie darf neu wählen. Sollte sie bei ihrer ersten Wahl bleiben oder sich für die andere Tür entscheiden?

Die Antwort ist schwer zu glauben, aber mit einem Wechsel zur anderen Tür verdoppelt sie ihre Gewinnchance von 33 auf 67 %.

Von Anfang an war ihre Chance bei Tür 1 nur 33 % und bei den anderen beiden Türen zusammen genommen bei 67 %. Da der Moderator immer diejenige Türe öffnet, hinter der sich die Ziege verbirgt, vereinigt er auf seiner Seite die vollen 67 %. Daher sollte man wechseln. Wüsste der Moderator selbst nicht, wo das Auto ist, dann stünde es hinsichtlich Wechsel tatsächlich 50 : 50 für die Kandidatin. Allerdings könnte es dann passieren, dass der Moderator die Türe mit dem Auto öffnet.

Eine alternative Erklärung ist die analoge Umsetzung des Problems auf 100 Türen statt auf drei. Stellen Sie sich vor, die Kandidatin wählt Tür 1. Der Moderator öffnet daraufhin 98 von den verbliebenen 99 Türen. Sollte die Kandidatin zur einzigen Tür wechseln, die der Moderator nicht geöffnet hat? Hier erhöht die Kandidatin ihre Gewinnchance bei einem Wechsel von 1/100 auf 99/100. Meist wird die Logik des Problems nach diesem Ansatz verstanden.

Über dieses Problem hat Gero von Randow ein eigenes, sehr unterhaltsames Buch geschrieben. Es sei jedem ans Herz gelegt, der in die Wunder der Wahrscheinlichkeitsrechnung tiefer einsteigen möchte.

Im Folgenden werden die wichtigsten Begriffe und Zusammenhänge der Wahrscheinlichkeitsrechnung dargestellt.

12.2.4 Ereignisbegriffe

Vorab ein paar wichtige Begriffe zum Verständnis:

Elementarereignis:

Ein Elementarereignis ist ein einzelnes Element aus einer Menge von Möglichkeiten.

Zum Beispiel ist eine Sechs ein Elementarereignis beim Würfeln oder Kopf ein Elementarereignis beim Münzwurf.

Ereignis:

Ein Ereignis ist eine Menge, die sich aus einem oder mehreren einzelnen Elementarereignissen zusammensetzt.

Beispiel: {1, 3, 5} ist das Ereignis „Ungerade Zahl beim Würfeln" oder { K, K } ein mögliches Ereignis beim zweimaligen Münzwurf.

Ereignisraum Ω:

Der Ereignisraum ist die Menge aller möglichen Elementarereignisse und wird allgemein mit Ω dargestellt.

Beispiel: {1, 2, 3, 4, 5, 6} ist der Ereignisraum beim Würfeln oder { K, Z } der Ereignisraum beim Münzwurf.

Sicheres/Unmögliches Ereignis:

Ein Ereignis ist dann sicher, wenn es alle Elemente des Ereignisraumes umfasst. Die Wahrscheinlichkeit eines sicheren Ereignisses ist immer 1 bzw. 100 %.

Ein Ereignis ist dann unmöglich, wenn es kein einziges Elementarereignis des Ereignisraumes umfasst. Die Wahrscheinlichkeit des unmöglichen Ereignisses ist immer 0 und wird auch mit { } oder Ø als Symbol für die leere Menge dargestellt.

Beispiel: Die Wahrscheinlichkeit, mit einem Würfel eine 1, 2, 3, 4, 5 oder 6 zu würfeln, ist 100 %, da dieses Ereignis alle Elemente des Ereignisraumes abdeckt. Das Ereignis, eine ungerade Zahl zu würfeln, ist dagegen unsicher, da hier nicht alle Elemente des Ereignisraumes abgedeckt werden. Das Ereignis, eine 7 zu würfeln, ist unmöglich, da dieses Ereignis überhaupt kein Element des Ereignisraumes berücksichtigt.

Komplementärereignis $\bar{A}$

Ein Komplementärereignis $\bar{A}$ zu einem Ereignis A umfasst die Menge aller Elementarereignisse des Ereignisraums, die durch das Ereignis A nicht umfasst sind. Die Kennzeichnung des Komplementärereignisses erfolgt durch einen Querstrich über dem zugehörigen Ereignisbuchstaben, zu dem es das Komplement (= Gegenstück) bildet.

Beispiel: Das Komplementärereignis zum Ereignis {1, 4} beim Würfeln ist {2, 3, 5, 6}.

Bild 12.9 und Tabelle 12.5 geben einen Überblick über die wichtigsten Begriffe der Wahrscheinlichkeitsrechnung und deren Zusammenhang. Es wird dabei auf sogenannte **Venn-Diagramme** zurückgegriffen, die das Verständnis der Zusammenhänge erleichtern. Der gesamte Ereignisraum ist dabei der äußere Rahmen und die Ereignisse sind die inneren, mit A oder B bezeichneten Kreise. Die Darstellungen entstammen der klassischen Mengenlehre.

Damit lassen sich die in Tabelle 12.5 dargestellten **Additionsgesetze der Wahrscheinlichkeitsrechnung** darstellen.

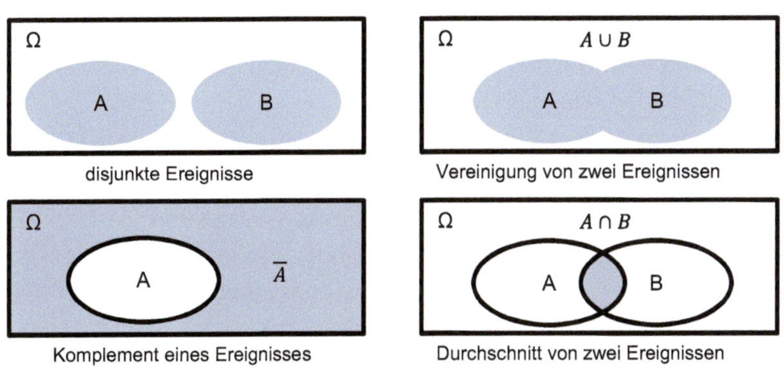

Bild 12.9 Venn-Diagramme zur Veranschaulichung von Ereignisoperationen

Tabelle 12.5 Additionsgesetze der Wahrscheinlichkeitsrechnung

Additionsgesetz für zwei disjunkte Ereignisse $A \cap B = \varnothing$	$P(A \cup B) = P(A) + P(B)$
Additionsgesetz für zwei beliebige Ereignisse	$P\ (A \cup B) = P(A) + P(B) - P(A \cap B)$ $P(A \cap B) = P(A) + P(B) - P(A \cup B)$
Wahrscheinlichkeit des Komplementärereignisses	$P(\bar{A}) = 1 - P(A)$ $P(A) = 1 - P\ (\bar{A})$

Beachten Sie, dass bei zwei überlappenden Ereignissen die Schnittmenge einmal abgezogen werden muss, da sie beim Addieren der beiden Mengen doppelt gezählt wurde.

Zufallsexperiment:

Ereignisse werden in der Statistik im Rahmen von Versuchen und Beobachtungen betrachtet, von denen im Voraus ungewiss ist, was sich als Ergebnis zeigen wird.

Unter einem Zufallsexperiment versteht man einen (beliebig oft) wiederholten Vorgang mit mindestens zwei möglichen (und verschiedenen) sowie im Voraus unbekannten Ereignissen als Ergebnis.

12.2.5 Bedingte Wahrscheinlichkeit und Abhängigkeit

Häufig müssen Ereignisse betrachtet werden, die voneinander abhängen. Um solche Aufgaben visuell darstellen zu können, empfiehlt sich die Darstellung in einem Baumdiagramm.

Beispiel: 15 % aller Männer (M) haben Herzinfarkte (H), jedoch nur 5 % der Frauen (F). Männer und Frauen sind gleich verteilt (je 50 %).

Bild 12.10 zeigt den Zusammenhang, in dem die Prozentangaben in absolute Zahlen übersetzt werden. Im linken Ausgangspunkt werden 200 Personen angesetzt und dann erfolgt die Verteilung gemäß den gemachten Angaben. „15 % aller Männer haben Herzinfarkte" bedeutet mathematisch korrekt: Die bedingte Wahrscheinlichkeit für einen Herzinfarkt unter der Bedingung, dass es sich um einen Mann handelt, ist 15 % und wird durch $P(\mathrm{H/M})$ ausgedrückt. Der erste Parameter in der Klammer ist das betrachtete Ereignis H (Herzinfarkt), nach dem Schrägstrich folgt die Bedingung M (Mann). Das entspricht hier 15 Männern. Da innerhalb eines Verästelungsbereiches sich alle bedingten Wahrscheinlichkeiten zu 100 % ergänzen müssen, ergibt dies logischerweise, dass $P\left(\overline{\mathrm{H}}\,/\,\mathrm{M}\right)=85\ \%$, also 85 Männer keinen Herzinfarkt haben.

Die bedingte Wahrscheinlichkeit ist abhängig vom jeweils voreilenden Zweig. Die 15 % gelten nur für Männer, nicht für Frauen. Man spricht in diesem Zusammenhang von stochastisch abhängigen Ereignissen. Dies führt uns zur Definition der stochastischen Unabhängigkeit:

Zwei Ereignisse sind stochastisch unabhängig, wenn gilt: $P\left(\mathrm{A/B}\right)=P\left(\mathrm{A/\overline{B}}\right)$

Umgekehrt gilt: Zwei Ereignisse sind stochastisch abhängig, wenn gilt: $P\left(\mathrm{A/B}\right)\neq P\left(\mathrm{A/\overline{B}}\right)$

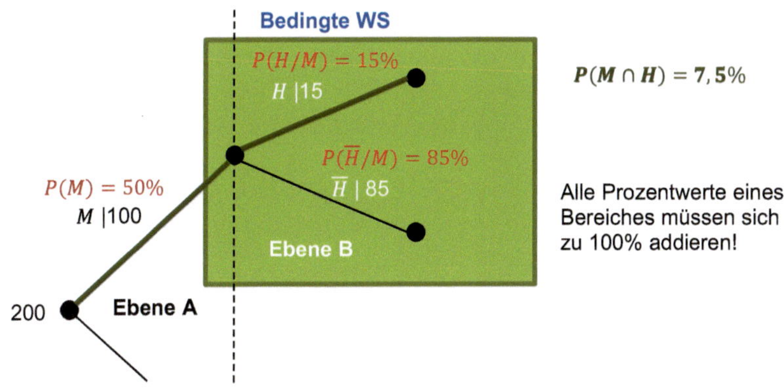

Bild 12.10 Bedingte Wahrscheinlichkeit im Baumdiagramm

Die bedingte Wahrscheinlichkeit, dass eine Frau einen Herzinfarkt bekommt, beträgt nur 5 %, und damit sind die beiden Ereignisse stochastisch abhängig: $P(\mathrm{H}/\mathrm{M}) = 15\,\% \neq P(\mathrm{H}/\overline{\mathrm{M}}) = 5\,\%$.

Fällt Ihnen ein **Beispiel für stochastisch unabhängige Ereignisse** ein?

Stellen Sie sich ein klassisches Glücksspiel wie Würfeln, Münzwurf oder Roulette vor. Jeder Wurf eines Würfels ist vom vorherigen Ereignis völlig unabhängig. Die Wahrscheinlichkeit, eine 6 zu würfeln, ist stets 1/6, egal ob vorher eine 3 oder etwas anderes gewürfelt wurde: $P(W6/W3) = P(W6/\overline{W3}) = \frac{1}{6}$. Beide Ereignisse sind stochastisch voneinander unabhängig. Unabhängige Ereignisse werden in der Regel nicht in einem Baumdiagramm dargestellt, da die Verästelung des Baumes ja gerade die Abhängigkeit der Ereignisse abbilden soll.

Dies führt nun zu den **Multiplikationssätzen der Wahrscheinlichkeitsrechnung**, die in Tabelle 12.6 dargestellt sind.

Tabelle 12.6 Multiplikationssätze der Wahrscheinlichkeitsrechnung

Multiplikationssatz für beliebige Ereignisse	$P(\mathrm{A} \cap \mathrm{B}) = P(\mathrm{A}) \cdot P(\mathrm{B/A})$ $P(\mathrm{A} \cap \mathrm{B}) = P(\mathrm{B}) \cdot P(\mathrm{A/B})$
Multiplikationssatz für stochastisch unabhängige Ereignisse	$P(\mathrm{A} \cap \mathrm{B}) = P(\mathrm{A}) \cdot P(\mathrm{B})$

Will man also wissen, wie groß die Wahrscheinlichkeit ist, dass eine Person ein Mann ist und einen Herzinfarkt erleidet (das „und" entspricht dem Mengenlehrezeichen ∩), dann gilt:

$$P(\mathrm{M} \cap \mathrm{H}) = P(\mathrm{M}) \cdot P(\mathrm{H}) = 0{,}5 \cdot 0{,}15 = 0{,}075 = 7{,}5\,\%$$

Bitte achten Sie auf den Unterschied: Die Wahrscheinlichkeit, dass eine Person ein Mann ist und einen Herzinfarkt erleidet (7,5 %), ist etwas anderes als die Wahrscheinlichkeit, dass ein Mann einen Herzinfarkt erleidet (15 %). Um die Wahrscheinlichkeit für das „Und"-Ereignis von der bedingten Wahrscheinlichkeit unterscheiden zu können, bezeichnen wir diese zukünftig als **Wahrscheinlichkeit des gemeinsamen Ereignisses.**

Für die Wahrscheinlichkeit des gemeinsamen Ereignisses sind also die Einzelwahrscheinlichkeiten aller Teiläste ab dem linken Startpunkt bis zum Endpunkt zu multiplizieren, während die bedingte Wahrscheinlichkeit lediglich die Wahrscheinlichkeit eines einzelnen Teilastes darstellt.

12.2.6 Totale und Bayes'sche Wahrscheinlichkeit

Bestimmt man für alle Endknotenpunkte die zusammengesetzten „Und"-Wahrscheinlichkeiten, so ergibt sich folgendes Gesamtbild inklusive aller absoluten Zahlen, wenn man wieder von 200 Personen ausgeht.

Soll nun die Wahrscheinlichkeit berechnet werden, einen Herzinfarkt zu erleiden – losgelöst davon, ob man Mann oder Frau ist, so müssen die Wahrscheinlichkeiten der Endknotenpunkte addiert werden, die jeweils einen Herzinfarkt berücksichtigen. Im Beispiel ergibt das:

$$P(\mathrm{H}) = P(\mathrm{M} \cap \mathrm{H}) + P(\mathrm{F} \cap \mathrm{H}) = 7{,}5\ \% + 2{,}5\ \% = 10\ \%$$

Während die erste Ebene (A) vom Startknotenpunkt aus gegeben war (Mann und Frau jeweils 50 %), so lässt sich über die Gesamtwahrscheinlichkeit, einen Herzinfarkt zu erleiden $P(\mathrm{H})$, zunächst noch nichts aussagen, da die hierzu notwendigen Informationen in den bedingten Wahrscheinlichkeiten der Teiläste verborgen liegen. Will man die Gesamtwahrscheinlichkeit eines Ereignisses der zweiten Ebene (B) ermitteln, so muss mit der Totalen Wahrscheinlichkeit gearbeitet werden. Sie ist die Summe der Endknotenpunkt-Wahrscheinlichkeiten für das gesuchte Ereignis – in unserem Fall das Ereignis Herzinfarkt.

Allgemein gilt damit folgende Formel für die **Totale Wahrscheinlichkeit:**

$$P(B) = \sum_{i=1}^{n} P(B / A_i) \cdot P(A_i)$$

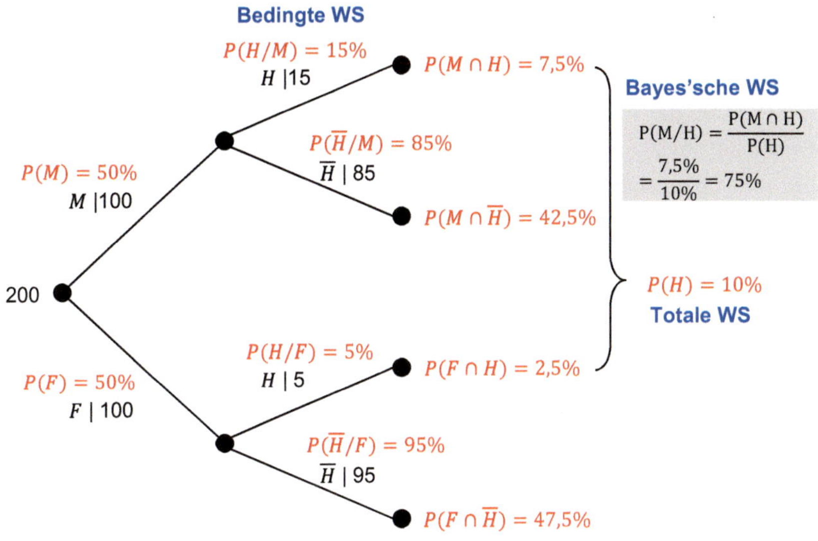

Bild 12.11 Gesamtbild der Wahrscheinlichkeitsbegriffe

In Bild 12.11 wurde neben den Prozentsätzen mit absoluten Zahlen gearbeitet - Warum?

Weil wir Menschen von Prozentzahlen in der Regel immer nur eine vage Vorstellung besitzen. Die Lieferung hat 0,4 % Ausschuss! Was bedeutet das? Erst wenn wir absolute Zahlen einführen, erhalten wir ein konkretes Bild des Sachverhalts. 4 von 1000 getesteten Teilen ist Ausschuss - das kann sich jeder vorstellen. Es empfiehlt sich grundsätzlich, Prozentangaben in absolute Zahlenwerte zu zerlegen. Dies schult einerseits den Umgang mit den Formeln, andererseits ermöglicht es eine bildliche Vorstellung der Problemstellung und damit üblicherweise auch eine schnellere Lösungsfindung.

Der letzte Abschnitt dieses Kapitels soll sich mit dem Bayes'schen Satz beschäftigen. Viele Schüler und Studenten plagen sich mit seiner Logik, obwohl er mit etwas visueller Unterstützung einfach zu verstehen ist. Wir wollen wieder bei unserem Beispiel mit dem Herzinfarkt bleiben. Stellen wir uns vor, wir möchten nun ermitteln, wie groß die Wahrscheinlichkeit ist, dass eine aufgefundene Person, die einen Herzinfarkt erleidet, ein Mann ist. Mathematisch hieße das: $P(\mathrm{M}/\mathrm{H})$ - die Wahrscheinlichkeit, dass es sich um einen Mann handelt unter der Bedingung, dass die Person einen Herzinfarkt hat.

Bei der Bayes'schen Logik wird der Gaul von hinten aufgezäumt. Wir kennen diverse Wahrscheinlichkeiten der Endknotenpunkte und wollen hieraus auf eine Wahrscheinlichkeit der Ebene B zurückschließen. Alles, was benötigt wird, ist die Laplace'sche Grundformel der Wahrscheinlichkeit:

$$P = \frac{\text{günstige Ereignisse}}{\text{mögliche Ereignisse}}$$

Den Nenner bildet die Totale Wahrscheinlichkeit – also die Summe aller Endknoten-Wahrscheinlichkeiten zu einem Ereignis der B-Ebene (in unserem Beispiel die Summe aller Wahrscheinlichkeiten, bei denen Herzinfarkt im Spiel ist). Wie bereits berechnet ist $P(\mathrm{H}) = 10\,\%$. Den Zähler – das günstige Ereignis – bildet die Endknoten-Wahrscheinlichkeit des gemeinsamen Ereignisses, dass es sich um einen Mann mit Herzinfarkt handelt, also $P(\mathrm{M} \cap \mathrm{H})$, in unserem Fall 7,5 %. Damit ergibt sich die gesuchte Wahrscheinlichkeit mit:

$$P(\mathrm{M}/\mathrm{H}) = \frac{P(\mathrm{M} \cap \mathrm{H})}{P(\mathrm{H})} = \frac{7{,}5\ \%}{10\ \%} = 75\ \%$$

In absoluten Zahlen heißt das, dass von den 10 Personen (2,5 + 7,5) mit Herzinfarkt 7,5 Männer sind, das sind 75 %. Auch hier ist diese Vorgehensweise wesentlich anschaulicher als die reine Prozentrechnerei.

Damit ergibt sich die Bayes'sche Formel der Wahrscheinlichkeit:

$$P(\mathrm{B}/\mathrm{A}) = \frac{P(\mathrm{A} \cap \mathrm{B})}{P(\mathrm{B})}$$

In unserem Beispiel lassen sich die A- und die B-Ebene vertauschen. Damit wird die eben ermittelte Bayes'sche Wahrscheinlichkeit zur bedingten Wahrscheinlichkeit in einem Teilast und umgekehrt. Bild 12.12 soll diese Betrachtung abschließend verdeutlichen.

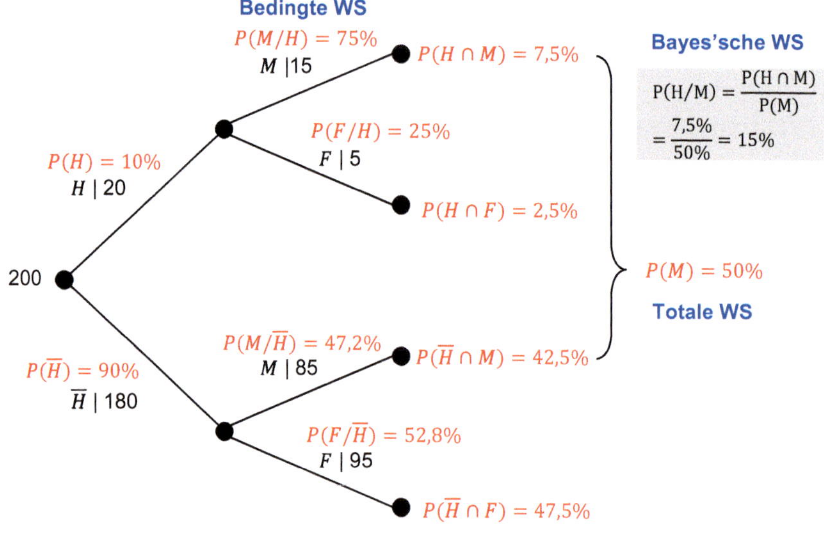

Bild 12.12 Andere Darstellung des Beispiels mit vertauschten Ebenen

Andere Darstellung desselben Beispiels: Gegeben sind jetzt: 10 % der Bevölkerung haben einen Herzinfarkt. 75 % aller Herzinfarkte entfallen auf Männer.

Diese Formel hat in der statistischen Praxis höchste Relevanz, wenn beispielsweise Ärzte von Symptomen (B-Ebene) auf die zugrunde liegende Krankheit (A-Ebene) zurückschließen müssen oder die Polizei aufgrund von Zeugenhinweisen (B-Ebene) auf einen Täter (A-Ebene) zurückschließen muss.

Da von den Endknotenpunkten bzw. den Wahrscheinlichkeiten der gemeinsamen Ereignisse auf die Ebene A zurückgeschlossen wird, wird die Bayes'sche Wahrscheinlichkeit häufig auch als **A-priori-Wahrscheinlichkeit** bezeichnet.

Den Abschluss zu diesem Einführungskapitel zur Wahrscheinlichkeitsrechnung soll eine Beispielaufgabe bilden, in der die Zusammenhänge noch einmal aufgegriffen werden:

Beispiel: Wie groß ist die Wahrscheinlichkeit für eine 40- bis 50-jährige Frau, an Brustkrebs zu erkranken, wenn ein Mammografie-Test positiv ist?[8]

Gegeben sind ferner folgende Angaben: Die Gesamtwahrscheinlichkeit, überhaupt an Brustkrebs zu erkranken, beträgt 0,8 %. In 90 % zeigt die Mammografie ein positives Ergebnis, wenn die Frau tatsächlich Brustkrebs hat, in 7 % jedoch fälschlicherweise ein positives Ergebnis, obwohl die Frau gar nicht erkrankt ist.

Ist diese Aufgabe verwirrend für Sie? Da sind Sie nicht allein. In einem Lehrkrankenhaus wurde diese Aufgabe angehenden Medizinern gestellt. Die Hälfte der Ärzte gab als Lösung 90 %, ein Drittel gab 1 % als Lösung an. Ja, was denn nun?

Das direkte Rechnen mit Wahrscheinlichkeitswerten ist zwar möglich, aber sehr verwirrend und für die meisten Menschen nur schwer logisch zu durchblicken. Setzt man die Wahrscheinlichkeitsangaben jedoch in absolute Zahlen um und reduziert das Problem auf unsere Grundformel (günstige/mögliche), dann löst sich das Problem tatsächlich relativ einfach auf (Bild 12.13).

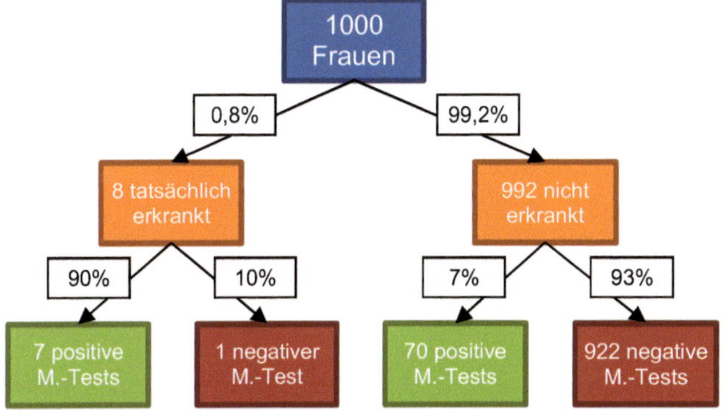

Bild 12.13 Wahrscheinlichkeitsdiagramm zum Mammografie-Test

[9] aus Kaplan (2007)

Wie sich in Bild 12.13 zeigen lässt, gibt es von 1000 Frauen insgesamt 77 positive (= mögliche) Testergebnisse, jedoch nur sieben davon sind die Resultate von tatsächlich erkrankten Frauen (= günstige). Die Wahrscheinlichkeit liegt damit gerade einmal bei 7/77 = 1/11 oder ca. 9 % (= Bayes'sche Wahrscheinlichkeit)!

12.3 Auswertung von Stichproben

Wie in Abschn. 12.1.3 beschrieben, unterscheiden wir zwischen beschreibender und schließender Statistik. Der Unterschied liegt in der Menge der untersuchten Teile. In der beschreibenden Statistik wird eine Gesamtmenge (Grundgesamtheit) untersucht.

In der Praxis lässt sich jedoch aus verschiedenen Gründen nicht immer die komplette Grundgesamtheit untersuchen:

- Kosten
- Zeit
- Mitarbeiter
- zerstörende Prüfung

In diesem Fall erfolgt die Ziehung einer Stichprobe, die untersucht wird und von der auf die Grundgesamtheit zurück „geschlossen" wird. Je nach gewählter Methode (Auswahl, Stichprobenumfang etc.) gewinnt man über die Stichprobe eine Erkenntnis über die Grundgesamtheit mit einer bestimmten **statistischen Sicherheit.** Diese Sicherheit ist ein Prozentwert, der niemals 100 % erreichen kann, da man hierzu logischerweise eine 100 %-Prüfung durchführen müsste. Die Stichprobenziehung muss **zufällig** erfolgen. Diese kann nach verschiedenen Kriterien durchgeführt werden. Da ein Wareneingangs- oder Fertigungslos in der Regel nicht wie eine Lostrommel durchmischt werden kann, erfolgt die Ziehung häufig in systematischer Weise – z. B. jedes zehnte Teil oder immer drei Teile von jeder Palette etc. Wir wollen in den nächsten beiden Abschnitten zwei Stichprobenuntersuchungen durchführen, einmal mit einem diskreten und einmal mit einem stetigen Merkmal.

12.3.1 Prüfungen diskreter Merkmale

Stellen Sie sich bitte vor, Sie sind verantwortlich für eine Wareneingangsprüfung und ermitteln in 50 Stichproben von jeweils 20 Stück die Anzahl fehlerhafter Teile (= diskretes Merkmal) in den Stichproben. Trägt man die ermittelten Fehlerhäufigkeiten in eine Tabelle ein, so bezeichnet man diese Ausgangswerte als **Urwerte** und die zugehörige Tabelle als **Urliste**[9] (Tabelle 12.7).

Tabelle 12.7 Urliste - Anzahl fehlerhafter Teile in 50 Stichproben

2	3	1	6	1	5	4	8	4	2
5	6	4	3	6	4	6	7	5	3
4	7	3	3	4	3	5	4	6	4
4	3	2	7	3	2	6	0	4	2
5	5	5	4	5	3	5	6	4	5

Die Werte aus dieser Liste lassen sich nun in einer Häufigkeitstabelle zusammenfassen - also in wie vielen Stichproben sind 0, 1, 2, 3, ... usw. fehlerhafte Teile vorgekommen (Tabelle 12.8).

Tabelle 12.8 Häufigkeitstabelle Anzahl fehlerhafter Teile

Anz. fehlerh. Teile	Häufigkeit
0	1
1	2
2	5
3	9
4	12
5	10
6	7
7	3
8	1

Diese Häufigkeiten lassen sich nun in Form eines Stabdiagrammes darstellen (Bild 12.14).

[10] Derjenige, der eine Urliste erstellt, ist nicht der Uhrmacher!!!

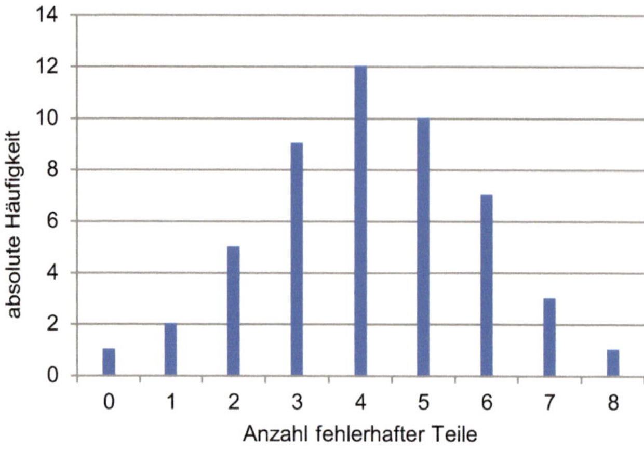

Bild 12.14 Stabdiagramm als Darstellungsmöglichkeit diskreter Merkmale

Es ist zu beachten, dass beide Achsen diskrete Merkmale – in diesem Falle Häufigkeiten abbilden. Zwischen den einzelnen Merkmalswerten gibt es eine Lücke (schließlich gibt es keine 2,76 fehlerhafte Teile oder Ähnliches; nur ganzzahlige Werte sind möglich).

Merke: Ein **Stabdiagramm** ist eine Darstellungsmöglichkeit für diskrete Merkmale!

12.3.2 Prüfungen stetiger Merkmale

Wir gehen jetzt einen Schritt weiter und sehen uns eine Urliste mit stetigen (oder kontinuierlichen) Werten an. Als Beispiel soll ein maschinell gefertigtes Drehteil dienen, von dem 50 Teile als Stichprobe entnommen wurden (Tabelle 12.9). Auch diese Werte lassen sich in Form einer Häufigkeitstabelle darstellen (Tabelle 12.10).

Tabelle 12.9 Urliste – gemessene Durchmesser eines Drehteils in mm

Urliste									
7,74	7,71	7,71	7,64	7,69	7,68	7,69	7,69	7,64	7,68
7,69	7,70	7,70	7,73	7,66	7,68	7,68	7,64	7,69	7,63
7,73	7,66	7,72	7,67	7,67	7,65	7,65	7,67	7,75	7,62
7,71	7,72	7,73	7,69	7,66	7,61	7,66	7,68	7,69	7,70
7,70	7,67	7,72	7,68	7,71	7,67	7,67	7,68	7,69	7,65

Tabelle 12.10 Häufigkeitstabelle - Drehteil

Ø in mm	Häufigkeit
7,61	1
7,62	1
7,63	1
7,64	3
7,65	3
7,66	4
7,67	6
7,68	7
7,69	8
7,70	4
7,71	4
7,72	3
7,73	3
7,74	1
7,75	1

Will man dieses Ergebnis nun grafisch darstellen, nimmt man ein sog. **Histogramm.** Es unterscheidet sich vom Stabdiagramm darin, dass die Balken aneinander stoßen und keine Lücken vorhanden sind. Dies ist auch sinnvoll - schließlich handelt es sich bei dem untersuchten Merkmal (Durchmesser) um ein stetiges Merkmal und dieses kann innerhalb des betrachteten Intervalls jeden beliebigen Zwischenwert annehmen (Bild 12.15).

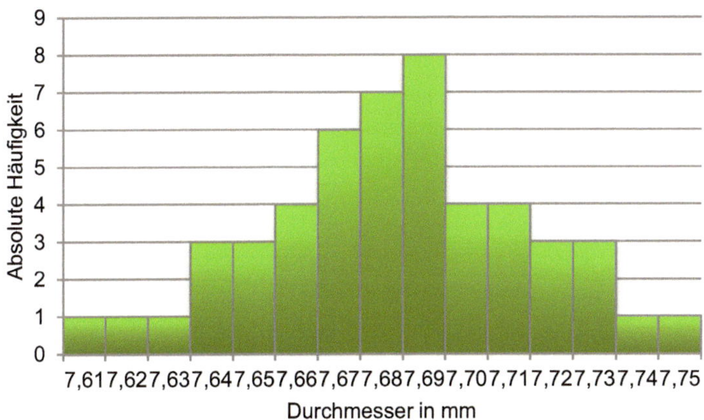

Bild 12.15 Histogramm als Darstellungsmöglichkeit stetiger Merkmale

Hinweis: Der Begriff Balkendiagramm wird häufig sowohl für Stabdiagramme als auch für Histogramme verwendet und ist daher nicht mehr eindeutig bzw. irreführend. Entscheidend ist das untersuchte Merkmal.

Merke: Ein **Histogramm** ist eine Darstellungsmöglichkeit für stetige Merkmale!

12.3.3 Nutzung von Klassen

Ab einer gewissen Größenordnung (etwa ab 50 Urwerten) ist es nicht mehr sinnvoll, jeden einzelnen Wert darzustellen. Man fasst mehrere Werte in Klassen zusammen und analysiert dann die einzelnen Klassen.

Für die Arbeit mit Klassen gibt es einige Regeln, die es zu beachten gilt:

- Anzahl der Klassen k bestimmen

  $\boldsymbol{k = \sqrt{n}}$ mit $k \leq 21$

  - Dabei ist k eine natürliche Zahl (Auf- oder Abrunden!!!).
  - Ab $n = 400$ bleibt die Klassenzahl bei etwa 21

    (sonst müsste man Klassen von den Klassen bilden ...).
  - Bei einer ungeraden Klassenzahl steht in der Histogrammdarstellung ein Balken in der Mitte; daher wäre dies zu bevorzugen.
- **Klassenweite w** bestimmen

  $$w = \frac{R}{k} = \frac{x_{max} - x_{min}}{k}$$

  - Bitte beachten:

    unbedingt mit gerundetem k weiterrechnen!
- R ist die Spannweite (Range),

  also die Differenz aus größtem und kleinstem Wert.
- Klassen eindeutig abgrenzen.
  - Dies kann beispielsweise durch mathematische Zeichen wie > und ≤ oder verbal mit „über“ und „bis (einschl.)“ oder durch Anhängen einer zusätzlichen Nachkommastelle erfolgen (in der Regel wählt man hierfür die Ziffer 5).
- Jeder Wert aus der Urliste muss eindeutig einer Klasse zugeordnet werden können!

Wir wenden diese Vorgehensweise nun auf die vorgehende Urliste an.

Damit ergibt sich als Klassenanzahl *k* für die 50 Messwerte aus Tabelle 12.9:

$$k = \sqrt{n} = \sqrt{50} \approx 7$$

Für die Klassenweite *w* ergibt sich:

$$w = \frac{7{,}75 - 7{,}61}{7} \approx 0{,}02$$

Für die Klassenabgrenzung entscheiden wir uns für die Einführung einer zusätzlichen Nachkommastelle, die grundsätzlich auf 5 lautet.

Damit ergibt sich die in Tabelle 12.11 dargestellte Klassenhäufigkeitstabelle.

Tabelle 12.11 Klassenhäufigkeitstabelle - Drehteil

Klasse	von	Bis	Kl.-Mitte	Häufigkeit
1.	7,610	7,635	7,622	3
2.	7,635	7,655	7,645	6
3.	7,655	7,675	7,665	10
4.	7,675	7,695	7,685	15
5.	7,695	7,715	7,705	8
6.	7,715	7,735	7,725	6
7.	7,735	7,750	7,743	2

Stellt man dieses Ergebnis als Histogramm dar, so ergibt sich Bild 12.16.

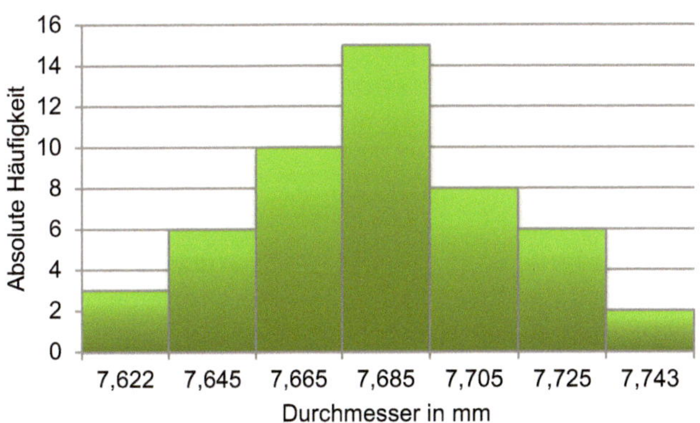

Bild 12.16 Histogramm für die Klassen - Beispiel Drehteil

Die Balkenbreite baut sich symmetrisch um die jeweilige Klassenmitte auf. Die erste Klasse ist aufgrund der Klassenabgrenzung geringfügig größer, dies fällt jedoch nicht ins Gewicht.

Es lässt sich erkennen, dass die Aussagekraft dieses Histogramms qualitativ die gleiche Aussage zulässt wie Bild 12.15: Die zugrunde liegenden Urwerte scheinen annähernd einer Normalverteilung zu folgen.

12.4 Wichtige Verteilungen

12.4.1 Die Binomialverteilung

Historisch gesehen entstand die Binomialverteilung aus der Beobachtung des britischen Naturforschers Francis Galton, der einen Versuch mit einem nach ihm benannten Nagelbrett unternahm (Bild 12.17).

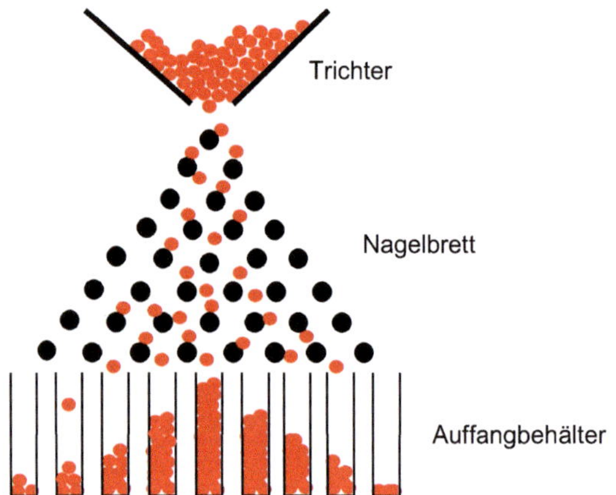

Bild 12.17
Galton'sches Nagelbrett

Aus einem Trichter rieseln Kugeln durch ein Nagelbrett in darunter befindliche Auffangbehälter. Die Erkenntnis Galtons war nun, dass die Auffangbehälter nach einem bestimmten Muster gefüllt wurden. Das erhaltene Muster lässt sich mathematisch als sog. Pascal'sches Dreieck darstellen (benannt nach dem Mathematiker Blaise Pascal; Bild 12.18).

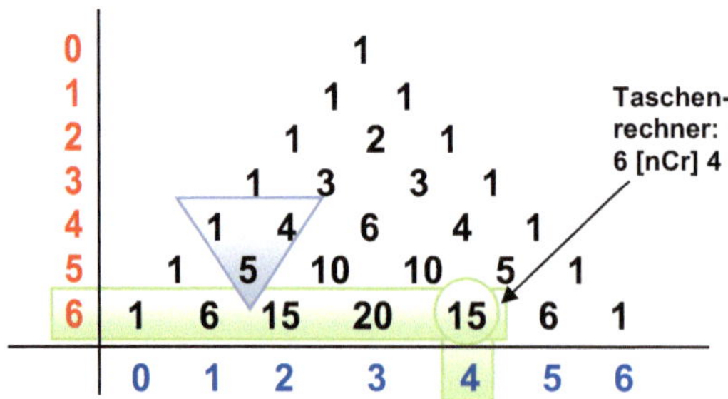

Bild 12.18
Pascal'sches Dreieck

Wie man sieht, ergibt sich jede Zahl im Dreieck aus der Summe der beiden übergeordneten Zahlen (z. B. die 5 im blauen Dreieck ergibt sich aus 1 und 4 aus den beiden darüber liegenden Zahlen). Im Beispiel sind lediglich die ersten sieben Reihen des Pascal'schen Dreiecks dargestellt, das Muster lässt sich jedoch beliebig weiter fortsetzen.

Die charakteristischen Werte im Dreieck lassen sich für jede beliebige Reihe nach einer Formel berechnen und werden als **Binomialkoeffizient** bezeichnet. Ihren Namen erhalten diese Zahlen von der charakteristischen Verteilung – der sog. **Binomialverteilung.**

Die richtige Schreibweise für den Binomialkoeffizienten ist $\binom{n}{r}$ – gesprochen „n über r" oder auch „r aus n" und entspricht der Anzahl an möglichen Kombinationen von Elementen ohne Berücksichtigung der Anordnung (siehe Abschn. 12.2.2.3).

Die exakte, mathematische Formulierung des Binomialkoeffizienten lautet:

$$\binom{n}{r} = \frac{n!}{(n-r)! \cdot r!}$$

Stellt man die Häufigkeiten der Kugeln aus Galtons Nagelbrett dar, so ergibt sich ein Diagramm, das in etwa wie Bild 12.19 aussieht.

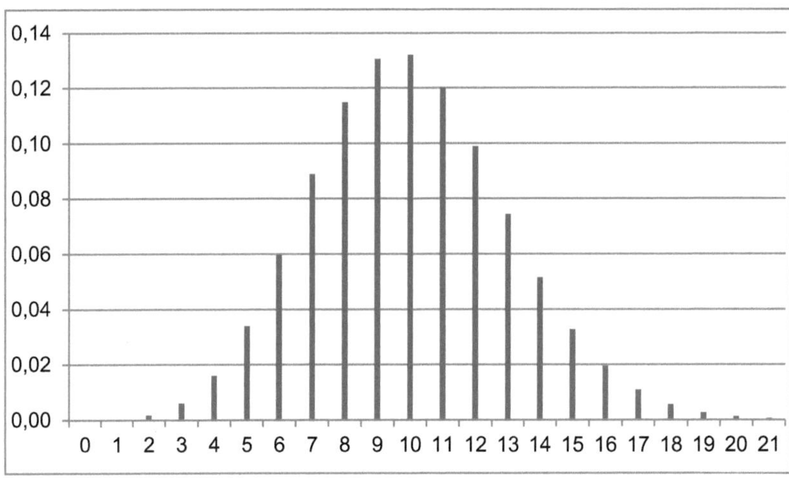

Bild 12.19 Binomialverteilung mit n = 100 und p = 0,1

Es zeigt sich, dass die Verteilung einen annähernd symmetrischen Aufbau hat. Für die Praxis ist die Verteilung für folgende Aufgabenstellung wichtig:

Man ziehe eine Stichprobe vom Umfang *n* aus einem Los vom Umfang *N* (z. B. Fertigungs- oder Lieferlos). Bei Annahme einer bestimmten Fehlerwahrscheinlichkeit *p* im Los (= Grundgesamtheit) lässt sich nun mithilfe der Binomialverteilung die Wahrscheinlichkeit berechnen, eine bestimmte Menge an fehlerhaften Teilen in der Stichprobe zu finden.

Die Wahrscheinlichkeit berechnet sich mit folgender Formel:

$$P = \binom{n}{k} \cdot p^k \cdot (1-p)^{n-k}$$

Im Qualitätsmanagement entsprechen die Parameter der Binomialverteilung dem Stichprobenumfang n, dem Fehleranteil p sowie der Anzahl fehlerhafter Teile k.

Beispiel: Wie groß ist die Wahrscheinlichkeit, in einer Stichprobe vom Umfang $n = 100$ und einem (vereinbarten, maximalen) Fehleranteil von 10 % genau vier fehlerhafte Teile zu finden?

$$P = \binom{100}{4} \cdot 0{,}1^4 \cdot 0{,}9^{96} \approx 1{,}6\ \%$$

Das Ergebnis entspricht der Länge des Stabes über der 4 in Bild 12.19.

Genau genommen müsste – um diese Formel anwenden zu können – nach jeder Untersuchung eines Teiles das Teil wieder zurück in das Lieferlos geworfen werden, bevor eine erneute Ziehung eines neuen Teiles erfolgt. Man spricht hier von einer Untersuchung **„mit Zurücklegen".** Für eine komplette Ziehung von z. B. 50 Teilen **(„ohne Zurücklegen")** müsste streng genommen die kompliziertere Hypergeometrische Verteilung verwendet werden. Für Stichprobengrößen über 10 und Fehleranteilen in der Grundgesamtheit von unter 90 % – was praktisch immer der Fall ist – kann jedoch mit der Binomialverteilung gerechnet werden.

12.4.2 Die Poisson-Verteilung

Stellen Sie sich bitte zunächst vor, was passiert, wenn die Binomialverteilung immer weiter nach links geschoben wird und die y-Achse erreicht. Dies ist dann der Fall, wenn n sehr groß wird (theoretisch unendlich) und p sehr klein (theoretisch 0). Als Faustregel gilt: **Wenn $n > 10$ und $p < 0{,}05$ oder das Produkt aus $n \cdot p < 10$ ist**, dann ist die Binomialverteilung nicht mehr geeignet und sollte durch eine andere Verteilung ersetzt werden, nämlich die **Poisson-Verteilung**. Die Poisson-Verteilung ist damit die Grenzverteilung der Binomialverteilung.

Der Mittelwert μ ist dabei genau das Produkt aus n und p. Bild 12.20 zeigt eine Poissonverteilung für $\mu = n \cdot p = 1{,}8$. Man kann erkennen, dass das Ganze wie eine an die y-Achse gedrückte Binomialverteilung aussieht.

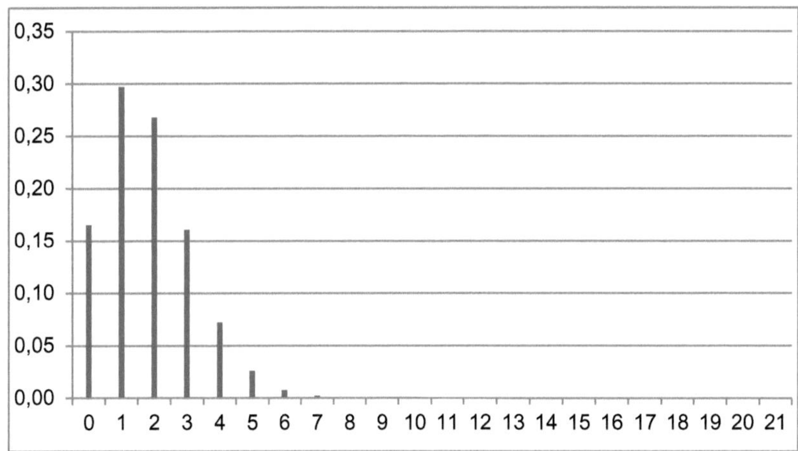

Bild 12.20 Poisson-Verteilung mit μ = 1,8

Für die Berechnung der einzelnen Wahrscheinlichkeitswerte wird auf die Fakultätsrechnung zurückgegriffen und folgende Formel benötigt:

$$P(k;\mu)=\frac{\mu^k \cdot e^{-\mu}}{k!} \quad \text{mit } \mu = n \cdot p$$

Bezogen auf eine Stichprobenprüfung im Qualitätsmanagement sind die Parameter der Poisson-Verteilung der Mittelwert μ (Produkt aus *n* und *p*) und die Anzahl fehlerhafter Teile *k*.

Beispiel: Wie groß ist die Wahrscheinlichkeit, in einer Stichprobe vom Umfang *n* = 30 und einem (vereinbarten, maximalen) Fehleranteil von 6 % genau 1 fehlerhaftes Teil zu finden?

$$P=\frac{(30 \cdot 0{,}06)^1 \cdot e^{-30 \cdot 0{,}06}}{1!} \approx 30\ \%$$

Das Ergebnis entspricht der Länge des Stabes über der 1 in Bild 12.20.

Die Poisson-Verteilung wird in der Praxis außerhalb des QM eingesetzt, um Fälle mit geringen Wahrscheinlichkeiten zu untersuchen, z. B. seltene Krankheiten oder Ereignissen, die in bestimmten Zeitintervallen nur selten auftreten (Verkehrszählungen, Telefonanrufe pro Minute usw.).

Sowohl Binomialverteilung als auch Poisson-Verteilung sind diskrete Verteilungen und werden in Form von Stabdiagrammen dargestellt. Für jeden *k*-Wert kann eine eigene Wahrscheinlichkeit berechnet werden (Länge des Stabes). Die zu verwendenden Formeln hierzu sind jedoch komplex und relativ aufwendig in der Anwendung. Wird der Stichprobenumfang sehr groß, so wird daher in der Praxis nicht mehr mit diesen Verteilungen gerechnet, sondern mit einer anderen Verteilung, die zwar stetig und nicht diskret ist, jedoch weitaus einfacher in der praktischen Handhabung. Dieser in der Praxis am meisten eingesetzten Verteilung ist der folgende Abschnitt gewidmet.

12.4.3 Die Normalverteilung

12.4.3.1 Einführung in die Normalverteilung

In vielen Fällen – immer dann, wenn die Anzahl der Reihen bzw. von Stichprobenumfängen sehr groß wird – lässt sich mit einer sehr viel einfacheren Form der Verteilung rechnen: Die **Normalverteilung** oder auch „Gauß'sche Verteilung" – benannt nach dem Mathematiker Carl-Friedrich Gauß. Gauß hat die ihr zugrunde liegenden Gesetzmäßigkeiten erforscht. Ein Nachteil der Normalverteilung sei vorneweg genannt:

Normalverteilungen sind stetig und daher lassen sich keine Wahrscheinlichkeitswerte für einzelne Merkmalswerte ermitteln. Es können immer nur Wahrscheinlichkeiten für Intervalle berechnet werden!

Normalverteilungen findet man in allen Dingen, die der Schwerkraft unterworfen sind – beispielsweise Körpergrößen und Körpergewichte. Mit oben geschildertem Nachteil ist es nicht möglich, zu berechnen, mit welcher Wahrscheinlichkeit ein deutscher Mann genau 190 cm groß ist. Man kann lediglich die Wahrscheinlichkeit berechnen, mit der er zwischen 189 cm und 191 cm groß ist.

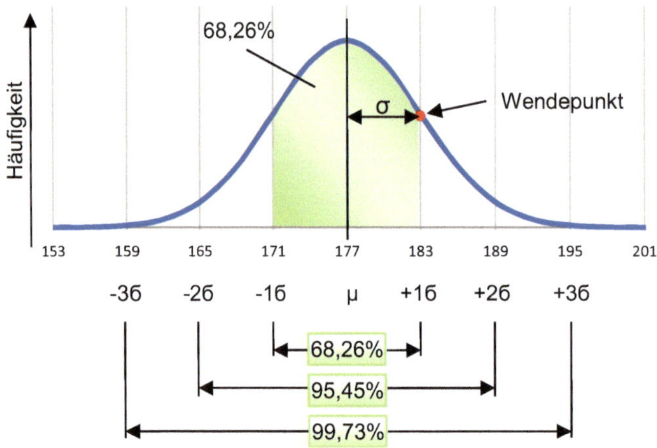

Bild 12.21 Normalverteilung am Beispiel der Körpergrößen

Bild 12.21 zeigt die charakteristische Glockenform einer Normalverteilung, die aus den gemeldeten Körpergrößen erwachsener Männer auf Basis der Volkszählung aus dem Jahr 1987 entstanden ist:

Dabei sind zwei Kenngrößen wichtig:

Mittelwert μ:

Das ist der Wert auf der Merkmalsachse mit dem höchsten Punkt der Glocke – im Beispiel sind das 177 cm. Das ist der häufigste Wert – sprich, die meisten Männer im Jahr 1987 waren 177 cm groß.

Standardabweichung σ:

Die Standardabweichung stellt den Abstand zwischen Mittelwert und einem der beiden Wendepunkte auf der Kurve dar (das ist der Punkt, an dem die Rechts- in eine Linkskurve „wendet"). Im Beispiel sind das 6 cm. Die Standardabweichung ist ein Maß für die Streuung der Normalverteilung.

Die Normalverteilung wird durch folgende Formel beschrieben **(Wahrscheinlichkeitsdichtefunktion):**

$$f(x)=\frac{1}{\sigma\cdot\sqrt{2\pi}}\cdot e^{-\frac{1}{2}\left(\frac{x-\mu}{\sigma}\right)^2}$$

Wichtig: Die Normalverteilung ist symmetrisch und durch die beiden Kenngrößen Mittelwert und Standardabweichung eindeutig beschrieben!

Dies ist der Grund, warum häufig mit der Normalverteilung gerechnet wird – sie ist über zwei Kennwerte vollständig beschrieben. Im Vergleich hierzu ist die Binomialverteilung sehr komplex.

Flächenbegrenzungen

Der folgende Sachverhalt fällt häufig schwer zu glauben. Fällt man links und rechts vom Mittelwert durch den Wendepunkt (also in einem σ Abstand) eine Senkrechte auf die Merkmalsachse, so schließt die Normalverteilung einen festen Flächenanteil mit der Merkmalsachse ein. Zwischen $-\sigma$ und $+\sigma$ sind es 68,26 %. Dabei ist es unerheblich, um welche Normalverteilung es sich handelt – ob Körpergrößen oder Fertigungsprozesse. Der Flächenanteil ist immer 68,26 % – das ist quasi ein Naturgesetz.

In gleicher Weise sind weitere Flächenanteile durch das σ-Raster festgelegt (Tabelle 12.12).

Tabelle 12.12 Flächenanteile der Normalverteilung

-1σ bis $+1\sigma$	68,26 %
-2σ bis $+2\sigma$	95,45 %
-3σ bis $+3\sigma$	99,73 %
-4σ bis $+4\sigma$	99,9937 %
-5σ bis $+5\sigma$	99,999 942 67 %
-6σ bis $+6\sigma$ (theoret.)	99,999 999 80 %

In der Praxis geht man jenseits der $+/-6\sigma$ -Marke davon aus, dass keine weiteren Flächenanteile mehr existieren. Dies ist besonders wichtig in Hinblick auf die Berechnung von Ausschussanteilen in der Fertigung, doch hierzu später mehr.

Zufallstreubereich und Konfidenzintervall

Ein **Zufallsstreubereich** wird mit $(1 - \alpha)$ bezeichnet und beschreibt das Intervall, in dem eine (stetige) Zufallsvariable mit der Wahrscheinlichkeit $(1 - \alpha)$ liegt. α ist dabei die sog. **Irrtumswahrscheinlichkeit** oder auch **Signifikanzniveau.** Nimmt man ein Intervall von $\pm 3\sigma$ einer normalverteilten Zufallsvariable, so beträgt der Zufallsstreubereich 99,73 %, die Irrtumswahrscheinlichkeit 0,27 %.

Wenn mit einer Stichprobe unbekannte Parameter (z. B. der Mittelwert der Grundgesamtheit) abgeschätzt werden sollen, spricht man beim mathematisch gleichen Intervall $(1 - \alpha)$ vom **Konfidenzintervall** oder **Vertrauensbereich.**

Da die Angabe einer Wahrscheinlichkeit $(1 - \alpha)$ allein noch kein klares Bild über die Lage des Intervalls geben kann, gibt es drei Möglichkeiten der Intervallbildung (Bild 12.22).

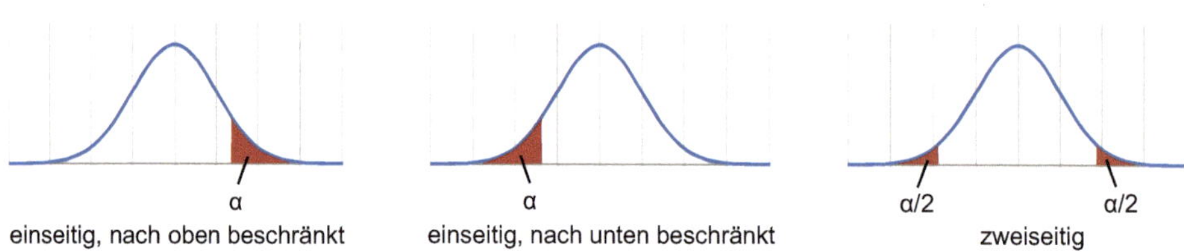

Bild 12.22 Abgrenzung von Zufallsstreubereichen und Konfidenzintervallen

Standardnormalverteilung

Warum ist das so? Die Antwort lautet: Jede beliebige Normalverteilung lässt sich mithilfe einer Hilfsvariablen in ein und dieselbe Normalverteilung umwandeln. Diese „umgewandelte" Normalverteilung hat als Mittelwert grundsätzlich die Null und als Standardabweichung die 1. Man bezeichnet diese spezielle Form als **Standardnormalverteilung.** Ihre Hilfsvariable z ist der einzige Parameter, den diese Verteilung noch hat, und diese errechnet sich wiederum aus Mittelwert und Standardabweichung einer gegebenen Normalverteilung wie folgt:

$$z = \frac{x-\mu}{\sigma}$$

Daher vereinfacht sich auch die Kurve der Wahrscheinlichkeitsdichte:

$$f(x) = \frac{1}{\sqrt{2\pi}} \cdot e^{-\frac{1}{2} \cdot z^2}$$

Auf Basis dieser Erkenntnisse lassen sich nun verschiedene Fragestellungen und Antworten ableiten:

Beispiel 1: Wie wahrscheinlich ist es, dass uns ein junger Mann im Jahr 1987 begegnet ist, der zwischen 1,83 und 1,89 m groß war?

Die Antwort liegt bei etwa 13,6 % – vollziehen Sie das bitte nach.

Beispiel 2: Wie hoch ist der Ausschussanteil, wenn ein Fertigungsprozess durch die in Bild 12.23 **dargestellte Normalverteilung veranschaulicht wird und die konstruktiv vorgegebenen Toleranzgrenzen bei 160 und 310 mm liegen?**

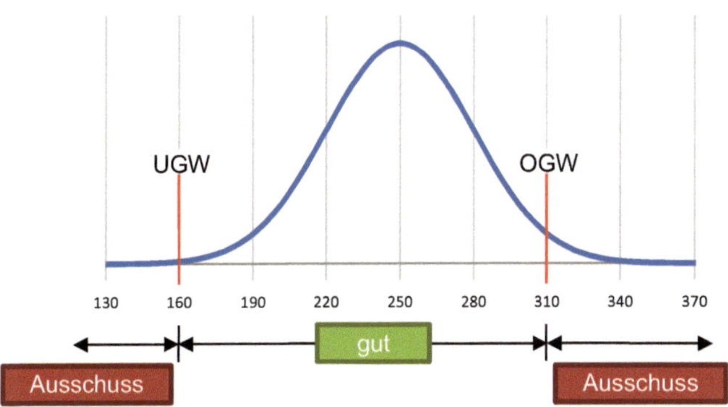

Bild 12.23 Beispiel 2: Ausschussbetrachtung in der Fertigung

Die Antwort gestaltet sich hier schon etwas schwieriger. Es ergeben sich 2,41 % – versuchen Sie bitte auch dies nachzuvollziehen.

Andere Verteilungen

Es gibt viele andere Verteilungsformen, die jedoch im Rahmen dieses Buches nicht behandelt werden. Nicht normalverteilt sind in der Regel alle Dinge, die mit Geld zu tun haben – Vermögensverteilungen beispielsweise. Es gibt sog. „schiefe“ Verteilungen, die nicht symmetrisch sind. Normalverteilungen setzen voraus, dass einzelne „Ausreißer“ das Gesamtergebnis der Normalverteilung – im Besonderen den Mittelwert – nicht erheblich beeinflussen.

Nehmen Sie 1000 Personen und bestimmen Sie deren Durchschnittsgewicht. Sie erhalten beispielsweise 70 kg. Jetzt nehmen wir den schwersten Menschen auf Erden mit hinzu – sagen wir, er wiegt 500 kg. Wie verändert sich jetzt der Mittelwert? Der Mittelwert steigt auf 70,43 kg – er verändert sich nicht einmal um ein einziges Kilo. **Körpergewichte sind normalverteilt!**

Nehmen Sie nun im Vergleich hierzu die gleichen 1000 Personen und ermitteln den Durchschnittswert ihres Vermögens. Lassen Sie uns 60 000 € Durchschnittsvermögen jedes Einzelnen annehmen[10]. Und jetzt nehmen wir analog zum schwersten Menschen den reichsten Menschen auf Erden hinzu. Stand 2021 ist das Elon Musk mit etwa 203,9 Milliarden US-Dollar Vermögen (Statista Oktober 2021). Versuchen Sie nun den arithmetischen Mittelwert zu errechnen. Durch eine einzige Person werden schlagartig alle im Durchschnitt zu Multimillionären. **Vermögen ist eben NICHT normalverteilt!**

Dieses Beispiel macht deutlich, dass Verteilungsformen und verwendete Rechenmethoden immer in Abhängigkeit vom zugrunde liegenden Zusammenhang gesehen werden müssen!

Für unsere Betrachtungen in der Fertigung bzw. der Betrachtung von Prozessen ist die Normalverteilung jedoch bestens geeignet – auch wenn die „richtige“ Verteilungsform die Binomialverteilung wäre.

12.4.3.2 Die Berechnung von Mittelwert und Standardabweichung

Wie bereits erwähnt, bedient man sich bei hinreichend großen Stichproben (> 30) den Rechenmethoden, die die Normalverteilung liefert, da dies häufig sehr viel einfacher ist.

Im Folgenden sollen die beiden Parameter der Normalverteilung – Mittelwert und Standardabweichung – hergeleitet und für das Beispiel aus dem letzten Kapitel berechnet werden. Für die Grundgesamtheit und Stichproben gibt es unterschiedliche Formelbuchstaben (Tabelle 12.13).

Tabelle 12.13 Formelbuchstaben für Grundgesamtheit und Stichproben

Grundgesamtheit	Stichprobe	
μ	Mittelwert	$\bar{x}$
σ	Standardabweichung	s

Diese Unterscheidung ist sinnvoll, denn in der schließenden Statistik erhält man nach Untersuchung einer Stichprobe lediglich Wahrscheinlichkeitsaussagen über

[11] 2021 gab es ein gesamtes Geldvermögen in Deutschland von über 7 Billionen €.

die Grundgesamtheit. Kennt man also und s, so kennt man noch lange nicht μ und σ.

Der Vollständigkeit halber sei noch erwähnt, dass es noch sog. **„Schätzwerte"** gibt. Diese ergeben sich, wenn nicht eine, sondern mehrere Stichproben genommen werden und mit den Mittelwerten der einzelnen Stichprobenmittelwerte und Standardabweichungen der einzelnen Stichproben gerechnet wird. Diese Schätzwerte werden häufig auch als „Dachwerte" bezeichnet und werden formal mit $\hat{\mu}$ und $\hat{\sigma}$ dargestellt.

Berechnet werden die Größen gemäß der in Tabelle 12.14 dargestellten Formeln.

Tabelle 12.14 Formeln für Mittelwert und Standardabweichung

	Taschenrechnertasten[11]
Mittelwert (Stichproben) $\overline{x} = \frac{1}{n} \cdot \sum_{i=1}^{n} x_i$	$\overline{x}$
Mittelwert (Grundgesamtheit) $\mu = \frac{1}{N} \cdot \sum_{i=1}^{N} x_i$	$\overline{x}$
Standardabweichung (Stichproben) $s = \sqrt{\frac{1}{n-1} \cdot \sum_{i=1}^{n} (x_i - \overline{x})^2}$	**s** oder σ_{n-1}
Standardabweichung (Grundgesamtheit) $\sigma = \sqrt{\frac{1}{N} \cdot \sum_{i=1}^{N} (x_i - \mu)^2}$	σ_n

Für die Berechnung der Standardabweichung der Grundgesamtheit wird im Nenner nur mit n und nicht mit $(n - 1)$ gerechnet. Mathematisch lässt sich beweisen, dass sich bei Verwendung dieser Formel über viele Stichproben hinweg als Erwartungswert für den Schätzwert $\hat{\sigma}$ exakt die Standardabweichung der Grundgesamtheit σ ergibt.

Das folgende Zahlenbeispiel soll verdeutlichen, wie die Formeln angewendet werden und welcher Aufwand dahintersteckt. Tabelle 12.15 liefert die dazugehörigen Werte.

[12] Die Angaben gelten für die meisten Taschenrechner, jedoch gibt es viele verschiedene Varianten, die hier nicht alle dargestellt werden können.

Tabelle 12.15 Beispielwerte für die Berechnung von Mittelwert und Standardabweichung

x_1	x_2	x_3	x_4	x_5
5	8	7	6	9

Im Beispiel berechnet sich der Mittelwert damit zu:

$$\bar{x} = \frac{\sum_{i=1}^{n} x_i}{n} = \frac{x_1 + x_2 + x_3 + x_4 + x_5}{n} = \frac{5+8+7+6+9}{5} = \frac{35}{5} = 7$$

Diese Rechnung ist noch einigermaßen einfach, kompliziert wird es jetzt jedoch bei der Standardabweichung:

$$s = \sqrt{\frac{\sum_{i=1}^{n}(x_i - \bar{x})^2}{n-1}} = \sqrt{\frac{(5-7)^2 + (8-7)^2 + (7-7)^2 + (6-7)^2 + (9-7)^2}{5-1}}$$

$$s = \sqrt{\frac{(-2)^2 + 1^2 + 0^2 + (-1)^2 + 2^2}{4}} = \sqrt{\frac{4+1+0+1+4}{4}} = \sqrt{\frac{10}{4}} \approx 1{,}58$$

Stellen wir uns vor, diese Rechnung mit 50 oder mehr Messwerten durchzuführen, bekommen wir einen Herzinfarkt und eine Migräne gleichzeitig.

Daher setzen wir für diese Rechnungen einen wissenschaftlichen Taschenrechner ein. Nehmen Sie nun den Taschenrechner zur Hand und gehen Sie wie folgt vor:

1. In den Statistik Modus schalten (rechnerabhängig; in der Regel erscheint im Display dann „SD“ für Statistic Data)
2. Alten Speicher löschen (damit keine Altwerte in die Berechnung einfließen)[12]
3. Urwerte eingeben (in der Regel Wert eingeben und mit einer „Datentaste“ bestätigen (DT oder Enter)
4. Gewünschte Parameter ($\bar{x}$ und s) abrufen.

Versuchen Sie nun, die vier Schritte am dargestellten Beispiel mit den fünf Werten nachzuvollziehen. Für $\bar{x}$ müssen Sie 7 und für s 1,58 als Ergebnis erhalten. Wenn Sie auch noch die Standardabweichung für die Grundgesamtheit abrufen, erhalten Sie 1,41. Durch das $(n - 1)$ im Nenner ist s bei gleichen zugrunde gelegten Werten immer größer als σ.

Hinweis zur Anzahl der Nachkommastellen:

Es wird stets auf eine Nachkommastelle mehr gerundet, als die zugrunde liegenden Urwerte haben!

[13] Tipp: Um zu prüfen, ob der Speicher leer ist, rufen Sie σ oder μ ab. Sie müssen dann einen Error erhalten – dann ist der Speicher leer. Überlegen Sie, warum!

Versuchen Sie nun, die Urliste aus Abschn. 12.3.2 (Tabelle 12.9) einzugeben und Mittelwert und Standardabweichung zu ermitteln.

Wenn Sie richtig gerechnet haben, müssten Sie folgendes Ergebnis erhalten (es ist hier auf drei Stellen zu runden – siehe Hinweis):

$\bar{x} = 7{,}683$ und $s = 0{,}031$

> Wir unterscheiden grundsätzlich zwischen **Lage- und Streukennwerten.** Der Mittelwert sagt etwas über die Lage der Normalverteilung aus, die Standardabweichung über ihre Streuung.

Wir werden später noch auf weitere Kennwerte zur Lage und Streuung eingehen. Dies ist für die Beobachtung von Prozessen wichtig.

Hinweis zum Umgang mit dem Taschenrechner

Es lohnt sich unbedingt, sich mit den statistischen Funktionen des Taschenrechners zu beschäftigen! So kann zum Beispiel durch Aktivieren des Häufigkeitsmodus („Frequenz") direkt eine Häufigkeitstabelle eingegeben werden (Wert 23,993 z. B. 16-mal). Dadurch spart man Zeit und die Fehlermöglichkeit sinkt!

Unter folgenden Adressen können die Gebrauchsanleitungen der meisten Taschenrechnertypen heruntergeladen werden:

http://www.texas-instruments.de/

http://www.casio-europe.com/de/support/manuals/

http://esupport.sharp.de

12.4.3.3 Das Wahrscheinlichkeitsnetz

Stellen wir uns folgendes vor: Alle Häufigkeiten einer Normalverteilung werden von links nach rechts aufsummiert (kumuliert). Dann ergibt sich folgendes Bild:

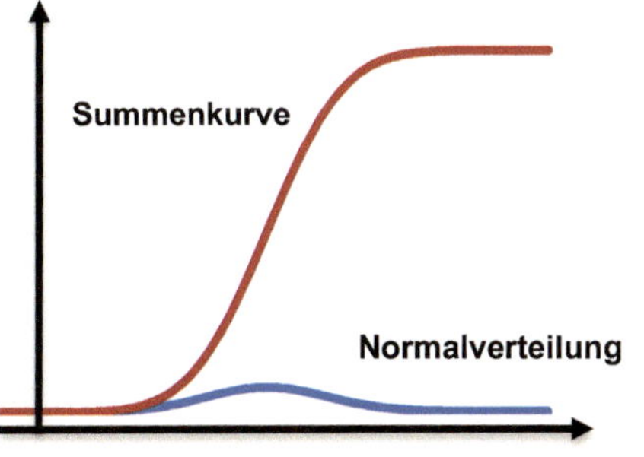

Bild 12.24
Wahrscheinlichkeitsdichte und -verteilung

Die blaue Glockenkurve (Bild 12.24) ist zur Darstellung sehr flach gewählt, um zeigen zu können, was passiert, wenn die einzelnen Werte der Kurve aufsummiert werden (Bild 12.25).

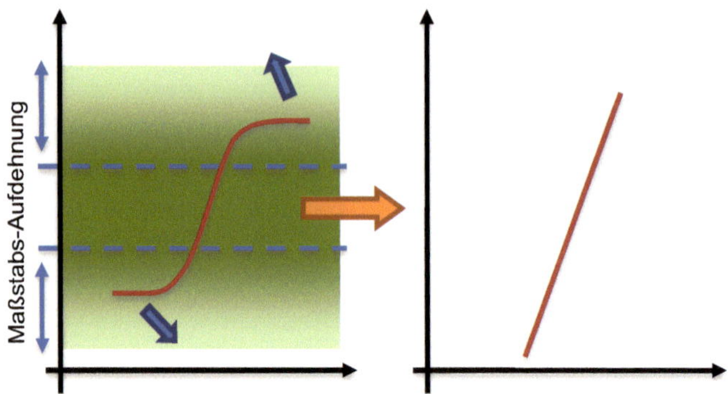

Bild 12.25 Maßstabsaufdehnung im Wahrscheinlichkeitsnetz

Stellen wir uns nun vor, dass der Maßstab der vertikalen Achse im oberen und unteren Bereich auseinandergedehnt würde. Dadurch würde sich die Summenkurve „aufbiegen". Das Wahrscheinlichkeitsnetz hat vertikal einen solch verzerrten Maßstab, dass aus einer idealen Summenkurve eine Gerade erzeugt wird.

Das bedeutet im Umkehrschluss: **Liegen die kumulierten Summenhäufigkeitswerte einer Kurve annähernd auf einer Geraden, so kann von einer Normalverteilung der zugrunde liegenden Werte ausgegangen werden.**

Sehen wir uns das Ganze nun in der Praxis an. Tabelle 12.16 kennen Sie bereits. Es ist die um eine Spalte erweiterte Tabelle aus dem Abschnitt zur Klassenbildung.

Tabelle 12.16 Häufigkeitstabelle für das Wahrscheinlichkeitsnetz

Kl.	von	bis	Häufigkeit	kum.	kum. rel.
1.	7,610	7,635	3	3	6 %
2.	7,635	7,655	6	9	18 %
3.	7,655	7,675	10	19	38 %
4.	7,675	7,695	15	34	68 %
5.	7,695	7,715	8	42	84 %
6.	7,715	7,735	6	48	96 %
7.	7,735	7,750	2	50	100 %

Die äußerste rechte Spalte zeigt die relative kumulierte (Summen-)Häufigkeit der Urwerte. Damit lässt sich nun das sogenannte Wahrscheinlichkeitsnetz befüllen, indem über den jeweiligen Klassenobergrenzen die zugehörigen Wahrscheinlichkeiten aufgetragen werden (siehe Bild 12.26). Beachten Sie die Maßstabsverzerrung im oberen und unteren Bereich des Diagramms.

Gleichzeitig sehen Sie rechts außen in Blau den linearen Maßstab einer Hilfsvariablen *u*. Diese Hilfsvariable gibt ein transformiertes Raster der Standardabweichung wieder. Zwischen −1*u* und +1*u* werden auf der Prozentachse beispielsweise die bekannten 68,26 % eingeschlossen.

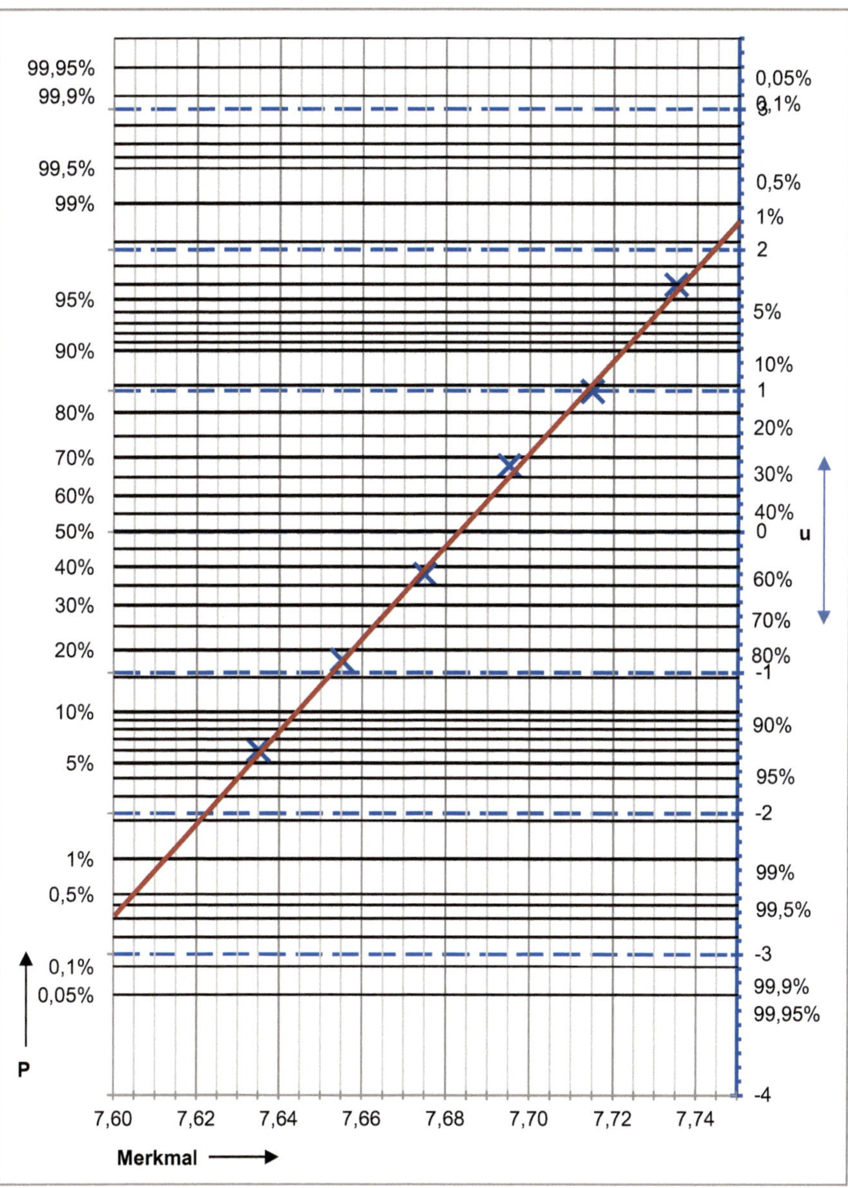

Bild 12.26 Das Wahrscheinlichkeitsnetz

Die *u*-Nulllinie liegt exakt auf der 50 %-Achse. Über diese Hilfsvariable bzw. die zugehörigen, blau gestrichelten Hilfslinien kann aus dem Diagramm ein Schätzwert für die Standardabweichung ermittelt werden. Sie entspricht der Steigung der Geraden im Diagramm.

Schätzwert für den Mittelwert

Der Mittelwert wird **an der 50 %-Marke** abgelesen (oder *u*-Nulllinie).

In unserem Beispiel lassen sich für $\bar{x}$ die 7,683 mm sehr gut nachvollziehen.

Achtung: Bei Verwendung von Klassen sind die kumulierten Wahrscheinlichkeitswerte immer über der Klassenobergrenze einzutragen!

Eine Verwendung der Klassenuntergrenze oder der Klassenmitte würde zu einer Parallelverschiebung der Geraden nach links und damit zu einem zu kleinen Mittelwert führen. Die Steigung der Geraden würde damit jedoch nicht verändert werden und damit auch nicht der Schätzwert für die Standardabweichung.

Schätzwert für die Standardabweichung

Die Standardabweichung entspricht der Steigung der Geraden im Wahrscheinlichkeitsnetz. Hierzu wird an zwei *u*-Hilfslinien der jeweilige Merkmalswert abgelesen. Der Schätzwert für *s* wird umso genauer, **je weiter die beiden gewählten *u*-Hilfslinien auseinanderliegen.** Im Beispiel wurden die Linien bei −2*u* und +2*u* gewählt – sie liegen also 4*u*-Raster auseinander.

Nach dem Ablesen der zugehörigen Merkmalswerte kann die Steigung der Geraden und damit der Schätzwert ermittelt werden, indem die Differenz der beiden Merkmalswerte durch die Anzahl der *u*-Raster geteilt wird (hier wie gesagt 4):

Standardabweichung

$$s = \frac{7{,}744 - 7{,}622}{4}\,\mathrm{mm} \approx 0{,}031\,\mathrm{mm}$$

Auch hier stimmt der Schätzwert sehr gut mit dem über den Taschenrechner ermittelten Wert überein.

Ablesen von Wahrscheinlichkeiten

Zeichnet man in das Wahrscheinlichkeitsnetz auf der Merkmalsachse Toleranzgrenzen ein, so kann man über diese die Anteile der zu großen und der zu kleinen Teile abschätzen. Bei einem unteren Grenzwert von 7,61 liest man z. B. ca. 0,8 % ab, d. h., wir können davon ausgehen, dass die Grundgesamtheit, aus der unsere Stichprobe stammt, weniger als 1 % Teile enthält, die kleiner als 7,61 sind.

Am oberen Grenzwert wäre der abgelesene Prozentwert von 100% abzuziehen, denn der Ausschuss ist ja das, was über der oberen Toleranzgrenze liegt! Alternativ kann der Wert an der invertierten rechten Achse abgelesen werden (wenn vorhanden).

Im Gegensatz zu den bei der Normalverteilung kennengelernten, festen Wahrscheinlichkeitswerten in Abhängigkeit von der Standardabweichung lassen sich im Wahrscheinlichkeitsnetz beliebige Prozentwerte ablesen.

Das Wahrscheinlichkeitsnetz dient damit folgenden **Zwecken:**

1. Liegen die kumulierten Häufigkeitswerte im WS-Netz annähernd auf einer Geraden, so kann von einer Normalverteilung der zugrunde liegenden Urwerte ausgegangen werden.
2. Ablesen von Schätzwerten für $\bar{x}$ und s
3. Ablesen von Ausschussanteilen an den Prozentachsen

12.4.4 Die Fisher-Verteilung (F-Verteilung))

Alle bisher behandelten Verteilungen geben keine Antwort auf folgende Frage:

Wenn ich in einer Stichprobe kein einziges fehlerhaftes Teil finde ($k = 0$), in welchem Wahrscheinlichkeitsbereich liegt dann mit einer bestimmten Sicherheit der Fehleranteil meiner Grundgesamtheit? Der gesuchte Wahrscheinlichkeitsbereich wird auch als **Vertrauensbereich** oder **Konfidenzintervall** bezeichnet. Es ist einleuchtend, dass die Breite des **Vertrauensbereichs** mit steigender Sicherheit (sinkender Irrtumswahrscheinlichkeit) oder kleinen Stichprobenumfängen breiter ausfällt als bei niedriger Sicherheit oder hohen Stichprobenumfängen.

Beispiel: Wir stellen uns vor, von einer Lieferung werden als Stichprobe 100 Teile entnommen und wir finden kein einziges fehlerhaftes Teil. Die Aussage über den Vertrauensbereich soll mit 99% Sicherheit erfolgen.

Möchte ich den Vertrauensbereich mit 99% Sicherheit ermitteln, so wird der Bereich größer sein, als wenn mir 90% Sicherheit genügen (dann lasse ich ja auch 10% Irrtum zu!). Ein Stichprobenumfang von nur zehn Teilen wird ebenfalls einen größeren Vertrauensbereich ergeben, als bei einem Stichprobenumfang von 100 Teilen (je größer der Stichprobenumfang, umso sicherer wird meine Aussage bzw. umso kleiner der Irrtum).

Um eine solche Aufgabe lösen zu können, wird die Fisher-Verteilung benötigt. Sie geht auf den englischen Statistiker Sir Ronald Aylmer Fisher zurück und wird heute vor allem für statistische Tests eingesetzt, um beurteilen zu können, ob zwei verschiedene Stichproben derselben Grundgesamtheit angehören (F-Test) oder um

Unterschiede zwischen Grundgesamtheiten festzustellen (Varianzanalyse). Die Fisher-Verteilung ist im Vergleich zu den bisher behandelten Verteilungen sehr komplex und für Nichtmathematiker schwer zu verstehen. Daher soll in diesem Abschnitt ausschließlich auf für die Qualitätsmanagement oben dargestellte Problemstellung eingegangen werden.

Mittels Fisher-Verteilung lassen sich Vertrauensbereiche finden, die durch die Anwendung der Normal- und Binomialverteilung unmöglich sind. Ohne auf die Entstehung der folgenden Formel näher einzugehen, ist sie das nötige Werkzeug zur Errechnung des **oberen Vertrauensbereichswerts,** um die Aufgabe lösen zu können:

$$P_o = \frac{(k+1) \cdot F_2}{(k+1) \cdot F_2 + n - k}$$

Für diese Formel werden neben dem Stichprobenumfang n und der Anzahl fehlerhafter Teile k noch ein Wert namens F_2 benötigt. Die Fisher-Verteilung selbst hat drei Parameter: die technische Sicherheit (als „$1 - \alpha$“ bezeichnet, wobei α die Irrtumswahrscheinlichkeit darstellt), sowie die sogenannten Freiheitsgrade r_1 und r_2. Die beiden Freiheitsgrade r_1 und r_2 tauchen in der Formel selbst gar nicht auf, sondern „stecken“ indirekt im F_2-Wert, der nicht mit den Freiheitsgraden verwechselt werden darf! Der F_2-Wert muss in Abhängigkeit von $(1 - \alpha)$, r_1 und r_2 in einem Tabellenwerk nachgeschlagen werden (oder über eine geeignete Software wie z.B. Excel berechnet werden). Warum aber heißt es F_2? Gibt es dann auch ein F_1? Die Antwort hierauf erschließt sich erst nach den nächsten drei Absätzen.

Da in der Stichprobe kein einziges fehlerhaftes Teil gefunden wurde, ist der untere Wert des Vertrauensbereichs 0, denn es könnte ja sein, dass tatsächlich in der gesamten Lieferung kein einziges fehlerhaftes Teil ist. Daher wird für unsere Aufgabenstellung lediglich diese Formel benötigt, um den oberen Wert des Vertrauensbereichs zu ermitteln.

Wären in der Stichprobe jedoch fehlerhafte Teile vorhanden, so müsste zusätzlich der **untere Vertrauensbereichswert** errechnet werden, und hierfür ist eine andere Formel nötig, die auf den Parameter F_1 zurückgreift:

$$P_u = \frac{k}{k + (n - k + 1) \cdot F_1}$$

Um die Sache zu verkomplizieren, muss man für die Ermittlung der F-Werte folgende Rechenschritte anwenden. Es wird dabei – abhängig vom gewünschten F-Wert – **aus dem Stichprobenumfang *n* und der Anzahl fehlerhafter Teile *k* eine Umwandlung in die Freiheitsgrade r_1 und r_2** vorgenommen:

Für F_1 gilt: $r_1 = 2 \cdot n - 2 \cdot k + 2$ und $r_2 = 2 \cdot k$

Für F_2 gilt: $r_1 = 2 \cdot k + 2$ und $r_2 = 2 \cdot n - 2 \cdot k$

Wenden wir dies nun auf unsere Aufgabe an. Wir wollen den F_2-Wert ermitteln (F_1 wird nicht benötigt), daher ergeben sich r_1 und r_2 zu:

$$r_1 = 2 \cdot 0 + 2 = 2$$

$$r_2 = 2 \cdot 100 - 2 \cdot 0 = 200$$

In Verbindung mit der Forderung nach 99% Sicherheit lässt sich nun über eine F-Verteilungstabelle oder Excel der F_2-Wert ermitteln:

$$F_2 \approx 4{,}713$$

Jetzt können wir den oberen Wert des Vertrauensbereichs für P_o ermitteln:

$$P_o = \frac{(0+1) \cdot 4{,}713}{(0+1) \cdot 4{,}713 + 100 - 0} = \frac{4{,}713}{104{,}713} \approx 0{,}045 = 4{,}5\ \%$$

Also: Wenn wir eine Stichprobe von 100 Teilen entnehmen und darin kein einziges fehlerhaftes Teil finden, dann liegt mit einer Sicherheit von 99% der Fehleranteil in der Grundgesamtheit zwischen 0 und 4,5% – das heißt, es könnte fast jedes 20. Teil fehlerhaft sein und wir hätten dies nicht bemerkt!

Würden wir statt 100 nun 1.000 Teile als Stichprobe entnehmen und keinen Fehler finden, so erhielten wir nach dieser Methode mit 99% Sicherheit einen Vertrauensbereich von 0 bis nur noch 0,46% – ca. ein Zehntel gegenüber der Ausgangssituation. Man sieht, wie mit zunehmendem Stichprobenumfang n der Vertrauensbereich kleiner wird.

Gleiches gilt, wenn wir die Sicherheit absenken. Nehmen wir statt 99% nur noch 90% Sicherheit (entsprechend 10% Irrtumswahrscheinlichkeit), so geht unser Vertrauensbereich bei $n = 100$ nur noch von 0 bis 2,3% – er hat sich praktisch halbiert gegenüber der Ausgangssituation.

Die Fisher-Verteilung wurde an dieser Stelle nicht umfassend vorgestellt, da sie sehr komplex ist und den Rahmen dieses Buches sprengen würde. Da aber diese Problemstellung häufig in der Praxis anzutreffen ist, sollte das Thema zumindest im Rahmen der Vertrauensintervall-Berechnung behandelt werden. Der Einsatz dieser Formeln bzw. die Fisher-Verteilung ist damit auch ein mathematisches Werkzeug, um auf Basis gewünschter Sicherheiten und maximal zulässiger Fehleranteile Prüfpläne ableiten zu können (Stichprobenumfang und maximal zulässige Fehlerzahl in der Stichprobe).

12.5 Weitere Lage- und Streukennwerte

Wie bereits erwähnt, unterscheiden wir zwischen Lage- und Streukennwerten (Tabelle 12.17). Im folgenden Abschnitt werden wir weitere Kennwerte kennenlernen.

Tabelle 12.17 Übersicht Lage- und Streukennwerte

Lagekennwert		Streukennwert	
μ	Arithmetischer Mittelwert der Grundgesamtheit	σ	Standardabweichung der Grundgesamtheit
$\overline{x}$	Arithmetischer Mittelwert der Stichprobe	s	Standardabweichung der Stichprobe
$\hat{\mu}$	Schätzwert[13] für den arithmetischen Mittelwert	$\hat{\sigma}$	Schätzwert für die Standardabweichung
$\overline{x}_G$	Geometrischer Mittelwert	R	Range (Spannweite)
$\overline{x}_Q$	Quadratischer Mittelwert	V	Varianz
$\overline{x}_H$	Harmonischer Mittelwert	$VarK$	Variationskoeffizient
$\tilde{x}$	Median (Zentralwert)		
x_d	Modalwert (häufigster)		

12.5.1 Geometrischer Mittelwert

Das geometrische Mittel wird verwendet, um den Effekt von Extremwerten abzuschwächen. Er berechnet sich, indem man alle Messwerte miteinander multipliziert und anschließend die n-te Wurzel zieht:

$$\overline{x}_G = \sqrt[n]{x_1 \cdot x_2 \cdot \ldots \cdot x_n} = \sqrt[n]{\prod_{i=1}^{n} x_i}$$

14 Die Schätzwerte hier („Dachwerte“) als Mittelwerte aus mehreren Stichproben dürfen nicht mit den Schätzwerten verwechselt werden, die wir im Abschnitt zum Wahrscheinlichkeitsnetz eingeführt haben (vgl. Abschn. 12.4.3.3).

12.5.2 Quadratischer Mittelwert

Der quadratische Mittelwert wird verwendet, um den Effekt von Extremwerten zu verstärken. Er berechnet sich, indem man die Quadrate aller Messwerte aufaddiert, durch n teilt und anschließend die Wurzel zieht:

$$\bar{x}_{\mathrm{Q}} = \sqrt{\frac{x_1^2 + x_2^2 + \ldots + x_n^2}{n}} = \frac{1}{n} \cdot \sqrt{\sum_{i=1}^{n} x_i^2}$$

12.5.3 Harmonischer Mittelwert

Das harmonische Mittel wird verwendet, wenn Durchschnittswerte ermittelt werden müssen, die sich von Bruchzahlen ableiten – also Zähler und Nenner haben. Hier würde je nach Aufgabenstellung die Verwendung des arithmetischen Mittelwertes zu einem fehlerhaften Ergebnis führen. Die allgemeine Formel für das harmonische Mittel lautet:

$$\bar{x}_{\mathrm{H}} = \frac{n}{\frac{1}{x_1} + \frac{1}{x_2} + \ldots + \frac{1}{x_n}} = \frac{n}{\sum_{i=1}^{n} \frac{1}{x_i}}$$

Beispiel: Ein Mofa fährt 1 km mit 10 km/h den Berg hoch und mit 30 km/h wieder 1 km den Berg hinunter. Welche Durchschnittsgeschwindigkeit hat das Mofa?

Der arithmetische Mittelwert würde 20 km/h liefern – dieses Ergebnis ist jedoch falsch! Berechnet man die Zeit für die Auffahrt (1 km mit 10 km/h), so kommt man auf 6 Minuten. Berechnet man die Zeit für die gesamte Strecke (2 km mit 20 km/h), so kommt man ebenfalls auf 6 Minuten – das kann aber nicht sein. Man kann nicht für die Auffahrt die gleiche Zeit benötigen wie Auf- und Abfahrt.

Die Anwendung des harmonischen Mittels liefert den richtigen Wert:

$$\bar{x}_{\mathrm{H}} = \frac{2}{\frac{1}{10\ \mathrm{km/h}} + \frac{1}{30\ \mathrm{km/h}}} = 15\ \mathrm{km/h}$$

Die Probe über die verstrichene Zeit bestätigt das Ergebnis: 8 Min. Prüfen Sie das bitte nach. Das Ergebnis ist überraschend und nicht auf den Blick ersichtlich. Kommen zu den unterschiedlichen Geschwindigkeiten auch noch unterschiedlich zurückgelegte Strecken hinzu, so müssen die Geschwindigkeiten gewichtet werden.

Beispiel: Das Mofa fährt 2 km mit 10 km/h und dann 4 km mit 30 km/h.

Lösung:

$$\bar{x}_{\mathrm{H}} = \frac{6}{\frac{2}{10\ \mathrm{km/h}} + \frac{4}{30\ \mathrm{km/h}}} = 18\ \mathrm{km/h}$$

Allgemein ist das harmonische Mittel immer dann zu verwenden, wenn der gesuchte Durchschnittswert (in unserem Beispiel die Durchschnittsgeschwindigkeit) sich aus zwei Größen als Bruch zusammensetzt (im Beispiel $v = s/t$) und der Nenner (in unserem Beispiel die Zeit t) unbekannt ist. Wären die Zeit und die Geschwindigkeit bekannt, jedoch der Weg nicht, so wäre wieder das arithmetische Mittel das richtige Werkzeug.

12.5.4 Median

Der **Median** $\tilde{x}$ ist der zentral in der Mitte liegende Wert einer geordneten Reihe und wird daher auch **Zentralwert** genannt:

23,5 23,7 23,8 23,8 23,9 24,2 24,5

$$\tilde{x} = 23{,}8$$

Vor der Bestimmung des Medians ist die Reihe in eine aufsteigende Rangfolge zu bringen, sonst ist das Ablesen des Medians sinnlos!

Die Ablesung des Zentralwertes ist jedoch nur bei einer ungeraden Anzahl Werte einfach.

Bei geradzahliger Anzahl an Werten müssen die mittleren beiden Werte addiert und durch zwei geteilt werden:

23,5 23,7 23,8 23,8 23,9 24,2 24,5 24,5

$$\tilde{x} = \frac{23{,}8 + 23{,}9}{2} = 23{,}85$$

Das x mit der Schlangenlinie für den Median spricht man als „X-Schlange“ oder „X-Tilde“.

Der Median ist immer ein Wert der Reihe (außer bei geradzahliger Anzahl Werte wie beschrieben). Dadurch wird auch sein Sinn erkennbar:

Der Median ignoriert Ausreißer (sehr hohe oder tiefe Einzelwerte).

Er findet beispielsweise bei Gehalts- oder Vermögensfragen Einsatz, da hier einzelne Extremwerte den arithmetischen Mittelwert sehr stark beeinflussen, den Median jedoch unberührt lassen.

12.5.5 Modalwert

Gelegentlich wird in der Statistik auch der **Modus** oder **Modalwert** x_d verwendet. Er ist der häufigste Wert einer Verteilung oder Wertereihe und wird meist mit x_d dargestellt. Es kann auch mehrere Modalwerte in einer Wertereihe geben:

23,5 23,7 23,8 23,8 23,9 24,2 24,5 24,5

$x_{d1} = 23,8; x_{d2} = 24,5$

Der Modalwert kann auf alle Arten von Merkmalen angewendet werden, z. B. auch nominale und ordinale!

Speziell für die Normalverteilung gilt, dass (arithmetischer) Mittelwert, Median und Modalwert gleich sind. Für so ziemlich alle anderen Verteilungen gilt dies nicht! Bild 12.27 stellt die unterschiedlichen Lagen für eine rechtsschiefe Verteilung dar, wie sie beispielsweise bei Gehaltsverteilungen in Unternehmen üblich ist.

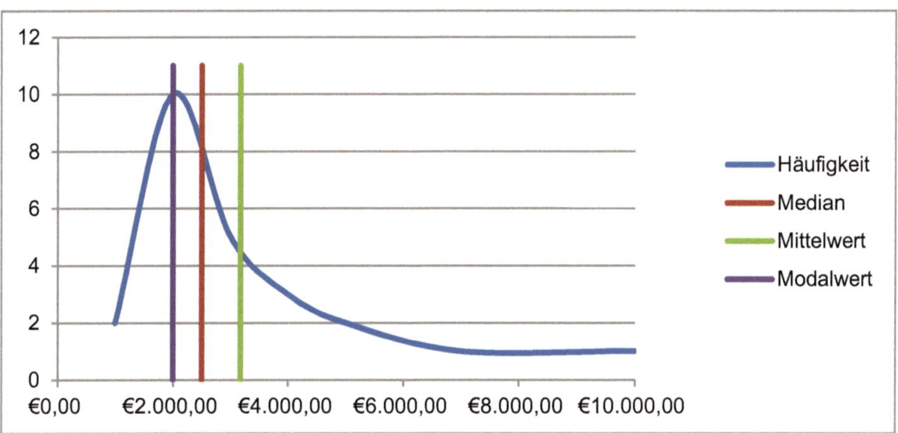

Bild 12.27 Modalwert, Median und arithmetischer Mittelwert bei rechtsschiefer Verteilung

12.5.6 Range (Spannweite))

Ein weiterer Streukennwert, den wir bereits im Zusammenhang mit der Klasseneinteilung behandelt haben, ist die **Spannweite *R*** oder „neudeutsch" (sprich englisch) **Range**. Sie ergibt sich aus der Differenz des größten und des kleinsten Wertes einer Urliste:

$$R = x_\text{max} - x_\text{min}$$

12.5.7 Varianz

Zum Schluss soll noch kurz die **Varianz *V*** als weiterer Streukennwert vorgestellt werden. Sie ergibt sich direkt aus der Standardabweichung, indem man aus der Formel für s die Wurzel weglässt:

$$V = s^2 = \frac{1}{n-1} \cdot \sum_{i=1}^{n} \left(x_i - \overline{x}\right)^2$$

Die Varianz kommt in der Praxis an verschiedenen Stellen häufig vor, wird aber im Rahmen dieses Buches nicht weiter behandelt.

12.5.8 Der Variationskoeffizient

Es gibt auch noch einen „Mischparameter" namens Variationskoeffizient *VarK*, bei dem das Verhältnis von Standardabweichung und Mittelwert errechnet wird.

$$VarK = \frac{\sigma}{\mu} \left(\text{für die Grundgesamtheit}\right)$$

bzw.

$$VarK = \frac{s}{\overline{x}} \left(\text{für Stichproben}\right)$$

In technischer Hinsicht hat dieser Parameter jedoch keine oder nur untergeordnete Bedeutung. Er ist vor allem da sinnvoll, wo eine Streuung (Standardabweichung) in Abhängigkeit vom Mittelwert eine Aussagekraft hat. Dies ist häufig bei betriebswirtschaftlichen Aufgabenstellungen der Fall.

Beispielsweise ergibt eine Betrachtung von Preisschwankungen in Bezug auf einen Mittelwertspreis durchaus einen Sinn. Eine Schwankung von 15 € bei einem neuen Fernsehgerät mit einem Mittelwert von 1000 € ist vernachlässigbar im Vergleich zu einer Preisschwankung von 15 € bei einer Kaffeemaschine, die im Mittelwert bei etwa 60 € liegt. Genau hier liefert der Variationskoeffizient eine brauchbare Aussage (im Beispiel 0,015 im Vergleich zu 0,25).

12.6 Statistische Sicherheit

Wie bereits mehrfach ausgeführt, erhalten wir in der schließenden Statistik beim Rückschluss vom Untersuchungsergebnis der Stichproben auf die Grundgesamtheit lediglich Wahrscheinlichkeitsaussagen. Diese Aussagen haben eine bestimmte statistische Aussagesicherheit.

Frage: Wovon ist diese Sicherheit abhängig?

Die Antwort lautet: **Vom Stichprobenumfang!**

Eine Wareneingangsprüfung bei einer Lieferung von 10 000 Teilen mit einer Stichprobe von nur zehn Teilen durchzuführen, ist zwar schnell erledigt, führt aber manchmal zu Ärger und Verstopfung beim Verantwortlichen!

Wir können mit den Mitteln der schließenden Statistik für einen bestimmten Stichprobenumfang n und einer vorgegebenen Aussagesicherheit p ermitteln, in welcher Spanne der Fehleranteil in der Grundgesamtheit liegt. Wir betrachten die folgenden Zahlenbeispiele mit einer statistischen Aussagesicherheit von 99 % – d. h., in 1 % aller Fälle irren wir uns!

Stellen wir uns nun vor, wir entnehmen aus der Lieferung von 10.000 Teilen eine Stichprobe mit nur zehn Teilen und finden keinen Fehler in dieser Stichprobe, dann liegt der Fehler in der Grundgesamtheit mit einer Sicherheit von 99 % zwischen sage und schreibe 0 und 37 % – mehr als ein Drittel könnte Ausschuss sein und wir würden es nicht merken, da wir in den Stichproben keinen Fehler gefunden hatten (Tabelle 12.18)![14]

Tabelle 12.18 Zusammenhang zwischen Stichprobenumfang und Fehleranteil in der Grundgesamtheit mit 99 %iger Aussagesicherheit

Stichprobenumfang	Fehleranteil in der Grundgesamtheit
10	0 bis 37 %
100	0 bis 4,5 %
1000	0 bis 0,46 %

Ziehen wir stattdessen 100 Teile als Stichprobe, dann sinkt der mit 99 % Sicherheit vorhergesagte Fehleranteil in der Grundgesamtheit auf 0 bis 4,5 %, also beinahe jedes 20. Teil könnte fehlerhaft sein und wir würden es wieder nicht bemerken, da alle Stichprobenteile in Ordnung waren.

[15] Wer wissen möchte, wie dies berechnet wird, muss sich mit der Abschätzung von Vertrauensintervallen („Konfidenzintervalle") mittels der Fisher-Verteilung beschäftigen.

Erhöht man den Stichprobenumfang nun auf 1000 Teile und findet immer noch null Fehler, so liegt der Fehleranteil in der Grundgesamtheit nun mit 99 % Sicherheit zwischen 0 und 0,46 %.

Aus diesen Zahlenwerten ersehen wir, wie wichtig der Stichprobenumfang für die Aussagekraft unserer Stichprobenprüfung ist.

Rechnen wir nun den Prozentwert von 0,46 % in das heute in der Serienfertigung übliche Maß ppm (parts per million) um (dazu müssen Sie nur mit 10 000 multiplizieren und statt des %-Zeichens das „ppm" anhängen):

$$0{,}46\,\% = 4.600\,ppm$$

Halten Sie bitte kurz inne:

Obwohl wir 1000 Teile geprüft und allesamt für gut befunden haben, könnten wir dennoch eine Ausschussquote von 4600 ppm haben! Heutige Fertigungsqualitäten liegen unter 10 ppm, also fast das 500-Fache unter dem, was wir mit dieser Stichprobenprüfung erreicht haben. Um mit 99 % Sicherheit auf 10 ppm in der Grundgesamtheit zu kommen, müssten von einer beliebig großen Menge theoretisch 500 000 Teile geprüft werden – praktisch müsste also immer eine 100 %-Prüfung erfolgen.

Es stellt sich also die Frage: Wie sind die heute geforderten Qualitäten möglich?

Die Antwort liegt im Konzept einer konsequenten Vorabprüfung, ob die Fertigungsprozesse überhaupt in der Lage sind, die geforderten Qualitäten zu leisten, sowie in einer permanenten Prozessüberwachung. Eine reine Stichprobenprüfung am Ende der Fertigung kann die geforderten Qualitäten heute nicht mehr sicherstellen! Dies führt im Folgenden zu dem Begriff der Fähigkeitsfaktoren.

■ 12.7 Fähigkeitsfaktoren

Der erste Schritt zum Verständnis der Fähigkeitsfaktoren besteht darin, sich klarzumachen, dass ein klassischer Fertigungsprozess normalverteilte Teile erzeugt und damit in Form einer Glockenkurve zwischen den konstruktiv vorgegebenen Toleranzgrenzen besteht (Bild 12.28).

Die Abbildung zeigt einen Mittelwert bei μ = 120 µm und eine Standardabweichung von σ = 10 µm. Der untere Toleranzgrenzwert (UGW) liegt bei 100 µm, der obere (OGW) bei 220 µm. Die Toleranz T beträgt demnach 120 µm.

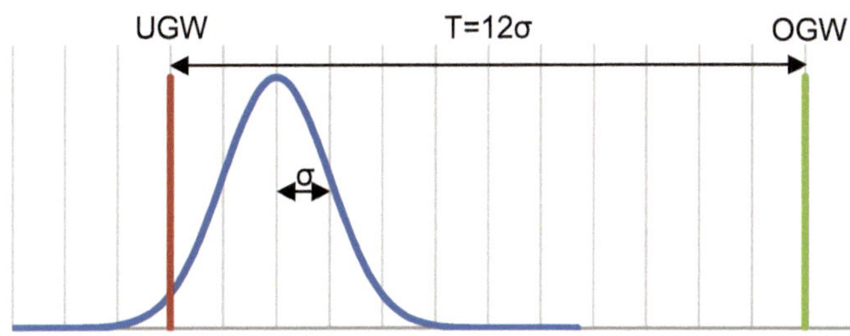

Bild 12.28 Prozess zwischen zwei Toleranzgrenzen

Machen Sie sich noch einmal Folgendes klar:

Der Mittelwert bestimmt die Lage des Prozesses! Eine Veränderung von μ verschiebt die Kurve nach rechts oder links.

Die Standardabweichung bestimmt die Streuung des Prozesses. Sie verbreitert oder verschmälert die Kurve, verändert jedoch nichts an der Lage!

Toleranzgrenzen sind konstruktiv vorgegeben und damit der theoretische Vorgaberahmen.

Der **Prozess** - dargestellt durch die Glockenkurve - ist das **Ergebnis der Praxis** - ermittelt über Stichproben während der Serienfertigung.

Die Abbildung wurde so aufgebaut, dass die Toleranz einem Vielfachen der Standardabweichung σ entspricht.

Das Strichraster verdeutlicht diesen Sachverhalt. Im Beispiel liegt der Prozess (LAGE!) im Abstand von 2σ von UGW und im Abstand von 10σ von OGW.

Ist dieser Prozess nun gut oder schlecht?

Um auf diese Frage eine Antwort zu geben, wurde der Begriff der Prozessfähigkeit eingeführt.

Ein fähiger Prozess ist ein Prozess, der vorgegebene Anforderungen erfüllt.

Technisch bedeutet das, dass der C_p- und C_{pk}-Wert eines Prozesses über einer bestimmten Vorgabe liegen müssen.

Die Anforderungen werden über die zwei Faktoren C_p und C_{pk} festgelegt und können nach Ermittlung der Prozesskennlinie (über Mittelwert und Standardabweichung) überprüft werden.

12.7.1 Fähigkeitspotenzial C_p

Anschaulich betrachtet spiegelt der C_p-Faktor wider, wie oft 99,73 % des Prozesses (+/−3σ) in die zur Verfügung stehende Toleranz passen:

$$C_p = \frac{T}{6 \cdot \sigma} = \frac{OGW - UGW}{6 \cdot \sigma}$$

Je kleiner die Streuung des Prozesses, desto höher und damit besser der C_p-Wert. **Den Stand der Technik markiert heute ein C_p-Wert von 1,33.** Diese Vorgabe ist zu verwenden, wenn keine konkrete Vorgabe vorliegt.

Frage: Wo geht in die Formel der Mittelwert ein?

Nirgends! Das bedeutet aber, dass der C_p-Wert vollkommen unabhängig von der Lage des Prozesses ist! Der Prozess könnte auch außerhalb der Toleranzgrenzen liegen, er bliebe stets konstant!

Frage: Welchen C_p-Wert haben wir in unserem Beispielprozess in Bild 12.28?

$$C_p = \frac{T}{6\sigma} = \frac{12\sigma}{6\sigma} = 2{,}0$$

Vollziehen Sie diese Denkweise – über Vielfache von σ zu rechnen – bitte auch anhand der konkreten Zahlenwerte nach:

$$C_p = \frac{120\,\mu m}{6 \cdot 10\,\mu m} = 2{,}0$$

Gemessen am Stand der Technik wäre das ein sehr guter Prozess!

Frage: Wann ist der Prozess ideal?

Der Prozess läge dann idealerweise mit seinem Mittelwert exakt in der Toleranzmitte! Doch da der C_p-Wert über die Lage des Prozesses nichts aussagt, wird ein weiterer Kennwert benötigt, der auch die Lage berücksichtigt.

12.7.2 Kritischer Fähigkeitsfaktor C_{pk}

Betrachten wir noch einmal den Prozess aus dem letzten Abschnitt und überlegen, welche der beiden Grenzen (UGW oder OGW) aus Sicht des aktuellen Prozesses als kritisch betrachtet werden muss (Bild 12.29).

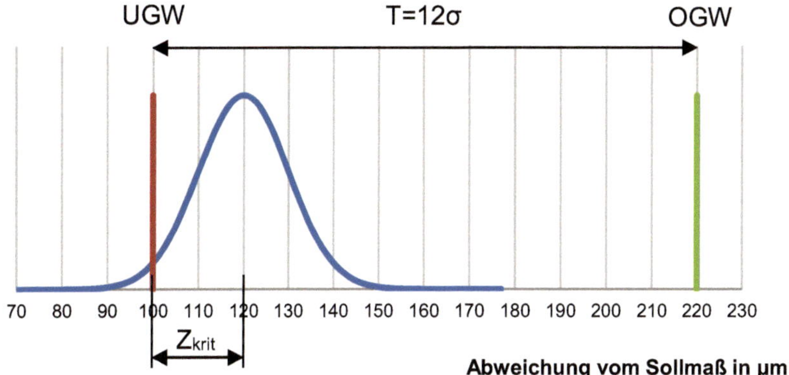

Bild 12.29 Prozessbetrachtung mit kritischem Pfad

Die dem Mittelwert nächstgelegene Toleranzgrenze ist die kritische! Daher bezeichnet man den Abstand des Mittelwertes zur nächstgelegenen Toleranzgrenze als **den kritischen Pfad Z_{krit}**.

$$Z_{krit} = \mu - UGW$$

$$Z_{krit} = OGW - \mu$$

Je nachdem, welche Grenze näher liegt, ist die erste oder die zweite Formel zu verwenden.

Nun lässt sich der **kritische Fähigkeitsfaktor C_{pk}** berechnen:

$$C_{pk} = \frac{Z_{krit}}{3 \cdot \sigma}$$

Andere Betrachtungsweise

Wenn sich nicht - wie in unserem Beispiel - der kritische Pfad einfach ablesen lässt, so kann alternativ auch der sogenannte obere und untere Fähigkeitsfaktor getrennt ermittelt werden. Der kritische Fähigkeitsfaktor entspricht dann dem kleineren der beiden:

Unterer Fähigkeitsfaktor:

$$C_{pu} = \frac{\mu - UGW}{3 \cdot \sigma}$$

Oberer Fähigkeitsfaktor:

$$C_{po} = \frac{OGW - \mu}{3 \cdot \sigma}$$

Kritischer Fähigkeitsfaktor:

$$C_{pk} = \mathrm{Min}\left(C_{po}; C_{pu}\right)$$

Berechnen wir nun die betrachteten Kennwerte für unser Beispiel:

$$Z_{krit} = OGW - \mu = 2\sigma$$

$$C_{pk} = \frac{Z_{krit}}{3\sigma} = \frac{2\sigma}{3\sigma} = 0{,}67$$

Bei Betrachtung von C_{po} und C_{pu} ergibt sich das gleiche Bild:

$$C_{pu} = \frac{2\sigma}{3\sigma} = 0{,}67$$

$$C_{po} = \frac{10\sigma}{3\sigma} = 3{,}33$$

$$C_{pk} = \mathrm{Min}\left(C_{pu}; C_{po}\right) = 0{,}67$$

Vollziehen Sie bitte die Denkweise, die Rechnung über die Vielfachen von σ durchzuführen, wieder mit den konkreten Zahlenwerten nach.

Zusammenhang zwischen C_p und C_{pk}:

C_p stellt den höchsten möglichen Wert dar, den C_{pk} jemals erreichen kann - nämlich genau dann, wenn der Prozessmittelwert exakt in der Toleranzmitte liegt! Er stellt damit das „Potenzial“ dar, das ein Prozess bei idealer Lage hat.

12.7.3 Ausschussbetrachtung

In Abschnitt 12.4.3 über die Normalverteilung wurde bereits der Zusammenhang zwischen dem Flächenanteil unter der Glockenkurve und dem Raster der Standardabweichung besprochen. Diese Logik soll hier angewendet werden, um den Ausschuss eines Prozesses an den Toleranzgrenzen zu ermitteln (Bild 12.30).

Unser Prozess liegt nun im Abstand von 2σ an der unteren Toleranzgrenze.

Frage: Wie berechnet sich der Ausschuss an UGW?

Hierzu benötigen wir den Flächenanteil zwischen -2σ und $+2\sigma$. Dieser beträgt 95,45 % (sehen Sie bitte nochmals Tabelle 12.12).

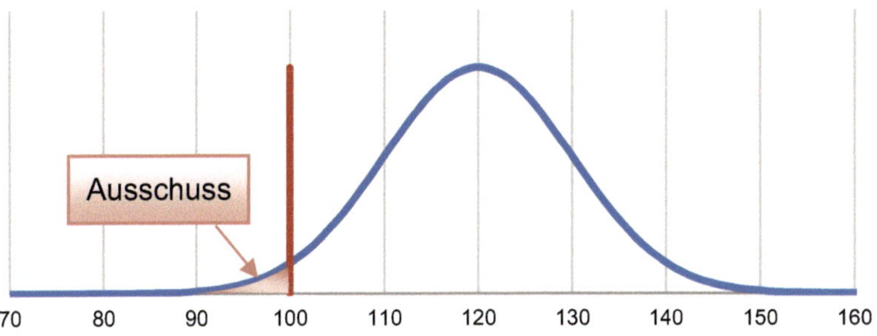

Bild 12.30 Ausschuss an der unteren Toleranzgrenze

Ziehen wir diesen „Gut"-Anteil nun von 100% ab, so bleiben noch 4,55% über. Da der rechte Teil des Prozesses jedoch innerhalb der Toleranzgrenzen liegt, müssen wir diese 4,55% noch durch zwei teilen, um den einseitigen Ausschuss zu berechnen:

$$A = \frac{100\,\% - 95{,}45\,\%}{2} = 2{,}275\,\% = 22750\ \text{ppm}$$

Merke: Bei einseitiger Ausschussbetrachtung muss die Differenz (100%-Gutanteil) durch zwei geteilt werden!

Die Teilung durch zwei kann nur dann entfallen, wenn der Prozess exakt in der Toleranzmitte liegt, sodass die Prozesskurve links und rechts gleich viel über die Grenzen reicht.

Bei 6σ beenden wir die Ausschussbetrachtung! Das bedeutet, dass bei einem Prozess, der mittig in einer Toleranz von 12σ liegt, wir praktisch keinen Ausschuss mehr haben.

12.7.4 Darstellung der Zusammenhänge

Bild 12.31 verdeutlicht noch einmal die Zusammenhänge. Beachten Sie bitte, dass es durch die Logik des kritischen Pfades völlig egal ist, ob die Ausschussbetrachtung links oder rechts erfolgt. Entscheidend ist immer der Abstand Mittelwert zur nächstgelegenen Toleranzgrenze. Im Vergleich zu den zurückliegenden Abschnitten erfolgt die Darstellung der Toleranz sowie UGW und OGW jetzt in Form konkreter Zahlenwerte und nicht als Vielfache von σ.

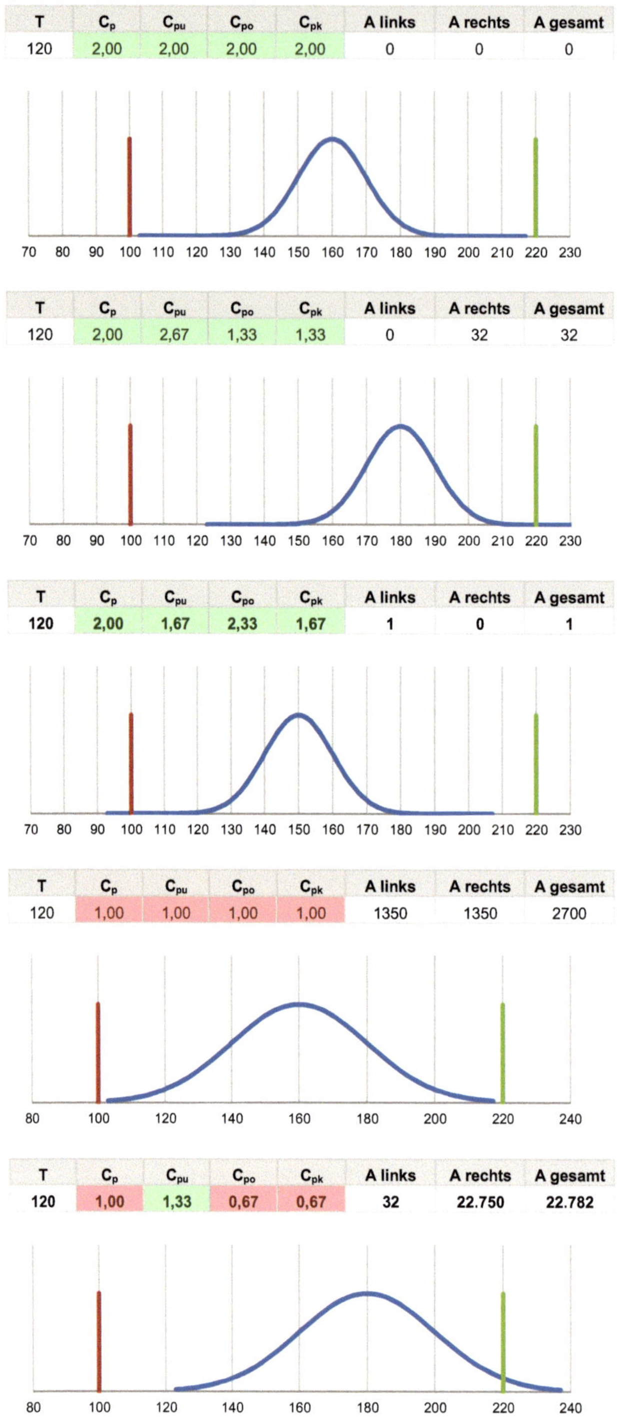

T	C_p	C_{pu}	C_{po}	C_{pk}	A links	A rechts	A gesamt
120	2,00	2,00	2,00	2,00	0	0	0

T	C_p	C_{pu}	C_{po}	C_{pk}	A links	A rechts	A gesamt
120	2,00	2,67	1,33	1,33	0	32	32

T	C_p	C_{pu}	C_{po}	C_{pk}	A links	A rechts	A gesamt
120	**2,00**	**1,67**	**2,33**	**1,67**	**1**	**0**	**1**

T	C_p	C_{pu}	C_{po}	C_{pk}	A links	A rechts	A gesamt
120	1,00	1,00	1,00	1,00	1350	1350	2700

T	C_p	C_{pu}	C_{po}	C_{pk}	A links	A rechts	A gesamt
120	**1,00**	**1,33**	**0,67**	**0,67**	**32**	**22.750**	**22.782**

Bild 12.31 Verschiedene Prozesse im Vergleich

Der Abstand des Mittelwertes zur nächstgelegenen Toleranzgrenze Z_{krit} entscheidet über den an dieser Grenze erhaltenen Ausschuss (Tabelle 12.19).

Tabelle 12.19 Zusammenhang zwischen kritischem Pfad, C_{pk}-Wert und Ausschuss

Z_{krit}	C_{pk}	Ausschuss	ppm
0σ	0	50%	500000
1σ	0,33	15,87%	158655
2σ	0,67	2,28%	22765
3σ	1,0	0,14%	1350
4σ	1,33	0,0032%	32
5σ	1,67	0,0001%	1
6σ	2,0	0	0

12.7.5 Maschinenfähigkeit

In der Praxis wird noch mit zwei weiteren Fähigkeitskennzahlen gearbeitet. Es handelt sich hier - analog zur Prozessfähigkeit - um das Maschinenfähigkeitspotenzial C_m und den kritischen Maschinenfähigkeitsfaktor C_{mk}. Die Maschinenfähigkeit wird nach Inbetriebnahme oder Wartung/Reparatur ermittelt, um sicherzustellen, dass sie im Rahmen der erforderlichen Anforderungen arbeitet.

Da die Maschine in der Regel als Teil eines Prozesses arbeitet, sind die Anforderungen gemäß Stand der Technik höher als die der Prozessfähigkeit (Bild 12.32).

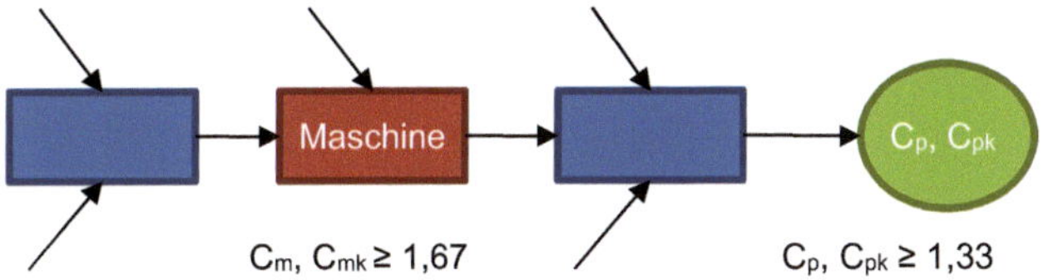

Bild 12.32 Zusammenhang zwischen Maschinen- und Prozessfähigkeit in einer Prozesskette unter Einfluss der „M-Faktoren"

Der Zahlenunterschied macht - wie Sie in Tabelle 12.19 nachprüfen können - exakt eine Standardabweichung mehr aus, als der Grundforderung für die Prozessfähigkeit entspricht.

Die Ermittlung der beiden Faktoren erfolgt analog zu denjenigen der Prozessfähigkeit, der Index „p" wird lediglich durch „m" ersetzt.

Die Prozessfähigkeit wird jedoch in der Regel im Rahmen einer Vorserie mit allen Teilen ermittelt. Daher werden hier die Kennwerte für die Grundgesamtheit μ und σ verwendet.

Bei Maschinenfähigkeitsuntersuchungen werden jedoch fast immer Stichproben gezogen, daher werden die Parameter der Stichprobe s und verwendet.

Fähigkeitspotenzial:

$$C_m = \frac{T}{6 \cdot s} = \frac{OGW - UGW}{6 \cdot s}$$

Unterer/Oberer Fähigkeitsfaktor:

$$C_{mu} = \frac{\overline{x} - UGW}{3 \cdot s}$$

$$C_{mo} = \frac{OGW - \overline{x}}{3 \cdot s}$$

Kritischer Fähigkeitsfaktor:

$$C_{mk} = \text{Min}\left(C_{mo}; C_{mu}\right)$$

oder über den kritischen Pfad:

$$C_{mk} = \frac{Z_{krit}}{3 \cdot s}$$

mit

$$Z_{krit} = \text{Min}(\overline{x} - UGW; OGW - \overline{x})$$

Tabelle 12.20 gibt Aufschluss über die Unterschiede zwischen Prozess- und Maschinenfähigkeit.

Tabelle 12.20 Unterschiede zwischen Maschinen- und Prozessfähigkeit

	Maschinenfähigkeit	Prozessfähigkeit
Untersuchungszeitraum	Kurzzeituntersuchung	Langzeituntersuchung
Untersuchungsgegenstand	Maschine/Produktionsanlage	Fertigungsprozess unter Einfluss der M-Faktoren
Untersuchte Menge	1 Stichprobe mit $n \geq 50$	Teile einer Vorserie, Gesamtmenge oder $n \geq 125$ Teile

Hinweis: Sämtliche Betrachtungen zur Prozessfähigkeit fußen auf der Annahme, dass der Prozess normalverteilt ist! Dies ist über Histogramm oder Wahrscheinlichkeitsnetz zu prüfen, sonst ergibt die Fähigkeitsbetrachtung keinen Sinn!

12.7.6 Prozessbeherrschung und Fähigkeit

Häufig ist nicht nur die Fähigkeit eines (einzelnen) Prozesses zu beurteilen, sondern die sogenannte **Prozessbeherrschung.**

Ein Prozess gilt als beherrscht, wenn sich die Prozessparameter (Mittelwert und Standardabweichung) praktisch nicht oder nur in bekannten Grenzen ändern.

Das bedeutet, dass eine Aussage über die Prozessbeherrschung nur getroffen werden kann, wenn mehrere Prozesskurven vorhanden sind, die miteinander verglichen werden können (Bild 12.33). Hinsichtlich Fähigkeit (C_p und C_{pk} erfüllt?) lässt sich jedoch auch ein einzelner Prozess beurteilen.

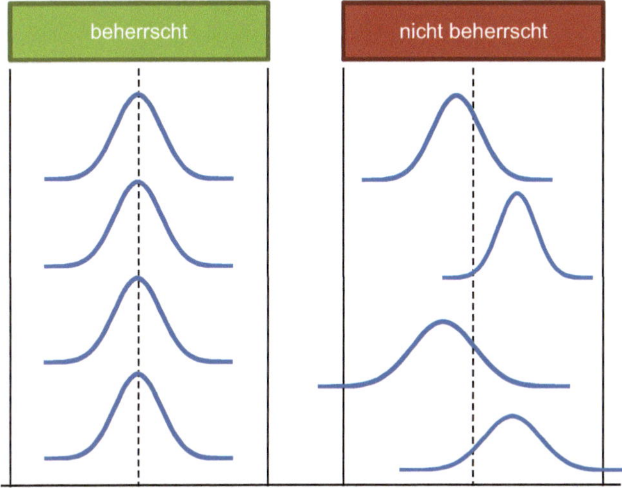

Bild 12.33 Prozessbeherrschung

Hinweis: Ein Prozess mit zu schlechtem C_p-Wert, der also nicht fähig ist, lässt sich nicht beherrschen! Es wäre ziemlich sinnlos zu sagen: Unser Prozess ist zwar schlecht – aber dafür immer gleich schlecht!

12.8 Qualitätsregelkarten (QRK)

12.8.1 Einführung in die Statistische Prozessregelung (SPC)

Bei der Statistischen Prozessregelung (SPC = Statistic Prozess Control[15]) handelt es sich um eine Methode, um systematisch Qualität in Serienfertigungsprozessen sicherzustellen.

Wie bereits im Abschnitt zu den Qualitätsmanagementtechniken dargelegt, beschreibt eine Methode den Weg, wie etwas erfolgen soll.

SPC bedient sich verschiedener Werkzeuge und Verfahren, die in zeitlich unterschiedlicher Abfolge eingesetzt werden (Bild 12.34).

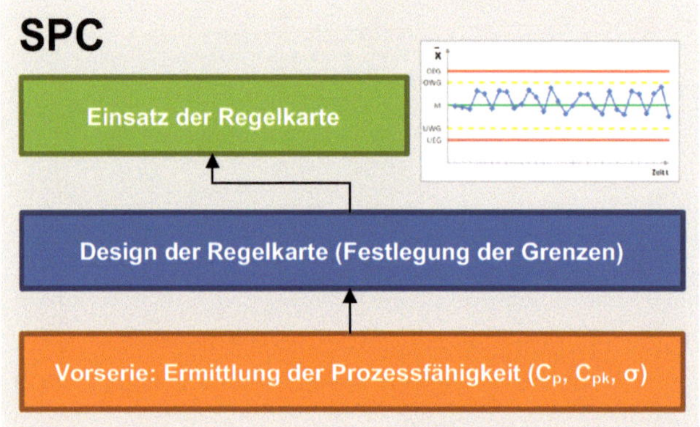

Bild 12.34 SPC als Methode mit der Qualitätsregelkarte als Werkzeug

Im Regelkartendesign werden die Werte für obere und untere Warngrenze (OWG/UWG) sowie obere und untere Eingriffsgrenze (OEG/UEG) festgelegt:

OWG/UWG: **+/−2σ um die Toleranzmitte**

OEG/UEG: **+/−3σ um die Toleranzmitte**

12.8.2 Aufbau von Regelkarten

Bild 12.35 zeigt den schematischen Aufbau einer Qualitätsregelkarte (QRK). Die QRK besteht aus zwei Teilen: **im oberen wird die Streuung, im unteren die Lage des Prozesses überwacht.**

---

16 Achtung: control = lenken/regeln - nicht kontrollieren; SPC ist mehr als Kontrolle; es bedeutet sofortigen Eingriff, falls der Prozess aus dem Ruder läuft.

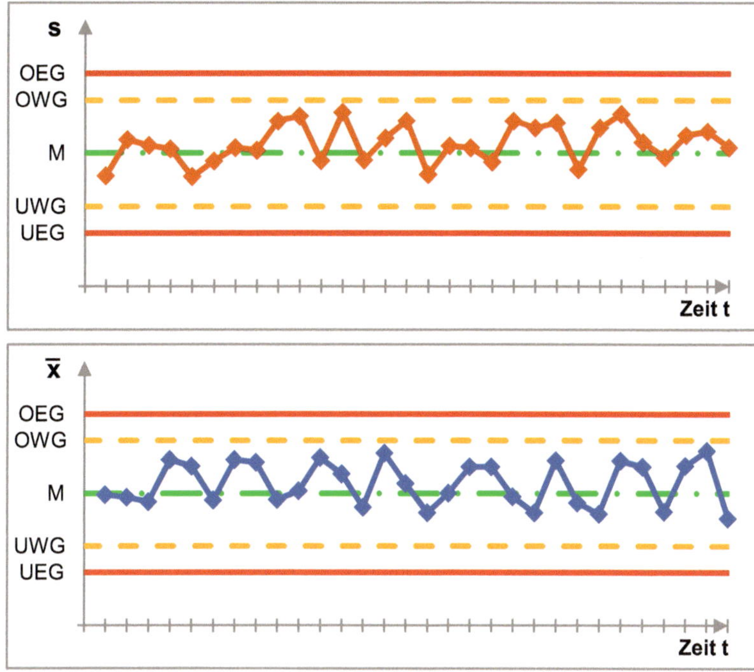

Bild 12.35 Aufbau einer Qualitätsregelkarte

Ja nach untersuchten Kennwerten spricht man dann von $\bar{x}\,/\,s$-Karten oder $\bar{x}\,/\,R$-Karten. Bild 12.35 zeigt als Beispiel eine $\bar{x}\,/\,s$-Regelkarte. Es gibt jedoch auch Karten, in die anstatt des arithmetischen Mittelwertes direkt die Urwerte oder die Mediane der Stichproben eingetragen werden. Aufgrund der heutzutage einfachen Berechnung von Mittelwert und Standardabweichung ist die $\bar{x}\,/\,s$-Karte die wohl am häufigsten anzutreffende Regelkarte.

In regelmäßigen Zeitabständen (z. B. alle 10 Min.) werden Stichproben eines bestimmten Umfanges (z. B. $n = 10$) entnommen und die für diese Stichproben ermittelten Kennwerte für Lage und Streuung in die Karte eingetragen.

Farblich ist die Karte nach dem Ampelprinzip aufgebaut. Auf einfarbigen Systemen oder Karten ist zusätzlich der Strichtyp festgelegt (Tabelle 12.21).

Tabelle 12.21 Farben und Linientypen der Qualitätsregelkarte

	Farbe	Linie
OEG/UEG	Rot	durchgezogen
OWG/UWG	Gelb	Strichlinie
Mittellinie	Grün	Strichpunktlinie

Toleranzgrenzen werden in Regelkarten in der Regel nicht eingetragen! Bei einem guten Prozess mit einem C_p-Wert von 2,0 wäre die Toleranzgrenze vom Toleranzmittenwert $+/-6\sigma$ entfernt - hätte also den doppelten Abstand wie die Eingriffsgrenze. Nichtsdestotrotz gibt es auch Regelkartenformen mit eingezeichneten Toleranzgrenzen. Häufig werden sie hier auch **Spezifikationsgrenzen (OSG/USG)** bezeichnet.

> **Merke:** Qualitätsregelkarten werden eingesetzt, um in einen Prozess bereits einzugreifen, wenn noch kein Ausschuss produziert wurde!

12.8.3 Eingriff in den Prozess

Wenn der Prozess mithilfe der QRK überwacht wird, erfolgt nach jedem Eintrag eine kritische Prüfung, ob ein Ereignis vorliegt, das einen Eingriff rechtfertigt. **Eingriff bedeutet dabei:**

- Prozess stoppen
- Ursachensuche
- Problem beseitigen
- Prozess wieder starten

Die Eingriff begründenden Ereignisse sind im Wesentlichen folgende:

- RUN
- TREND
- Überschreiten der Eingriffsgrenze
- Mehrmaliges Überschreiten der Warngrenze

12.8.3.1 RUN

Liegen sieben oder mehr Werte hintereinander auf einer Seite der grünen, strichpunktierten Mittellinie (oben oder unten), sprechen wir von einem RUN (engl. „laufen"; Bild 12.36).

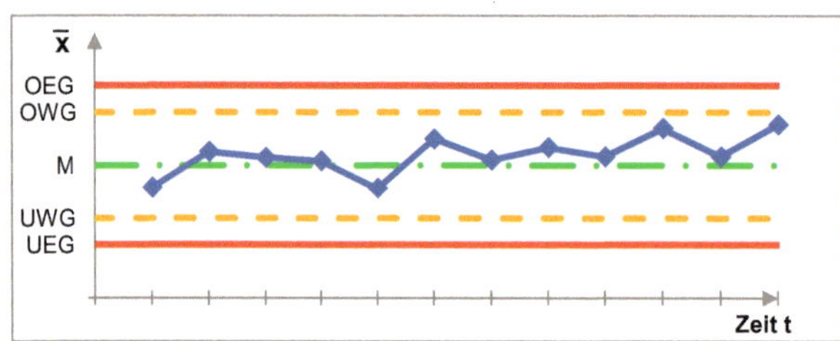

Bild 12.36 RUN - 7 oder mehr Werte auf einer Seite der Mittellinie

Der Begriff lässt sich dadurch merken, dass im Gegensatz zum Normalfall, wo die Werte regelmäßig um die Mittellinie hin- und her schwingen, die Schwingung nun um eine neue, verschobene Mittellinie schwingen. Der Mittelwert ist „davongelaufen“ - es muss eingegriffen werden.

12.8.3.2 TREND

Von einem TREND sprechen wir, wenn sich sieben oder mehr Werte hintereinander in eine Richtung bewegen. Es liegt dann eine systematische und kontinuierliche Mittelwertsverschiebung vor und es muss ebenfalls ein sofortiger Eingriff erfolgen (Bild 12.37).

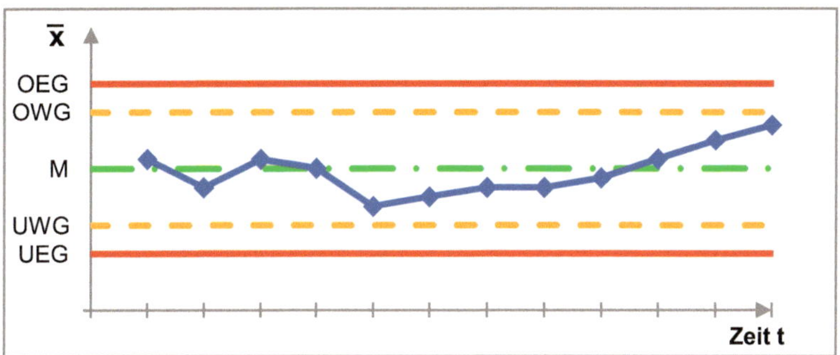

Bild 12.37 TREND - sieben oder mehr Werte gehen in eine Richtung

12.8.3.3 Über-/Unterschreiten der Eingriffsgrenze

Wie der Name „Eingriffsgrenze“ schon sagt, muss beim Überschreiten der Eingriffsgrenze eingegriffen werden (Bild 12.38). Wenn es sich um ein zufälliges Ereignis handelt, kann sich die Ursachensuche sehr schwierig gestalten.

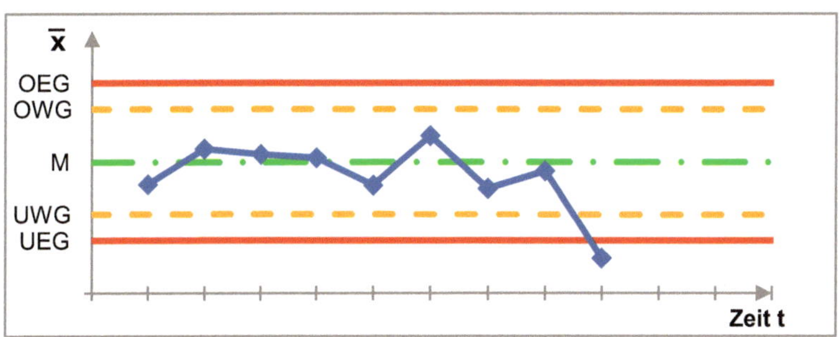

Bild 12.38 Unterschreiten der unteren Eingriffsgrenze

12.8.3.4 Mehrmaliges Überschreiten der Warngrenze

Sollte eine der beiden Warngrenzen einmal über-/unterschritten werden, so ist erhöhte Vorsicht geboten (Bild 12.39). Es empfiehlt sich, unmittelbar eine weitere Stichprobe zu nehmen und zu prüfen. Wird im Wiederholungsfall wieder die Warngrenze überschritten, so ist auch hier einzugreifen.

Grundsätzlich gilt:

Zweimaliges Überschreiten der Warngrenzen in gleicher Richtung führt zum Eingriff!

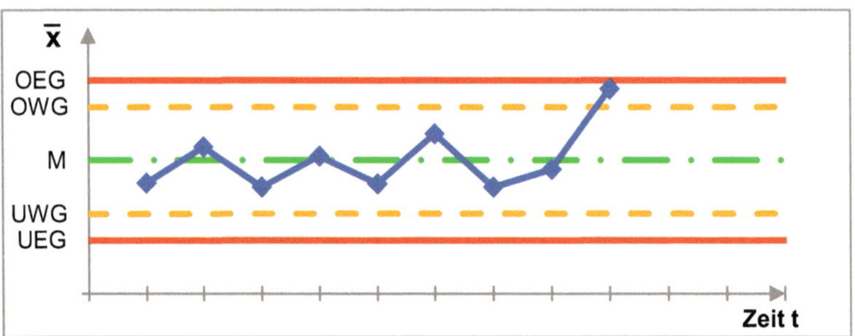

Bild 12.39 Warngrenze überschritten – was tun?

12.8.3.5 Idealer Prozess

Frage: Wie sähe ein idealer Prozess in Bezug auf Lage und Streuung aus?

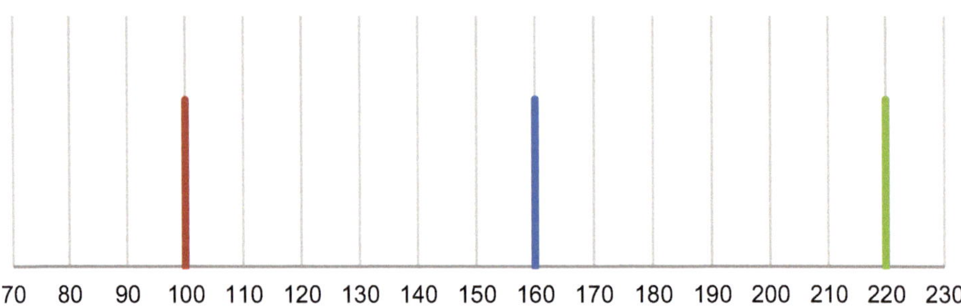

Bild 12.40 Der ideale Prozess

Es wäre ein „Strich“ exakt in der Toleranzmitte(Bild 12.40). Alle Teile wären exakt auf den Toleranzmittelwert gefertigt worden. Die Streuung wäre damit null! Machen Sie sich bitte bewusst, dass eine Warn- und Eingriffsuntergrenze (UWG/UEG) bei der Streuung (*s* oder *R*) keinen Sinn ergibt. Je kleiner die Werte, umso besser (Bild 12.41).

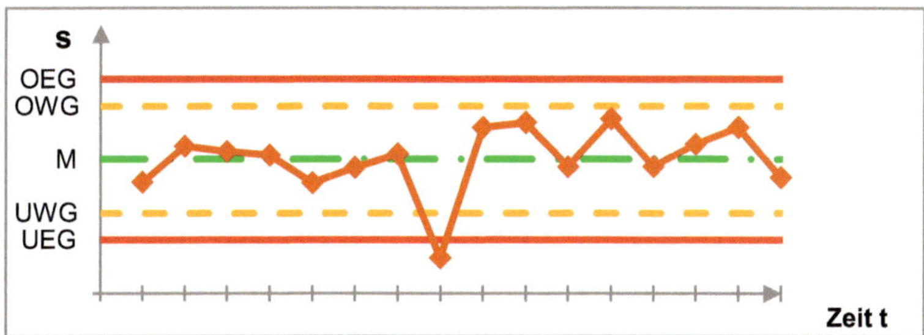

Bild 12.41 Untere Eingriffsgrenze bei Streukennwert unterschritten: Hätte eingegriffen werden müssen?

Es stellt sich die Frage, warum eine gewisse Streuung, die regelmäßig ebenfalls zwischen zwei Grenzen hin- und her schwingt, auf einmal so „gut" ist. Hier kämen verschiedene Überlegungen zum Tragen, die trotzdem eine Ursachenforschung nach sich ziehen, z. B. hat ein Personal- oder Werkzeugwechsel stattgefunden oder wurden sonstige Veränderungen im Prozess vorgenommen?

In jedem Fall wäre hier ein Eingriff erst einmal nicht gerechtfertigt.

12.9 Statistik und Informationstechnologie (IT)

Rechnungen wie Mittelwert und Standardabweichung lassen sich mit jedem handelsüblichen Taschenrechner ermitteln. Gleiches gilt für bivariate Statistik, wenn Korrelationskoeffizienten oder die beiden Parameter Achsenabschnitt und Steigung der Regressionsgeraden bestimmt werden sollen. Sobald es sich jedoch um eine Vielzahl an Daten handelt oder Verteilungswerte benötigt werden, kommen Taschenrechner an ihre Grenze. Hier werden dann in aller Regel Statistikprogramme eingesetzt.

Kommerzielle Software

Das wohl bekannteste, aber auch relativ teure Programm ist SPSS von IBM. Der Hersteller bietet auf seiner Webseite unter der Rubrik Business Analytics eine kostenfreie Demoversion zum Herunterladen an. Für 100 bis 130 € werden auf *amazon.de* verschiedene ältere Studentenversionen angeboten, die jedoch eine begrenzte Laufzeit von nur einem Jahr haben und ausschließlich in englischer Sprache verfügbar sind. Auf Wikipedia findet sich eine Übersichtsliste mit auf dem Markt angebotener Software.

Freie Software

Für alle, die diese Ausgabe scheuen, wäre eine alternative Möglichkeit, die Programmiersprache R zu erlernen. R ist eine Open-Source-Software und der Quellcode hierfür ist für alle Nutzer frei zugänglich. Die vorhandene Programmierumgebung ermöglicht damit auch die Gestaltung eigenständiger Statistiklösungen mit Grafikausgabe. Zu R gibt es inzwischen viel Literatur und auch viel Informationen, die über das Internet verfügbar sind (offizielle Webseite: *www.r-project.org*).

Excel

Da **Excel** eine sehr weite Verbreitung hat und damit ebenfalls viele grundlegende Berechnungen und damit verbundene Visualisierungen möglich sind, sollen abschließend in Tabellenform die wichtigsten Excel-Funktionen (ab Ver. 2007) zur Statistik aufgelistet werden. Achtung: Die Angaben beziehen sich ausschließlich auf die deutsche Version und lauten im Englischen anders!

Noch ein Hinweis für die Angabe von Zahlen oder Wertebereichen: Für die meisten Funktionen können einzelne Zahlen mit Strichpunkt voneinander abgetrennt angegeben werden, z. B. 1;4;6, oder auch Zellbezüge, z. B. A3;B4;C5. Ein zusammenhängender Bereich kann durch Angabe von Start- und Endzelle, die mit einem Doppelpunkt abgetrennt sind, angegeben werden. Soll z. B. ein Mittelwert des Bereiches von Zelle A3 bis H15 ermittelt werden, so lautet die komplette Formel „=MITTELWERT(A3:H15)“. Die Bereichs-, Wertangaben und Zellbezüge können sogar miteinander kombiniert werden und müssen jeweils immer nur mit Strichpunkt voneinander getrennt angegeben werden. In Tabelle 12.22 wird immer nur eine Variante vorgestellt.

Steht bei den Verteilungsfunktionen als Parameter „kumuliert“, so muss der letzte Parameter „FALSCH“ lauten, wenn ein einzelner Verteilungswert gewünscht wird, und „WAHR“, wenn die Wahrscheinlichkeitswerte bis zu k (diskrete Verteilungen) oder x (stetige Verteilungen) aufsummiert werden sollen.

Tabelle 12.22 Wichtige Statistikfunktionen in Excel

Arithmetischer Mittelwert, x ¯μ	**=MITTELWERT(Zahl1; Zahl2...)**
Standardabweichung Stichproben s	**=STABWA(Wert1;Wert2...)**
Standardabweichung Grundgesamtheit σ	**=STABWNA(Wert1;Wert2...)**
Korrelationskoeffizient r	**=KORREL(Matrix1;Matrix2)**
Regressionsgerade Achsenabschnitt b	**=ACHSENABSCHNITT(Y-Werte;X-Werte)**
Regressionsgerade Steigung a	**=STEIGUNG(Y-Werte;X-Werte)**
Binomialverteilung $P(n;k;p)$	**=BINOM.VERT(k;n;p;kumuliert)**
Poisson-Verteilung $P(k;\mu)$	**=POISSON.VERT(k;μ;kumuliert)**
Normalverteilung	**=NORM.VERT(x;μ;σ;kumuliert)**

Fisher-Verteilung (F-Verteilung) linksseitig	**=F.INV(1-α;Freiheitsgrade1;Freiheits grade2)** 1-α ist das Vertrauens- oder Konfidenz-intervall
Fakultät	**=FAKULTÄT(Zahl)**
Variationen (mit Berücksichtigung der Anordnung)	**=VARIATIONEN(n;k)**
Kombinationen (ohne Berücksichtigung der Anordnung)	**=KOMBINATIONEN(n;k)**
Summe	**=SUMME(Bereich)**
Produkt	**=PRODUKT(Bereich)**
Anzahl von Werten (Stichprobenumfang oder Losumfang)	**=ANZAHL2(Bereich)** die Funktion berücksichtigt nur nichtleere Zellen
Häufigkeiten	**=ZÄHLENWENN(Bereich;Suchkriterium)** das Suchkriterium wird in mathematischer Logik angegeben, z. B. „>5“

13 Annahmestichprobenprüfung

13.1 Qualitative und quantitative Prüfungen

Nach DIN ISO 2859-1 umfasst Prüfen *„Tätigkeiten wie Messen, Untersuchen, Ermitteln oder Lehren eines oder mehrerer Merkmale einer Einheit sowie Vergleichen der Ergebnisse mit festgelegten Anforderungen mit dem Ziel festzustellen, ob für jedes Merkmal die Erfüllung der Anforderung erreicht ist."*

Wir unterscheiden in der Prüftechnik grundsätzlich zwei Arten von Prüfungen, dargestellt in Bild 13.1.

Bild 13.1 Die zwei Hauptzweige der Prüftechnik

Entsprechend den geprüften Merkmalen (siehe Abschn. 12.1.4) werden beim **Messen** quantitative Merkmale untersucht (zahlenmäßig erfasst). Beim **Lehren** dagegen handelt es sich um eine Attributprüfung, bei der es im Ergebnis nur die beiden Attribute gut oder schlecht gibt.

Messgeräte wie Bügelmessschraube, Messschieber oder auch optische Messsysteme sind weithin bekannt. Das vorliegende Kapitel beschäftigt sich jedoch hauptsächlich mit **Attributprüfungen**[1], bei denen auf Basis einer Stichprobe und der

---

[1] Auch eine Zahl ist ein Attribut; jedoch ist im Sinne der Annahmestichprobenprüfung ein Attribut lediglich eines der beiden Merkmalswerte gut oder schlecht.

darin enthaltenen Ausschussteile entschieden wird, ob ein Los (Liefer- oder Fertigungslos) angenommen oder zurückgewiesen wird.

Lehren haben auch heute in der Fertigungstechnik noch ihre Berechtigung, weil sie eine sehr schnelle Beurteilung von gut oder schlecht ermöglichen, auch wenn die kritischen Merkmale nicht gemessen werden. **Grenzlehrdorne** für Bohrungen oder **Grenzrachenlehren** für Wellen haben hierzu eine Gut- und eine Ausschussseite. Die Gutseite muss durch das Eigengewicht der Lehre in die Bohrung bzw. über die Welle gleiten, während die Ausschussseite nicht in die Bohrung passen bzw. über die Welle gleiten darf (Bild 13.2).

Daneben werden in der Fertigungstechnik noch weitere Lehren wie **Gewinde- und Radiuslehren** eingesetzt, die aufgrund von Lichtspaltprüfungen einen Rückschluss auf gut oder schlecht zulassen. Mit **Fühlerlehren** unterschiedlicher Dicke lassen sich Spalte ausprüfen.

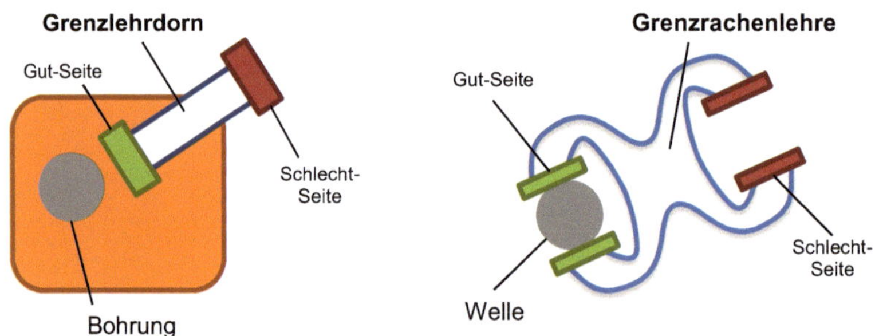

Bild 13.2 Grenzlehrdorn und Grenzrachenlehre

In den folgenden Abschnitten soll untersucht werden, wie man Stichprobenanweisungen erstellen kann, um eine bestimmte Qualität sicherzustellen.

■ 13.2 Stichprobenpläne nach DIN ISO 2859

Bei der DIN ISO 2859 handelt es sich um eine internationale Norm mit vier Teilen. Überschrieben ist die Normenreihe mit:

„Annahmestichprobenprüfung anhand der Anzahl fehlerhafter Einheiten oder Fehler (Attributprüfung)".

Bereits aus der Überschrift geht hervor, dass man sich vor einer Prüfung für ein Untersuchungsmerkmal entscheiden sollte:

- Anzahl fehlerhafter Einheiten/Teile oder
- Anzahl der Fehler in einem Prüflos

In letzterem Fall kann es logischerweise mehr als einen Fehler pro Einheit geben. Die vier Unterabschnitte der Norm beschäftigen sich nun mit verschiedenen Aspekten der Attributprüfung:

DIN ISO 2859-0: **Einführung** in das Stichprobensystem
(wurde nicht ins Deutsche Normenwerk übernommen)

DIN ISO 2859-1: Nach der **annehmbaren Qualitätsgrenzlage (AQL)** geordnete Stichprobenpläne für die Prüfung einer **Serie von Losen**

DIN ISO 2859-2: Nach der **rückzuweisenden Qualitätsgrenzlage (LQ)** geordnete Stichprobenanweisungen für die Prüfung **einzelner Lose**

DIN ISO 2859-3: **Skip-Lot-Verfahren**
(Teilweiser Prüfungsverzicht/Überspringen von Prüfungen)

Der wichtigste Teil ist in 2859-1 beschrieben. Darin geht es um die Prüfung von Prüflosserien, nicht nur um einzelne Lose. 2859-1 stellt daher unter anderem die Grundlage für die Wareneingangsprüfung von Stammlieferanten dar und sieht Regeln für einen **Verfahrenswechsel** (reduzierte oder verschärfte Prüfung) vor. 2859-2 und 2859-3 stellen beide eine spezielle Auswahl der 2859-1 dar.

Annehmbare Qualitätsgrenzlage (AQL[2])

Der AQL-Wert spiegelt die „schlechteste hinnehmbare Qualitätslage eines Prozesses für eine fortlaufende Serie von Prüflosen, die für eine Annahmestichprobenprüfung vorgestellt werden“ (Bild 13.3).

Im Lieferantenverhältnis ist der AQL-Wert damit der zwischen Lieferant und Kunde in der Regel vertraglich vereinbarte maximal zulässige Fehleranteil in der Grundgesamtheit aller Lieferungen. Dieser Grenzwert stellt die Grundlage für die Festlegung der sogenannten Stichprobenanweisung dar.

[2] AQL = Acceptable Quality Limit (früher Acceptable Quality Level)

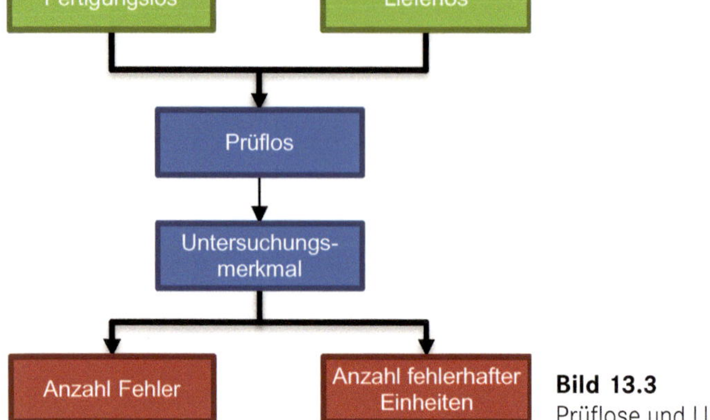

Bild 13.3
Prüflose und Untersuchungsmerkmale

Stichprobenplan

Eine Zusammenstellung von Stichprobenanweisungen (siehe folgenden Abschnitt) mit Regeln für den Wechsel von einer zu einer anderen Stichprobenanweisung wird als Stichprobenplan bezeichnet.

Der Stichprobenplan richtet sich dabei nach den beiden grundsätzlichen Prüfverfahren:

- Einfach-Stichprobenprüfung (im Allgemeinen die kostengünstigste Möglichkeit)
- Doppel- oder Mehrfach-Stichprobenprüfung

13.2.1 Stichprobenanweisung

> Das Ziel einer Stichprobenanweisung ist es, entscheiden zu können, ob ein Prüflos angenommen oder zurückgewiesen wird.

Unter **Stichprobenanweisung** versteht man die Zusammenstellung der folgenden Parameter (Tabelle 13.1), die als Handlungsanweisung für die Stichprobenprüfung dient:

- Stichprobenumfang $\boldsymbol{n}$
- Annahmezahl $\boldsymbol{Ac}$
- Rückweisezahl $\boldsymbol{Re}$

Die **Kurzformel** lautet:

$$n - Ac \,/\, Re$$

Tabelle 13.1 Parameter der Stichprobenanweisung

Parameter		Bedeutung
N	Losumfang	Gesamtmenge des Prüfloses
n	Stichprobenumfang	Anzahl der zu prüfenden Einheiten im Prüflos
Ac	Annahmezahl	Maximal zulässige Anzahl fehlerhafter Einheiten oder Fehler, die zur Annahme des Prüfloses führt
Re	Rückweisezahl	Ab dieser Anzahl fehlerhafter Einheiten oder Fehler wird ein Prüflos zurückgewiesen; bei der Normalprüfung immer um eins größer als *Ac*
AQL	Annehmbare Qualitätsgrenzlage	Maximal zulässiger Fehleranteil in der Grundgesamtheit des Prüfloses
PN	Prüfniveau	Eines der sieben Prüfniveaus, deren Auswahl die technische Sicherheit der Stichprobenanweisung beeinflussen

Um eine sinnvolle Stichprobenanweisung aufstellen zu können, benötigt man folgende **Grunddaten**:

- Losumfang N
- AQL-Wert
- Prüfniveau (PN)

Für das **Prüfniveau** gibt es drei Allgemeine Prüfniveaus I, II und III sowie vier Spezielle Prüfniveaus S-1, S-2, S-3 und S-4. Die Auswahl des Prüfniveaus bestimmt die Prüfschärfe und damit die statistische Sicherheit der Prüfung. Das Prüfniveau muss vorher festgelegt werden. **Sollte keine Angabe vorliegen, so ist immer das Allgemeine Prüfniveau II zu verwenden.**

Vorgehensweise bei der Bestimmung der Stichprobenanweisung

Die Bestimmung der Stichprobenanweisung erfolgt in zwei Schritten:

- Bestimmung eines Kennbuchstabens auf Basis des Losumfangs und des Prüfniveaus aus einer ersten Tabelle
- Bestimmung der Stichprobenanweisung auf Basis des Kennbuchstabens und des AQL-Wertes aus einer zweiten Tabelle

Beispiel:

- $N = 10\,000$; Allg. PN II, AQL = 0,4,

  normale Einfach-Stichprobenprüfung

Schritt 1: Kennbuchstaben ermitteln (Tabelle 13.2)

Tabelle 13.2 Grundtabelle nach DIN ISO 2859-1 zur Ermittlung des Kennbuchstabens auf Basis des Prüfniveaus

Losumfang *N*	Spezielle Prüfniveaus				Allgemeines Prüfniveau		
	S-1	S-2	S-3	S-4	I	II	III
2 ... 8	A	A	A	A	A	A	B
9 ... 15	A	A	A	A	A	B	C
16 ... 25	A	A	B	B	B	C	D
26 ... 50	A	B	B	C	C	D	E
51 ... 90	B	B	C	C	C	E	F
91 ... 150	B	B	C	D	D	F	G
151 ... 280	B	C	D	E	E	G	H
281 ... 500	B	C	D	E	F	H	J
501 ... 1200	C	C	E	F	G	J	K
1201 ... 3200	C	D	E	G	H	K	L
3201 ... 10 000	C	D	F	G	J	L	M
10 001 ... 35 000	C	D	F	H	K	M	N
35 001 ... 150 000	D	E	G	J	L	N	P
150 001 ... 500 000	D	E	G	J	M	P	Q
500 001 und mehr	D	E	H	K	N	Q	R

Aus der Zeile „3201 … 10 000“ und Spalte Allg. PN II lässt sich damit der Kennbuchstabe **L** ermitteln.

Schritt 2: Stichprobenanweisung ermitteln (Tabelle 13.3)

Tabelle 13.3 Grundtabelle zur Ermittlung einer Einfach-Stichprobenanweisung für normale Prüfung (Teilauszug bis AQL 10)

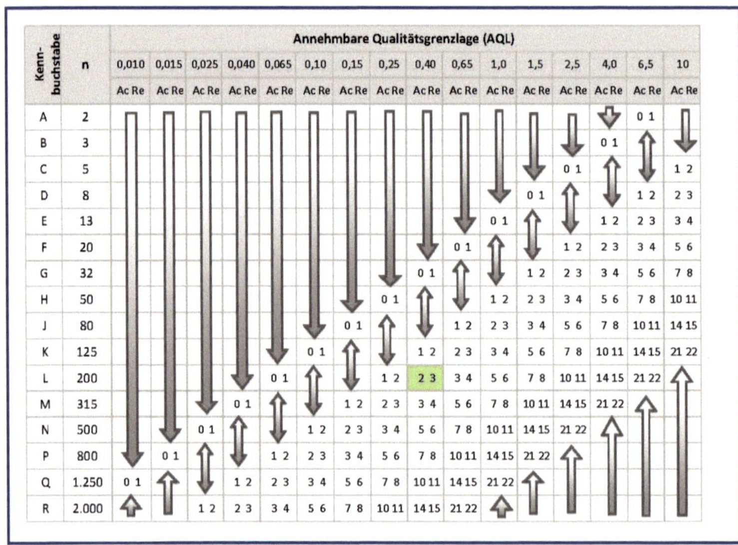

Kenn-buchstabe	n	Annehmbare Qualitätsgrenzlage (AQL)															
		0,010	0,015	0,025	0,040	0,065	0,10	0,15	0,25	0,40	0,65	1,0	1,5	2,5	4,0	6,5	10
		Ac Re	Ac Re	Ac Re	Ac Re	Ac Re	Ac Re	Ac Re	Ac Re	Ac Re	Ac Re	Ac Re	Ac Re	Ac Re	Ac Re	Ac Re	Ac Re
A	2														↓	0 1	
B	3													↓	0 1	↕	↓
C	5												↓	0 1	↕	↕	1 2
D	8											↓	0 1	↕	↕	1 2	2 3
E	13										↓	0 1	↕	↕	1 2	2 3	3 4
F	20									↓	0 1	↕	↕	1 2	2 3	3 4	5 6
G	32								↓	0 1	↕	↕	1 2	2 3	3 4	5 6	7 8
H	50							↓	0 1	↕	↕	1 2	2 3	3 4	5 6	7 8	10 11
J	80						↓	0 1	↕	↕	1 2	2 3	3 4	5 6	7 8	10 11	14 15
K	125					↓	0 1	↕	↕	1 2	2 3	3 4	5 6	7 8	10 11	14 15	21 22
L	200				↓	0 1	↕	↕	1 2	2 3	3 4	5 6	7 8	10 11	14 15	21 22	↑
M	315			↓	0 1	↕	↕	1 2	2 3	3 4	5 6	7 8	10 11	14 15	21 22	↑	
N	500		↓	0 1	↕	↕	1 2	2 3	3 4	5 6	7 8	10 11	14 15	21 22	↑		
P	800	↓	0 1	↕	↕	1 2	2 3	3 4	5 6	7 8	10 11	14 15	21 22	↑			
Q	1.250	0 1	↑	↕	1 2	2 3	3 4	5 6	7 8	10 11	14 15	21 22	↑				
R	2.000	↑		1 2	2 3	3 4	5 6	7 8	10 11	14 15	21 22	↑					

In der Zeile mit dem Kennbuchstaben L lässt sich nun über die Spalte AQL = 0,4 eine Annahmezahl (*Ac*) von 2 und eine Rückweisezahl (*Re*) von 3 ermitteln.

Die Stichprobenanweisung lautet damit vollständig: **200 – 2/3**

Das heißt, es werden 200 Teile geprüft, bis zu zwei fehlerhafte Teile (oder Fehler je nach festgelegtem Merkmal) wird das Prüflos angenommen, ab drei zurückgewiesen.

Umgang mit der Pfeildarstellung

Gelangt man auf der Suche nach der Annahmezahl in der Zeile des Kennbuchstabens auf einen Pfeilstrich, so gilt folgende Regel:

Folge dem Pfeil bis zur nächsten Zelle, die eine Ac/Re-Angabe enthält. Der zu wählende Stichprobenumfang ist dann in dieser Zeile abzulesen.

Beispiel:

- N = 200 000; Allg. PN II, AQL = 6,5, normale Einfach-Stichprobenprüfung

Über den Kennbuchstaben P gelangt man in Spalte AQL = 6,5 auf einen Pfeil. Diesem Pfeil folgen wir nach oben zur Zeile mit n = 200 und Ac = 21/Re = 22. Die komplette Stichprobenanweisung lautet damit: **200 – 21/22**.

Bei genauerer Betrachtung der Tabellen fällt auf, dass im ersten Teil (hohe Qualitäten) die Pfeile zu einer Prüfverschärfung führen, im zweiten Teil (niedrige Qualitäten) zu einer Prüfabmilderung.

Sollte die Anwendung der Regeln zu einer Stichprobenanweisung führen, bei der der zu wählende Stichprobenumfang höher ist als der Prüflosumfang, so ist eine 100 %-Prüfung durchzuführen. Der Stichprobenumfang ist dann gleich dem Losumfang.

Beispiel:

- N = 120; Allg. PN II, AQL = 0,065, normale Einfach-Stichprobenprüfung

Über die erste Grundtabelle (Tabelle 13.2) lässt sich der Kennbuchstabe F ermitteln. Mithilfe der zweiten Grundtabellen (Tabelle 13.3) gelangt man in der Zeile des Buchstaben F und Spalte AQL = 0,065 auf eine Zelle mit Pfeil. Folgt man dem Pfeil, so erhält man den Stichprobenumfang n = 200. Da der zu wählende Stichprobenumfang größer ist als der Losumfang, lautet die Stichprobenanweisung damit **120 – 0/1**.

Zufallsentnahme

Die zu untersuchende Stichprobe muss je nach untersuchtem Prüflos verschiedenen Gesichtspunkten folgen:

- Die Zufallsauswahl muss tatsächlich zufällig erfolgen, z. B. Entnahme einer gleichen Menge von jeder Palette, nach einer zufällig festgelegten Zahlenfolge oder einer Festlegung wie „jedes x-te Teil ist zu entnehmen".
- Entnommene Proben dürfen nicht wieder zurückgelegt werden.
- Bei geschichteten Prüflosen müssen die Schichten der Stichprobe im Verhältnis den Prüflosschichten entsprechen.
- Bei Doppel- oder Mehrfach-Stichprobenprüfung muss jede nachfolgende Stichprobe vom Rest desselben Loses entnommen werden.
- Die Erstprüfung ist grundsätzlich in Form einer normalen Prüfung durchzuführen.

Die hier gewählten Beispiele beziehen sich ausschließlich auf den Einfach-Stichprobenplan bei normaler Prüfung! Die 2859-1 hält für die anderen Prüfverfahren (verschärfte/reduzierte Prüfung) sowie Doppel- und Mehrfachstichprobenpläne weitere, umfangreiche Tabellen bereit.

13.2.2 Reduzierte und verschärfte Prüfungen

Die Norm sieht für eine kosten- und zeitsparende Prüfung vor, dass bei Vorhandensein bestimmter Gegebenheiten eine Prüfung reduziert werden kann. Gleichzeitig ist jedoch auch vorgesehen, eine Prüfung bei Bedarf zu verschärfen. Bild 13.4 veranschaulicht die Zusammenhänge:

Mit Eintritt in die normale Prüfung muss eine sogenannte **Wechselbilanz (WB)** eröffnet werden. Die Wechselbilanz ist ein fortlaufender Zähler, der abhängig vom Prüfverfahren (Einzel-, Doppel- oder Mehrfachprüfung) und weiteren Faktoren (AQL-Wert, Annahmezahl) mit jeder Prüfung weiter hochgesetzt wird. Für die Einfach-Stichprobenprüfung gelten beispielsweise die folgenden Bedingungen:

- bei $Ac < 2$ addiere 2, wenn das Prüflos angenommen wird, sonst Rücksetzen auf WB = 0
- bei $Ac \geq 2$ addiere 3, wenn das Prüflos auch bei nächsthöherem AQL-Wert angenommen worden wäre, sonst Rücksetzen auf WB = 0

Eine Nichtannahme eines Prüfloses setzt den Zähler grundsätzlich auf null zurück. Für den Eintritt in die reduzierte Prüfung ist nach diesem Verfahren eine Wechselbilanz von mindestens 30 erforderlich. Das entspräche somit mindestens zehn Durchläufen in der normalen Prüfung.

Nach erfolgtem **Abbruch der Prüfserie** muss ein Lieferant erst nachweisen, dass er ursächlich seine Qualitätsprobleme beseitigt hat, bevor in einer verschärften Prüfung wieder begonnen wird.

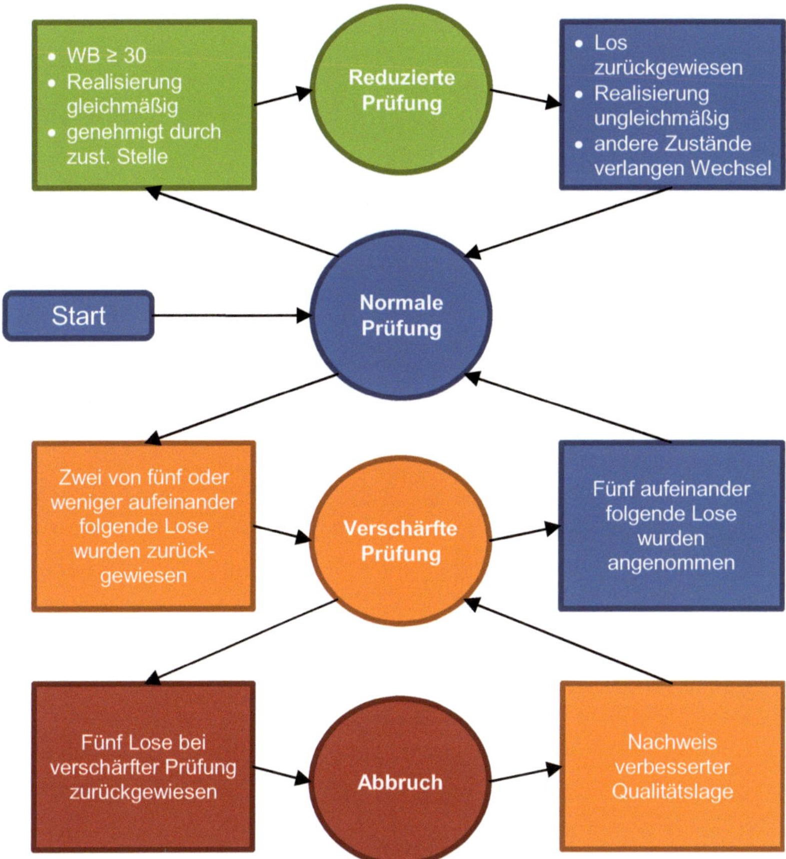

Bild 13.4 Verfahrenswechsel nach DIN ISO 2859-1

An einem Zahlenbeispiel sollen die Zusammenhänge nun noch einmal deutlich gemacht werden. Betrachten wir eine Lieferung mit N = 10000 Teilen und AQL = 0,65 bei Allg. PN II. Damit ergeben sich für die verschiedenen Prüfarten nach DIN ISO 2859-1:

- Normale Prüfung: 200 – 3/4
- Reduzierte Prüfung: 80 – 2/3
- Verschärfte Prüfung: 200 – 2/3

Beachten Sie, dass sich bei der **reduzierten Prüfung** neben dem Stichprobenumfang auch Annahme- und Rückweisezahl verringern. Bei der **verschärften Prüfung** hingegen bleibt der Stichprobenumfang gleich, es reduziert sich aber die Annahmezahl, was dazu führt, dass ein Prüflos früher abgelehnt wird!

Die Rückweisezahl *Re* ist bei der Einfach-Stichprobenprüfung grundsätzlich um eins größer als die Annahmezahl *Ac*; bei Doppel- und Mehrfach-Stichprobenprüfung jedoch nicht mehr. Hier entscheidet der Bereich zwischen Annahme- und Rückweisezahl über das Ziehen weiterer Stichproben.

13.2.3 Skip-Lot-Verfahren

Der dritte Teil der DIN ISO 2859 ist dem sogenannten Skip-Lot-Verfahren gewidmet. Es geht um das Überspringen (skip) von Losen (Lot), die bei Vorliegen gewisser Voraussetzungen an die Stelle der reduzierten Prüfung treten können. 2859-3 ist ausschließlich in Verbindung mit 2859-1 gültig und daher nur für Serien und nicht für Einzelprüfungen zulässig.

Qualifizierung des Lieferanten

Die Anforderungen an die Qualifizierung eines Lieferanten für das Skip-Lot-Verfahren sind in einem eigenen Abschnitt (5.1) festgelegt und fordern unter anderem ein umfangreiches Qualitätssicherungssystem mit geeigneter Dokumentation beim Lieferanten. Weiterhin sind die Beurteilung durch ein Team sowie eine regelmäßige Nachprüfung der Qualifizierung gefordert.

Qualifizierung des Produktes

Produkte müssen für das Skip-Lot-Verfahren geeignet sein und hierfür erst qualifiziert werden. Abschnitt 5.2 regelt die zu erfüllenden Anforderungen. Als Prüfniveaus müssen die allgemeinen Prüfniveaus I, II oder III sowie ein minimaler AQL-Wert von 0,025 vorliegen. Für höhere Qualitäten (AQL < 0,025) ist das Verfahren nicht zulässig. Neben allgemeinen und spezifischen Anforderungen an das Produkt muss auch hier eine Beurteilung durch ein Team sowie eine regelmäßige Nachprüfung der Qualifizierung durchgeführt werden.

Qualifizierungsbilanz

Ähnlich der Wechselbilanz zum Wechsel von Normalprüfung zur reduzierten Prüfung muss für das Skip-Lot-Verfahren eine Qualifizierungsbilanz geführt werden, die darüber entscheidet, ob die Frequenz geändert oder das Verfahren geändert wird. In Abhängigkeit von Prüfverfahren und Annahmezahl wird auch hier der Zähler um bestimmte Schritte erhöht oder ggf. auf null zurückgesetzt.

Verfahrensbeschreibung

In Abschnitt 6 wird das Skip-Lot-Verfahren beschrieben (Bild 13.5). Hierfür wurden drei verschiedene Zustände eingeführt:

Zustand 1: Zustand der Prüfung einer Serie von Losen (Qualifizierungszeitraum)

Zustand 2: Skip-Lot-Prüfung

Zustand 3: Unterbrechung der Skip-Lot-Prüfung (zeitweise Rückkehr zur Serienprüfung)

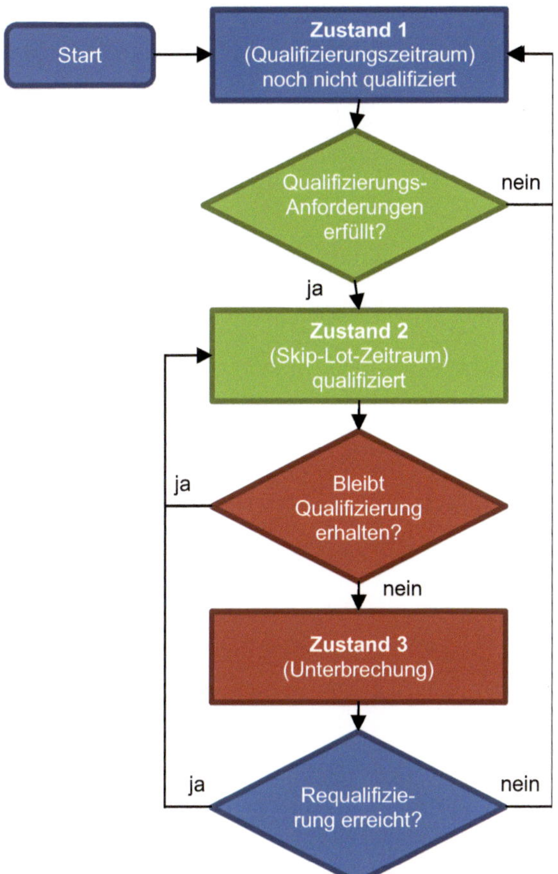

Bild 13.5 Skip-Lot-Verfahren nach DIN ISO 2859-3

Weitere Abschnitte der Norm regeln im Detail die Prüffrequenz, Unterbrechung des Verfahrens sowie Requalifizierung und Produktdisqualifizierung.

Zusammenfassend dient die Festlegung des Skip-Lot-Verfahrens der Sicherstellung einer bestimmten, festgelegten Produktqualität bei gleichzeitiger Verringerung des Aufwandes für die Produktprüfung. Die Entscheidung darüber, ob ein Prüflos ohne Prüfung angenommen wird, erfolgt dabei nach dem Zufallsprinzip bei Vorliegen einer bestimmten, vorgegebenen Wahrscheinlichkeit.

13.2.4 Operationscharakteristiken

Die Zusammenhänge zwischen den Qualitätslagen von Stichprobenanweisungen sind in der DIN ISO 2859-1 für jeden Kennbuchstaben in Form einer sogenannten Operationscharakteristik aufgeführt.

Bevor eine Erklärung der Operationscharakteristiken erfolgen kann, muss zunächst der Begriff der **Annahmewahrscheinlichkeit** eingeführt werden. Da in der Norm grundsätzlich zwischen Anzahl fehlerhafter Teile[3] und Fehlern unterschieden wird und für die Ermittlung der Zusammenhänge unterschiedliche Rechenmethoden verwendet werden, beschränken wir uns in der folgenden Darstellung ausschließlich auf die Betrachtung „fehlerhafte Teile" auf Basis der Binomialverteilung[4].

Binomialverteilung als Grundlage

In Abschn. 12.4.1 wurde kurz auf das Entstehen der Binomialverteilung eingegangen („Galton'sches Nagelbrett"). Sie stellt auch die Rechenmethode für folgende **Fragestellung** zur Verfügung:

Wir haben einen Behälter, in dem sich 100 Kugeln befinden, zehn rote und 90 schwarze. Sie ziehen aus dem Behälter nacheinander 15-mal eine Kugel und legen sie wieder zurück (Zufallsstichprobe). Wie wahrscheinlich ist es, dass Sie unter den 15 gezogenen Kugeln genau zweimal eine rote gezogen haben?[5]

Allgemein drückt im Bereich der Stichprobenprüfung das Problem folgende Fragestellung aus:

> Mit welcher Wahrscheinlichkeit *P* finde ich in einer (beliebig großen) Grundgesamtheit mit einem Fehleranteil *p* in einer Stichprobe vom Umfang *n* genau *k* Ausschussteile?

Die notwendige Formel ist etwas kryptisch und lautet

$$P=\binom{n}{k}\cdot p^k\cdot(1-p)^{n-k}$$

Dabei bedeuten die Parameter[6]:

P Wahrscheinlichkeit, in der Stichprobe genau k Ausschussteile zu finden

---

[3] Die Norm spricht von „Einheiten", die auch immateriell sein könnten (z. B. Dienstleistungen); in der Regel sind jedoch Teile gemeint, daher wird hier der Begriff Teile verwendet.

[4] Für die Berechnungen zur Anzahl Fehler kommt die Poisson-Verteilung zum Einsatz.

[5] Die Binomialverteilung basiert auf „Ziehen mit Zurücklegen". In der Praxis wird nach einer Stichprobenziehung nicht jede gezogene Kugel (Prüfling) wieder zurückgelegt. Da die Stichprobenumfänge jedoch in der Regel deutlich über 30 liegen, ist die Binomialverteilung eine gut geeignete Näherung für die eigentlich richtige Verteilung - die sog. Hypergeometrische Verteilung („Ziehen ohne Zurücklegen").

[6] Der Binomialkoeffizient $\binom{n}{k}$ wurde in Abschn. 12.4.1 vorgestellt.

n Stichprobenumfang

p Fehleranteil in der Grundgesamtheit

k Anzahl fehlerhafter Teile

Für unser Beispiel mit den 100 Kugeln (p = 0,1) ergeben sich unter Anwendung dieser Formel 26,7 % für die Wahrscheinlichkeit, in einer Stichprobe von 15 Kugeln genau zwei rote zu finden.

Nun fragen Sie sich vielleicht, woher sollte ich den Fehleranteil der Grundgesamtheit kennen? Schließlich ziehe ich ja eine Stichprobe, um den Fehleranteil der Grundgesamtheit abzuschätzen! Das ist völlig richtig – **jedoch legen wir im Weiteren den Fehleranteil in der Grundgesamtheit fest, um über diese Festlegung den maximal zulässigen Fehleranteil in Absprache mit einem Lieferanten zu begrenzen**. Diese Festlegung bestimmt schlussendlich unser AQL-Niveau!

Erweiterung der Aufgabenstellung

Wir haben mit einem Lieferanten vereinbart, dass ein maximaler Fehleranteil von 1 % in seinen Lieferungen sein darf (p = 0,01). Wie hoch ist nun die Wahrscheinlichkeit, in einer Stichprobe von 200 Teilen bis zu zwei fehlerhafte Teile zu finden?

Hierzu müssen wir die Wahrscheinlichkeiten berechnen, in der Stichprobe 0, 1 oder zwei fehlerhafte Teile zu finden, und aufaddieren (Tabelle 13.4).

Tabelle 13.4 Summenbildung über die Einzelwahrscheinlichkeiten führt zur Annahmewahrscheinlichkeit

Anz. fehlerhafter Teile in der Stichprobe	*P*
0	13,40 %
1	27,07 %
2	27,20 %
Summe:	**67,67 %**

Die Annahmewahrscheinlichkeit

Unter der Annahmewahrscheinlichkeit versteht man den erwarteten Prozentsatz, in einer Stichprobe vom Umfang n bis zur Annahmezahl Ac fehlerhafte Teile zu finden. Sie entspricht dabei der Summe der Einzelwahrscheinlichkeiten, genau 0 bis zu genau Ac Teile zu finden.

Die Annahmewahrscheinlichkeit spiegelt die Sicherheit wider, mit der eine Lieferung angenommen werden kann und sollte daher so hoch wie möglich sein. Die Differenz auf 100 % stellt im Umkehrschluss das **Lieferantenrisiko** α dar, dass die Lieferung nicht abgenommen wird, obwohl sie in Ordnung ist.

Der Zusammenhang zwischen Stichprobenumfang n, Annahmewahrscheinlichkeit P_{an}, Annahmezahl Ac und maximalem Fehleranteil in der Grundgesamtheit (AQL-Wert) mündet in die **Operationscharakteristik (OC),** die nun am Beispiel für den Kennbuchstaben L (Stichprobenumfang 200) vorgestellt werden soll (Bild 13.6).

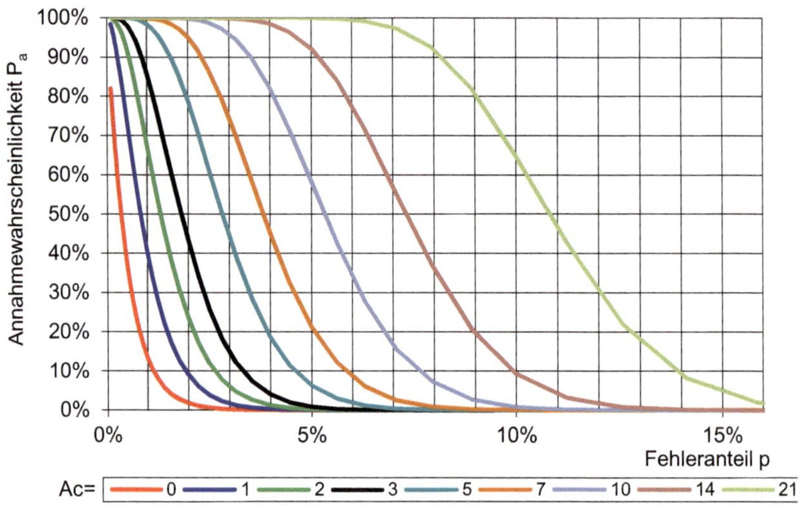

Bild 13.6 Operationscharakteristik für den Kennbuchstaben L (n = 200)

Für jede Annahmezahl gibt es eine eigene Kennlinie. Jede der dargestellten Annahmezahlen entspricht dem AQL-Niveau, wie es durch die Grundtabellen (Tabelle 13.3) vorgegeben ist.

Annahme-, Unsicherheits- und Rückweisebereich

Ein üblicher Wert für das Lieferantenrisiko ist 10 % – damit beträgt eine übliche Annahmewahrscheinlichkeit für Annahmestichprobenprüfungen 90 %. Neben dem **α-Risiko,** eine Lieferung abzulehnen, obwohl sie in Ordnung ist **(Fehler 1. Art),** gibt es auch ein Risiko, die Lieferung anzunehmen, obwohl sie nicht in Ordnung ist (**Fehler 2. Art** oder β-Risiko). Dieses **β-Risiko** stellt das Abnehmerrisiko dar. Auch hier ist ein Wert von 10 % üblich. Zieht man auf der *y*-Achse bei 10 % eine horizontale Linie und ermittelt den Schnittpunkt mit der Kurve, so lässt sich hierüber der maximal vom Abnehmer akzeptierte Anteil ablesen. Man spricht hier vom **RQL-Wert** (Rückzuweisende Qualitätsgrenzlage, häufig auch als **LQ** oder Limiting Quality Level bezeichnet). Im Gegensatz hierzu ist der *p*-Wert bei P_a = 90 % der vom Lieferanten zugesicherte Fehleranteil. Der Bereich dazwischen wird als Unsicherheitsbereich bezeichnet.

Die mathematische Grundlage für die Tabellen zur Annahmestichprobenprüfung wie auch zu den Operationscharakteristiken bilden statistische Parametertests.

kurzer Ausflug – Parametertests

Ohne im Detail darauf einzugehen, beruht das statistische Testen von Parametern auf dem Testen von Hypothesen. Es wird zunächst eine gegensätzliche Hypothese von dem aufgestellt, was bewiesen werden soll. Diese Hypothese wird als Nullhypothese H_0 bezeichnet. Die sogenannte Alternativhypothese H_1 ist das, was bewiesen werden soll. Angenommen, es soll getestet werden, ob ein Würfel gezinkt ist, dann wäre H_0: $P(A_i) = 1/6$; H_1: $P(A_i) \neq 1/6$; mit $A_i \in \{1,2,3,4,5,6\}$. Wenn die Hypothese H_0, dass die Wahrscheinlichkeit für alle sechs Seiten gleich ist, verworfen werden muss, so muss der Würfel gezinkt sein.

Der weitere Ablauf ist dann wie folgt:

- Aufstellen der Nullhypothese H_0 sowie der Alternativhypothese H_1
- Wählen eines Signifikanzniveaus (Irrtumswahrscheinlichkeit) α
- Berechnung des Zufallsstreubereiches (siehe Abschn. 12.4.3.1; abhängig von der Hypothese und gewähltem Test)
- Testentscheidung auf Basis der Erkenntnis, ob die berechnete Größe im Zufallsstreubereich liegt (H_0 kann nicht verworfen werden) oder nicht (H_0 kann verworfen werden):
  - H_0 kann verworfen werden – H_1 gilt als nachgewiesen
  - H_0 kann nicht verworfen werden – keine Aussage für H_1 möglich

Ein **Fehler 1. Art** ist es demnach, wenn H_0 fälschlicherweise verworfen wird und H_1 damit als nachgewiesen gilt. Ein **Fehler 2. Art** ist es, wenn H_0 verworfen wird, obwohl H_1 richtig ist.

In Bezug auf die Operationscharakteristik ergeben sich die in Bild 13.7 dargestellten Bereiche.

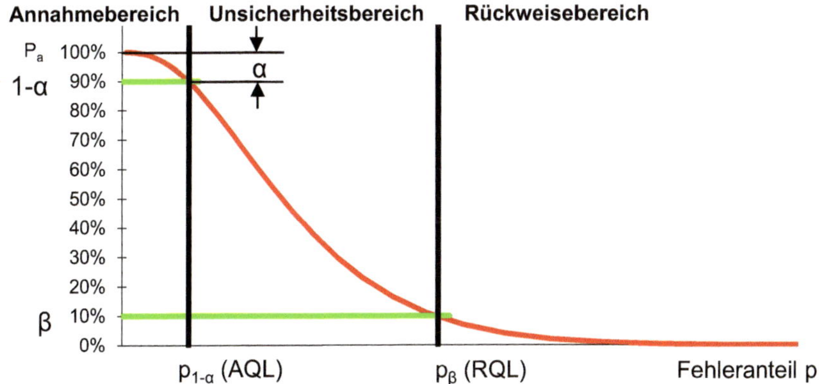

Bild 13.7 Annahme-, Unsicherheits- und Rückweisebereich

Nochmal zum Verständnis in der Zusammenfassung:

- $p_{1-\alpha}$: vom Produzenten zugesicherter Fehleranteil bzw. maximale Ausschussquote (= AQL)
- p_β: vom Abnehmer höchstens akzeptierter Fehleranteil bzw. Ausschussquote (= RQL)
- $p_{1-\alpha} < p_\beta$ Der zugesicherte Fehleranteil ist immer kleiner als der akzeptierte Fehleranteil!
- α: Lieferantenrisiko (Fehler 1. Art; Ablehnung, obwohl Lieferung in Ordnung ist)
- β: Abnehmerrisiko (Fehler 2. Art; Annahme, obwohl Lieferung fehlerhaft ist)

Sehen Sie sich bitte die Bild 13.6 und Bild 13.7 genau an. Wie Sie in Bild 13.6 sehen, verläuft die Kennlinie umso steiler, je kleiner die Annahmezahl bei gleichem Stichprobenumfang ist. Welche Auswirkung hat es, wenn die Operationscharakteristik steiler verläuft?

Je steiler die Annahmekennlinie, desto kleiner wird der Unsicherheitsbereich und umso enger rücken $p_{1-\alpha}$ und p_β zusammen. Setzt man ein festes α von z. B. 10 % an, dann wandert bei kleiner werdender Annahmezahl der AQL-Wert immer weiter nach links ($p_{1-\alpha}$ wird kleiner) und die Annahmekennlinie wird immer steiler. Da der Unsicherheitsbereich dadurch immer kleiner wird, ist der AQL-Wert damit indirekt ein Maß für die Prüfschärfe der Stichprobenanweisung.

Ein üblicher, geeigneter AQL-Wert liegt bei 1 (entsprechend 1 % vom Lieferanten zugesichertem maximalen Fehleranteil).

13.2.5 Durchschlupf

Wir Menschen machen bei der Durchführung von Prüfungen Fehler. Das heißt, wir werden auch bei genauester Prüfung fehlerhafte Teile nicht mit 100 % Sicherheit als solche identifizieren. Diese Teile „schlupfen" uns bei der Prüfung einfach durch.

Im Sinne der Annahmestichprobenprüfung ist der Durchschlupf der Anteil fehlerhafter Teile, die nach der Stichprobenprüfung im Los verblieben ist.

Der im Los verbliebene Anteil ist $(N - n)$. Der Durchschlupf D berechnet sich daher nach folgender Formel:

$$D = \frac{N-n}{n} \cdot P_a \cdot p$$

Bei einem festen Stichprobenumfang n und fester Losgröße N wird der Durchschlupf damit zu einer Funktion der beiden Variablen P_a (Annahmewahrscheinlichkeit) und p (Fehleranteil). Die Darstellung des Durchschlupfes erfolgt daher im Allgemeinen immer nur für eine bestimmte Annahmekennlinie und dann in Abhängigkeit von p. Das Beispiel zeigt eine Durchschlupfkennlinie (Bild 13.9) für $N = 1000$, $n = 100$ und einer Annahmezahl $Ac = 2$. Zum besseren Verständnis wird die Annahmekennlinie (Bild 13.8) zuerst abgebildet.

Der Durchschlupf ist an der Stelle maximal, wo die Annahmekennlinie ihren Wendepunkt hat bzw. deren (negative) Steigung maximal ist – hier bei einem Fehleranteil von etwa 2,25 %. Der maximale Durchschlupf D_{max} liegt hier bei etwa 1,2 %. Der maximale Durchschlupf wird in der Praxis nur selten wirksam, daher hat sich für den realen Durchschlupf folgende Faustformel durchgesetzt:

$$D_{real} = \frac{2}{3} \cdot D_{max}$$

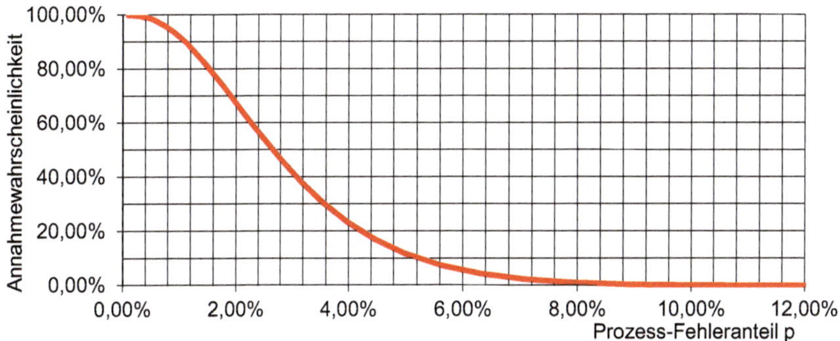

Bild 13.8 Beispiel-Annahmekennlinie

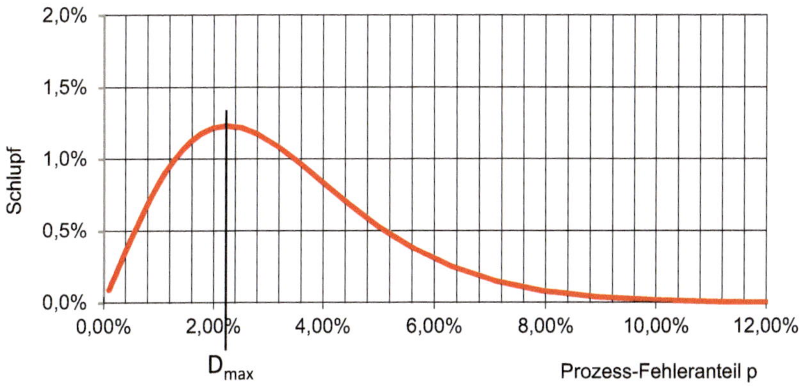

Bild 13.9 Zugehörige Durchschlupfkennlinie

14 Rechtliche Aspekte

14.1 Die Rechtsordnung in Deutschland

Der Begriff Rechtsordnung (oder Rechtssystem) bezeichnet allgemein die Gesamtheit aller gültigen Rechtsnormen für einen bestimmten Anwendungsbereich in einem Rechtsstaat. In den meisten Ländern der Europäischen Union – und auch in Deutschland – gründet sich die Rechtsordnung auf folgende drei Säulen:

- Öffentliches Recht (einschließlich Verfassungsrecht)
- Strafrecht
- Privatrecht (Zivilrecht)

Streng juristisch betrachtet ist auch das Strafrecht Teil des öffentlichen Rechts, wird jedoch in der Praxis in der Regel als eigenständiger Zweig gesehen.

Als Rechtsnormen im vorbeschriebenen Sinne gelten im deutschen Recht

- **Verfassungsnormen** (Grundgesetzartikel)
- **Einfachgesetzliche Normen** (ugs. die **„Gesetze"** – z. B. BGB oder StGB)
- Verordnungen (z. B. StVO, MPBetreibV)
- **Satzungen** des öffentlichen Rechts

Während **Gesetze** vom Parlament erlassen werden und oft mit einem monatelangen Gesetzgebungsverfahren verbunden sind, können **Verordnungen** direkt durch die Regierung oder eine Verwaltungsstelle (z. B. Gemeinden) erlassen werden. Daher hat der Erlass von Verordnungen in erster Linie praktische Gründe – in den erlassenden Stellen sitzt auch meist eine höhere Fachkompetenz als im Parlament.

Eine Verordnung gilt wie ein Gesetz gegenüber jedem und legt Rechte und Pflichten fest. Da Verordnungen jedoch nicht vom Parlament erlassen werden (Judikative), sind sie ein Akt der Exekutive – also der ausführenden Gewalt in Deutschland. Man spricht auch von einem „Gesetz im materiellen Sinn" im Gegensatz zum „Gesetz im formellen Sinn", wenn Gesetze „förmlich" vom Parlament verabschiedet und erlassen werden.

Verordnungen können außerdem innerhalb des Landes erlassen werden oder auch von der Europäischen Union. In diesem Fall geht das EU-Recht vor nationalem Recht.

14.2 Rechtliche Stellung von zertifizierten Unternehmen

Ein Unternehmen (insbesondere ein produzierendes) ist einer Vielzahl von Haftungsrisiken ausgesetzt. Zum einen haftet es Dritten gegenüber für Handlungen seiner Mitarbeiter und zum anderen für die ordnungsgemäße Erfüllung vertraglicher Pflichten und als Hersteller für die Fehlerfreiheit des produzierten Produktes. Die meisten zivil- und strafrechtlichen Haftungsnormen setzen dabei Verschulden voraus (Bild 14.1).

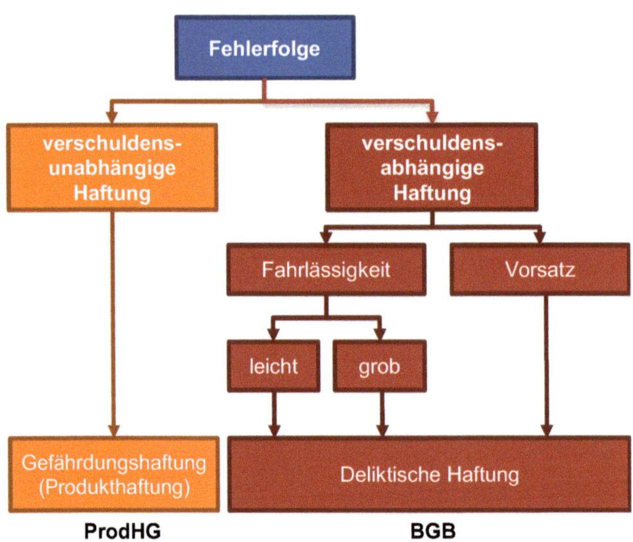

Bild 14.1 Verschuldensabhängige und -unabhängige Haftung

Der erforderliche Verschuldensgrad kann zwischen leichter Fahrlässigkeit und Absicht (Vorsatz) liegen. Im Zivilrecht reicht für eine Haftung meist Fahrlässigkeit aus. Setzt eine Haftungsnorm ausnahmsweise kein Verschulden des Inanspruchgenommenen voraus, spricht man von Gefährdungshaftung.

Grundsätzlich muss der Geschädigte das Vorliegen aller Tatbestandsmerkmale einer Haftungsnorm und damit auch das Vorliegen von Pflichtverletzung und zumindest Fahrlässigkeit beweisen. **In einer Reihe von haftungsrechtlichen Normen wird das Verschulden des Schädigers jedoch bereits per Gesetzeswortlaut vermutet.**

In anderen Fällen hat die Rechtsprechung eine sog. **Beweislastumkehr** zugunsten des Geschädigten vorgenommen, da es diesem gerade gegenüber großen Unternehmen schwerfallen wird, ohne Kenntnis der inneren Betriebsstrukturen den Nachweis einer Pflichtverletzung zu führen. In diesen Fällen muss der vermeintliche Schädiger dann sozusagen den Entlastungsbeweis führen und beweisen, dass er alle gesetzlichen Pflichten erfüllt hat und ihm in Bezug auf das schädigende Ereignis keine Schuld trifft.

Bei der Erbringung dieses **Entlastungsbeweises** kann ein gültiges bzw. anerkanntes Zertifikat eines QM-Systems unter Umständen den entscheidenden Nachweis dafür liefern, dass bestimmte Pflichten (z. B. Organisations- und Sorgfaltspflicht) nicht verletzt wurden und ein Verschuldensvorwurf nicht gemacht werden kann.

Grundsätzlich liegt das **Prozessrisiko** immer bei dem, der die Beweislast trägt. Dieser Grund allein ist für viele Unternehmen ausreichend, ein QM-System einzuführen und aufrechtzuerhalten, um im Bedarfsfalle weniger angreifbar zu sein.

14.3 Folgen fehlerhafter Produkte

Die Auswirkungen fehlerhafter Produkte sind vielschichtig und können neben den Folgen für einen Käufer auch Konsequenzen für einen Hersteller oder Verkäufer nach sich ziehen (). Hierbei wird zunächst zwischen rechtlichen und nicht rechtlichen Fehlerfolgen unterschieden.

Nicht rechtliche Folgen sind in der Regel betriebswirtschaftlich spürbar (z. B. kalkulatorische Verluste aus entgangenen Umsätzen).

Rechtliche Folgen sind je nach Tatbestand im Zivilrecht oder im Strafrecht geregelt.

Eine **strafrechtliche Verfolgung** führt regelmäßig zu Geldstrafen oder sogar Freiheitsstrafen. In Betracht kommen hier insbesondere Körperverletzungsdelikte. Die **zivilrechtlichen Konsequenzen** aus Produktfehlern sind durch die in den folgenden Abschnitten näher ausgeführten Themen Vertragshaftung (Gewährleistung und Garantie), deliktische Haftung und Produkthaftung geregelt.

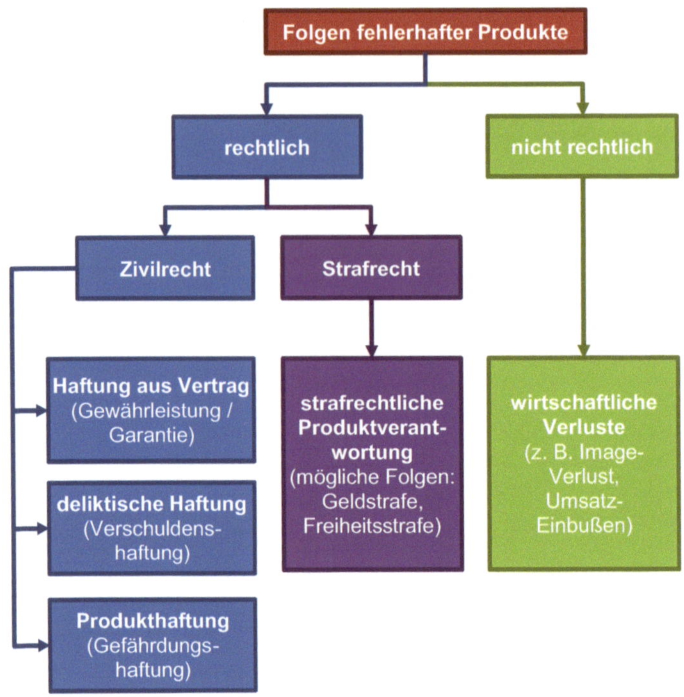

Bild 14.2 Folgen fehlerhafter Produkte

14.4 Gewährleistungshaftung und Garantie

Hier soll die Gewährleistung anhand des klassischen Kaufrechts behandelt werden. **Es geht um die Rechte eines Käufers, die aus einem Kaufvertrag entstehen.**

Häufig werden dabei die beiden Begriffe Gewährleistung und Garantie verwechselt oder fälschlicherweise gleichgesetzt.

Die **Gewährleistung** regelt die **gesetzlichen** Ansprüche des Käufers für den Fall, dass vertragliche Pflichten aus dem Kaufvertrag nicht oder schlecht erfüllt wurden. Die **Hauptpflicht** des Verkäufers ist die Übereignung einer **mangelfreien Sache.**

WICHTIG:

Eine **Garantie** ist im Gegensatz dazu eine **vertragliche Vereinbarung**, durch die die Rechte des Käufers wegen Mängeln im Vergleich zu seinen gesetzlichen Rechten aus Gewährleistung verstärkt werden.

Gewährleistungsrechte gibt es im Übrigen nicht nur im Kaufvertragsrecht. Speziell ausgestaltete Gewährleistungsrechte gibt es beispielsweise auch im

- Werkvertragsrecht,
- Mietvertragsrecht,
- Reisevertragsrecht.

Gibt es für eine Vertragsart keine speziellen gesetzlichen Regelungen, gelten die allgemeinen Vorschriften über Folgen bei Vertragsverletzungen. So zum Beispiel im Dienstvertragsrecht.

Verbrauchsgüterkauf

Ein **Kaufvertrag** regelt allgemein Kauf und Verkauf eines Produktes (Kaufsache). Im Besonderen gibt es hier den Begriff des **Verbrauchsgüterkaufs,** der voraussetzt, dass ein Verbraucher von einem Unternehmer eine bewegliche Sache kauft. Die §§ 474 ff. BGB modifizieren in diesem Fall die Gewährleistungsvorschriften des allgemeinen Kaufrechts nochmals zugunsten des Verbrauchers.

Sachmangel und Käuferrechte

Besteht nun an einer Sache keine Mangelfreiheit, so liegt im Umkehrschluss ein **Sachmangel** vor, der in § 434 BGB folgendermaßen definiert ist:

> ***„Die Sache ist frei von Sachmängeln, wenn sie ... die vereinbarte Beschaffenheit hat.“***

Diese Definition erinnert ein wenig an die Definition des Qualitätsbegriffs („... der Grad, in dem...Anforderungen erfüllt werden“). Für den Sachmangel bildet die Festlegung von Eigenschaften (die „Beschaffenheit“) jedoch eine Vertragsgrundlage in gesetzlicher Hinsicht, die eine Reihe von gesetzlichen Regelungen nach sich zieht (§§ 434 ff. BGB).

Nach § 437 BGB hat der **Käufer** bei Lieferung einer mangelhaften Sache folgende **Rechte**:

- Nacherfüllung in Form von
  - Nachbesserung oder
  - Nachlieferung

    (kommt in der Regel nicht bei einem sog. Stückkauf in Betracht, wo die Kaufsache so individualisiert ist, dass sie nicht einfach durch eine andere Sache ersetzbar ist)
- Rücktritt vom Kaufvertrag
- Minderung des Kaufpreises
- Schadensersatz

Beispiel: Ein Handwerksbetrieb kauft eine Ständerbohrmaschine. Nach etwa zehn Betriebsstunden brennt der Motor durch und die Bohrmaschine ist defekt. Der Handwerksbetrieb kann nun seine oben beschriebenen Rechte aus dem Kaufvertrag geltend machen.

Hinweis:

Ein subjektiv festgestellter Mangel („das habe ich mir aber anders vorgestellt!") stellt keinen Mangel im gesetzlichen Sinne dar. Es lässt sich hier demzufolge auch kein Rechtsanspruch ableiten.

Gewährleistungsfrist/Verjährung/Beweislastumkehr

§ 438 BGB regelt die Verjährung der Mängelansprüche aus Kaufverträgen und damit die gesetzliche Laufzeit der Gewährleistungsfristen. Abgesehen von einigen Spezialfällen sieht das Gesetz standardmäßig **zwei Jahre** vor. Bei arglistigem Verschweigen eines Mangels durch den Verkäufer steigt die Frist auf 30 Jahre.

Grundsätzlich muss der Käufer das Vorliegen eines Mangels zum Zeitpunkt des Gefahrüberganges (in der Regel bei Übergabe der Sache[1]) beweisen. Im Rahmen des bereits erwähnten Verbrauchsgüterkaufs wird zugunsten des Verbrauchers innerhalb der ersten sechs Monate nach Kauf gesetzlich **„vermutet",** dass der Mangel bereits beim Erhalt der Ware vorhanden war – der Verkäufer ist also in der (Entlastungs-)Beweispflicht (Beweislastumkehr – § 476 BGB).

Nach Ablauf der sechsmonatigen Frist muss der Käufer bei Auftritt eines Mangels beweisen, dass dieser bereits bei Erhalt der Sache vorhanden war.

Einschränkung der Gewährleistung im B2B-Bereich

Im B2B-Bereich (unter Kaufleuten) gilt das HGB und hier wird eine **sofortige Prüfung** der Ware nach Erhalt verlangt. Wird diese Prüfung nicht unmittelbar nach dem Erhalt der Ware durchgeführt und kommt es somit zu einer schuldhaften Verzögerung der Mängelanzeige (Reklamation), so führt dies direkt zu einer Einschränkung der Gewährleistungspflichten des Verkäufers.

Erweiterung der Gewährleistung durch Garantie

Wie bereits ausgeführt, ist eine Garantie eine vom Verkäufer zugesicherte Leistung, die vertraglich vereinbart wurde und dem Käufer zusätzliche vom Gewährleistungsrecht unabhängige oder dem Umfang nach weitergehende Gewährleistungsrechte einräumt.

In § 443 BGB ist die sog. Haltbarkeitsgarantie definiert und verankert, dass dem Käufer „im Garantiefall unbeschadet der gesetzlichen Ansprüche die Rechte aus der Garantie" zustehen. Damit ist es beispielsweise nicht möglich, die gesetzliche

---

[1] Bei Versandgeschäften gibt es jedoch hiervon abweichende Regelungen.

Gewährleistungsfrist im B2C-Bereich durch Einräumung einer Garantie von zwei Jahren auf ein Jahr zu beschränken. Der § 477 regelt Sonderbestimmungen für Garantien (Einfachheit, Verständlichkeit, keine Einschränkung der gesetzlichen Rechte u. a.).

Allgemeine Geschäftsbedingungen (AGB)[2]

In AGB – dem klassischen „Kleingedruckten" (§§ 305 ff. BGB) – lässt sich eine Vielzahl an Dingen regeln, die außerhalb des klassischen, gesetzlich vorgegebenen Rahmens liegen.

Der § 475 BGB legt für den Verbrauchsgüterkauf fest, dass die Mindestverjährungsfrist von zwei Jahren (bei dem Verkauf gebrauchter Sachen ein Jahr) nicht unterschritten werden darf. Danach wäre eine Verkürzung dieser Frist in AGBs nicht zulässig. Da der Verbrauchsgüterkauf jedoch nur zwischen Verbraucher und Unternehmer gilt (B2C), bedeutet dies im Umkehrschluss, dass im B2B-Bereich diese Frist verkürzt werden kann.

Im Allgemeinen sind Verjährungsfristen im B2B-Bereich von einem Jahr üblich und in AGB zulässig. Theoretisch ließe sich die Gewährleistungsfrist hier sogar vollständig ausschließen, in der Praxis stellt sich jedoch die Frage, ob eine solche AGB-Klausel nicht wegen unangemessener Benachteiligung gemäß § 307 BGB unwirksam wäre. Die Rechtsprechung gibt jedenfalls häufig Klägern Recht, die eine Verjährungsfrist von mindestens einem Jahr einfordern.

14.5 Deliktische Haftung

Bei vorsätzlichem oder fahrlässigem Handeln – wenn beim Inverkehrbringen eines Produktes also bewusst Gefahren billigend in Kauf genommen werden – regelt § 823 BGB eine grundsätzliche **Verpflichtung** des Schädigers **zum Ersatz eines aufgetretenen Schadens** (siehe hierzu auch Bild 14.2).

Fahrlässig handelt, wer die im Verkehr erforderliche Sorgfalt außer Acht lässt, zu der er nach den Umständen und seinen persönlichen Verhältnissen verpflichtet und fähig ist.

Vorsatz heißt, in Kenntnis der Umstände ein Ergebnis zu wollen oder zumindest billigend in Kauf zu nehmen.

Das Unternehmen haftet gemäß § 831 BGB für das deliktische Verhalten seiner Mitarbeiter. Das Unternehmen kann jedoch gegebenenfalls den Entlastungsbeweis

[2] früher durch ein eigenes AGB-Gesetz geregelt, heute in das BGB integriert

führen, dass es den Verrichtungsgehilfen (= Mitarbeiter) sorgfältig ausgewählt und überwacht hat (widerlegliche Verschuldenshaftung).

Eine deliktische Haftung des Geschäftsherrn kommt daneben aus dem sog. **Organisationsverschulden** in Betracht. Dies ist dann der Fall, wenn das eingetretene Schadensereignis (auch) auf eine mangelnde betriebliche Organisation zurückzuführen ist. Beispiel: Im Falle eines Brandes kommt es zu umfangreichen Sachschäden, weil weder ein Organisationsplan für die Mitarbeiter für diesen Fall noch Feuerlöscher existieren. Die Verpflichtung zum Einführen und Aufrechterhalten einer angemessenen Organisation gehört zu den allgemeinen Versicherungspflichten, deren Verletzung eine Haftung nach § 823 BGB nach sich zieht. Daneben gibt es noch weitere, „herstellerspezifische" Versicherungspflichten, die weiter unten behandelt werden und die speziell auf Produkthersteller abzielen.

Die Konsequenz für ein Unternehmen bzw. einen Hersteller aus diesem Sachverhalt ist demzufolge die Notwendigkeit eines Konzepts zur systematischen Vermeidung und Reduzierung von Risiken. Die Werkzeuge und Methoden des Qualitätsmanagements können hier sinnvoll angewendet werden, um neben einer vernünftigen Risikominimierung auch einen Nachweis über die durchgeführten Maßnahmen leisten zu können.

Einen Anspruch auf dieser Basis kann ein Geschädigter nur anmelden, wenn er dem Unternehmen Vorsatz oder Fahrlässigkeit nachweisen kann.

Deliktische Haftung = Verschuldenshaftung!

Spezialfall: Produzentenhaftung

Liegt die schädigende bzw. deliktische Handlung in der Herstellung bzw. im Inverkehrbringen eines fehlerhaften Produktes, trifft den Hersteller die sog. **Produzentenhaftung.** Um hieraus einen Anspruch geltend machen zu können, muss der Geschädigte im Einzelnen folgendes nachweisen:

- den Schaden nach Art und Umfang identifizieren
- den Produktfehler ermitteln
- objektive Verletzung einer Verkehrssicherungspflicht nachweisen
- einen Ursache-Wirkungs-Zusammenhang herstellen

Um die Verantwortungsbereiche hinsichtlich der Produzentenhaftung zu regeln, wurden die sogenannten **„herstellerspezifischen" Versicherungspflichten** herausgebildet:

- **Konstruktionsverantwortung**

  Sicherheitsrelevante Merkmale müssen nach aktuellem Stand von Wissenschaft und Technik ausgeführt werden. Konstrukteure bzw. Hersteller müssen sich demzufolge an den neuesten, ihnen zugänglichen technischen und wissenschaftlichen Erkenntnissen ausrichten und dies durch eine Erprobung unter Anwendungsbedingungen auch nachweisen (Validierung). Sämtliche notwendige Unterlagen (Konstruktionszeichnungen, Fertigungs-, Montage- und Prüfpläne) müssen vollständig und eindeutig vorhanden sein.

- **Instruktionsverantwortung**

  Das Bereitstellen von verständlichen Produktinformationen hinsichtlich Montage, Bedienung, Wartung, Reparaturen und Werbeaussagen (auch mündliche!). Besonderes Augenmerk ist hierbei auf die Sicherheitshinweise zu legen, um denkbare Gefahren für einen Kunden abzuwenden.

- **Fabrikationsverantwortung**

  Die Aufzeichnungen und Nachweise über die durchgeführten Fertigungs-, Montage-, Prüf- und Überwachungsverfahren müssen 10 Jahre nach Inverkehrbringen verfügbar sein (§ 13 ProdHaftG).

- **Produktbeobachtung**

  Verpflichtung zur ständigen Marktbeobachtung über die Fachpresse, den Verkauf und den Service. Gegebenenfalls sind unverzüglich Warnhinweise zu veröffentlichen, konstruktive Änderungen oder im Extremfall ein Rückruf einzuleiten.

Bei der Produzentenhaftung ist der Geschädigte vom Beweis des Verschuldens des Produzenten befreit, das heißt, hier muss der Produzent den Entlastungsbeweis führen.

Darüber hinaus ist anerkannt, dass bei Konstruktions- und Fabrikationsfehlern der Geschädigte die Pflichtverletzung nicht nachweisen muss, wenn er darlegen kann, dass sein Schaden durch einen Mangel am Produkt entstanden ist. Auch hier obliegt es dem Produzenten, nachzuweisen, dass keine der genannten Pflichten verletzt wurde, sondern es sich bei dem fehlerhaften Produkt um einen „Ausreißer“ handelt.

14.6 Produkthaftung

Die Produkthaftung - geregelt über das **Produkthaftungsgesetz** (ProdHaftG) - gilt für **Hersteller** und erstreckt sich auf Schäden, die aus den **Fehlerfolgen** eines Produktes

- einer **Person** (Tod, Schäden an Gesundheit oder Körper) oder
- an einer **anderen Sache** (als der verursachenden)

entstanden sind. **Schäden, die an der verursachenden Sache selbst entstanden sind, werden über das BGB geregelt** (siehe letzter Abschnitt). Bei der Produkthaftung muss kein Vertragsverhältnis vorliegen!

Mit dem Produkthaftungsgesetz wird ein Hersteller **verschuldensunabhängig** in die Pflicht genommen, die Fehlerfreiheit seiner Produkte sicherzustellen bzw. die Verantwortung dafür zu übernehmen, wenn dies nicht gelingt. Ein QM-System unterstützt in diesem Zusammenhang den Hersteller bei der Nachweisführung seiner Sorgfaltspflichten und dem systematischen Vermeiden von Fehlern durch vorbeugende Maßnahmen.

Produkthaftung = Gefährdungshaftung!

In Umsetzung einer EU-Richtlinie aus dem Jahre 1985 in nationales Recht in Form des Produkthaftungsgesetzes (ProdHaftG – 1990) wurde in allen EU-Mitgliedsstaaten das Haftungsrecht angeglichen. Dieser Schritt war notwendig, um eine Wettbewerbsverzerrung durch ungleiche Produkthaftungsgrundlagen in den einzelnen Staaten zu verhindern. Außerdem sollte der Verbraucherschutz verstärkt werden.

Die Grundlage für die Beweisführung finden wir in § 1 ProdHaftG:

(4) Für den Fehler, den Schaden und den ursächlichen Zusammenhang zwischen Fehler und Schaden trägt der Geschädigte die Beweislast. Ist streitig, ob die Ersatzpflicht … ausgeschlossen ist, so trägt der Hersteller die Beweislast.

Während bei der deliktischen Haftung grundsätzlich die Verletzung einer gesetzlichen Pflicht, im Bereich der Produzentenhaftung die Verletzung einer „herstellerspezifischen“ Verkehrssicherungspflicht, erforderlich ist, ist eine Pflichtverletzung über das Inverkehrbringen des fehlerhaften Produktes im Rahmen des ProdHaftG nicht notwendig.

Darüber hinaus ist der Nachweis eines Verschuldens nicht erforderlich, da es eines Verschuldens gar nicht bedarf. Eine Entlastung durch den Hersteller des Produktes kommt somit abgesehen von den wenigen in § 1 Abs. 2 und 3 ProdHaftG genannten Ausschlussgründen für eine Haftung ebenfalls nicht in Betracht.

In der Rechtsprechung hat dies zur Folge, dass eine deliktische Haftung nach BGB aufgrund der schweren Beweislast nur in Ausnahmefällen stattfindet. Eine Haftung nach dem ProdHaftG ist dagegen der Regelfall, da ein Hersteller nur sehr selten einen Ausschluss seiner Haftungspflicht begründen kann.

Gefährdungshaftung = Verschuldensunabhängige Haftung!

Im Gegensatz zur deliktischen Haftung gibt es nach dem ProdHaftG eine Haftungshöchstgrenze für Personenschäden durch Serienfehler (§ 10 ProdHaftG) in Höhe von 85 Mio. €.

14.7 Gesamthaftung

Um den Verbraucherschutz zu stärken, stellt das Gesetz Lieferanten des Herstellers dem Hersteller selbst gleich. Damit hat ein Geschädigter ein gesetzlich verankertes Wahlrecht, gegen wen er seine Ansprüche geltend machen kann (§ 5 ProdHaftG). Ein Schadensersatz oder Regress kann jedoch nur einmal gefordert werden.

Im Sinne dieser Regelung ist als „Lieferant" ein Hersteller von Zulieferware zu verstehen, z. B. ein Hersteller eines speziellen Metallteiles, das vom Automobilhersteller in seinen Fahrzeugen verbaut wird. Lieferanten in Form von Zwischenhändlern sind nicht gemeint und von dieser Regelung ausgeschlossen. Im ProdHaftG wird davon gesprochen „Sind … mehrere Hersteller nebeneinander zum Schaden verpflichtet …". Bild 14.3 verdeutlicht den Zusammenhang.

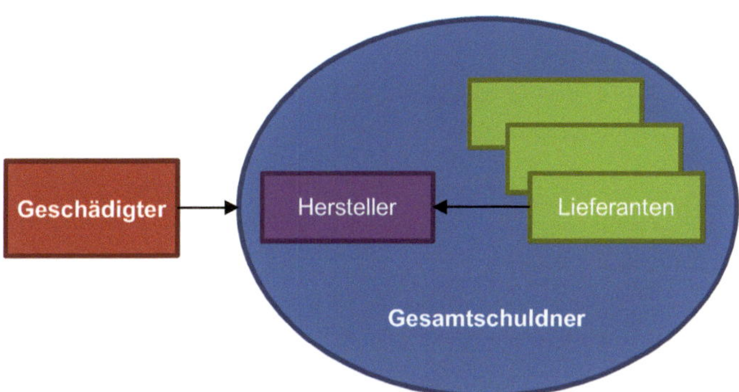

Bild 14.3 Konzept der Gesamthaftung

14.8 Qualitätssicherungsvereinbarungen

Qualitätssicherungsvereinbarungen sind Einzelvereinbarungen und sollen verschiedene Punkte zwischen Zulieferer (Hersteller von Zulieferware) und Kunde (in der Regel ein „Endhersteller") regeln mit dem Ziel, einen Zulieferer in die eigene Qualitätspolitik bzw. das eigene QM-System mit einzubeziehen, z. B.:

- Einführung bzw. Aufrechterhaltung von Qualitätssicherungssystemen
- Methoden und Verfahren der Qualitätssicherung
- (z. B. Prüfverfahren)
- Zwischenprüfungen oder Zwischenabnahmen
- Abnahmebedingungen des Kunden

- Übernahme von Regelungen aus dem QM-System des Kunden in das des Lieferanten
- Melde- oder Mitteilungspflichten des Lieferanten

Nachdem grundsätzlich Vertragsfreiheit herrscht, sind der Gestaltung solcher Einzelvereinbarungen nur durch gesetzliche Verbote oder durch Verstöße gegen die Grundsätze von „Treu und Glauben“ bzw. die „guten Sitten“ Grenzen gesetzt (BGB §§ 134, 138 und 242). Werden standardisierte Vorlagen verwendet, so könnte der Eindruck entstehen, dass es sich nicht um eine einzelvertragliche Regelung handelt, und damit würde die Vereinbarung gesetzlich unter das AGB-Recht (vgl. Abschn. 14.4) fallen, das heißt, die Vereinbarungen würden rechtlich wie Allgemeine Geschäftsbedingungen behandelt werden.

Regelmäßig werden in diese Vereinbarungen auch sog. **„Freizeichnungsklauseln“** eingearbeitet, die jedoch eine einseitige rechtliche Verschiebung des (Vertrags-)Verhältnisses zugunsten des Kunden bedeuten. Damit werden standardmäßig gesetzliche Regelungen wie eine Haftungsbeschränkung im Falle einer verspäteten oder gar nicht erfolgten Wareneingangsprüfung (§ 377 HGB) ausgehebelt. Im Fachjargon heißt es dann z. B.: *„Der Lieferant verzichtet auf die Einrede einer verspäteten Mängelrüge.“*

Solche Klauseln sind im Einzelvertrag zulässig bzw. rechtswirksam, sollten aber dem Grundsatz der „Lieferantenbeziehung zum gegenseitigen Nutzen“ entsprechen. Ein Erlass der zitierten Mängelanzeige wäre demnach nur möglich, wenn es seitens des Herstellers eine „kompensierende“ Gegenleistung gäbe (z. B. ein von ihm beim Zulieferer installiertes Qualitätskontrollsystem). Eine einseitige Verlagerung von Pflichten würde in der Regel wegen unangemessener Benachteiligung im Sinne des § 307 BGB scheitern.

15 Akkreditierung und Harmonisierung im Zertifizierungswesen

15.1 EU-Normen

Normen der Europäischen Union dienen wie EU-Richtlinien der Liberalisierung und Harmonisierung in Europa.

Liberalisierung bedeutet dabei freier Austausch von Waren und Dienstleistungen innerhalb der Europäischen Union.

Harmonisierung bedeutet hingegen die Angleichung einzelstaatlicher Regelungen auf ein einheitliches Rechtsniveau.

Eine Europäische Norm hat im Gegensatz zu einer EU-Richtlinie nur Empfehlungscharakter. In Europa gibt es hierfür drei zuständige Stellen:

- CEN (Europäisches Komitee für Normung)
- CENELEC (Europäisches Komitee für elektrotechnische Normung)
- ETSI (Europäisches Institut für Telekommunikation)

Das CEN ist für alle technischen Bereiche zuständig außer der Elektrotechnik und der Telekommunikation. Häufig werden international verabschiedete Normen der ISO (International Standardization Organisation) für Europa aufgegriffen, angepasst und als EN-ISO-Norm verabschiedet.

Ein Schritt weiter: **Harmonisierte EU-Normen**

Eine **harmonisierte Norm** ist die von einem EU-Mitgliedsstaat spezifisch für sein Land verabschiedete, **nationale Fassung** einer **EU-Norm**, die über das Amtsblatt der Europäischen Union als harmonisierte Norm gelistet wurde.

So hat in Deutschland das Deutsche Institut für Normung (DIN) die europäische Norm EN ISO 9001 als DIN EN ISO 9001 für Deutschland als harmonisierte Norm herausgegeben. In Österreich gibt es analog die OENORM EN ISO 9001, für Großbritannien gibt es die BS EN ISO 9001 usw. Neben der reinen Übersetzung in die jeweilige Landessprache und einem eigenen, nationalen Vorwort enthalten diese Normen häufig auch Hinweise auf mögliche Fehlinterpretationen, die durch die Übersetzung auftreten könnten.

IQNET zur internationalen Anerkennung von Zertifikaten

Im Bereich der Zertifizierung von Managementsystemen gibt es verschiedene Netzwerke, z.B. das internationale Netzwerk IQNET (International Certification Network), über das eine internationale Anerkennung von Zertifikaten möglich ist. Nähere Informationen hierzu finden sich unter *www.iqnet-certification.com*.

15.2 EU-Richtlinien

Richtlinien der Europäischen Union (EU) dienen ebenfalls der Liberalisierung und Harmonisierung in Europa.

EU-Richtlinien dienen hauptsächlich dem **Verbraucherschutz** und werden daher in erster Linie für Produkte erlassen, deren Einsatz besondere Risiken bergen. Hierzu wurden vier sogenannte **Schutzziele** festgelegt:

- Technische Sicherheit
- Gesundheitsschutz
- Arbeitsschutz
- Umweltschutz

EU-Richtlinien haben Gesetzescharakter und sind von allen EU-Mitgliedsstaaten innerhalb bestimmter Fristen in nationales Recht umzusetzen. So wurde beispielsweise die Richtlinie 93/42/EWG über Medizinprodukte in Form des Medizinproduktegesetzes (MPG) und weiterer Verordnungen in Deutschland in nationales Recht überführt.

Der Erlass einer EU-Richtlinie erfolgt durch folgende Gremien:

- EU-Kommission
- EU-Rat
- EU-Parlament
- Vermittlungsausschüsse (aus den genannten Gremien)

Bild 15.1 zeigt schematisch den Entstehungsprozess einer EU-Richtlinie.

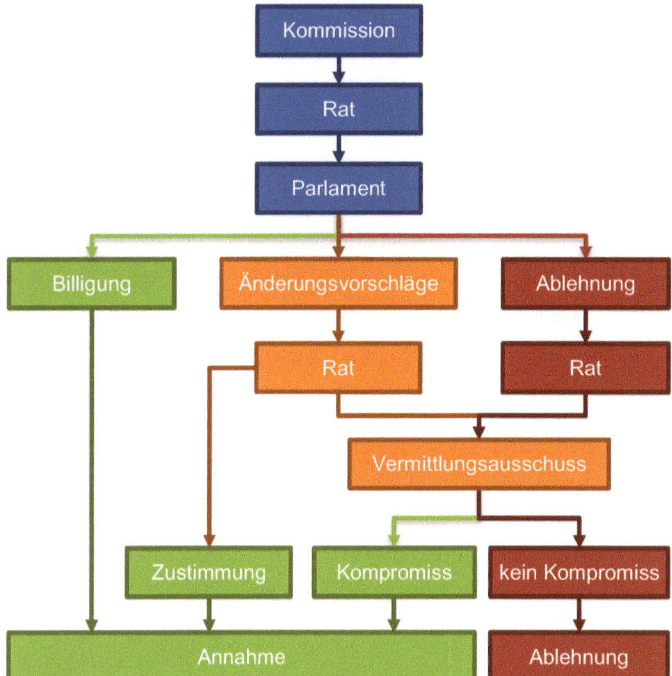

Bild 15.1 Entstehung einer EU-Richtlinie[1]

Für die Verabschiedung einer EU-Richtlinie ist **keine Einstimmigkeit erforderlich.** Es genügt eine Einigung auf die grundsätzlichen Anforderungen und Prozesse bzw. Verfahrensweisen. Die Detailregelungen erfolgen dann über die harmonisierten Normen. Um dies praktisch realisieren zu können, hat man vier Grundprinzipien festgelegt:

1. Die EU-Richtlinie legt nur noch die grundlegenden Anforderungen an Produkte fest.
2. Die weitere Konkretisierung der grundlegenden Anforderungen erfolgt durch die europäischen Normungsorganisationen (siehe unten).
3. Die Anwendung harmonisierter Normen ist freiwillig.
4. Bei Produkten, die die Anforderungen der harmonisierten Norm erfüllen, wird „vermutet", dass sie damit auch die Anforderungen der Richtlinie erfüllen **(„Vermutungsklausel").**

Das Konzept, mithilfe dieser vier Stufen auf die Notwendigkeit einer einstimmigen Beschlussfassung verzichten zu können, wird auch als **„New Approach"** (neuer Ansatz, neue Herangehensweise) bezeichnet.

[1] nach Lehrmaterialien der TÜV Akademie, Köln

Der Aufbau einer EU-Richtlinie wurde mit zehn Inhaltsverzeichnispunkten standardisiert. Aufgrund dieses festen Rahmenkorsetts ist häufig der Anhang länger als der Richtlinientext.

■ 15.3 EU-Verordnungen

Eine **Verordnung der Europäischen Union** ist ein Rechtsakt der Europäischen Union. Sie kann sich an die Europäische Union selbst, an alle Mitgliedstaaten oder an die Bürger aller Mitgliedstaaten richten.

Im Laufe der Zeit haben sich die Bezeichnungen für EU-Verordnungen geändert (Tabelle 15.1).

Tabelle 15.1 Bezeichnungen für EU-Verordnungen

Bezeichnung	Bemerkung
Verordnung (EWG)	VO der Europäischen Wirtschaftsgemeinschaft bis 01. 11. 1993 erlassen
Verordnung (EG)	VO der Europäischen Gemeinschaft bis 30. 11. 2009 erlassen
Verordnung (EU)	VO der Europäischen Union ab 01. 12. 2009 erlassen

Verordnungen werden je nach Thema der Verordnung aufgrund eines der in den Verträgen vorgesehenen Verfahren erlassen. Es werden folgende drei Arten von Verordnungen unterschieden:

- Gesetzgebungsakten
- Durchführungsverordnungen der Kommission
- delegierten Verordnungen

Bild 15.2 stellt schematisch den Erlass einer EU-Verordnung dar.

Verordnungen gelten **unmittelbar** in jedem Mitgliedstaat und sind in allen ihren Teilen verbindlich. EU-Verordnungen haben eine sog. **Durchgriffswirkung** und stehen daher über dem jeweiligen nationalen Recht. Modifikationen der vorgegebenen Regelungen durch die einzelnen Mitgliedstaaten sind grundsätzlich nicht möglich **(„Umsetzungsverbot“),** es sei denn, dies ist in den Verordnungen ausdrücklich vorgesehen.

Im Gegensatz dazu haben Richtlinien keine unmittelbare Geltung in einem Mitgliedstaat, können jedoch unter bestimmten Voraussetzungen unmittelbar anwendbar sein.

Verordnungen werden im Amtsblatt der Europäischen Union veröffentlicht. Sie treten an einem in der jeweiligen Verordnung festgelegten Zeitpunkt oder am zwanzigsten Tag nach ihrer Veröffentlichung in Kraft. Ein Beispiel für eine EU-Verordnung ist die 1272/2008, die die einheitliche Kennzeichnung von Gefahrstoffen regelt.

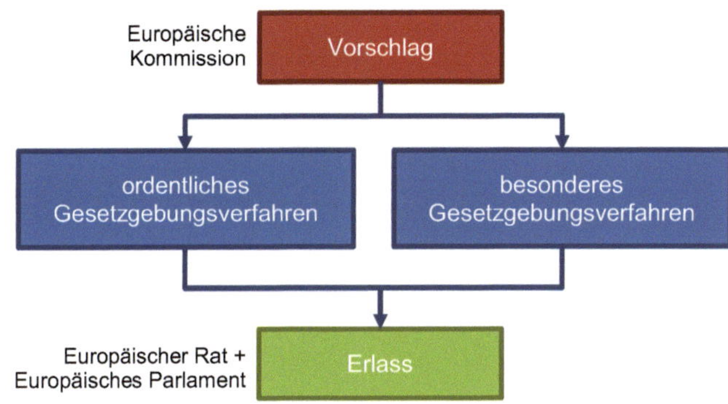

Bild 15.2 Erlass einer EU-Verordnung

■ 15.4 Akkreditierung und Zertifizierung

Eine Akkreditierung ist allgemein ein Bewertungsvorgang einer autorisierten Stelle, ob eine Organisation oder eine Person bestimmte, festgelegte Forderungen erfüllt.

Mit Wirkung vom 01.01.2010 gibt es in Deutschland im Zuge der Vereinheitlichung des Akkreditierungswesens in Europa das sog. Akkreditierungsstellengesetz (AkkStelleG). Mit ihm wurde eine europäische Richtlinie in nationales, deutsches Recht umgesetzt. Damit einher ging die Gründung einer einzigen, nationalen Akkreditierungsstelle in Deutschland, die DAkkS (Deutsche Akkreditierungsstelle - nähere Infos unter *www.dakks.de*). Bis Ende 2009 gab es eine Vielzahl an Akkreditierungsstellen, die sich ihre Bewertungsverfahren selbst verordnen konnten. Die „Qualität“ von Akkreditierungen war demnach je nach Akkreditierungsstelle stark unterschiedlich. Zertifizierbare Normen wie die ISO 9001 wurden damals häufig auch von nicht akkreditierten Unternehmen - zum Teil sogar von Privatpersonen - „abgeprüft“ und danach Zertifikate ausgestellt. „Seriöse“ Zertifikate konnte man ausschließlich am Akkreditierungsstempel einer anerkannten Organisation erkennen, die Mitglied im Deutschen Akkreditierungsrat DAR waren (z. B. TGA, DACH).

Die DAkkS ist nun der alleinige Dienstleister für Akkreditierung in Deutschland (Bild 15.3). Sie allein darf jetzt Stellen wie TÜV, DQS, mdc, DEKRA usw. dazu ermächtigen, Unternehmen nach bestimmten Normen zu zertifizieren.

Grundlage für das Akkreditierungsverfahren bildet nun die Normenreihe DIN EN ISO 17000 ff. Damit erschließt sich nun auch die Definition der Akkreditierung im Sinne der DIN EN ISO/IEC 17011:

> **Akkreditierung** ist die **Bestätigung** durch eine **dritte Stelle,** die formal darlegt, dass eine **Konformitätsbewertungsstelle** die **Kompetenz besitzt,** bestimmte **Konformitätsbewertungsaufgaben** durchzuführen.

Eine Akkreditierung erfolgt je nach Zielsetzung nach unterschiedlichen internationalen Normanforderungen. Die Akkreditierung von Stellen für die Zertifizierung von Managementsystemen (z. B. ISO 9001) erfolgt z. B. nach DIN EN ISO 17021.

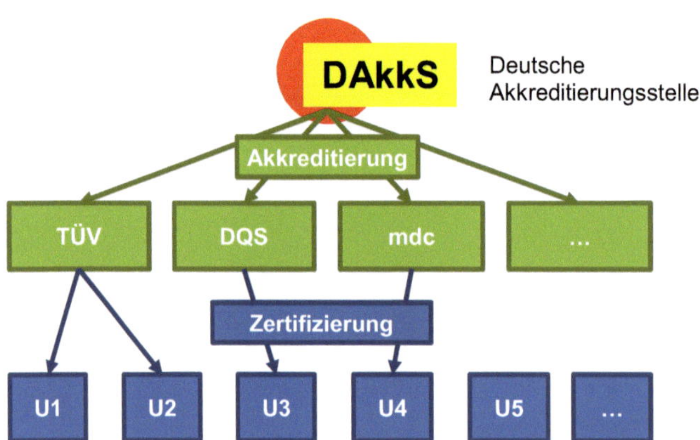

Bild 15.3 Die Ebenen der Akkreditierung und der Zertifizierung

Die akkreditierten Stellen wiederum führen dann bei Unternehmen oder Personen Begutachtungen mit unterschiedlichen Zielsetzungen durch (z. B. Prüf- oder Kalibrierlaboratorien, Zertifizierung von Managementsystemen oder Personen), inwiefern durch verschiedenste Regelwerke vorgegebene Anforderungen erfüllt – also „konform" – sind oder nicht. Man spricht daher von **Konformitätsbewertungen** und die durchführenden Stellen werden als **Konformitätsbewertungsstellen** bezeichnet.

Die Ermittlung, inwieweit vorgegebene Anforderungen erfüllt werden, erfolgt durch Audits (siehe Kap. 4). Damit lässt sich der Begriff Zertifizierung wie folgt definieren:

Eine **Zertifizierung** bezeichnet ein **Audit** durch eine dritte, unabhängige Organisation (Drittparteienaudit) mit dem **Ziel**, die **Erfüllung von Anforderungen** (wie z. B. der ISO 9001) **nachzuweisen.**

Voraussetzungen für die Akkreditierung[2]

Als Konformitätsbewertungsstellen (KBS) gelten:

- Laboratorien
- Zertifizierungs- und Inspektionsstellen
- Anbieter von Eignungsprüfungen
- Referenzmaterialhersteller

Eine Akkreditierung ist grundsätzlich möglich, wenn die allgemeinen Akkreditierungsregeln nach § 5 AkkStelleG, welche auf die entsprechenden normativen Anforderungen Bezug nehmen, von ihnen erfüllt werden. Tabelle 15.2 zeigt, welche normativen Anforderungen für die jeweilige Konformitätsbewertungsstelle gelten.

Tabelle 15.2 Normative Anforderungen an Konformitätsbewertungsstellen (KBS)

Normgrundlage	Geltungsbereich
DIN EN ISO/IEC 17025[3]	Prüf- und Kalibrierlaboratorien
DIN EN ISO 15189	für medizinische Laboratorien
DIN EN ISO/IEC 17020	Inspektionsstellen
DIN EN 45011	Zertifizierungsstellen für Produkte
DIN EN ISO/IEC 17021	Zertifizierungsstellen für Managementsysteme
DIN EN ISO/IEC 17024	Zertifizierungsstellen für Personen
DIN EN ISO/IEC 17043	Anbieter von Eignungsprüfungen

Darüber hinaus gehende Anforderungen - insbesondere Anforderungen aus Rechtsvorschriften bzw. Akkreditierungskriterien für einzelne Fachbereiche - sind in sektoralen Regeln festgelegt. Sie gelten zusätzlich.

---

[2] nach „Allgemeine Regeln zur Akkreditierung von Konformitätsbewertungsstellen" der DAkkS - verfügbar im Downloadbereich unter *www.dakks.de*

[3] IEC steht für „International Electrotechnical Commission", eine Körperschaft für internationale Standards und Konformitätsbewertung in allen Feldern der Elektrotechnik mit Sitz in der Schweiz (Genf).

15.5 Personenzertifizierungen

Für verschiedene Fachgebiete gibt es die Möglichkeit der Personenzertifizierung. Grundlage hierfür ist die internationale Norm DIN EN ISO 17024 (derzeit letzte Ausgabe aus dem Jahr 2012). Sie beschreibt Anforderungen an Zertifizierungsstellen für Personen und legt die Anforderungen für die Entwicklung und Aufrechterhaltung eines Zertifizierungsprogramms für Personen fest.

Übergeordnete **Zielsetzung** hierbei ist die **Anerkennung der Kompetenz einer Person,** bestimmte Aufgaben oder Tätigkeiten auszuführen.

Wie bei Zertifizierungsverfahren von QM-Systemen von Organisationen gibt es auch für Personenzertifizierungen ein **Zertifizierungsprogramm.** Es beschreibt die Aufgaben und Tätigkeitsprofile sowie die notwendigen Kompetenzen der zu zertifizierenden Personen. Des Weiteren sind in diesem Programm auch das Anerkennungsverfahren (z. B. durch Prüfung und eingereichte Nachweise) sowie das Überwachungsverfahren (z. B. dreijähriger Überwachungszeitraum) festgelegt.

Als **Zertifizierungsstellen** können neben den reinen Stellen für Personenzertifizierung auch unabhängige, übergeordnete Organisationen (z. B. Industrieverbände) auftreten, die dann in Zusammenarbeit mit einer Zertifizierungsstelle für Personen gemeinsam als Prüfstelle auftreten.

Im Bereich des Qualitätsmanagements gibt es eine Qualifizierung in vier Stufen[4]:

- QM-Beauftragter (QB)
- Interner Qualitätsauditor (IQA)
- Qualitätsmanager (QM)
- Qualitätsauditor (QA)

Je nach Stufe ist die Voraussetzung für die Qualifikation eine bestandene Prüfung sowie der Nachweis praktischer Erfahrung. Informationen hierzu sind bei den Prüfstellen erhältlich. Im Downloadbereich findet der interessierte Leser den kompletten Rahmenstoffplan für die erste Stufe des QB. Die Ausbildung wird durch ein unbeschränkt gültiges Ausbildungszeugnis bestätigt. Danach kann die Zertifizierung innerhalb eines Jahres nach bestandener Prüfung beantragt werden.

Die **Zertifizierung** selbst ist dann jedoch **auf drei Jahre beschränkt** und muss durch nachgewiesene Erfahrungen im QM-Bereich jeweils wieder erneuert werden (keine erneute Prüfung!).

[4] Der Rahmenstoffplan zu dieser Ausbildung stammt aus dem Jahr 2007 von der früheren Trägergemeinschaft für Akkreditierung (TGA), die sich mit Bildung der DAkkS auflöste und von der VAZ (Verband akkreditierter Zertifizierungsgesellschaften) unverändert übernommen wurde.

Branchenspezifisches Beispiel: Immobilienmakler

Daneben gibt es weitere, branchenspezifische Möglichkeiten, sich als Person einer Zertifizierung zu unterziehen. Als Beispiel sei hier die Qualifikation nach DIN EN 15733 genannt. Auf Basis dieser internationalen Norm können sich Immobilienmakler zertifizieren lassen und damit nachweisen, dass sie dem Stand der Technik entsprechend alle „Anforderungen an die Dienstleistungen von Immobilienmaklern" erfüllen (so auch der Titel dieser Norm).

15.6 Konformitätsbewertungen und das CE-Zeichen

Eine **Konformitätsbewertung** ist eine Begutachtung bzw. ein **systematisches Verfahren**, um festzustellen, inwiefern **vorgegebene, festgelegte Anforderungen erfüllt** werden.

Die Anforderungen können dabei unterschiedlich sein. Sie können sich beziehen auf

- ein System (z. B. Managementsystem nach ISO 9001),
- ein Produkt (z. B. ein Medizinprodukt),
- eine Dienstleistung,
- ein Verfahren oder einen Prozess.

Das CE-Zeichen – die Konformitätserklärung für Produkte

Irrigerweise wird häufig angenommen, das CE-Zeichen wäre eine Art Gütesiegel. Dies ist jedoch grundlegend falsch! Ein CE-Zeichen sagt absolut nichts über die Qualität eines Produktes aus!

Das **CE-Zeichen** auf Produkten ist eine **Erklärung**, dass das Produkt **konform ist** zu den für das Produkt **jeweils geltenden Richtlinien** bzw. **harmonisierten Normen.**

Das CE-Zeichen ist erforderlich, um Produkte in allen EU-Mitgliedsstaaten in Verkehr zu bringen, für das eine entsprechende Richtlinie diese Kennzeichnung fordert. Die exakte Darstellung des CE-Zeichens selbst sowie eine Mindestgröße von 5 mm sind vorgegeben.

Auf einem separaten Papier oder in der Bedienungsanleitung des Produktes findet sich dann in der Regel noch eine schriftliche „Konformitätserklärung“, in der die relevanten Normen und Gesetzesgrundlagen aufgelistet werden.

15.7 Gesetzlich geregelte und nicht geregelte Bereiche

Die CE-Kennzeichnung an sich stellt innerhalb der EU eine Art Reisepass für den europäischen Binnenmarkt dar. Sie ist sichtbarer Ausdruck des verantwortlichen Herstellers, dass das Produkt die grundlegenden Anforderungen der jeweils harmonisierten Richtlinien erfüllt.

Im gesetzlichen Sinne gilt in Europa derjenige als Hersteller, der ein Produkt erstmalig in Verkehr bringt. Damit wird beispielsweise ein reines Vertriebsunternehmen, das ein Medizinprodukt aus China oder Taiwan importiert (Nicht-EU-Land) und innerhalb der EU in Verkehr bringt, zum Hersteller.

Nun gibt es aber Bereiche, in denen die EU die eigenständige Verantwortung der Konformitätsbewertung in die Hände des Herstellers legt. Das heißt, der Hersteller selbst erklärt die Konformität seines Produktes und kennzeichnet das Produkt gemäß den allgemeinen Vorschriften mit dem CE-Zeichen. Man spricht hier vom **„Nicht gesetzlich geregelten Bereich“.** Die EU hat Festlegungen getroffen, welche Produkte hierunter fallen.

Der Hersteller übernimmt dabei die volle Verantwortung über die Konformität seines Produktes. Stellt sich heraus, dass der Hersteller die Konformität erklärt (z. B. bei einer funktionalen Erweiterungsplatine eines PC-Systems), die zugrunde liegenden Richtlinien jedoch nicht eingehalten werden (im Beispiel die der Elektromagnetischen Verträglichkeit), werden sehr hohe Strafzahlungen fällig.

Die Zertifizierung von Managementsystemen (z. B. ISO 9001) unterliegt grundsätzlich dem nicht gesetzlich geregelten Bereich.

Besondere Risiken – benannte Stellen nötig

Unterliegt die Anwendung des Produktes jedoch besonderen Risiken (z. B. ein Medizinprodukt einer höheren Gefahrenklasse), so hat die EU für die Konformitätsbewertung des Produktes unabhängige, in Deutschland sogenannte „benannte Stellen“ vorgesehen. Es handelt sich dabei um akkreditierte Organisationen, die als externe, unabhängige dritte Stelle die Erfüllung der zugrunde liegenden Anforderungen für das Produkt begutachtet und attestiert. Man sagt, diese Bereiche sind **„gesetzlich geregelt“.**

Jede benannte Stelle hat eine vierstellige Identifikationsnummer, die dann am CE-Zeichen anhängt und so die unabhängige Prüfung des Produktes bescheinigt. Je nach Anwendungsbereich finden sich Listen benannter Stellen im Internet. Zum Beispiel findet man unter *www.dimdi.de* – dem Deutschen Institut für Medizinische Dokumentation und Information – eine Liste benannter Stellen für den Bereich der Medizinprodukte. Im Beispiel oben steht die 0483 für die benannte Stelle „mdc medical device certification GmbH“, die Nummer 0123 stünde für „TÜV SÜD Product Service GmbH Zertifizierung Medizinprodukte“ usw.

15.8 Das GS-Zeichen

Das GS-Zeichen ist eine Bescheinigung, dass die Anforderungen nach § 3 und § 6 des Gesetzes zur Bereitstellung von Produkten auf dem Markt (Produktsicherheitsgesetzes – ProdSG) erfüllt sind (Vorgabekriterium zur Vergabe gemäß § 21 ProdSG).

Die mit der GS-Zertifizierung verbundene Zielsetzung ist der Schutz vor Schäden an Leib und Leben von Benutzern und Dritten

- bei bestimmungsgemäßer und vorhersehbarer Verwendung (im nichtharmonisierten Bereich, d. h. ohne eine europäische Vorgabe) und
- durch Einhaltung der europäischen Vorgaben (im harmonisierten Bereich).

Das 1977 eingeführte Zeichen ist das einzige gesetzlich geregelte Prüfzeichen in Europa. Die Regelungen zum GS-Zeichen finden sich im Abschnitt 5 bzw. den §§ 20 bis 23 ProdSG. Eine Kennzeichnung mit dem GS-Siegel erfolgt im Gegensatz zur CE-Kennzeichnung grundsätzlich freiwillig. Vergabestellen des Prüfzeichens (GS-Stellen) sind Konformitätsbewertungsstellen, die behördlich hierzu autorisiert wurden. Eine Liste dieser Stellen ist auf der Webseite der Bundesanstalt für Arbeitsschutz und Arbeitsmedizin verfügbar *(http://www.baua.de).*

Die Kosten für die Erlangung eines GS-Zeichens sind abhängig von den produktspezifisch zu prüfenden Anforderungen, die nach „Maß und Zahl" vor allem in DIN- und EN-Normen oder anderen allgemein anerkannten Regeln der Technik weiter konkretisiert sind.

16 Die sieben Managementwerkzeuge (M 7)

Bei den M 7 handelt es sich um einen „Werkzeugkasten“, der bei der Lösung von Problemen und Strukturierung von Informationen helfen kann. Bild 16.1 zeigt, wie sich die einzelnen Werkzeuge den drei Phasen **Datenanalyse, Lösungsfindung** und **Lösungsumsetzung** zuordnen lassen.

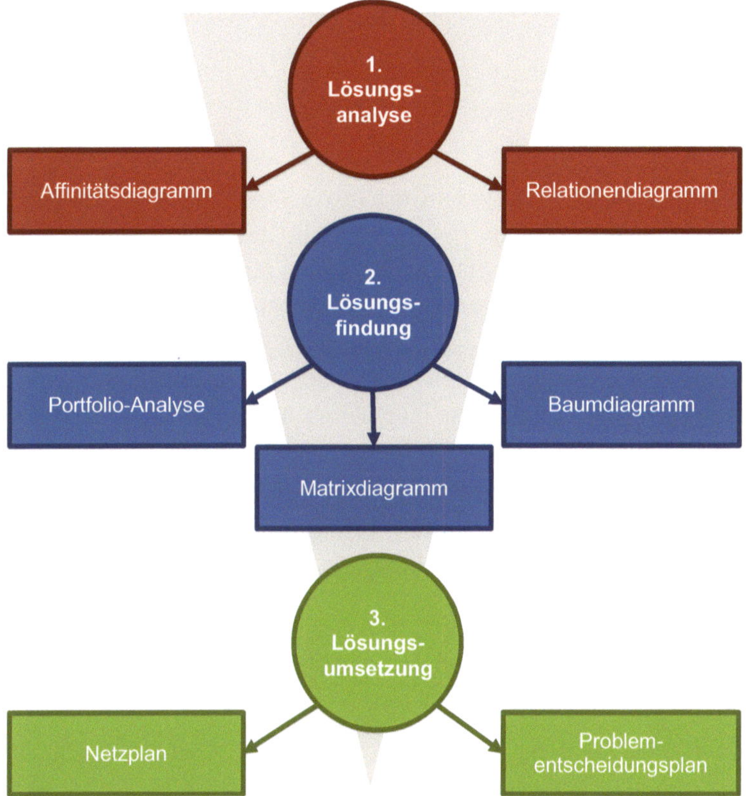

Bild 16.1 Übersicht über die sieben Managementwerkzeuge (M 7)[1]

[1] nach Kamiske/Brauer, Qualitätsmanagement von A bis Z, S. 140

16.1 Affinitätsdiagramm

Funktion/Zweck:

- Verdichten von vielen Daten zu einem bestimmten Thema
- Ordnen von (chaotisch vorliegenden) Informationen

Nutzen/Anwendung bei:

- Verständnis oder Übersicht schaffen
- Zusammenhänge finden
- Neue Ideen oder Lösungsansätze finden
- Beseitigung von Kommunikationsproblemen

Vorgehensweise:

1. Thema/Problem schriftlich festlegen
2. Brainstorming (Ideen und Gedanken auf Karten sammeln; 50 und mehr Beiträge sind üblich)
3. **Clustern** (Gruppieren inhaltlich zusammengehöriger Karten; 5 bis 10 Cluster sind normal)
4. Finden einer Überschrift für jeden Cluster

Die gefundenen Überschriften bilden jeweils eigene Ansätze oder Gesichtspunkte zum gestellten Thema und können im nächsten Schritt im Relationendiagramm weiter bearbeitet werden. Dabei kann die Überschrift ein einzelnes Schlüsselwort oder auch ein komplett formulierter Satz sein. Gleiches gilt auch für die im Brainstorming gesammelten Ideen und Gedanken. Auch hier kann es sich um kurze Sätze handeln, die den Gedanken umreißen. In der beispielhaften Abbildung eines Affinitätsdiagramms (Bild 16.2) wird der Einfachheit halber nur mit Schlüsselwörtern gearbeitet.

Zuweilen findet man anstatt des Begriffs Affinitätsdiagramm auch den Begriff **Verwandschaftsdiagramm.** Er zielt vor allem auf die Zusammenführung inhaltlich verwandter Gedanken nach einem Brainstorming ab (Schritt 3 und 4 wie oben beschrieben).

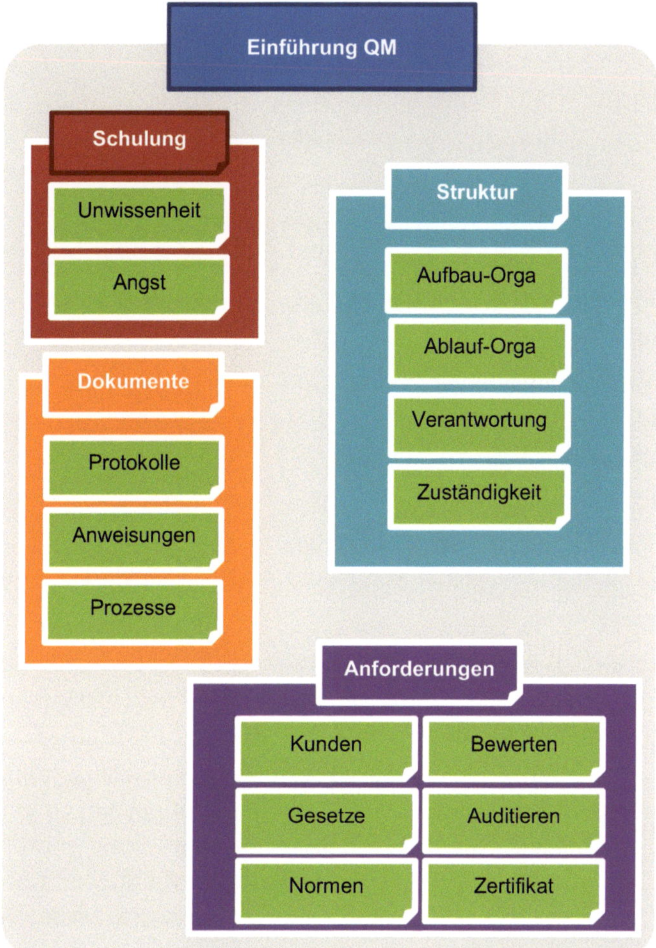

Bild 16.2 Affinitätsdiagramm

■ 16.2 Relationendiagramm

Funktion/Zweck:

- Aufzeigen der Wechselbeziehungen von Informationen
- Bewerten dieser Beziehungen

Nutzen/Anwendung bei:

- Darstellung von Ursache-Wirkungs-Zusammenhängen
- Schaffen einer einheitlichen Sichtweise von komplexen Sachverhalten

Vorgehensweise:

1. Thema/Problem schriftlich festlegen
2. Sammeln von **„Gesichtspunkten“** (z.B. durch Brainstorming oder Affinitätsdiagramm - siehe letzten Abschnitt; 5 bis 25 Gesichtspunkte auf Karten sind sinnvoll)
3. Karten mit Gesichtspunkten durchnummerieren und an eine Tafel heften
4. Karten in aufsteigender Reihenfolge durchgehen und auf Wechselbeziehung zu anderen Karten untersuchen. Ursache und Wirkung durch Pfeile zwischen den Karten darstellen.
5. Ankommende und abgehende Pfeile zählen und auf Karte notieren. Eine hohe Zahl abgehender Pfeile weist auf eine wichtige Ursache, eine hohe Zahl ankommender Pfeile auf eine wichtige Wirkung hin.

Das Ergebnis zeigt Ansatzpunkte für die weitere Problemlösung auf.

Die im vorhergehenden Abschnitt beschriebenen Überschriften, die im Rahmen eines Affinitätsdiagramms gefunden wurden, können im Relationendiagramm als Gesichtspunkte weiterbearbeitet werden.

In dem schematisch dargestellten Musterrelationendiagramm (Bild 16.3) steht die jeweils erste Zahl für die Ursache bzw. die Anzahl der abgehenden Pfeile. Die zweite Zahl steht für die Anzahl der ankommenden Pfeile und damit für die Wirkung.[2]

Wie sich im Beispiel unschwer erkennen lässt, ist Hauptursache für das gesamte Thema „Einführung QM“ der Punkt 4. Anforderungen (3/1). Hauptwirkung ist der Punkt 1. Schulung.

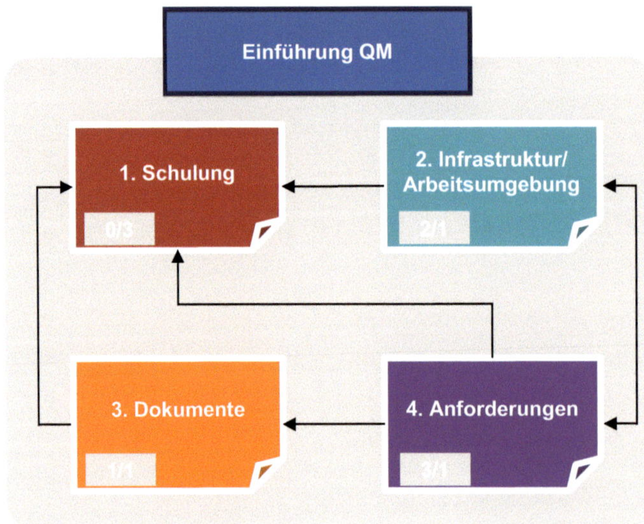

Bild 16.3
Relationendiagramm

[2] Je nach Literatur ist die Reihenfolge der Zahlenangaben für Ursache und Wirkung vertauscht. In jedem Falle muss geklärt werden, welche Zahl für die abgehenden und welche für die ankommenden Pfeile steht.

16.3 Baumdiagramm

Das Baumdiagramm wurde allgemein bereits im Abschn. 11.3.3 behandelt. Hier nochmals kurz im Überblick Funktion, Nutzen und Vorgehensweise im Überblick:

Funktion/Zweck:

- Untergliederung/Ordnung eines Themas mit
- steigender Genauigkeit von Ebene zu Ebene

Nutzen/Anwendung bei:

- Festlegung von Maßnahmen und Mittel zur Problemlösung
- Minimierung des Risikos, dass wichtige Ansätze vergessen werden
- Veranschaulichung komplizierter Zusammenhänge

Vorgehensweise:

1. Thema wählen
2. Ebenen erarbeiten (z. B. Ursachen eines zu lösenden Problems, Teilprozesse oder mögliche Fragestellungen zu einem Thema) in beliebiger Tiefe; beim Problemlösungsbaum sollten auf der letzten Ebene konkrete Maßnahmen stehen.
3. Prüfung des Baumdiagramms auf Vollständigkeit und Richtigkeit

Die Baumstruktur kann von oben nach unten oder von links nach rechts erarbeitet werden.

Die Teamzusammensetzung ist je nach Aufgabenstellung und Genauigkeitsgrad der Baumebene zu wählen.

Für die Themenwahl eignen sich beispielsweise die aus einem Relationendiagramm ermittelten Hauptursachen oder -wirkungen oder die Gruppen-Überschriften aus dem Affinitätsdiagramm.

16.4 Matrixdiagramm

Im Abschn. 11.3.6 wurde das Matrixdiagramm einführend vorgestellt. Die Darstellung in jenem Kapitel beschränkt sich jedoch auf den paarweisen Vergleich – einer von vielen Möglichkeiten, wie Matrixdiagramme angewendet werden können.

Im Folgenden sollten weitere Anwendungsmöglichkeiten aufgezeigt werden.

Funktion/Zweck:

- Finden und Bewerten von Wechselbeziehungen zwischen verschiedenen Merkmalen
- In zwei oder mehr Dimensionen

Nutzen/Anwendung bei:

- Verständnis für unüberblickbare Wechselwirkungen schaffen
- Ableitung von Maßnahmen oder Schwerpunkten (Gewichtungen)
- Bessere Akzeptanz von Entscheidungen

Vorgehensweise:

1. Thema festlegen
2. Dimensionen und Matrixform festlegen
3. Merkmale für jede Dimension festlegen (z.B. durch Brainstorming oder aus den Ergebnissen anderer M 7-Werkzeuge; beim paarweisen Vergleich sind die Merkmale für zwei Dimensionen gleich)
4. Beziehung zwischen jeweils zwei Merkmalen zweier Dimensionen wird nun in Form von Zahlen oder Symbolen in die Matrix eingetragen.
5. Beim Einsatz von Zahlen können nun Zeilen- und Spaltensummen ermittelt und ausgewertet werden.

Mit der Wahl der Dimensionen wird gleichzeitig die Form der Matrix gewählt. Mögliche **Matrixformen** werden in Bild 16.4 dargestellt.

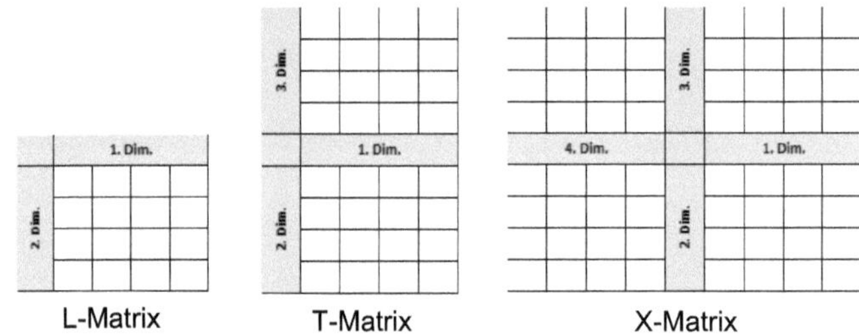

Bild 16.4 Mögliche Matrixformen

Mit Einsatz von speziellen Programmen sind beliebige weitere Dimensionen abbildbar.

Für die Wechselwirkung gibt es verschiedene Möglichkeiten, die Bewertung durch **Symbole** auszudrücken (Bild 16.5). Empfehlenswert ist der Einsatz von Zahlen, da sich über die Zahlen durch Summenbildung von Zeilen und Reihen eine zusätzliche Information gewinnen lässt, die beim Einsatz von Symbolen ausbleibt.

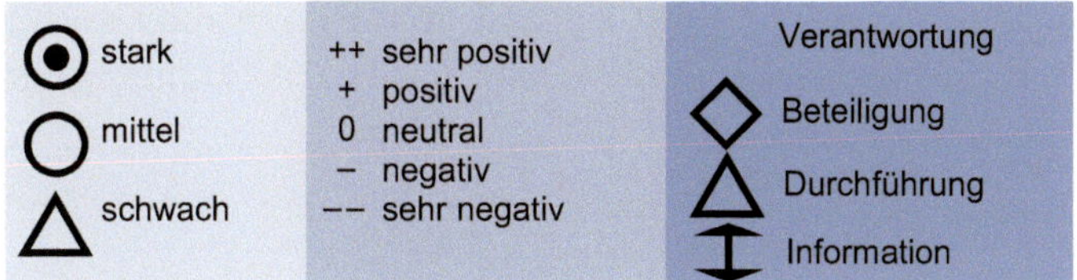

Bild 16.5 Mögliche Symbole für die Bewertung von Wechselwirkungen[3]

Abschließend sei darauf hingewiesen, dass die durchzuführenden Bewertungen mit der Anzahl der Merkmale und Dimensionen exponentiell steigen. Bereits ein Matrixdiagramm mit zehn Merkmalen und zwei Dimensionen führt zu 100 Bewertungen.

■ 16.5 Portfolio-Diagramm

Funktion/Zweck:

- Darstellung mehrerer Objekte im Vergleich
- Visualisierung einer Bewertung nach zwei bis drei Dimensionen
- Darstellung von Ist- und Soll-/Zielsituation

Nutzen/Anwendung bei:

- Unternehmens- oder Produktvergleich
- Verdichtung von Daten/Übersicht schaffen
- Ableitung von Zielen

Vorgehensweise:

1. Festlegung der Vergleichsobjekte
2. Festlegung der Dimensionen (zwei bilden die Hauptachsen, die dritte wird über den Kreisdurchmesser dargestellt) und deren Maßeinheit sowie die Lage der Hauptachsen
3. Ermittlung der Maßgrößen für jedes Objekt (im Bedarfsfall wird geschätzt)
4. Eintrag der Objekte in das Portfolio-Diagramm
5. Analyse/Schlussfolgerung/ggf. Ableitung von Zielen (durch Neupositionierung von Objekten)

In Bild 16.6 wird mithilfe eines Matrixdiagramms der Markt für ein Produkt analysiert. Die Achse „Leistung“ kann für ein beliebiges, zu vergleichendes Leistungs-

---

[3] nach Theden/Colsman, Qualitätstechniken, S. 56

merkmal stehen. Der Buchstabe E steht für das eigene Unternehmen, der Rest für die anderen Unternehmen. Die Größe der Blase könnte für den Marktanteil oder den mit dem Produkt erzielten Umsatz stehen.

Die Zielformulierung erfolgt, indem die gewünschte Position eingezeichnet und Ist- und Sollzustand mit einem Pfeil verbunden werden.

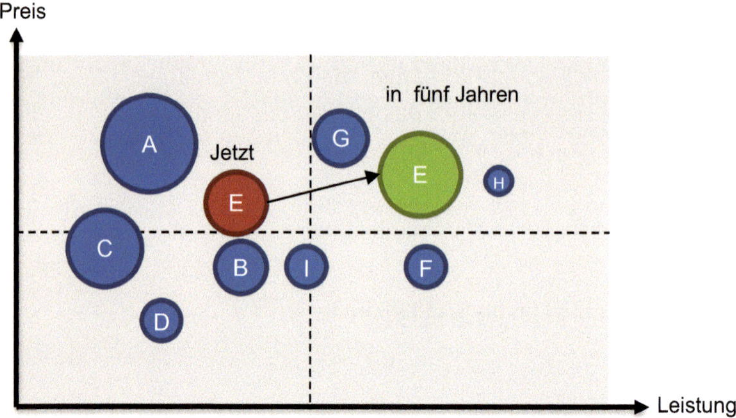

Bild 16.6 Portfolio-Diagramm

Wie zu erkennen ist, möchte sich das Unternehmen mit seinem Produkt sowohl in Bezug auf die Leistung als auch in Bezug auf den Preis vom Markt stärker abheben und dabei gleichzeitig auch noch den Umsatz steigern.

■ 16.6 Netzplan[4]

Funktion/Zweck:

- Zeitliche Darstellung eines Projektverlaufes
- Ermittlung kritischer Zeitzusammenhänge und notwendiger Pufferzeiten

Nutzen/Anwendung bei:

- Ermittlung der gesamten Projektdauer
- Darstellung von Vorgangsabhängigkeiten und Möglichkeiten der Vorgangsverschiebung

[4] Der Netzplan gehört zu den Instrumenten des Projektmanagements. In Großprojekten kommen meist andere Werkzeuge wie Gantt-Diagramm und Projektstrukturplan (PSP) zum Einsatz. Als klassisches Werkzeug der M 7 wird jedoch hier nur der Netzplan behandelt.

- Ermittlung des kritischen Pfades
- Verdeutlichung der Wichtigkeit einzuhaltender Zeiten

Vorgehensweise:

1. Sammeln aller Vorgänge zum Erreichen des Projektziels (in sich abgeschlossene Teilaufgaben)
2. Ermittlung der ersten Ebene: Vorgänge, die direkt nach dem Start ohne andere Vorgangsabhängigkeit begonnen werden können
3. Ermittlung aller weiterer Ebenen: Vorgänge, die einen Vorgänger haben, werden so gesetzt, dass sie als Nachfolger des entsprechenden Vorganges gelten; Verbindung von Vorgänger und Nachfolger mit einem Pfeil; am Ende müssen alle Pfeile im Endpunkt zusammenlaufen.
4. Vorgänge durchnummerieren und Vorgangsdauern schätzen (Angabe in der Regel in Tagen)
5. Ermittlung von FAZ und FEZ (frühestmöglicher Anfangs- und Endzeitpunkt)
6. Rückrechnung von rechts nach links SEZ und SAZ (spätestmöglicher End- und Anfangszeitpunkt)
7. Darstellung des kritischen Pfades

Die Darstellung eines Netzplans erfolgt üblicherweise von links nach rechts. Im Team kann der Netzplan mithilfe von Karteikarten, am Whiteboard oder durch Einsatz spezieller Software erarbeitet werden.

In jedem Fall wird jeder Vorgang durch die in Tabelle 16.1 dargestellten Parameter beschrieben.

Tabelle 16.1 Vorgangsparameter im Netzplan

Vorgangsnummer	Vorgangsbezeichnung	
Vorgangsdauer	FAZ	FEZ
	SAZ	SEZ

Die Ermittlung dieser Parameter erfolgt wie oben beschrieben in den Schritten 5. und 6. Die (geschätzte) Vorgangsdauer ist hierfür Voraussetzung. Der Schritt 5. (FAZ und FEZ) erfolgt von links nach rechts, während Schritt 6. (SEZ und SAZ) von rechts nach links erfolgt. Dabei gelten die in Tabelle 16.2 dargestellten Ermittlungsregeln.

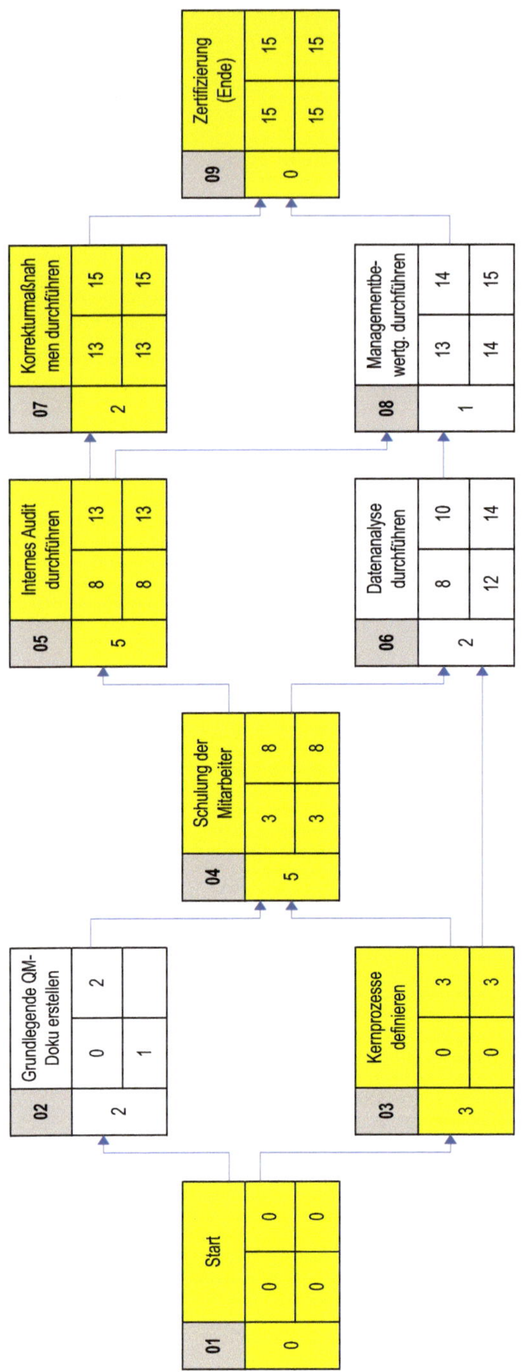

Bild 16.7 Netzplanmuster zur Einführung eines QM-Systems

Tabelle 16.2 Ermittlungsregeln für Vorgänge im Netzplan

FAZ	Frühestmöglicher Anfangszeitpunkt	FAZ =	höchster FEZ aller direkter Vorgänger
FEZ	Frühtestmöglicher Endzeitpunkt	FEZ =	FAZ + Vorgangsdauer
SEZ	Spätestmöglicher Endzeitpunkt	SEZ =	niedrigster SAZ aller direkter Nachfolger
SAZ	Spätestmöglicher Anfangszeitpunkt	SAZ =	SEZ − Vorgangsdauer

Die **Gesamtdauer** des Projektes ist gleich dem FEZ des Endpunktes.

Der **kritische Pfad** ergibt sich aus allen Vorgängen, für die gilt: FAZ = SAZ und FEZ = SEZ. Er sollte im Netzplan besonders markiert werden. Verzögerungen entlang des kritischen Pfades führen automatisch zu einer Verlängerung der Gesamtdauer des Projektes (in Bild 16.7 gelb gezeichnet).

16.7 Problementscheidungsplan

Funktion/Zweck:

- Vorabfestlegung von Maßnahmen bei möglichen Schwierigkeiten in der Umsetzungsphase

Nutzen/Anwendung bei:

- Schneller Überblick über mögliche Probleme oder ungünstige Umstände
- Erarbeitung von Gegenmaßnahmen und Verantwortlichkeiten zu einem Zeitpunkt, bei dem noch kein Druck besteht

Vorgehensweise:

1. Festlegung der relevanten Tätigkeiten (Übernahme aus Netzplan möglich)
2. Sammlung möglicher auftretender Probleme (Brainstorming oder Übernahme aus Baumdiagramm oder FMEA möglich)
3. Sammlung möglicher Gegenmaßnahmen zu jedem möglichen Problem
4. Bewertung und Festlegung der geeignetsten Problemlösungen

Der Problementscheidungsplan wird üblicherweise in Baumstruktur von links nach rechts oder von oben nach unten dargestellt (Bild 16.8). Im Vergleich zum Baumdiagramm hat er jedoch lediglich drei Ebenen. Ebene 1 sind die relevanten Tätigkeiten, Ebene 2 listet die möglichen Probleme auf und Ebene 3 enthält die konkreten Gegenmaßnahmen. Ungeeignete oder verworfene Lösungsansätze müssen im Diagramm entsprechend gekennzeichnet werden.

Unter Umständen kann der Problementscheidungsplan auch als entsprechend gegliederter Text verfasst werden und im Einzelfall günstiger sein als die visuelle Darstellung.

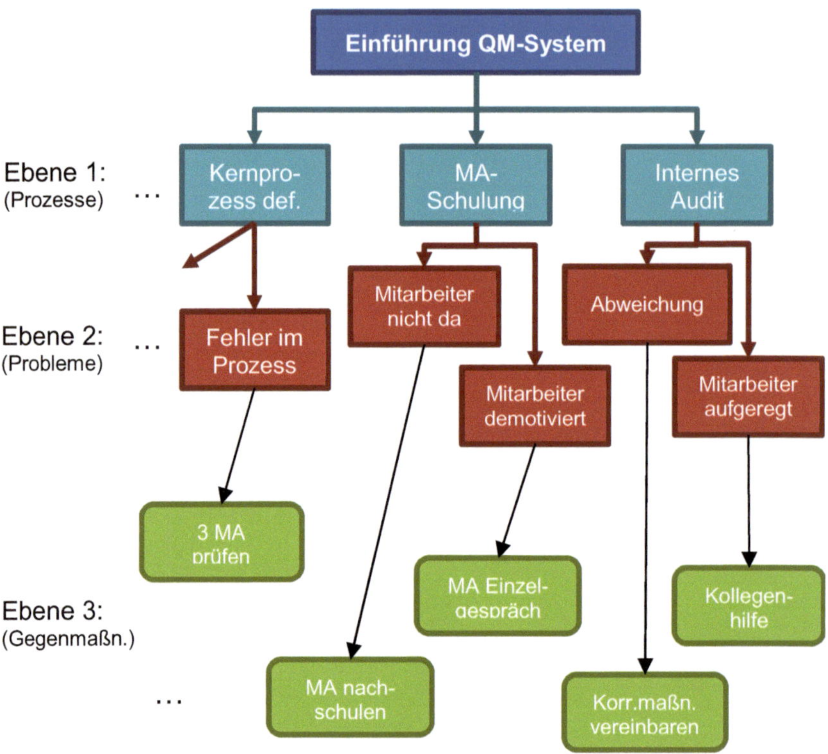

Bild 16.8 Schema des Problementscheidungsplans

17 Aufgaben und Stellung des QM-Fachpersonals

In der Organisation von Klein- und mittelständischen Unternehmen (KMU) ist die Rolle von QM-Fachpersonal meist in Form einer Stabsstelle geregelt. Das heißt, sie ist direkt der Geschäftsleitung unterstellt und hat eine beratende Funktion, jedoch keine direkte Weisungsbefugnis (Bild 17.1). Meist wird diese Funktion dann auch von einem einzigen Mitarbeiter ausgeführt.

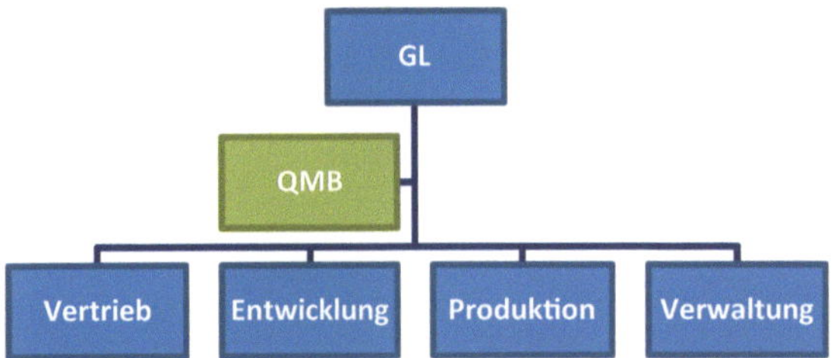

Bild 17.1 Stellung von QM-Fachpersonal in KMU

In größeren Unternehmen sind die Aufgaben jedoch so vielfältig und umfangreich, dass zum einen mehrere Mitarbeiter mit QM-Themen betraut sind, zum anderen in verschiedenen Bereichen eine Weisungsbefugnis notwendig ist und eingeführt wird (besonders im produzierenden Betrieb in Bereichen der Qualitätssicherung und Qualitätskontrolle). Organisatorisch ist das QM-Fachpersonal dann unter anderem als eigenständiger Zweig verankert. Die übergeordnete Rolle des QM-Beauftragten sollte jedoch nach wie vor als übergeordnete Stabsstelle verankert sein (Bild 17.2).

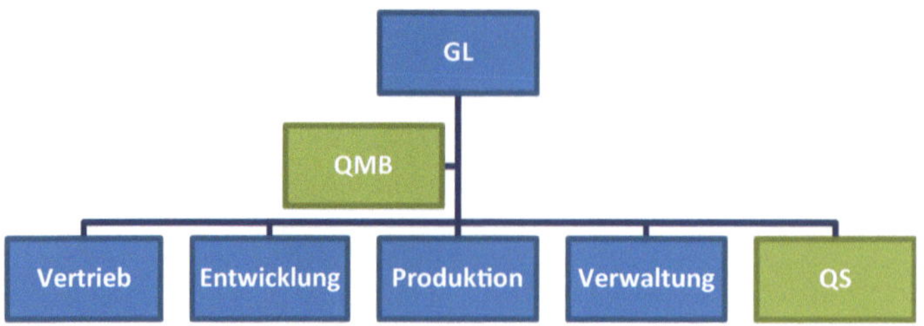

Bild 17.2 Stellung von QM-Fachpersonal in größeren Betrieben

Im Folgenden sollen ein paar spezielle Aufgaben beleuchtet werden, die QM-Fachpersonal in der Praxis ausübt.

■ 17.1 Beauftragter der obersten Leitung (BoL/QMB)

Mit der ISO 9001:2015 ist die Forderung, einen Beauftragten der obersten Leitung (BoL) oder umgangssprachlich einen „QMB" zu bestimmen, weggefallen. In der ISO 9001:2008 war dieser Punkt noch verschärft worden, indem man forderte, dass dieser BoL „*ein Mitglied der Leitung der Organisation*[1]" sein muss, der folgende Aufgaben hatte:

- die für das QM-System erforderlichen Prozesse einführen und aufrechterhalten
- der obersten Leitung über die Leistung des QM-Systems sowie jegliche Notwendigkeit für Verbesserungen berichten
- das Bewusstsein über die Kundenanforderungen im gesamten Unternehmen sicherstellen

Die Frage stellt sich, ob sich mit dem Wegfall dieser Anforderung etwas ändert. Da die oben dargestellten Aufgaben nach wie vor vorhanden sind und diese Aufgaben nach wie vor von jemandem erledigt werden müssen, wird es auch nach wie vor einen Bedarf an QM-Fachpersonal geben. Nur muss diese Person nun weder Mitglied der Leitung einer Organisation sein noch muss sie in irgendeiner Form offiziell benannt werden. Zum anderen muss jetzt ohne Wenn und Aber die oberste Leitung (Geschäftsführung, Vorstand, Unternehmer etc.) die volle Verantwortung

---

[1] Die ISO 9001 spricht in der Regel von „Organisation". Im Rahmen dieses Lehrbuches wird grundsätzlich von „Unternehmen" gesprochen – obwohl der Begriff Organisation weitreichender ist als Unternehmen (z. B. gemeinnützige Organisationen).

für das QM-System übernehmen. Eine Delegation der Verantwortung nach unten ist in keinem Fall mehr möglich.

Damals wir heute gibt es für die Qualifikation eines QMB oder BoL keine konkreten Vorgaben! Jedoch geht indirekt aus den Anforderungen der ISO 9001 zu den personellen Ressourcen hervor, dass der Mitarbeiter die „notwendige Kompetenz" besitzen muss. Auf gut Deutsch heißt das: Er muss wissen, was er tut und wovon er spricht.

In externen Audits sowie von den Unternehmen selbst werden daher regelmäßig Nachweise über die Ausbildung von QM-Fachpersonal gefordert. Die Ausbildung von QM-Fachpersonal nach VAZ-Leitfaden[2] stellt den verbreitetsten Standard hierzu dar und wird im Rahmen einer Personenzertifizierung von verschiedenen Organisationen angeboten, die möglichst eine Akkreditierung nach ISO/IEC 17024 haben sollten. Der Standard baut auf vier Bausteine nach dem in Bild 17.3 dargestellten Ausbildungsschema.

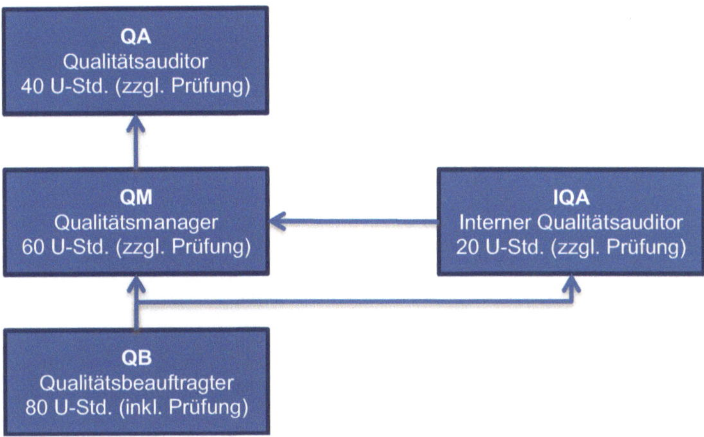

Bild 17.3 Das Ausbildungsschema von QM-Fachpersonal nach VAZ-Leitfaden

Im Downloadbereich finden Sie eine vollständige Liste der geforderten Wissensinhalte für alle vier Bausteine sowie eine Übersicht über die für eine Zertifikatserteilung notwendigen Voraussetzungen. Im Folgenden sollen die vier Bausteine bzw. deren Zielsetzung näher erläutert werden.

[2] **VAZ** = Verband akkreditierter Zertifizierungsgesellschaften e. V.

17.2 Qualitätsbeauftragter (QB)

Im Rahmen des VAZ-Leitfadens wird der QM-Beauftragte mit „QB“ und nicht mit „QMB“ abgekürzt. Die Zielsetzung lautet hier für den **QM-Beauftragten:**

> *„Der QM-Beauftragte (QB) muss die Prinzipien, Methoden und Verfahren des Qualitätsmanagements entsprechend den Belangen der Wirtschaft beherrschen und kompetent sein, beim Aufbau und der Aufrechterhaltung eines Qualitätsmanagementsystems* ***Unterstützung zu geben.****“*

Der QB muss nach dieser Zielsetzung lediglich eine Fähigkeit zur Unterstützung haben!

17.3 Qualitätsmanager (QM)

Für eine volle Ausübung der Rolle im Sinne der ISO 9001 wäre die Stufe drei des Ausbildungskonzeptes erforderlich, der **Qualitätsmanager**. Hier lautet die Zielsetzung ähnlich wie die Anforderungen der Norm:

> *„Der Qualitätsmanager (QM) muss die Befähigung des QB haben und kompetent sein, als Beauftragter der Leitung ein Qualitätsmanagementsystem* ***aufzubauen, anzuwenden*** *und durch Initiierung des Verbesserungsprozesses* ***weiterzuentwickeln.****“*

17.4 Interner Qualitätsauditor

Der interne Qualitätsauditor ist zuständig für die Planung und Durchführung interner Audits.

Eine offizielle Grundlage für die Tätigkeiten als interner Auditor liefert die DIN EN ISO 19011. Nachdem im Jahr 2006 ein internationales Gremium (ISO CASCO) eine Norm für Drittparteienaudits von Managementsystemen ausgearbeitet hat (ISO 17021), gilt mit der ISO 19011 seit der Revision aus dem Jahr 2011 die Zielsetzung, als Leitfaden für Erstparteien- und Zweitparteienaudits zu dienen.

Die **Rolle und die Verantwortlichkeiten** des Auditors sind im Normabschnitt 5.2.2 beschrieben. Dabei geht es im Wesentlichen um folgende Aufgaben:

- Auditprogramm und Auditumfang festlegen
- Verantwortlichkeiten und Verfahren festlegen
- Verfügbarkeit der auditierten Ressourcen festlegen
- Kriterien für einzelne Audits sowie Auditziele festlegen
- ggf. Auditteam festlegen
- sicherstellen, dass geeignete Aufzeichnungen zum Auditprogramm geführt werden
- das Auditprogramm überwachen, bewerten und verbessern

In Bezug auf die **Kompetenzen** eines Auditors stehen im Normabschnitt 5.2.3 folgende Anforderungen:

- Auditprinzipien, -verfahren, -methoden und -techniken
- Managementsystem und Bezugsdokumente
- anwendbare rechtliche und andere Anforderungen in Bezug auf die Tätigkeiten und/oder die Produkte der zu auditierenden Organisation
- Produkte und Prozesse der Organisation
- Kenntnis der Kunden, Lieferanten und andere interessierte Parteien der zu auditierenden Organisation
- Risiken, die mit einem Auditprogramm verbunden sind

Der gesamte Normabschnitt 7 zielt nochmals auf die Kompetenz sowie die Bewertung von Auditoren ab. Hier werden weiche Faktoren (persönliches Verhalten) beschrieben als auch gewünschtes Wissen und Fertigkeiten sowie die notwendige Ausbildung, die ein Auditor mitbringen sollte. Die Liste dieser geforderten Eigenschaften zieht sich über mehrere Seiten. Bild 17.4 gibt lediglich eine kleine Übersicht über geforderte Eigenschaften in Bezug auf das persönliche Verhalten:[3]

Zwei grundsätzliche Auditprinzipien stellen den internen Auditor vor große Herausforderungen:

- Unabhängigkeit
- Objektivität

Diese Kriterien sind in der Regel nur von externen Personen voll zu erfüllen, daher greifen viele Unternehmen auf die Unterstützung externer Berater zurück, um den „Blick von außen“ in das Unternehmen zu bringen.

Im Rahmen der Ausbildung von QM-Fachpersonal nach dem VAZ-Standard ist der IQA **(Interner Qualitätsauditor)** mit folgender Zielsetzung verbunden:

[3] Immer wenn es mir schlecht geht, lese ich den Normabschnitt 7.2.1. Hier steht, wie gut ein Auditor ist ...

„Der Interne Qualitätsauditor (IQA) muss die Befähigung des QB haben und in der Lage sein, ***interne prozessorientierte Audits*** *von QM-Systemen zu planen,* ***durchzuführen und auszuwerten.*** *Er kann Kundenaudits begleiten und die Bewertung von Lieferanten unterstützen."*

Bild 17.4 Gewünschte Eigenschaften von Auditoren in Bezug auf ihr persönliches Verhalten

Der informative Anhang A der Norm gibt weitere Hinweise zu disziplinspezifischem Wissen und Fertigkeiten von Auditoren.

17.5 (Externer) Qualitätsauditor

Im Rahmen der Ausbildung von QM-Fachpersonal ist der **Qualitätsauditor (QA)** die vierte und letzte Ausbildungsstufe. Sie folgt der Zielsetzung:

> *„Der Qualitätsauditor (QA) muss die Befähigung des QM haben und auf der Basis der DIN EN ISO 19011 die* ***Planung, Durchführung, Nachbereitung*** *und* ***Dokumentation*** *von* ***internen und externen Audits*** *von QM-Systemen beherrschen."*

Aus dieser Definition ist ersichtlich, dass hiermit auch die Grundlage für selbst organisierte und durchgeführte externe Audits in Form von Zweit- und Drittparteienaudits gelegt werden soll. Die Ausbildung zum IQA soll im Vergleich hierzu lediglich zur Unterstützung bei diesen Aufgaben befähigen.

Im Falle einer Tätigkeit als Auditor im Auftrag einer akkreditierten Zertifizierungsgesellschaft ist nach erfolgreicher Absolvierung der QA-Ausbildung noch eine Hospitantenzeit[4] bei der Zertifizierungsstelle erforderlich. Hier lernt der Hospitant einerseits die von der Zertifizierungsstelle eingeführten Verfahren und Prozesse, andererseits profitiert er vom „Über-die-Schulter-Schauen" der begleiteten Auditoren und deren Erfahrung. Außerdem geben die Akkreditierungsnormen wie die ISO/IEC 17021 für die Zertifizierung von Managementsystemen weitere Anforderungen an Auditoren vor.

[4] Die Hospitantenzeit schwankt je nach Zertifizierungsgesellschaft. Ca. 20 bis 25 Manntage für Begleitungen bei Audits und Berichterstellung sind eine gängige Größenordnung.

Zusatzmaterial zum Download

Sie erhalten zu diesem Buch kostenlos Zusatzmaterialien zum Download. Diese finden Sie auf dem Download-Portal des Verlags: *plus.hanser-fachbuch.de*

Geben Sie bitte nachfolgenden Code ein:

`plus-e5d5r-97q5c`

Es stehen zum Download alle in diesem Buch erwähnten Vorlagen. Nachfolgende Tabelle zeigt diese im Überblick:

Beschreibung der Vorlagen	Dateiname
Anhang 1: Fragen zum Stoff	
Qualitätsmanagement Grundlagen	Qualitätsmanagement Grundlagen.pdf
Statistische Methoden	Statistische Methoden.pdf
Annahmestichprobenprüfung	Annahmestichprobenprüfung.pdf
Besondere Fragen für Qualitätsbeauftragte (QB)	Besondere Fragen für Qualitätsbeauftragte (QB).pdf
Anhang 2: Lösungen	
Qualitätsmanagement Grundlagen	Qualitätsmanagement Grundlagen.pdf
Statistische Methoden	Statistische Methoden.pdf
Annahmestichprobenprüfung	Annahmestichprobenprüfung.pdf
Besondere Fragen für Qualitätsbeauftragte (QB)	Besondere Fragen für Qualitätsbeauftragte (QB).pdf
Anhang 3: Norminhalte der ISO 9001:2015 im Überblick	Norminhalte der ISO 9001:2015 im Überblick.pdf
Anhang 4: Beispiel zur Linearen Regression	Beispiel zur Linearen Regression.pdf
Anhang 5: Muster-Formblatt QFD	Muster-Formblatt QFD.pdf
Anhang 6: Rahmenstoffpläne	
Industriemeister Basisteil	Industriemeister Basisteil.pdf
Industriemeister HQ-Teil	Industriemeister HQ-Teil.pdf
Qualitätsbeauftragter (QB) nach VAZ-Leitfaden	Qualitätsbeauftragter (QB) nach VAZ-Leitfaden.pdf

Beschreibung der Vorlagen	Dateiname
Anhang 7: Ergänzende Stoffsammlung für Qualitätsbeauftragte (QB)	
Verfahrensanweisung - Muster	Verfahrensanweisung - Muster.pdf
Managementbewertung - Muster	Managementbewertung - Muster.pdf
Auditprogramm/Auditplan - Muster	Auditprogramm/Auditplan - Muster.pdf
Auditbericht - Muster	Auditbericht - Muster.pdf
Funktionsbeschreibung/Anforderungsprofil - Muster	Funktionsbeschreibung/Anforderungsprofil - Muster.pdf
Besprechungsprotokoll - Muster	Besprechungsprotokoll - Muster.pdf

Abbildungsverzeichnis

Kapitel 3

Kapitel 4

Kapitel 5

Kapitel 6

Kapitel 7

Kapitel 8

Kapitel 9

Kapitel 10

Kapitel 11

Kapitel 12

Kapitel 13

Kapitel 14

Kapitel 15

Kapitel 16

Kapitel 17

Tabellenverzeichnis

Kapitel 6

Kapitel 7

Kapitel 8

Kapitel 9

Kapitel 10

Kapitel 11

Kapitel 12

Kapitel 13

Kapitel 15

Kapitel 16

Literaturverzeichnis

Behr, Andreas; Pötter, Ulrich (2011): *Einführung in die Statistik mit R. 2.*, vollst. überarb. und erw. Aufl. München: Vahlen (Vahlens Kurzlehrbücher)

Benesch, Thomas (2013): *Schlüsselkonzepte zur Statistik. Die wichtigsten Methoden, Verteilungen, Tests anschaulich erklärt.* Berlin: Springer Spektrum

Blanchard, Kenneth; Zigarmi, Drea; Zigarmi, Patricia (2002): *Der Minuten-Manager: Führungsstile. Wirkungsvolleres Management durch situationsbezogene Menschenführung.* Neuausg. Reinbek bei Hamburg: Rowohlt Taschenbuch Verlag

Bleymüller, Josef; Gehlert, Günther; Gülicher, Herbert (2008): *Statistik für Wirtschaftswissenschaftler.* 15., überarb. Aufl. München: Vahlen (WiSt-Studienkurs)

Brand, Markus; Ion, Frauke K. (2008): *30 Minuten für mehr Work-Life-Balance durch die 16 Lebensmotive.* Offenbach: GABAL

Rußegger, Johann; Koubek, Anni (2019): *Managementsysteme auditieren.* München, Wien: Hanser

Buttler, Günter; Fickel, Norman (2002): *Statistik mit Stichproben.* Orig.-Ausg. Reinbek bei Hamburg: Rowohlt Taschenbuch Verlag

David A. Garvin: What Does "Product Quality" Really Mean? In: *Slow Management Review*, Fall 1984, S. 25 - 43

Deutschland in Zahlen 2011 (2011). Bearb. Ausg. Köln: IW Medien. Online verfügbar unter *http://www.worldcat.org/oclc/725146348*

Dewdney, A. K. (1994): *200 Prozent von nichts. Die geheimen Tricks der Statistik und andere Schwindeleien mit Zahlen.* Basel: Birkhäuser

Dilts, Robert (1992): *Einstein. Geniale Denkstrukturen und neurolinguistisches Programmieren.* Paderborn: Junfermann

Gietl, Gerhard; Lobinger, Werner (2019): *Leitfaden für Qualitätsauditoren. Planung und Durchführung von Audits nach ISO 9001:2000.* 6. überarbeitete und erweiterte Aufl. München, Wien: Hanser

Gordon, Thomas (2000): *Managerkonferenz. Effektives Führungstraining.* 6. Aufl. München: Wilhelm Heyne Verlag

Graf, Hans-Joachim (2008): „Durch das Tal der Tränen – Wie Versuchsplanung als Projekt richtig durchgeführt wird“; *Zeitschrift QZ 09/2008*, S. 28 ff.

Gressler, Uli; Göppel, Rainer (2006): *Qualitätsmanagement. Eine Einführung.* 5. Aufl. Troisdorf: Bildungsverlag EINS

Hesse, Christian (2014): *Wer falsch rechnet, den bestraft das Leben. Das kleine Einmaleins der Alltagsmathematik.* Originalausg. München: C. H. Beck (C. H. Beck Paperback, 6083)

Hummel, Thomas R.; Malorny, Christian (2011): *Total Quality Management. Tipps für die Einführung.* 4. Aufl. München, Wien: Hanser

Ion, Frauke K.; Brand, Markus (2009): *Motivorientiertes Führen. Führen auf Basis der 16 Lebensmotive nach Steven Reiss*. Offenbach: GABAL

Jochem, Roland (2018): *Was kostet Qualität? Wirtschaftlichkeit von Qualität ermitteln*. 2., aktualisierte Aufl. München: Hanser

Kamiske, Gerd F.; Brauer, Jörg-Peter (op. 2011): *Qualitätsmanagement von A bis Z. Erläuterung moderner Begriffe des Qualitätsmanagements*. 7., aktualisierte Aufl. München, Wien: Hanser

Kaplan, Ellen; Kaplan, Michael (2007): *Eins zu Tausend. Die Geschichte der Wahrscheinlichkeitsrechnung*. Frankfurt a. M., New York: Campus-Verlag

Krämer, Walter (2000): *So lügt man mit Statistik*. 5. Aufl. München [u. a.]: Piper (Serie Piper, 3038)

((aufgelöst: … (2015): … *Statistik*. Aktualis. Neuausgabe. Frankfurt a. M., New York: Campus-Verl.))

Kroslid, Dag; Faber, Konrad; Magnusson, Kjell et al. (2003): *Six Sigma*. 1. Aufl. München, Wien: Hanser

Linß, Gerhard (2003): *Training Qualitätsmanagement. Trainingsfragen – Praxisbeispiele – multimediale Visualisierung; mit 129 Tabellen sowie einer CD-ROM*. München, Wien: Fachbuchverl. Leipzig im Carl Hanser Verlag

Linß, Gerhard (2018): *Qualitätsmanagement für Ingenieure*. [Mit Handbuch „Qualitätsmanagement" auf CD-ROM] ; mit 158 Tabellen. 4., aktualisierte und erw. Aufl. München [u. a.]: Fachbuchverl. Leipzig im Carl Hanser Verlag

Linß, Gerhard (2006): *Statistiktraining im Qualitätsmanagement. Mit … 108 Tabellen*. München [u. a.]: Fachbuchverl. Leipzig im Carl Hanser Verlag

Magnusson, Kjell; Kroslid, Dag; Bergman, Bo (2001): *Six Sigma umsetzen. Die neue Qualitätsstrategie für Unternehmen*. 1. Aufl. München, Wien: Hanser

Masing, Walter; Pfeifer, Tilo (2021): *Handbuch Qualitätsmanagement*. 7., vollst. neu bearb. Aufl. München: Hanser

O'Connor, Joseph; Seymour, John (2010): *Neurolinguistisches Programmieren: Gelungene Kommunikation und persönliche Entfaltung*. 20., aktualisierte und verb. Aufl. Kirchzarten bei Freiburg: VAK-Verlag-GmbH

Pfeufer, Hans-Joachim; Rau, Wolfgang (2007): *Internes Audit. Software für Qualitätsmanagement, Umweltmanagement, Arbeitssicherheit*. 2., aktualisierte und erw. Aufl. Hg. v. Franz Schreiber. München, Wien: Hanser

Preißner, Andreas (2019): *Balanced Scorecard anwenden*. 5. Aufl. München, Wien: Hanser

Radtke, Philipp; Wilmes, Dirk (2002): *European quality award. Praktische Tipps zur Anwendung des EFQM-Modells*. 3. Aufl. München, Wien: Hanser

Randow, Gero von (2007): *Das Ziegenproblem. Denken in Wahrscheinlichkeiten*. 4. Aufl. Reinbek bei Hamburg: Rowohlt-Taschenbuch-Verlag

Reiss, Steven (2009): *Das Reiss Profile. Die 16 Lebensmotive; welche Werte und Bedürfnisse unserem Verhalten zugrunde liegen*. Offenbach: GABAL

Reiss, Steven (2009): *Wer bin ich und was will ich wirklich? Mit dem Reiss-Profile die 16 Lebensmotive erkennen und nutzen*. München: Redline Verlag

Schulz Thun, Friedemann von (2000): *Miteinander reden*. Augsburg: Bechtermünz-Verlag

Schwarze, Jochen (2005): *Beschreibende Verfahren*. 10. Aufl. Herne [u. a.]: Verl. Neue Wirtschafts-Briefe

Schwarze, Jochen (2006): *Grundlagen der Statistik*. 8. Aufl. Herne, Berlin: Verl. Neue Wirtschafts-Briefe

Seghezzi, Hans Dieter; Fahrni, Fritz; Herrmann, Frank (2013): *Integriertes Qualitätsmanagement. Der St. Galler Ansatz*. 4., vollst. Überarb. Aufl. München: Hanser

Seidl, Barbara (2010): *NLP. Mentale Ressourcen nutzen*. Best-of-Ed. Freiburg, Br: Haufe

Simon, Walter (2004): *GABALs großer Methodenkoffer: Grundlagen der Kommunikation*. München: Jokers Edition

Simon, Walter (2011): *GABALs grosser Methodenkoffer: Persönlichkeitsentwicklung.* Offenbach: GABAL

Spitzer, Manfred (2013): *Musik im Kopf. Hören, Musizieren, Verstehen und Erleben im neuronalen Netzwerk.* 1. Aufl., 9. unveränd. Nachdr. Stuttgart [u. a.]: Schattauer.

Sprenger, Reinhard K. (1999): *30 Minuten für mehr Motivation.* Offenbach: GABAL.

Sprenger, Reinhard K. (2002): *Mythos Motivation. Wege aus einer Sackgasse.* 17., überarb. und erw. Aufl. Frankfurt/Main, New York: Campus-Verlag

Taleb, Nassim Nicholas; Proß-Gill, Ingrid (2009): *Der schwarze Schwan. Die Macht höchst unwahrscheinlicher Ereignisse.* [Nachdr.]. München: Hanser

Theden, Philipp; Colsman, Hubertus (2013): *Qualitätstechniken. Werkzeuge zur Problemlösung und ständigen Verbesserung.* 5. Aufl. München, Wien: Hanser

Timischl, Wolfgang (2012): *Qualitätssicherung. Statistische Methoden.* 4., aktualisierte Auflage. München: Hanser

Tominaga, Minoru (1996): *Die kundenfeindliche Gesellschaft. Erfolgsstrategien für Dienstleister.* Düsseldorf: ECON

Wagner, Karl Werner (2017): *PQM - Prozessorientiertes Qualitätsmanagement. Leitfaden zur Umsetzung der ISO 9001:2000: neu: Prozesse steuern mit der Balanced Scorecard.* 7., vollst. überarb. und erw. Aufl. München: Hanser

Weghorn, Roland (2016): Statistik im Qualitätsmanagement. In: Zollondz, Hans-Dieter; Ketting, Michael; Pfundtner, Raimund (Hrsg.): *Lexikon Qualitätsmanagement. Handbuch des modernen Managements auf Basis des Qualitätsmanagements.* 1. Aufl. Berlin/Boston: de Gruyter, S. 1103–1115

Wälder, Konrad; Wälder, Olga (2013): *Statistische Methoden der Qualitätssicherung.* München: Hanser (Hanser eLibrary)

Wikipedia (2011): „Maslowsche Bedürfnispyramide“ vom 30. 05. 2011

Wikipedia (2011): „X-Y-Theorie“ vom 08. 11. 2011

Wikipedia (2011): „Zwei-Faktoren-Theorie“ vom 17. 05. 2011

Zollondz, Hans-Dieter (2011): *Grundlagen Qualitätsmanagement. Einführung in Geschichte, Begriffe, Systeme und Konzepte.* München: Oldenbourg

Danksagung

Ein Buch wie dieses wäre undenkbar, wenn es nicht Menschen gäbe, die mich vorbehaltlos an ihrem Wissen teilhaben ließen und die mich nach allen Regeln der Kunst gefördert haben.

Daher gilt mein Dank zuallererst Peter Söll, Klaus Schimmer und Johannes Klinger, die mir nach Eintritt ins Berufsleben bei der Firma NCP auf verschiedensten Ebenen ein hohes Maß an Vertrauen schenkten und mich lehrten, was eine freie Entfaltung von Mitarbeitern bedeutet. Und ich danke Andreas Behre, der mir Vorbild für ein vorbehaltloses Teilen von Wissen wurde.

Herzlichen Dank an Dr. André Moll für die Erlaubnis, das Bildmaterial zum EFQM-Modell und zum Ludwig-Erhard-Preis zu verwenden, und die Verbesserungshinweise zum entsprechenden Abschnitt. Besonders verbunden bin ich auch der Firma Sanitätshaus Glotz GmbH für die Erlaubnis der Verwendung der Leitbildgrafik.

Mit Sascha Kugler als führendem Kopf von Alchimedus Management verbindet mich inzwischen eine langjährige Partnerschaft auf dem Gebiet, Qualitätsmanagement über eine einfach handhabbare Software einer breiten Schicht zugänglich zu machen. Ihm sowie Erik Memmert und Michael Saft möchte ich herzlichen Dank für eine Zusammenarbeit aussprechen, die über eine reine Partnerschaft weit hinausgeht.

Thomas Lippke von mdc danke ich für seine Unterstützung und Freundschaft – er steht mir immer für Fragen zur Verfügung und hilft mir, mein eigenes Wissen stetig weiterzuentwickeln. Wenn ich heute als Auditor vernünftige Fragen stelle, dann ist das sein Verdienst.

Meinem langjährigen Freund Werner Schraudner danke ich für seine überragende Fähigkeit des aktiven Zuhörens und das unsichtbare Band, das uns verbindet. Er ist mein Vorbild in jedem Audit, sich auf den Gesprächspartner zu konzentrieren und zu verstehen, worum es ihm geht.

Auch all den zahlreichen Teilnehmern meiner Kurse in der IHK Akademie Mittelfranken, der TÜV Rheinland Akademie sowie den „Lauschern" meiner Vorträge danke ich für das Zuhören und dafür, dass Ihr mich zu einem selbstbewussten Redner erzogen habt. Von der IHK Akademie ein herzlicher Dank an die Herrn Markus Odorfer und Harald Ringel, die mich seit 15 Jahren in meinem Tun unterstützen. Herrn Dr. Christian Geistmann vom TÜV Rheinland möchte ich herzlich dafür Danke sagen, dass er mich stets gefördert und beworben hat, sodass ich heute vom Qualitätsbeauftragten bis zum Qualitätsauditor alle Stufen an QM-Fachpersonal ausbilden darf.

Ein ganz besonderer Dank geht an den Hanser-Verlag – allen voran Frau Lisa Hoffmann-Bäuml –, die mich bei der Auflage dieses Buches fachkundig begleitete und sicherstellte, dass es in diesem Gewand erscheinen konnte. Herrn Jörg Zitzmann vom Verlagshaus Zitzmann und seinen Mitarbeitern danke ich für eine perfekt organisierte Schnittstelle zur IHK Akademie und die immer positive und offene Kommunikation.

Meinen Eltern Hans und Ruth sowie meinem Bruder Jörg verdanke ich vorbehaltlose und stete Unterstützung sowie einen uneingeschränkten Glauben an meine Person. Meinen beiden Söhnen Tom und Sam sage ich Dank dafür, dass sie mich immer wieder auf den Boden der Tatsachen holen und mir klarmachen, dass der Beruf nur ein Teil des Lebens ist. Was ich meiner Frau Rita verdanke, ist in Worten nicht zu beschreiben.

Über den Autor

Seit 2003 ist Roland Weghorn als **Berater** im Qualitätsmanagement und der Informationssicherheit tätig und bereitet in verschiedenen Branchen kleine und mittelständische Unternehmen auf die Zertifizierung nach DIN EN ISO 9001, DIN EN ISO 13485 oder DIN ISO/IEC 27001 vor. Seit 2008 ist er **Mitglied der DGQ** (Deutsche Gesellschaft für Qualität), die als Vertretung in Deutschland für die EOQ (European Organization for Quality) als auch neben der Initiative Ludwig-Erhard-Preis als Vertretung der EFQM (European Foundation for Quality Management) tätig ist.

Seit Oktober 2005 ist er als leitender **Auditor** qualifiziert. In dieser Rolle führt Roland Weghorn Audits bzw. Zertifizierungen im Auftrag verschiedener Zertifizierungsgesellschaften durch. Seit 2008 konnte er sich auch als international anerkannter Auditor nach EOQ-Richtlinien qualifizieren.

Daneben ist Roland Weghorn seit 2005 als **Dozent** für Qualitätsmanagement, Statistische Verfahren und Unternehmensführung an der IHK Akademie Mittelfranken in Nürnberg tätig. Seit 2017 arbeitet er auch als Trainer in der Ausbildung von QM-Fachpersonal beim TÜV Rheinland. Ein weiterer Tätigkeitsschwerpunkt ist das Halten von Vorträgen und die Mitarbeit bei der Entwicklung der Software QM-Interaktiv von Alchimedus.

Roland Weghorn absolvierte nach einer praktischen Ausbildung im Maschinenbau ein Studium der Feinwerktechnik an der Fachhochschule Nürnberg und später Wirtschaft (postgradual) an der Fernhochschule Hamburg. Neben jahrelanger Tätigkeit im Bereich der Software-Entwicklung hat er außerdem Zusatzausbildungen zum Datenschutz und als zertifizierter Reiss Profile Master.

Der Webauftritt von QMRW ist erreichbar über *www.qmrw.de.*

Für Hinweise oder Verbesserungen zum Buch oder Anfragen bzgl. Beratung oder Vorträge nehmen Sie bitte unter folgender E-Mail-Adresse direkten Kontakt mit dem Autor auf: *roland@qmrw.de*

Unernste Abkürzungen im QM

Die folgende Liste ist aus persönlicher humoristischer Leidenschaft des Autors entstanden und in keiner Weise ernst zu nehmen!

3 L-Methode	Spezieller Umgang mit QM-Dokumenten: Lesen – Lachen – Lochen
3 K-Methode	autoritäre Führungsmethode: Kommandieren – Kontrollieren – Korrigieren
AUA oder 3-Hauen-Methode	Den Kunden Anhauen – Umhauen – Abhauen
CASE-Mensch	Copy All Steal Everything Bezeichnung für jemanden, bei dem nichts sicher ist und dem man lieber nichts anvertraut.
DAU	Dümmster Anzunehmender User Gebräuchlich im Umgang mit EDV-Systemen – man muss davon ausgehen, dass der Anwender (User) nicht weiß, was er tut.
EIP	Erbseninnenwandpolierer – Bezeichnung für den Reviewer einer Zertifizierungsstelle
ISO	Idioten Sammeln Ordner Bezeichnung für den klassischen Bürokraten unter den QM'lern
KIV-sicher	Kinder-, Idioten- und Vorstandssicher So sollten Arbeits- und Verfahrensanweisungen sein.
MBF-Sichtweise	Einstellung zu den Mitarbeitern: Mitarbeiter sind bezahlte Feinde!
NATO-Mensch	No Action Talk Only Bezeichnung für jemanden, der viel spricht, aber wenig macht oder bewegt.
SAK	Schlimmster Anzunehmender Kunde Entspricht in etwa dem DAU (s. o.) – nur ganz allgemein gesprochen.

TTV	Führungsmethode, die auch im Vertrieb anwendbar ist: Tarnen - Täuschen - Verpissen
WOMBAT-Projekt	Waste Of Money, Brain And Time
ZDF statt ARD	Zahlen-Daten-Fakten ist besser als Alle-Reden-Durcheinander (oder auch Annahmen-Rätsel-Deutungen)

Abschließend noch ein bemerkenswerter Spruch auf dem T-Shirt eines befreundeten Auditors:

„Ich bin kein Klugscheißer, ich weiß es wirklich besser!"

Stichwortverzeichnis

F

G

H

I

K

L

M

S

T

U

V

W

X

Z